普通高等教育"十二五"规划教材

微积分及其应用全程学习指导

主　编　田　洁
副主编　张晓平　崔　强
主　审　王继忠

机械工业出版社

本书是《微积分及其应用》(上、下册)的学习辅导教材，按照《微积分及其应用》的章节顺序分为十章. 每章均由六部分组成：一、预习导引，引入各章的主要问题；二、知识梳理，列出了基本概念、定理以及内容重点；三、释疑解难，对各章中经常出错的问题进行了分析和详解；四、典型题精讲，列出了各类考试中常见的经典题型，讲解解题方法和技巧；五、教材习题选解，给出了教材中大部分习题的详解；六、自测题.

本书可供学习高等数学的经济管理类的读者使用，也可供大学数学教学参考.

图书在版编目（CIP）数据

微积分及其应用全程学习指导/田洁主编. —北京：机械工业出版社，2014.5（2015.6 重印）

普通高等教育“十二五”规划教材

ISBN 978-7-111-45834-0

Ⅰ.①微… Ⅱ.①田… Ⅲ.①微积分－高等学校－教学参考资料 Ⅳ.①O172

中国版本图书馆 CIP 数据核字（2014）第 027067 号

机械工业出版社（北京市百万庄大街 22 号 邮政编码 100037）

策划编辑：郑 玫 责任编辑：郑 玫 李 乐

版式设计：霍永明 责任校对：刘怡丹

封面设计：张 静 责任印制：乔 宇

北京铭成印刷有限公司印刷

2015 年 6 月第 1 版第 2 次印刷

169mm×239mm · 21.25 印张 · 430 千字

标准书号：ISBN 978-7-111-45834-0

定价：39.80 元

前　言

《微积分及其应用》是为高等学校经济管理类本科生编写的教材，为了帮助学生更快更好地了解教材，比较准确地掌握教材的重点和难点，我们编写了这本辅导教材．本书各章按照实际需要，分为预习导引、知识梳理、释疑解难、典型题精讲、教材习题选解、自测题六部分．

第一部分预习导引，主要引入各章的主要问题，提示预习的方向．

第二部分知识梳理，简明扼要地给出每一章的要点，突出各章节需要掌握的核心内容．

第三部分释疑解难，主要介绍各章中经常出错或有疑问的问题，并给出了详细精确的解答．

第四部分典型题精讲，列出了各类考试中常见的经典题型，并给出了主要解题方法和技巧，同时对近几年的考研真题（例题中“130304”表示：年代\类别\分值，即此题是2013年数学三的考题，分值4分）进行了详解．这些例题类型多、技巧性强，通过对例题的解析，能帮助读者加深对基本概念和理论的理解，熟练掌握解题方法和技巧．

第五部分教材习题选解，给出了《微积分及其应用》（上、下册）中大部分习题的详解，加深读者对教材的理解，并且帮助读者熟练利用教材知识解决问题．

最后一部分自测题，反映了各类考试以及学习的重点，便于读者对所学内容检测，从中看到不足，从而有利于进一步学习．

参加本书编写的有（排名不分先后）李秀珍、于江波（第一章），田洁（第二章），隋梅真、陈铃（第三章），侯淑轩、姚建丽（第四章），张晓平、葛倩（第五章），赵永谦、綦路（第六章），于正文、胡晓涛（第七章），崔强、许国（第八章），于宁、王凤英（第九章），黄福同、王爽（第十章）．

本书的编写参阅了许多教材论著及文献，并引用了部分论著中的例子，恕不一一指明出处，在此一并向有关作者致谢！

书中难免有不妥之处，恳请读者给予批评指正．

编　者

目　录

第一章　函数与极限

一、预习导引

第一章的内容是在中学已学知识的基础上，进一步阐明函数的一般定义，总结以前学过的函数；学习函数极限、连续的概念及性质，为以后的学习奠定基础．

1. 集合

（1）阅读集合部分的内容后，你遇到过以前没学的概念吗？尝试用图形表示这些概念．从你熟悉的学习和生活实践中举例说明这些概念．

（2）x 与 5 的距离不超过 0.1，则 x 可能的取值范围是什么，用图形表示出来．x 与 5 的距离不超过任意小的正数 ε，则 x 可能的值又是什么，你会用图形表示吗？

2. 映射与函数

（1）阅读映射部分的内容后，你会用图形表示映射的概念吗？从生活实践中举例说明映射的概念．

（2）你知道函数与映射的区别吗？

（3）在这部分内容中给出了函数的一些特性，对每一个性质请你找出一个函数满足该性质，并把它的图形画出来，仔细体会这些性质反映在几何图形上的形态．

（4）教材中介绍的经济函数，在日常生活中你遇到过吗？举例说明你曾经遇到的经济函数．

3. 极限

（1）用计算器计算 $n=5$，10，50，100，150，200，250，300，1000 时，$1+\frac{1}{n}$的值，并在数轴上描出这些点，由此判断当 n 趋于无穷大时，数列

$$\frac{3}{2},\ \frac{4}{3},\ \frac{5}{4},\ \cdots,\ 1+\frac{1}{n},\ \cdots$$

的一般项 $1+\frac{1}{n}$会趋向于什么值？怎样理解“当 n 无限增大时，x_n 无限接近于常数 1”？仔细阅读本章第二节“数列极限的定义”部分，会从直观上帮助你理解这些问题．

（2）用数列极限的定义证明极限 $\lim\limits_{n\to\infty}x_n=a$ 时，对于任意给定的 $\varepsilon>0$，怎样证明 $N>0$ 的存在性，N 是否唯一？仔细阅读本章第二节的例题，你会从中得到答案．

（3）阅读“收敛数列的性质”，注意证明这些性质的方法有什么异同？这样有

助于你加深理解收敛数列的性质，对于今后利用极限定义证明相关问题也有所帮助.

(4) 你能根据数列极限的定义给出，当 $x\to\infty$ 时，函数 $f(x)$ 以 A 为极限的定义吗？阅读本章第三节第一部分，细心体会几何解释会帮助你加深理解函数极限的定义.

(5) 用计算器计算 $x=0.7$，0.75，0.8，0.85，0.9，0.95，0.99 时，$y=\frac{x^2-1}{x-1}$的值，并画出其图形，观察当 x 趋向 1 时，$y=\frac{x^2-1}{x-1}$的变化趋势，从直观上观察“当 x 趋向 1 时，函数 y 趋于 2”. 对于理解“当 x 趋向 x_0 时，函数 $f(x)$ 以 A 为极限的定义”是有很大的帮助的.

(6) 用函数极限的定义证明极限 $\lim\limits_{x\to x_0}f(x)=A$ 时，对于任意给定的 $\varepsilon>0$，怎样证明 $\delta>0$ 的存在性，δ 是否唯一？仔细阅读本章第三节的例题，你会从中得到答案.

(7) 在定义 2 中，ε 与 δ 各有什么意义？它们之间有什么关系？仔细阅读本章第三节第二部分，会帮助你理解这些问题.

4. 无穷小与无穷大

(1) 无穷小量是一类特殊的函数极限. 为什么学习了函数极限的相关内容还要学习无穷小量呢？仔细阅读本章第四节，体会函数的极限与无穷小量的关系. 以后学习导数、各类积分等问题时，注意无穷小量在其中的作用，你会在学习的过程中慢慢体会到无穷小量的重要性.

(2) 怎样比较同一过程中的两个无穷小量？它在求解相关的极限中有什么作用？仔细阅读第七节，从中找出答案.

5. 极限存在准则　重要极限

(1) 在本章第二，三节中，我们学习了极限的概念、性质及运算法则，但对如何证明函数极限的存在性（除用定义外）没有涉及. 通过阅读本章第六节，你会得到两个证明极限存在的准则. 仔细体会教材中的例题，对你理解和应用法则有很大的帮助.

(2) 在初等数学中，借助单位圆给出了三角函数的定义. 你能利用单位圆，构造直角三角形、扇形使其面积只用圆心角 x 和它的三角函数来表示吗？比较这些三角形和扇形面积的大小. 你能利用夹逼准则及所得的不等式，证明极限 $\lim\limits_{x\to 0}\frac{\sin x}{x}=1$ 吗？

(3) 初等数学中学习了 $(a+b)^n$ 的展开式，将 $x_n=\left(1+\frac{1}{n}\right)^n$ 展开，并利用这个展开式证明数列 $\{x_n\}$ 是单调增加的. 你能通过适当放大 x_n 展开式中的各项，证明它有界吗？如果有困难，请仔细阅读第六节你会找到答案. 读完第六节你可能不知道为什么把这两个极限叫做重要极限，学习了导数和积分公式后你会得到答案.

6. 连续

（1）函数在一点连续的概念是用极限定义的，通过阅读教材该部分内容后，你知道函数在一点连续与在该点的极限有什么区别吗?

（2）函数的间断点有哪些类型，它们反映在图形上情形如何? 通过阅读这部分内容找出答案.

（3）阅读本章第八节第二部分后，请你列出求函数间断点的步骤. 你知道怎样修改或补充函数在可去间断点处的定义，使其在该点连续吗?

（4）连续函数在闭区间上有哪些性质，仔细阅读教材，从几何上给出解释.

二、知识梳理

1. 映射

定义 1 设 X，Y 是两个非空集合，如果存在一个对应法则 f，使得对于集合 X 中的任意元素 x，按照法则 f，在集合 Y 中有唯一的元素 y 与之对应，则称 f 是从集合 X 到集合 Y 的一个**映射**，记作

$$f: X \to Y,$$

其中 y 称为元素 x 在映射 f 下的**像**，记作 $f(x)$，即

$$y = f(x),$$

x 称为映射 f 下 y 的**原像**. 集合 X 称为映射 f 的**定义域**，记作 $D_f = X$，X 中所有元素的像组成的集合

$$\{f(x) \mid x \in X\}$$

称为映射 f 的**值域**，记作 R_f 或 $f(X)$.

2. 函数

（1）函数的定义

定义 2 设数集 $D \subset \mathbf{R}$，则称映射 f: $D \to \mathbf{R}$ 为定义在 D 上的函数，简记为

$$y = f(x),\ x \in D,$$

其中 x 称为自变量，y 称为因变量，D 称为函数的定义域，记作 D_f，即 $D_f = D$. 所有函数值 $f(x)$ 构成的集合称为函数 f 的值域，记作 R_f 或 $f(D)$，即

$$R_f = f(D) = \{y \mid y = f(x),\ x \in D\}.$$

（2）函数的性质

有界性 设函数 $f(x)$ 的定义域为 D，数集 $X \subset D$. 如果存在正数 M，使得对任一 $x \in X$，不等式

$$|f(x)| \leqslant M$$

都成立，则称 $f(x)$ 在 X 上有界. 如果这样的 M 不存在，就称 $f(x)$ 在 X 上无界.

单调性 设函数 $f(x)$ 的定义域为 D，区间 $I \subset D$. 如果对于 I 上任意两点 x_1，x_2，当 $x_1 < x_2$ 时，恒有

$$f(x_1) < f(x_2)\ (f(x_1) > f(x_2)),$$

则称$f(x)$在区间I上是单调增加（单调减少）的.

奇偶性 设函数$f(x)$的定义域D关于原点对称. 如果对于任一$x\in D$，恒有

$$f(-x)=f(x)$$

成立，则称$f(x)$为偶函数.

如果对于任一$x\in D$，恒有

$$f(-x)=-f(x)$$

成立，则称$f(x)$为奇函数.

周期性 设函数$f(x)$的定义域为D，如果存在正数$T>0$，使得对于任一$x\in D$有$(x\pm T)\in D$，且

$$f(x+T)=f(x),$$

则称$f(x)$是一个**周期函数**，T称为$f(x)$的**周期**，通常我们所说的周期是指最小正周期.

反函数 设函数f: $D\to \mathbf{R}$是单射，则f存在逆映射f^{-1}: $f(D)\to D$，称此映射f^{-1}为函数f的反函数.

复合函数 设函数f和g的定义域分别为D_f，D_g，g的值域$R_g\subset D_f$，则称定义在D_g上的函数$f\circ g$是由函数f和g构成的**复合函数**，其中

$$(f\circ g)(x)=f(g(x)),$$

对复合函数$f\circ g$，称$u=g(x)$为中间变量.

基本初等函数 幂函数、指数函数、对数函数、三角函数、反三角函数.

初等函数 由常数和基本初等函数经过有限次的四则运算和有限次的函数复合所构成并可用一个式子表示的函数，称为初等函数.

3. 极限的定义

数列极限 对于$\forall\varepsilon>0$，$\exists N>0$，当$n>N$时，总有

$$|x_n-a|<\varepsilon$$

成立，则称a为数列$\{x_n\}$当$n\to\infty$时的极限，记为$\lim\limits_{n\to\infty}x_n=a$.

函数极限($x\to\infty$) 对于$\forall\varepsilon>0$，$\exists X>0$，当$|x|>X$时，总有

$$|f(x)-A|<\varepsilon$$

成立，则称A为函数$f(x)$当$x\to\infty$时的极限，记为$\lim\limits_{x\to\infty}f(x)=A$.

函数极限($x\to x_0$) 对于$\forall\varepsilon>0$，$\exists\delta>0$，当$0<|x-x_0|<\delta$时，总有

$$|f(x)-A|<\varepsilon$$

成立，则称A为函数$f(x)$当$x\to x_0$时的极限，记为$\lim\limits_{x\to x_0}f(x)=A$.

左（右）极限 对于$\forall\varepsilon>0$，$\exists\delta>0$，当$0<x_0-x<\delta(0<x-x_0<\delta)$时，总有

$$|f(x)-A|<\varepsilon$$

成立，则称A为函数$f(x)$当x从x_0左（右）侧趋于x_0时的极限，记作

$$f(x_0^-)=\lim_{x\to x_0^-}f(x)=A\left(f(x_0^+)=\lim_{x\to x_0^+}f(x)=A\right).$$

4. 无穷小与无穷大

无穷小的定义　若 $\lim\limits_{\substack{x\to x_0\\(x\to\infty)}} f(x)=0$，则称$f(x)$为$x\to x_0$（$x\to\infty$）时的无穷小.

无穷大的定义　对于$\forall M>0$，$\exists X>0(\delta>0)$，当$|x|>X(0<|x-x_0|<\delta)$时，总有

$$|f(x)|>M$$

成立，则称$f(x)$当$x\to\infty$（$x\to x_0$）时为无穷大，记为 $\lim\limits_{\substack{x\to x_0\\(x\to\infty)}} f(x)=\infty$.

无穷小的比较　设$\lim\alpha(x)=0$，$\lim\beta(x)=0$，

（1）若$\lim\dfrac{\beta(x)}{\alpha(x)}=0$，则称$\beta(x)$是比$\alpha(x)$高阶的无穷小，记作$\beta(x)=o(\alpha(x))$；

（2）若$\lim\dfrac{\beta(x)}{\alpha(x)}=\infty$，则称$\beta(x)$是比$\alpha(x)$低阶的无穷小；

（3）若$\lim\dfrac{\beta(x)}{\alpha(x)}=C(C\neq0)$，则称$\beta(x)$与$\alpha(x)$是同阶无穷小；

（4）若$\lim\dfrac{\beta(x)}{\alpha(x)}=1$，则称$\beta(x)$与$\alpha(x)$是等价无穷小，记为$\beta(x)\sim\alpha(x)$；

（5）若$\lim\limits_{x\to0}\dfrac{\beta(x)}{x^k}=C(C\neq0,\ k>0)$，则称$\beta(x)$是$x$的$k$阶无穷小.

无穷小的性质　设α，β，α_1，α_2，…，α_n是在自变量的同一变化过程中的无穷小，u是有界量，c是常数，$n\in\mathbf{N}$，则

（1）$\alpha\pm\beta$，$u\alpha$，$c\alpha$，$\alpha\beta$，α^n，$\alpha_1\pm\alpha_2\pm\cdots\pm\alpha_n$，$\alpha_1\cdot\alpha_2\cdot\cdots\cdot\alpha_n$是这一变化过程中的无穷小；

（2）$\beta\sim\alpha\Leftrightarrow\beta=\alpha+o(\alpha)$；

（3）$\alpha\sim\alpha'$，$\beta\sim\beta'$，$\lim\dfrac{\beta'}{\alpha'}$存在$\Leftrightarrow\lim\dfrac{\beta}{\alpha}=\lim\dfrac{\beta'}{\alpha'}$（等价无穷小代换定理）

5. 极限的运算及性质

极限的四则运算　设$\lim f(x)$及$\lim g(x)$存在，则

（1）$\lim[f(x)\pm g(x)]=\lim f(x)\pm\lim g(x)$；

（2）$\lim[f(x)g(x)]=\lim f(x)\lim g(x)$；

（3）$\lim\dfrac{f(x)}{g(x)}=\dfrac{\lim f(x)}{\lim g(x)}(\lim g(x)\neq0)$.

特别地，$\lim[Cf(x)]=C\lim f(x)$，$\lim[f(x)]^n=[\lim f(x)]^n$.

$$\lim_{x\to\infty}\frac{a_0x^n+a_1x^{n-1}+\cdots+a_{n-1}x+a_n}{b_0x^m+b_1x^{m-1}+\cdots+b_{m-1}x+b_m}=\begin{cases}\dfrac{a_0}{b_0}, & m=n,\\ 0, & m>n,\text{ 这里 } a_0b_0\neq0.\\ \infty, & m<n,\end{cases}$$

两个重要极限　$\lim\limits_{x\to 0}\dfrac{\sin x}{x}=1$，$\lim\limits_{x\to\infty}\left(1+\dfrac{1}{x}\right)^{x}=\mathrm{e}$.

特别地，$\lim\limits_{n\to\infty}\left(1+\dfrac{1}{n}\right)^{n}=\mathrm{e}$，$\lim\limits_{x\to 0}(1+x)^{\frac{1}{x}}=\mathrm{e}$.

6. 极限的有关定理

定理 1　$\lim\limits_{x\to x_0}f(x)=A\Leftrightarrow\lim\limits_{x\to x_0^+}f(x)=\lim\limits_{x\to x_0^-}f(x)=A$.

定理 2　函数的极限如果存在，则极限值是唯一的.

定理 3　（极限与无穷小的关系）.

$$\lim_{x\to x_0}f(x)=A\Leftrightarrow f(x)=A+\alpha(x)\text{，其中}\lim_{x\to x_0}\alpha(x)=0.$$

定理 4　（保号性）若$\lim\limits_{x\to x_0}f(x)=A$，$A>0(A<0)$，则存在$\delta>0$，当$0<|x-x_0|<\delta$时，$f(x)>0(f(x)<0)$.

定理 5　若$\lim\limits_{x\to x_0}f(x)=A$，$f(x)>0(f(x)<0)$，则$A\geqslant 0(A\leqslant 0)$.

定理 6　单调有界数列必有极限.

定理 7　（夹逼准则）若在 x_0 的某一邻域内，满足

$g(x)\leqslant f(x)\leqslant h(x)$，且$\lim\limits_{x\to x_0}g(x)=A$，$\lim\limits_{x\to x_0}h(x)=A$，

则

$$\lim_{x\to x_0}f(x)=A.$$

7. 连续

定义 3　若$\lim\limits_{x\to x_0}f(x)=f(x_0)$或$\lim\limits_{\Delta x\to 0}\Delta y=\lim\limits_{\Delta x\to 0}[f(x_0+\Delta x)-f(x_0)]=0$，则称$f(x)$在点 x_0 连续.

间断点　若函数$f(x)$在点 x_0 不连续，则称 x_0 为$f(x)$的间断点.

第一类间断点　左、右极限都存在的间断点.

（1）左、右极限都存在且相等，称为可去间断点；

（2）左、右极限都存在但不相等，称为跳跃间断点.

第二类间断点　左、右极限至少有一个不存在的间断点.

初等函数的连续性　初等函数在其定义域内均连续.

闭区间上连续函数的性质

定理 8　（最大值最小值定理）闭区间上连续的函数在该区间上必取得最大值和最小值.

定理 9　（零点定理）设$f(x)$在$[a,b]$上连续，且$f(a)f(b)<0$，则在(a,b)内至少存在一个$\xi\in(a,b)$，使得$f(\xi)=0$.

定理 10　（介值定理）设$f(x)$在$[a,b]$上连续，且$f(a)\neq f(b)$，若 c 是介于$f(a)$与$f(b)$之间的任意数，则在(a,b)内至少存在一个 ξ，使得$f(\xi)=c$.

三、释疑解难

1. 已知数列$\{x_n\}$是无界数列，则当$n\to\infty$时，数列$\{x_n\}$是无穷大量.

释疑解难　这个结论是错误的，无界数列与无穷大量有本质的不同．$\{x_n\}$无界是指：对于任意大的数$M>0$，$\exists N_0$，使得$|x_{N_0}|>M$. 而$n\to\infty$当时，数列$\{x_n\}$是无穷大量是指：对于任意大的数$M>0$，$\exists N>0$，使得当$n>N$时，恒有$|x_n|>M$.

例如，数列$\left\{x_n=n\cos\dfrac{n\pi}{2}\right\}$，当$n=2k+1(k\in\mathbf{N}_+)$时，$x_n=0$；当$n=2k(k\in\mathbf{N}_+)$且$k\to\infty$时，$x_n\to\infty$. 所以，数列$\left\{x_n=n\cos\dfrac{n\pi}{2}\right\}$是无界的，但当$n\to\infty$时，不是无穷大量.

2. 如果$f(x_0)=A$，则$\lim\limits_{x\to x_0}f(x)=A$一定吗?

释疑解难　不一定．根据函数极限的定义，函数在一点的极限不一定等于函数在该点的极限值.

例如，函数$f(x)=\dfrac{1-x^2}{1-x}$在$x=1$点没有定义，但是$\lim\limits_{x\to1}\dfrac{1-x^2}{1-x}=2$.

3. 找出下列求极限的过程的错误，并说明原因：

(1) $\lim\limits_{x\to0}x\sin\dfrac{1}{x}=\lim\limits_{x\to0}x\lim\limits_{x\to0}\sin\dfrac{1}{x}=0$;

(2) $\lim\limits_{x\to\infty}\dfrac{\sqrt{3x^2-1}}{\sqrt[3]{2x^2+1}}=\lim\limits_{x\to\infty}\dfrac{\sqrt{3-\dfrac{1}{x^2}}}{\sqrt[3]{2+\dfrac{1}{x^2}}}=\dfrac{\sqrt{3}}{\sqrt[3]{2}}$.

释疑解难　(1) 这错误出在第一个等号，其原因是错误地运用了极限的乘法法则，这个法则是在各因子的极限存在的条件下才成立．正确的做法是：

由于$\lim\limits_{x\to0}x=0$且$\left|\sin\dfrac{1}{x}\right|\leqslant1$，所以$\lim\limits_{x\to0}x\sin\dfrac{1}{x}=0$.

(2) 这个错误出在第一个等号．分子中x的最高次数比分母中x的最高次数高，所以

$$\lim_{x\to\infty}\frac{\sqrt{3x^2-1}}{\sqrt[3]{2x^2+1}}=\infty.$$

4. 无限个无穷小的"和"是无穷小吗?

释疑解难　不一定.

例如，$\lim\limits_{n\to\infty}\left(\dfrac{1}{\sqrt{n^2+1}}+\dfrac{1}{\sqrt{n^2+2}}+\cdots+\dfrac{1}{\sqrt{n^2+n}}\right)$，当$n\to\infty$时，极限式中每一项都是无穷小量，求这个极限实际上就是求这无穷多个无穷小量的"和"．因为

$$\frac{n}{\sqrt{n^2+n}} \leqslant \frac{1}{\sqrt{n^2+1}}+\frac{1}{\sqrt{n^2+2}}+\cdots+\frac{1}{\sqrt{n^2+n}} \leqslant \frac{n}{\sqrt{n^2+1}},$$

而 $\lim\limits_{n\to\infty}\frac{n}{\sqrt{n^2+1}}=\lim\limits_{n\to\infty}\frac{n}{\sqrt{n^2+n}}=1$，所以

$$\lim_{n\to\infty}\left(\frac{1}{\sqrt{n^2+1}}+\frac{1}{\sqrt{n^2+2}}+\cdots+\frac{1}{\sqrt{n^2+n}}\right)=1.$$

5. 指出下列解题过程中的错误：

$$\lim_{x\to 0}\frac{\tan x-\sin x}{\sin^3 x}=\lim_{x\to 0}\frac{x-x}{x^3}=\lim_{x\to 0}\frac{0}{x^3}=0.$$

释疑解难　第一个等号错了，因为两个无穷小量相加减时不能用无穷小等价代换.

6. 两个无穷大量之差等于零吗？

释疑解难　不一定.

例如，$f(x)=x+\frac{1}{x}$，$g(x)=1+x$，$\lim\limits_{x\to\infty}f(x)=\infty$，$\lim\limits_{x\to\infty}g(x)=\infty$.

而

$$\lim_{x\to\infty}[f(x)-g(x)]=\lim_{x\to\infty}\left(\frac{1}{x}-1\right)=-1,$$

$$\lim_{x\to\infty}[f(x)+g(x)]=\lim_{x\to\infty}\left(2x+\frac{1}{x}+1\right)=\infty.$$

7. 两个无穷大量的代数和一定无界吗？

释疑解难　不一定.

例如，$f(x)=x+\sin x$，$g(x)=1-x$，当 $x\to\infty$ 时，$f(x)$，$g(x)$ 都是无穷大量，但 $f(x)+g(x)=1+\sin x$ 在实数范围内有界.

8. 如果 $f(x)$ 和 $g(x)$ 在 $(-\infty,+\infty)$ 内有定义，函数 $y=f(x)$ 连续，而函数 $y=g(x)$ 有间断点，则函数 $f(x)g(x)$ 一定间断吗？

释疑解难　不一定. 但如果 $f(x)$ 在 $g(x)$ 的间断点 $x=x_0$ 处的函数值不等于零，则函数 $f(x)g(x)$ 在该点必间断. 所以要使 $f(x)g(x)$ 在点 $x=x_0$ 处取 0 值，函数 $f(x)g(x)$ 在点 $x=x_0$ 处有可能连续.

例如，取 $f(x)=x$，$g(x)=\begin{cases}1, & x\geqslant 0,\\ -1, & x<0,\end{cases}$ 则 $f(x)g(x)=|x|$ 处处连续.

9. 如果 $f(x)$ 和 $g(x)$ 在 $(-\infty,+\infty)$ 内有定义，$f(x)\neq 0$ 是连续函数，$g(x)$ 有间断点，函数 $g(f(x))$ 一定有间断点吗？函数 $(g(x))^2$ 和 $f(g(x))$ 呢？

释疑解难　函数 $g(f(x))$，$(g(x))^2$ 及 $f(g(x))$ 都不一定有间断点.

例如，$f(x)\equiv 1$，$g(x)=\begin{cases}1, & x\geqslant 0,\\ -1, & x<0,\end{cases}$ 则 $g(f(x))\equiv 1$，$(g(x))^2\equiv 1$，$f(g(x))\equiv$

1 均无间断点．从举反例的过程可知：为求 $g(f(x))$ 无间断点，就要使 $f(x)$ 的值域不含 $g(x)$ 的间断点．而 $f(g(x))$ 无间断点，只要 $g(x)$ 的间断点处的左、右极限都存在，$f(x)$ 取常数值．

四、典型题精讲

题型 1　利用函数概念解题

【方法与技巧】

（1）求函数的定义域．求出使函数的表达式有意义的实数的集合．

（2）建立函数关系式．主要根据问题的实际背景，建立变量之间的等量关系．

（3）函数特性的判别与证明．主要利用函数性质的定义进行判别证明．

（4）求已知函数的反函数．把 y 看做是自变量，x 看做因变量，从 $y=f(x)$ 中解出 $x=\varphi(y)$ 或 $x=f^{-1}(y)$．

（5）求几个函数复合而成的复合函数．一般用两种方法：代入法、分析法．代入法是将一个函数中的自变量用另一个函数的表达式来代替．分析法就是由最外层函数的定义域的各区段，结合中间变量的表达式及中间变量的定义域进行分析，从而得出复合函数．这种方法适用于初等函数与分段函数或分段函数与分段函数之间的复合．

例 1.1　已知 $f(x)=e^{x^2}$，$f(\varphi(x))=1-x$，$\varphi(x)\geqslant 0$，求 $\varphi(x)$ 并写出它的定义域．

解　因为 $f(x)=e^{x^2}$，所以 $f(\varphi(x))=e^{[\varphi(x)]^2}$，即 $e^{[\varphi(x)]^2}=1-x$. 两边取对数，得 $\varphi^2(x)=\ln(1-x)$. 又 $\varphi(x)\geqslant 0$，因此 $\varphi(x)=\sqrt{\ln(1-x)}$，其定义域为 $(-\infty,0]$.

注意　求复合函数的定义域时，内层函数的值域必须包含在外层函数的定义域内．

题型 2　求数列或函数的极限

【方法与技巧】

常用求极限的方法有：

（1）用定义证明极限存在．

（2）利用函数的左、右极限求极限．

（3）求 n 项和或积的极限．①利用恒等变形（拆项、分解等）使其在求和或求积的过程中抵消或约掉中间项，化简后再求极限．②对于部分 n 项积的极限还可以将分子、分母同乘以一个因子或取对数将其化为 n 项和的情形，再求极限．③如果 n 个项按递增或递减排列，利用夹逼准则求解．

（4）用极限存在的两个准则求极限．利用夹逼准则一般通过放大或缩小分母来找不等式两边数列的通项．利用单调有界准则时，可以直接分析数列的通项或用数学归纳法验证数列的单调有界，再设 $\lim\limits_{n\to\infty}x_n=a$ 代入给定的 x_n 的表达式中，则该

式变为含有 a 的代数方程，解这个方程即得该数列的极限．

（5）用两个重要极限求极限．

（6）运用极限的运算法则求极限．

例 1.2　用数列极限的定义证明：$\lim\limits_{n\to\infty}\dfrac{\sqrt{n^2+a^2}}{n}=1$.

分析　用"$\varepsilon-N$"定义证明数列极限存在，关键是找出正整数 N. 找 N 的一般过程如下：

对 $\forall\varepsilon>0$，解绝对值不等式 $|x_n-a|<\varepsilon$，得 $n>\varphi(\varepsilon)$. 取 $N=[\varphi(\varepsilon)]$，则当 $n>N$ 时，总有 $|x_n-a|<\varepsilon$ 成立．

证　对于 $\forall\varepsilon>0$，要使

$$\left|\frac{\sqrt{n^2+a^2}}{n}-1\right|=\frac{\sqrt{n^2+a^2}-n}{n}=\frac{a^2}{n\left(\sqrt{n^2+a^2}+n\right)}<\frac{a^2}{n}<\varepsilon,$$

只需 $n>\dfrac{a^2}{\varepsilon}$. 取 $N=\left[\dfrac{a^2}{\varepsilon}\right]$，当 $n>N$ 时，有

$$\left|\frac{\sqrt{n^2+a^2}}{n}-1\right|<\varepsilon,$$

所以

$$\lim_{n\to\infty}\frac{\sqrt{n^2+a^2}}{n}=1.$$

例 1.3　对于数列 $\{x_n\}$，若当 $k\to\infty$ 时，$x_{2k-1}\to a$，$x_{2k}\to a$，证明：当 $n\to\infty$ 时，$x_n\to a$.

证　因为当 $k\to\infty$ 时，$x_{2k-1}\to a$，$x_{2k}\to a$，所以对于 $\forall\varepsilon>0$，$\exists K_1>0$，当 $2k-1>2K_1-1$ 时，有

$$|x_{2k-1}-a|<\varepsilon$$

成立；$\exists K_2>0$，当 $2k>2K_2$ 时，有 $|x_{2k}-a|<\varepsilon$ 成立．取

$$N=\max\{2K_1-1,\ 2K_2\},$$

当 $n>N$ 时，就有

$$|x_n-a|<\varepsilon.$$

即

$$\lim_{n\to\infty}x_n=a.$$

例 1.4　用函数极限的定义证明 $\lim\limits_{x\to-\frac{1}{2}}\dfrac{1-4x^2}{2x+1}=2$.

分析　用"$\varepsilon-\delta$"定义证明函数极限存在，关键是找出正数 δ. 找 δ 的一般过程如下：

对 $\forall\varepsilon>0$，解不等式 $|f(x)-A|<\varepsilon$，得 $|x-x_0|<\varphi(\varepsilon)$. 取 $\delta=[\varphi(\varepsilon)]$，则当 $0<|x-x_0|<\delta$ 时，总有 $|f(x)-A|<\varepsilon$ 成立．

证　因为 $\left|\dfrac{1-4x^2}{2x+1}-2\right|=|1-2x-2|=2\left|x-\left(-\dfrac{1}{2}\right)\right|$，对于 $\forall\varepsilon>0$，要使

$\left|\frac{1-4x^2}{2x+1}-2\right|<\varepsilon$，只需 $\left|x-\left(-\frac{1}{2}\right)\right|<\frac{1}{2}\varepsilon$. 所以，对于 $\forall\varepsilon>0$，取 $\delta=\frac{1}{2}\varepsilon$，则当 $0<\left|x-\left(-\frac{1}{2}\right)\right|<\delta$ 时，就有

$$\left|\frac{1-4x^2}{2x+1}-2\right|<\varepsilon,$$

所以

$$\lim_{x\to-\frac{1}{2}}\frac{1-4x^2}{2x+1}=2.$$

例 1.5　（000305）求下列极限：$\lim\limits_{x\to0}\left(\frac{2+e^{\frac{1}{x}}}{1+e^{\frac{4}{x}}}+\frac{\sin x}{|x|}\right)$.

分析　本题函数中有 $|x|$ 及 $e^{\frac{1}{x}}$ 项，应利用函数的左右极限求极限.

解　因为

$$\lim_{x\to0^-}\left(\frac{2+e^{\frac{1}{x}}}{1+e^{\frac{4}{x}}}+\frac{\sin x}{|x|}\right)=\lim_{x\to0^-}\left(\frac{2+e^{\frac{1}{x}}}{1+e^{\frac{4}{x}}}-\frac{\sin x}{x}\right)=\frac{2}{1}-1=1,$$

$$\lim_{x\to0^+}\left(\frac{2+e^{\frac{1}{x}}}{1+e^{\frac{4}{x}}}+\frac{\sin x}{|x|}\right)=\lim_{x\to0^+}\left(\frac{2+e^{\frac{1}{x}}}{1+e^{\frac{4}{x}}}+\frac{\sin x}{x}\right)=0+1=1.$$

所以

$$\lim_{x\to0}\left(\frac{2+e^{\frac{1}{x}}}{1+e^{\frac{4}{x}}}+\frac{\sin x}{|x|}\right)=1.$$

例 1.6　求极限 $\lim\limits_{n\to\infty}\left(\frac{1}{4}+\frac{1}{28}+\cdots+\frac{1}{9n^2-3n-2}\right)$.

分析　本题为 n 项和的极限，先化简和再求极限.

解

$$\begin{aligned}&\lim_{n\to\infty}\left(\frac{1}{4}+\frac{1}{28}+\cdots+\frac{1}{9n^2-3n-2}\right)\\&=\lim_{n\to\infty}\left[\frac{1}{1\times4}+\frac{1}{4\times7}+\frac{1}{7\times10}+\cdots+\frac{1}{(3n-2)(3n+1)}\right]\\&=\frac{1}{3}\lim_{n\to\infty}\left[\left(1-\frac{1}{4}\right)+\left(\frac{1}{4}-\frac{1}{7}\right)+\left(\frac{1}{7}-\frac{1}{10}\right)+\cdots+\left(\frac{1}{3n-2}-\frac{1}{3n+1}\right)\right]\\&=\frac{1}{3}\lim_{n\to\infty}\left(1-\frac{1}{3n+1}\right)=\frac{1}{3}.\end{aligned}$$

例 1.7　（080204）设 $0<a<b$，则 $\lim\limits_{n\to\infty}(a^{-n}+b^{-n})^{\frac{1}{n}}=(\quad)$.

（A）a;　　（B）a^{-1};　　（C）b;　　（D）b^{-1}.

分析　本题应利用极限的夹逼准则.

解　因为

$$a^{-1}\leqslant(a^{-n})^{\frac{1}{n}}<(a^{-n}+b^{-n})^{\frac{1}{n}}<(a^{-n}+a^{-n})^{\frac{1}{n}}=2^{\frac{1}{n}}a^{-1},$$

而 $\lim\limits_{n\to\infty}a^{-1}=\lim\limits_{n\to\infty}2^{\frac{1}{n}}a^{-1}=a^{-1}$，由数列极限的夹逼准则，所以

$$\lim_{n\to\infty}(a^{-n}+b^{-n})^{\frac{1}{n}}=a^{-1}.$$

应选(B).

例 1.8 (020208) 设$0<x_1<3$，$x_{n+1}=\sqrt{x_n(3-x_n)}$ ($n=1, 2, \cdots$)，证明数列$\{x_n\}$极限存在，并求此极限.

分析 本题为数列极限，用单调有界数列必有极限证明.

证 先证数列$\{x_n\}$有界.

由$0<x_1<3$知x_1，$3-x_1$都是正数，所以

$$0<x_2=\sqrt{x_1(3-x_1)}\leqslant\frac{1}{2}(x_1+3-x_1)=\frac{3}{2}.$$

假设$0<x_k<\frac{3}{2}(k>1)$，则$0<x_{k+1}=\sqrt{x_k(3-x_k)}\leqslant\frac{1}{2}(x_k+3-x_k)=\frac{3}{2}$，所以对于任意$n>1$，有$0<x_n<\frac{3}{2}$，故$\{x_n\}$有界.

再证数列$\{x_n\}$单调.

当$n>1$时，

$$\begin{aligned}x_{n+1}-x_n&=\sqrt{x_n(3-x_n)}-x_n=\sqrt{x_n}(\sqrt{3-x_n}-\sqrt{x_n})\\&=\frac{\sqrt{x_n}\ (3-2x_n)}{\sqrt{3-x_n}+\sqrt{x_n}}\geqslant 0.\end{aligned}$$

即$x_{n+1}\geqslant x_n$ ($n>1$)，数列$\{x_n\}$单调增加，所以数列$\{x_n\}$的极限存在.

设$\lim\limits_{n\to\infty}x_n=a$，对$x_{n+1}=\sqrt{x_n\ (3-x_n)}$两边取极限，有

$$a=\sqrt{a(3-a)}，解得\ a=\frac{3}{2}或\ a=0\ (舍去).$$

所以

$$\lim_{n\to\infty}x_n=\frac{3}{2}.$$

例 1.9 (050104) $\lim\limits_{x\to\infty}x\sin\frac{2x}{x^2+1}=$________.

分析 本题为重要极限$\lim\limits_{x\to 0}\frac{\sin x}{x}=1$形式，变形化简即可.

解 因为$\lim\limits_{x\to\infty}\frac{2x}{x^2+1}=0$，所以

$$原式=\lim_{x\to\infty}x\sin\frac{2x}{x^2+1}=\lim_{x\to\infty}\frac{2x^2}{x^2+1}\lim_{x\to\infty}\frac{\sin\frac{2x}{x^2+1}}{\frac{2x}{x^2+1}}=2.$$

注意 若通过恒等变形或变量代换能化为下列形式之一：

$$\lim_{\psi\to 0}\frac{\sin\psi}{\psi},\ \lim_{\psi\to 0}(1+\psi)^{\frac{1}{\psi}},\ \lim_{\psi\to\infty}\left(1+\frac{1}{\psi}\right)^{\psi},$$

可以分别利用重要极限：

$$\lim_{x\to 0}\frac{\sin x}{x}=1,\ \lim_{x\to 0}(1+x)^{\frac{1}{x}}=\mathrm{e},\ \lim_{x\to\infty}\left(1+\frac{1}{x}\right)^{x}=\mathrm{e}$$

来求极限.

例 1.10　(060304) $\lim\limits_{n\to\infty}\left(\frac{n+1}{n}\right)^{(-1)^n}=$________.

分析　将所求数列化为 $N=\mathrm{e}^{\ln N}$ 后再求解.

解　$$\lim_{n\to\infty}\left(\frac{n+1}{n}\right)^{(-1)^n}=\lim_{n\to\infty}\mathrm{e}^{\ln\left(\frac{n+1}{n}\right)^{(-1)^n}}=\mathrm{e}^{\lim\limits_{n\to\infty}(-1)^n\ln\left(\frac{n+1}{n}\right)},$$

因为数列$\{(-1)^n\}$有界，$\lim\limits_{n\to\infty}\ln\left(\frac{n+1}{n}\right)=0$，所以 $\lim\limits_{n\to\infty}(-1)^n\ln\left(\frac{n+1}{n}\right)=0$. 即 $\lim\limits_{n\to\infty}\left(\frac{n+1}{n}\right)^{(-1)^n}=\mathrm{e}^0=1$，故应该填 1.

例 1.11　(120309) 求极限：$\lim\limits_{x\to\frac{\pi}{4}}(\tan x)^{\frac{1}{\cos x-\sin x}}$.

分析　本题为"1^∞"型，先进行变形，再利用重要极限及连续函数的性质求解. 学习了第三章以后，还可以根据洛必达法则求解.

解　因为$\lim\limits_{x\to 0}(1+x)^{\frac{1}{x}}=\mathrm{e}$，而当 $x\to\frac{\pi}{4}$时，$\tan x-1\to 0$，所以

$$\text{原式}=\lim_{x\to\frac{\pi}{4}}\left\{[1+(\tan x-1)]^{\frac{1}{\tan x-1}}\right\}^{\frac{\tan x-1}{\cos x-\sin x}}$$

$$=\lim_{x\to\frac{\pi}{4}}\left\{[1+(\tan x-1)]^{\frac{1}{\tan x-1}}\right\}^{\frac{1}{\cos x}\cdot\frac{\sin x-\cos x}{\cos x-\sin x}}$$

$$=\lim_{x\to\frac{\pi}{4}}\left\{[1+(\tan x-1)]^{\frac{1}{\tan x-1}}\right\}^{-\frac{1}{\cos x}}=\mathrm{e}^{-\sqrt{2}}.$$

题型 3　无穷小的比较及应用

【方法与技巧】

(1) 无穷小量的比较或通过比较无穷小确定待定参数. 一般根据定义直接求解.

(2) 利用等价无穷小代换求极限. 使用该法求极限需要掌握常用的等价无穷小.

例 1.12　(070104) 当 $x\to 0^+$ 时，与$\sqrt{x}$等价的无穷小量是（　　）.

(A) $1-\mathrm{e}^{\sqrt{x}}$；(B) $\ln\frac{1+x}{1-\sqrt{x}}$；(C) $\sqrt{1+\sqrt{x}}-1$；(D) $1-\cos\sqrt{x}$.

分析　本题利用常用的无穷小等价代换后容易得出结论.

解　因为当 $x\to 0$ 时，

$$1-\mathrm{e}^{\sqrt{x}}\sim-\sqrt{x},\ \sqrt{1+\sqrt{x}}-1\sim\frac{1}{2}\sqrt{x},\ 1-\cos\sqrt{x}\sim\frac{1}{2}x.$$

而

$$\lim_{x\to0^+}\frac{1}{\sqrt{x}}\ln\frac{1+x}{1-\sqrt{x}}=\lim_{x\to0^+}\left[\frac{1}{x}\ln(1+x)-\frac{1}{\sqrt{x}}\ln(1-\sqrt{x})\right]$$

$$=\lim_{x\to0^+}\left[\sqrt{x}\ln(1+x)^{\frac{1}{x}}\right]+\lim_{x\to0^+}\ln(1-\sqrt{x})^{\frac{1}{-\sqrt{x}}}=1,$$

所以$\ln\dfrac{1+x}{1-\sqrt{x}}\sim\sqrt{x}$. 应选（B）.

例 1.13　（130204）设 $\cos x-1=x\sin a(x)$，$|a(x)|<\dfrac{\pi}{2}$，当 $x\to0$ 时，$a(x)$ 是（　　）.

（A）比 x 高阶的无穷小；　　（B）比 x 低阶的无穷小；

（C）与 x 同阶但不等价无穷小；　　（D）与 x 等价无穷小.

分析　利用无穷小比较的定义讨论.

解　因为

$$\lim_{x\to0}\frac{x\sin a(x)}{\cos x-1}=\lim_{x\to0}\frac{x\sin a(x)}{-\frac{1}{2}x^2}=-2\lim_{x\to0}\frac{\sin a(x)}{x}$$

$$=-2\lim_{x\to0}\frac{a(x)}{x}=1,$$

所以$\lim\limits_{x\to0}\dfrac{a(x)}{x}=-\dfrac{1}{2}$，故应选（C）.

例 1.14　（130304）当 $x\to0$ 时，用 $o(x)$ 表示比 x 高阶的无穷小，则下列式子中错误的是（　　）.

（A）$x\cdot o(x^2)=o(x^3)$；　　（B）$o(x)\cdot o(x^2)=o(x^3)$；

（C）$o(x^2)+o(x^2)=o(x^2)$；（D）$o(x)+o(x^2)=o(x^2)$.

分析　利用无穷小的性质.

解　因为$\lim\limits_{x\to0}\dfrac{x\cdot o(x^2)}{x^3}=\lim\limits_{x\to0}\dfrac{o(x^2)}{x^2}=0$，故（A）正确.

因为$\lim\limits_{x\to0}\dfrac{o(x)\cdot o(x^2)}{x^3}=\lim\limits_{x\to0}\dfrac{o(x)}{x}\cdot\lim\limits_{x\to0}\dfrac{o(x^2)}{x^2}=0$，所以（B）是正确的.

因为$\lim\limits_{x\to0}\dfrac{o(x^2)+o(x^2)}{x^2}=\lim\limits_{x\to0}\dfrac{o(x^2)}{x^2}+\lim\limits_{x\to0}\dfrac{o(x^2)}{x^2}=0$，所以（C）是正确的.

因为当 $x\to0$ 时，$\dfrac{o(x^2)}{x^2}\to0$，$\dfrac{o(x)}{x^2}$不一定趋于零，所以$\dfrac{o(x)+o(x^2)}{x^2}$不一定趋于零. 例如，$x^2=o(x)$，则$\dfrac{o(x)+o(x^2)}{x^2}\to1$，故选（D）.

例 1.15　（130210）当 $x\to0$ 时，$1-\cos x\cdot\cos 2x\cdot\cos 3x$ 与 ax^n 为等价无穷小，求 n 与 a 的值.

分析　利用等价无穷小的定义及性质求解.

解　因为当 $x\to0$ 时，$1-\cos x\cdot\cos 2x\cdot\cos 3x$ 与 ax^n 为等价无穷小，所以

$$\lim_{x\to0}\frac{1-\cos x\cdot\cos 2x\cdot\cos 3x}{ax^n}=1.$$

又因为

$$\begin{aligned}&1-\cos x\cdot\cos 2x\cdot\cos 3x\\&=1-\cos x+\cos x-\cos x\cdot\cos 2x+\cos x\cdot\cos 2x-\cos x\cdot\cos 2x\cdot\cos 3x\\&=1-\cos x+\cos x(1-\cos 2x)+\cos x\cdot\cos 2x(1-\cos 3x),\end{aligned}$$

即

$$\begin{aligned}&\lim_{x\to0}\frac{1-\cos x\cdot\cos 2x\cdot\cos 3x}{ax^n}\\&=\lim_{x\to0}\frac{1-\cos x+\cos x(1-\cos 2x)+\cos x\cdot\cos 2x(1-\cos 3x)}{ax^n}\\&=\lim_{x\to0}\left[\frac{1-\cos x}{ax^n}+\frac{\cos x(1-\cos 2x)}{ax^n}+\frac{\cos x\cdot\cos 2x(1-\cos 3x)}{ax^n}\right]\\&=\lim_{x\to0}\frac{\frac{1}{2}x^2+o(x^2)}{ax^n}+\frac{\lim\limits_{x\to0}\frac{1}{2}(2x)^2+o(x^2)}{ax^n}+\frac{\lim\limits_{x\to0}\frac{1}{2}(3x)^2+o(x^2)}{ax^n}=1.\end{aligned}$$

故 $n=2$ 且 $\frac{1}{2a}+\frac{4}{2a}+\frac{9}{2a}=1$，解得 $a=7$.

例 1.16　(030204) 若 $x\to0$ 时，$(1-ax^2)^{\frac{1}{4}}-1$ 与 $x\sin x$ 是等价无穷小，则 $a=$ ________.

分析　根据等价无穷小的定义，相当于已知 $\lim\limits_{x\to0}\frac{(1-ax^2)^{\frac{1}{4}}-1}{x\sin x}=1$，反过来求 a. 注意在计算过程中尽可能地应用无穷小量的等价代换进行化简.

解　当 $x\to0$ 时，$(1-ax^2)^{\frac{1}{4}}-1\sim-\frac{1}{4}ax^2$，$x\sin x\sim x^2$. 于是，根据题设，有

$$\lim_{x\to0}\frac{(1-ax^2)^{\frac{1}{4}}-1}{x\sin x}=\lim_{x\to0}\frac{-\frac{1}{4}ax^2}{x^2}=-\frac{1}{4}a=1,\text{故 } a=-4.$$

例 1.17　(090204) 求极限：$\lim\limits_{x\to0}\frac{\mathrm{e}-\mathrm{e}^{\cos x}}{\sqrt[3]{1+x^2}-1}$.

分析　本题为“$\frac{0}{0}$”型，利用等价无穷小代换比较简单.

解　因为当 $x\to0$ 时，$\mathrm{e}^x-1\sim x$，$\sqrt[3]{1+x^2}-1\sim\frac{1}{3}x^2$，$\cos x-1\sim-\frac{x^2}{2}$. 所以 $\mathrm{e}^{\cos x-1}-1\sim\cos x-1\sim-\frac{x^2}{2}$. 故

$$\lim_{x\to0}\frac{\mathrm{e}-\mathrm{e}^{\cos x}}{\sqrt[3]{1+x^2}-1}=\lim_{x\to0}\frac{\mathrm{e}(1-\mathrm{e}^{\cos x-1})}{\sqrt[3]{1+x^2}-1}=\lim_{x\to0}\frac{\mathrm{e}(1-\cos x)}{\frac{1}{3}x^2}$$

$$=\lim_{x\to 0}\frac{\mathrm{e}\cdot\frac{1}{2}x^2}{\frac{1}{3}x^2}=\frac{3}{2}\mathrm{e}.$$

注意　利用等价无穷小代换求多个因式乘积的极限时比较简便，但用等价无穷小代换求和差的极限时要慎重．

常用的等价无穷小有：当$x\to 0$时，$\sin x\sim x$；$\tan x\sim x$；$1-\cos x\sim\frac{1}{2}x^2$；$\ln(1+x)\sim x$；$\arctan x\sim x$；$\mathrm{e}^x-1\sim x$；$\arcsin x\sim x$；$\sqrt[n]{1+x}-1\sim\frac{1}{n}x$.

题型4　函数连续性与间断点的判断

【方法与技巧】

这类问题通常由定义或函数在一点是否左右连续出发进行讨论．常见题型有：

（1）函数连续性的讨论．主要针对分段函数或含有绝对值符号的函数，常用左右连续的定义来完成．

（2）求函数的间断点并判断其类型．

（3）判断方程是否有根．

（4）利用连续函数的性质证明所给命题成立．

例1.18　（080204）设函数$f(x)=\begin{cases}x^2+1, & |x|\leqslant c,\\ \dfrac{2}{|x|}, & |x|>c\end{cases}$在$(-\infty,+\infty)$内连续，则$c=$________.

分析　本题为分段函数，应用左、右连续来求．

解　因为$c>0$，所以

$$\lim_{x\to c^+}f(x)=\lim_{x\to c^+}\frac{2}{|x|}=\lim_{x\to c^+}\frac{2}{x}=\frac{2}{c},\ \lim_{x\to c^-}f(x)=\lim_{x\to c^-}(x^2+1)=c^2+1,$$

而$f(c)=c^2+1$，所以$\frac{2}{c}=c^2+1$，$c=1$.

例1.19　（080204）已知函数$f(x)$连续，且$\lim\limits_{x\to 0}\frac{1-\cos[xf(x)]}{(\mathrm{e}^{x^2}-1)f(x)}=1$，则$f(0)=$________.

分析　把已知极限利用等价无穷小代换转化为含有$\lim\limits_{x\to 0}f(x)$的极限，再由函数的连续性求出$f(0)$.

解　因为函数$f(x)$连续，且$\lim\limits_{x\to 0}\frac{1-\cos[xf(x)]}{(\mathrm{e}^{x^2}-1)f(x)}=1$，所以当$x\to 0$时，

$$1-\cos[xf(x)]\sim\frac{[xf(x)]^2}{2},\quad \mathrm{e}^{x^2}-1\sim x^2.$$

于是有

$$\lim_{x\to0}\frac{1-\cos[xf(x)]}{(e^{x^2}-1)f(x)}=\lim_{x\to0}\frac{[xf(x)]^2}{2x^2f(x)}=\frac{1}{2}\lim_{x\to0}f(x)=\frac{1}{2}f(0)=1,$$

所以 $f(0)=2$.

例 1.20　(100204) 函数 $f(x)=\dfrac{x^2-x}{x^2-1}\sqrt{1+\dfrac{1}{x^2}}$ 的无穷间断点为(　　).

(A) 0;　(B) -1;　(C) 2;　(D) 3.

解　$f(x)=\dfrac{x^2-x}{x^2-1}\sqrt{1+\dfrac{1}{x^2}}$ 的间断点是 $x=0$, ±1.

$$\lim_{x\to0}f(x)=\lim_{x\to0}\frac{x^2-x}{x^2-1}\sqrt{1+\frac{1}{x^2}}=\lim_{x\to0}\frac{x(x-1)\sqrt{1+x^2}}{(x-1)(x+1)|x|}=\lim_{x\to0}\frac{x}{|x|}.$$

$\lim\limits_{x\to0^+}f(x)=1$, $\lim\limits_{x\to0^-}f(x)=-1$, 故 $x=0$ 为函数的第一类跳跃间断点.

$\lim\limits_{x\to1}f(x)=\lim\limits_{x\to1}\dfrac{1}{2}\sqrt{1+1}=\dfrac{\sqrt{2}}{2}$, 故 $x=1$ 为函数的第一类可去间断点;

$\lim\limits_{x\to-1}f(x)=\lim\limits_{x\to-1}\dfrac{x^2-x}{x^2-1}\sqrt{1+\dfrac{1}{x^2}}=\lim\limits_{x\to-1}\dfrac{x}{x+1}\sqrt{1+\dfrac{1}{x^2}}=\infty$, 故选 (B).

例 1.21　(070204) 函数 $f(x)=\dfrac{(e^x+e)\tan x}{x(e^{\frac{1}{x}}-e)}$ 在 $[-\pi,\pi]$ 上的第一类间断点是 $x=$(　　).

(A) 0;　(B) 1;　(C) $-\dfrac{\pi}{2}$;　(D) $\dfrac{\pi}{2}$.

解　由

$$\lim_{x\to0^+}\frac{(e^x+e)\tan x}{x(e^{\frac{1}{x}}-e)}=\lim_{x\to0^+}\frac{e^x+e}{e^{\frac{1}{x}}-e}=0,$$

$$\lim_{x\to0^-}\frac{(e^x+e)\tan x}{x(e^{\frac{1}{x}}-e)}=\lim_{x\to0^-}\frac{e^x+e}{e^{\frac{1}{x}}-e}=\frac{1+e}{-e},$$

所以 $x=0$ 是函数 $f(x)$ 的第一类间断点.

当 x 趋于 1, $\dfrac{\pi}{2}$, $-\dfrac{\pi}{2}$ 时, $f(x)$ 趋于 ∞, 所以不是 $f(x)$ 的第一类间断点, 故选(A).

例 1.22　(130304) 函数 $f(x)=\dfrac{|x|^x-1}{x(x+1)\ln|x|}$ 的可去间断点的个数为(　　).

(A) 0;　(B) 1;　(C) 2;　(D) 3.

解　
$$\lim_{x\to0}\frac{|x|^x-1}{x(x+1)\ln|x|}=\lim_{x\to0}\frac{e^{x\ln|x|}-1}{x(x+1)\ln|x|}=\lim_{x\to0}\frac{x\ln|x|}{x(x+1)\ln|x|}=1,$$

$$\lim_{x\to1}f(x)=\lim_{x\to1}\frac{x\ln|x|}{x(x+1)\ln|x|}=\frac{1}{2}\ (x\to1,\ e^{x\ln|x|}-1\sim x\ln|x|),$$

$$\lim_{x\to -1} f(x) = \lim_{x\to -1} \frac{x\ln|x|}{x(x+1)\ln|x|} = \infty,$$

而$f(0)$，$f(1)$ 无定义，故 $x=0$，$x=1$ 为可去间断点，选（C）.

例 1.23 证明方程 $x=a\sin x+b$，其中 $a>0$，$b>0$，至少有一正根，并且它不超过 $a+b$.

证 设$f(x)=a\sin x+b-x$，显然$f(x)$在$[0, a+b]$上连续，且$f(0)=b>0$，$f(a+b)=a\sin(a+b)+b-(a+b)=a\sin(a+b)-a\leqslant 0$，若$f(a+b)=0$，取$\xi=a+b$；若$f(a+b)<0$，由零点定理可知，存在$\xi\in(0, a+b)$，使得$f(\xi)=0$，所以方程至少有一正根，并且它不超过 $a+b$.

例 1.24 设$f(x)$在$[0, 2a]$上连续，且$f(0)=f(2a)$. 证明在$[0, a]$上至少存在一点ξ，使得$f(\xi)=f(\xi+a)$.

分析 构造一个在$[0, a]$上连续的函数 $F(x)$，再由零点定理证明 $F(x)=0$ 在$[0, a]$上至少有一个根.

证 设$F(x)=f(x+a)-f(x)$，显然 $F(x)$在$[0, a]$上连续，且

$$F(0)=f(a)-f(0), F(a)=f(2a)-f(a)=f(0)-f(a).$$

当$f(a)-f(0)=0$时，可取ξ为a或0，而当$f(a)-f(0)\neq 0$时，有

$$F(0)\cdot F(a)=-[f(a)-f(0)]^2<0,$$

由零点定理可知，至少存在一个$\xi\in(0, a)$，使得$F'(\xi)=0$，即

$$f(\xi)=f(\xi+a).$$

题型 5 求曲线的渐近线

【方法与技巧】

设曲线的方程为 $y=f(x)$，

如果$\lim\limits_{x\to\infty}f(x)=c$，则直线 $y=c$ 是曲线 $y=f(x)$的**水平渐近线**；

如果$\lim\limits_{x\to x_0}f(x)=\infty$，则直线 $x=x_0$ 是曲线 $y=f(x)$的**铅直渐近线**；

如果 $k=\lim\limits_{x\to\infty}\frac{f(x)}{x}$，$b=\lim\limits_{x\to\infty}(f(x)-kx)$，则直线 $y=kx+b$ 是曲线 $y=f(x)$的**斜渐近线**.

五、教材习题选解

习题 1.1

1. 设 $A=(-\infty, -5)$，$B=[-10, 3)$，$C=(5, +\infty)$，求：

(1) $A\cup B$；　(2) $A\cap B$；　(3) $A\cup B\cup C$；　(4) $A\setminus B$.

解 (1) $A\cup B=(-\infty, 3)$；(2) $A\cap B=[-10, -5)$；

(3) $A\cup B\cup C=(-\infty, 3)\cup(5, +\infty)$；(4) $A\setminus B=(-\infty, -10)$.

2. 判断下列结论是否正确，为什么？

(1) 函数 $y=\sqrt{x^2}$ 与函数 $y=x$ 相同；

(2) 函数 $y=(2^x+2^{-x})\ln(x+\sqrt{1+x^2})$ 是奇函数；

(3) 函数 $y=x^2(x>0)$ 是偶函数；

(4) 两个单调增加函数之和仍为单调增加函数；

(5) 复合函数 $f(g(x))$ 的定义域即 $g(x)$ 的定义域；

(6) 函数 $f(x)=\sin(x^2-x)$ 是有界函数.

解 (1) 不正确. 当 $x<0$ 时，函数 $y=\sqrt{x^2}=-x$，所以 $y=\sqrt{x^2}$ 与函数 $y=x$ 不相同；

(2) 正确. 记 $f(x)=(2^x+2^{-x})\ln(x+\sqrt{1+x^2})$，则由

$$\begin{aligned}f(-x)&=(2^{-x}+2^x)\ln\left[-x+\sqrt{1+(-x)^2}\right]\\&=(2^{-x}+2^x)\ln\frac{(-x+\sqrt{1+x^2})(x+\sqrt{1+x^2})}{(x+\sqrt{1+x^2})}\\&=(2^{-x}+2^x)\ln(x+\sqrt{1+x^2})^{-1}\\&=-(2^x+2^{-x})\ln(x+\sqrt{1+x^2})=-f(x),\end{aligned}$$

所以 $f(x)$ 是奇函数.

(3) 不正确. 函数 $y=x^2(x>0)$ 的定义域不关于原点对称.

(4) 正确. 设 $f(x)$，$g(x)$ 是定义在 D 上的两个单调增函数，任取 x_1，$x_2\in D$，不妨设 $x_1<x_2$，则 $f(x_1)<f(x_2)$，$g(x_1)<g(x_2)$. 记 $h(x)=f(x)+g(x)$，则 $h(x_1)-h(x_2)=f(x_1)-f(x_2)+g(x_1)-g(x_2)<0$，所以 $f(x)+g(x)$ 是增函数.

(5) 不正确. 复合函数 $f(g(x))$ 的定义域包含 $g(x)$ 的值域或与 $g(x)$ 的值域的交集非空.

(6) 正确. 因为 $|\sin(x^2-x)|\leqslant 1$，所以函数 $f(x)=\sin(x^2-x)$ 是有界函数.

3. 求下列函数的定义域：

(1) $y=\sqrt{x^2-4}+\dfrac{1}{|x-1|}$； (2) $y=\sin\sqrt{x}$；

(3) $y=\tan\dfrac{1}{x+1}$； (4) $y=\ln(x-2)+1$；

(5) $y=\dfrac{\lg(3-x)}{x^2-1}$； (6) $y=e^{\frac{1}{x}}$；

(7) $y=1-e^{1-x^2}$； (8) $y=\sqrt{3-x}+\arcsin(3-2x)$.

解 (1) 由 $x^2-4\geqslant 0$ 且 $|x-1|\neq 0$，得函数的定义域为

$$(-\infty,-2]\cup[2,+\infty)；$$

(2) $[0,+\infty)$；

(3) 由 $\dfrac{1}{x+1}\neq k\pi+\dfrac{\pi}{2}$，$k\in\mathbf{Z}$，得函数的定义域为

$$\left\{x\in\mathbf{R}\ \middle|\ x\neq\frac{1}{k\pi+\frac{\pi}{2}}-1,k\in\mathbf{Z}\right\}；$$

(4) 由 $x-2>0$，得函数的定义域为 $(2,+\infty)$；

(5) 由 $3-x>0$ 且 $x^2-1\neq 0$，得函数的定义域为

$$(-\infty,-1)\cup(-1,1)\cup(1,3)；$$

(6) $(-\infty, 0) \cup (0, +\infty)$;

(7) $\mathbf{R}$;

(8) 由 $3-x \geqslant 0$ 且 $-1 \leqslant 3-2x \leqslant 1$，得函数的定义域为 $[1, 2]$.

4. 设 $\varphi(x)=\begin{cases} |\sin x|, & |x|<\dfrac{\pi}{3}, \\ 0, & |x| \geqslant \dfrac{\pi}{3}, \end{cases}$ 求 $\varphi\left(\dfrac{\pi}{6}\right)$, $\varphi\left(-\dfrac{\pi}{4}\right)$, $\varphi(2)$.

解 $\varphi\left(\dfrac{\pi}{6}\right)=\left|\sin \dfrac{\pi}{6}\right|=\dfrac{1}{2}$, $\varphi\left(-\dfrac{\pi}{4}\right)=\left|\sin\left(-\dfrac{\pi}{4}\right)\right|=\dfrac{\sqrt{2}}{2}$, $\varphi(2)=0$.

5. 判断下列函数的奇偶性：

(1) $f(x)=\sin x+\cos x$;　　(2) $y=\dfrac{1}{2}(\mathrm{e}^{x}+\mathrm{e}^{-x})$;

(3) $y=\dfrac{1}{2}(\mathrm{e}^{x}-\mathrm{e}^{-x})$;　　(4) $y=\tan(\cos x)$.

解 (1) 非奇非偶函数；

(2) 记 $f(x)=\dfrac{1}{2}(\mathrm{e}^{x}+\mathrm{e}^{-x})$，则 $f(-x)=\dfrac{1}{2}(\mathrm{e}^{-x}+\mathrm{e}^{x})=f(x)$，所以函数为偶函数；

(3) 记 $f(x)=\dfrac{1}{2}(\mathrm{e}^{x}-\mathrm{e}^{-x})$，则 $f(-x)=\dfrac{1}{2}(\mathrm{e}^{-x}-\mathrm{e}^{x})=-f(x)$，所以函数为奇函数；

(4) 记 $f(x)=\tan(\cos x)$，则 $f(-x)=\tan(\cos(-x))=f(x)$，所以函数为偶函数.

6. 设 $f(x)$ 是定义在 $(-l, l)$ 内的奇函数，若 $f(x)$ 在 $(0, l)$ 内单调增加，证明 $f(x)$ 在 $(-l, 0)$ 内也单调增加.

证 任取 $x_1, x_2 \in (-l, 0)$ 且满足 $x_1<x_2$，则 $l>-x_1>-x_2>0$，下证 $f(x_1)<f(x_2)$. 因为 $f(x)$ 在 $(0, l)$ 内单调增加，所以 $f(-x_1)>f(-x_2)$. 又 $f(x)$ 是定义在 $(-l, l)$ 内的奇函数，故 $f(-x_1)=-f(x_1)$, $f(-x_2)=-f(x_2)$，从而 $f(x_1)<f(x_2)$，所以 $f(x)$ 在 $(-l, 0)$ 内单调增加.

7. 设下面所考虑的函数都是定义在 $(-l, l)$ 上的. 证明：

(1) 两个偶函数的和是偶函数，两个奇函数的和是奇函数；

(2) 两个偶函数的乘积是偶函数，两个奇函数的乘积是偶函数，偶函数与奇函数的乘积是奇函数.

证 (1) 设 $f(x)$, $g(x)$ 是定义在 $(-l, l)$ 上的两个偶函数，则

$$f(-x)+g(-x)=f(x)+g(x),$$

所以两个偶函数的和是偶函数.

同理，设 $f(x)$, $g(x)$ 是定义在 $(-l, l)$ 上的两个奇函数，则

$$f(-x)+g(-x)=-f(x)-g(x),$$

所以两个奇函数的和是奇函数.

(2) 设 $f(x)$, $g(x)$ 是定义在 $(-l, l)$ 上的两个偶函数，则

$$f(-x)\cdot g(-x)=f(x)\cdot g(x),$$

所以两个偶函数的乘积是偶函数.

设 $f(x)$, $g(x)$ 是定义在 $(-l, l)$ 上的两个奇函数，则

$$f(-x)\cdot g(-x)=(-f(x))\cdot(-g(x))=f(x)\cdot g(x),$$

所以两个奇函数的乘积是偶函数.

设 $f(x)$ 是定义在 $(-l, l)$ 上的偶函数，$g(x)$ 是定义在 $(-l, l)$ 上的奇函数，则

$$f(-x)\cdot g(-x)=-f(x)\cdot g(x),$$

所以偶函数与奇函数的乘积是奇函数.

8. 求 $y=2\sin 3x$，$x\in\left[-\frac{\pi}{6},\frac{\pi}{6}\right]$的反函数.

解　由于$x\in\left[-\frac{\pi}{6},\frac{\pi}{6}\right]$时，函数 $y=2\sin 3x$ 的值域为$[-2,2]$，所以函数 $y=2\sin 3x$ 的反函数为 $y=\frac{1}{3}\arcsin\left(\frac{x}{2}\right)$，$x\in[-2,2]$.

9. 对于下列每组函数写出$f(g(x))$的表达式：

(1) $f(x)=\sin x$，$g(x)=x^2-1$；

(2) $f(x)=\begin{cases}1, & |x|<1,\\ 0, & |x|=1,\\ -1, & |x|>1,\end{cases}$ $g(x)=e^x$.

解　(1) $f(g(x))=\sin(x^2-1)$；

(2) $$f(g(x))=\begin{cases}1, & |e^x|<1,\\ 0, & |e^x|=1,\\ -1, & |e^x|>1\end{cases}=\begin{cases}1, & x<0,\\ 0, & x=0,\\ -1, & x>0.\end{cases}$$

10. 设$f(x)=x^2+1$，$\varphi(x)=\sin 3x$，求$f(\varphi(x))$.

解　$f(\varphi(x))=\sin^2(3x)+1$.

11. 设$f(x+1)=x^2+3x+2$，求$f(x)$.

解　设 $u=x+1$，则$f(u)=f(x+1)=(x+1)^2+(x+1)=u^2+u$，于是$f(x)=x^2+x$.

12. 写出下列函数的复合过程：

(1) $y=\cos 3x$；　　(2) $y=\sin^2 x$；

(3) $y=\sqrt{1+x^2}$；　　(4) $y=e^{2x+1}$；

(5) $y=e^{\sin^2 x}$；　　(6) $y=\arcsin[\ln(x+3)]$.

解　(1) $y=\cos 3x$ 是由$f(u)=\cos u$，$u=3x$，$f(g(x))=\cos(3x)$复合而成；

(2) $y=\sin^2 x$ 是由$f(u)=u^2$，$u=\sin x$，$f(g(x))=\sin^2 x$复合而成；

(3) $y=\sqrt{1+x^2}$是由$f(u)=\sqrt{u}$，$u=1+x^2$，$f(g(x))=\sqrt{1+x^2}$复合而成；

(4) $y=e^{2x+1}$是由$f(u)=e^u$，$u=2x+1$，$f(g(x))=e^{2x+1}$复合而成；

(5) $y=e^{\sin^2 x}$是由$f(u)=e^u$，$u=\sin^2 x$，$f(g(x))=e^{\sin^2 x}$复合而成；

(6) $y=\arcsin[\ln(x+3)]$是由$f(u)=\arcsin(u)$，$u=\ln(x+3)$，$f(g(x))=\arcsin[\ln(x+3)]$复合而成.

13. 设$f(x)$的定义域为$[0,1]$，求下列各函数的定义域：

(1) $f(\sqrt{x})$；　　(2) $f(\sin x)$；

(3) $f(x+a)$ $(a>0)$；　　(4) $f(x+a)+f(x-a)$ $(a>0)$.

解　(1) 由$0\leqslant\sqrt{x}\leqslant 1$，得$0\leqslant x\leqslant 1$，所以该函数的定义域为$[0,1]$；

(2) 由$0\leqslant\sin x\leqslant 1$得$2k\pi\leqslant x\leqslant 2k\pi+\pi$，$k\in\mathbf{Z}$，所以该函数的定义域为$[2k\pi,2k\pi+\pi]$，$k\in\mathbf{Z}$；

（3）由 $0\leqslant x+a\leqslant 1$ 得 $-a\leqslant x\leqslant 1-a$，所以该函数的定义域为 $[-a,\ 1-a]$ $(a>0)$；

（4）由 $0\leqslant x+a\leqslant 1$ 且 $0\leqslant x-a\leqslant 1$ 得，当 $a>\frac{1}{2}$ 时，该函数的定义域为 $\varnothing$；当 $a=\frac{1}{2}$ 时，该函数的定义域为 $\frac{1}{2}$；当 $a<\frac{1}{2}$ 时，该函数的定义域为 $[a,\ 1-a]$.

14. 某产品共有 1500t，每吨定价 150 元，一次销售量不超过 100t 时，按原价出售；若一次销售量超过 100t，但不超过 500t 时，超出 100t 部分按 9 折出售；如果一次销售量超过 500t，超过 500t 的部分按 8 折出售，试将该产品一次出售的收入 y 表示成一次销售量 x 的函数.

解　当一次销售量不超过 100t 时，收入 $y=150x$；

当一次销售量超过 100t，但不超过 500t 时，收入

$$y=150\times 100+150(x-100)\times 0.9=135x+1500;$$

当一次销售量超过 500t，但不超过 1500t 时，收入

$$y=150\times 100+150(500-100)\times 0.9+150(x-500)\times 0.8=120x+9000.$$

所以一次出售的收入 y 与一次销售量 x 有如下函数关系：

$$y=\begin{cases}150x, & x\leqslant 100,\\ 135x+1500, & 100<x\leqslant 500,\\ 120x+9000, & 500<x\leqslant 1500.\end{cases}$$

15. 按照银行规定，某种外币一年期存款的年利率为 4.2%，半年期存款的年利率为 4.0%，每笔存款到期后，银行自动将其转存为同样期限的存款．设将总数为 A 单位货币的该种外币存入银行，两年后取出，问存何种期限的存款收益较多，多多少？

解　一年期两年后收益 $S_1=A(1+4.2\%)^2=1.085764A$；

半年期两年后收益 $S_2=A\left(1+4.0\%\cdot\frac{1}{2}\right)^4=1.08243216A$.

显然，$S_1>S_2$，所以一年期的存款收益较多，多 $S_1-S_2=0.00333184A$.

16. 设某商品的需求函数与供给函数分别为 $Q(P)=\frac{5600}{P}$ 和 $S(P)=P-10$.

（1）找出均衡价格，并求此时的供给量与需求量；

（2）在同一坐标系中画出供给与需求曲线；

（3）何时供给曲线过 P 轴，这一点的经济意义是什么？

解（1）满足 $Q(P)=S(P)$ 时的价格为均衡价格，此时由

$$\frac{5600}{P}=P-10$$

得到 $P=80$，从而 $Q=70$，$S=70$.

（2）如图 1-1 所示，其中 Q_d 表示需求量，Q_S 表示供给量.

（3）当价格 $P=10$ 时，$S(P)=0$，此时供给曲线过 P 轴．当价格 $P=10$ 时，商品价格不能覆盖商品成本，生产商也就没有利润，从而长期情况下市场供应量为零.

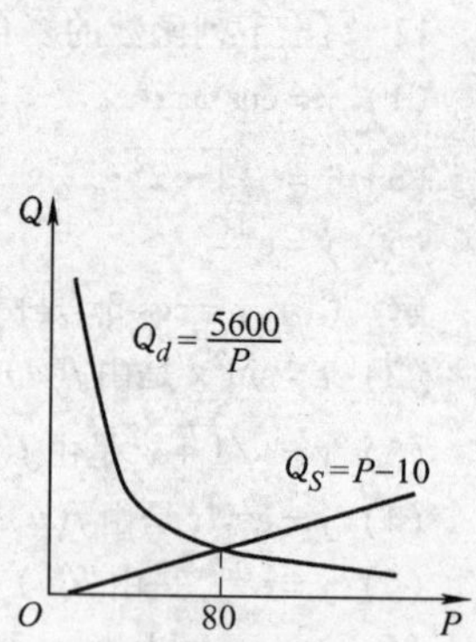

图　1-1

习题 1.2

1. 观察下列数列的变化趋势，判断它们是否有极限，若有极限，写出它们的极限：

（1）$x_n=1+\frac{1}{3^n}$；　　（2）$x_n=2^n+\frac{1}{4^n}$；

(3) $x_n=\frac{2n+3}{3n-1}$;　　　　(4) $x_n=[1+(-1)^n]\ \frac{n+1}{n}$.

解　(1) 有极限，极限为1；(2) 无极限；(3) 有极限，极限为$\frac{2}{3}$；(4) 无极限.

2. 判断下列各题是否正确，并说明原因：

(1) 如果数列$\{x_n\}$发散，则数列$\{x_n\}$必是无界数列；

(2) 若数列$\{x_n\}$收敛，则数列$\{x_n\}$必有界；

(3) 若数列$\{x_n\}$收敛，则$\lim\limits_{n\to\infty}x_n=\lim\limits_{n\to\infty}x_{n+k}$，其中$k$为正整数；

(4) 如果数列$\{x_n\}$有一个子列发散，则数列$\{x_n\}$发散.

解　(1) 不正确，例如，$x_n=(-1)^n$发散但是有界数列.

(2) 正确.

设$\lim\limits_{n\to\infty}x_n=a$，根据数列极限的定义，对于给定的$\varepsilon=1$，存在正整数$N$，使得当$n>N$时，$|x_n-a|<1$，从而有$|x_n|<|a|+1$. 取$M=\max\left\{|x_1|,|x_2|,\cdots,|x_N|,|a|+1\right\}$，则对于任意的正整数$n$，$|x_n|\leqslant M$成立，因此收敛的数列有界.

(3) 正确.

设$\lim\limits_{n\to\infty}x_n=a$，根据数列极限的定义，对于任意$\varepsilon>0$，存在正整数$N$，使得当$n>N$时，$|x_n-a|<\varepsilon$，因此对于正整数$k$，当$n+k>N$即$n>N-k$时就有$|x_{n+k}-a|<\varepsilon$，从而$\lim\limits_{n\to\infty}x_{n+k}=a$，即$\lim\limits_{n\to\infty}x_{n+k}=\lim\limits_{n\to\infty}x_n$.

(4) 正确. 若$\{x_n\}$是收敛数列，则$\{x_n\}$的每一子列都收敛，这与假设矛盾.

3*. 用数列极限的定义证明：

(1) $\lim\limits_{x\to\infty}\frac{1}{n^2}=0$;　　　　(2) $\lim\limits_{n\to\infty}\frac{2n}{3n-1}=\frac{2}{3}$.

证　(1) $\left|\frac{1}{n^2}-0\right|=\frac{1}{n^2}<\frac{1}{n}$. 对任意$\varepsilon>0$，欲使$\left|\frac{1}{n^2}-0\right|<\varepsilon$，只需$\frac{1}{n}<\varepsilon$，取$N=\left[\frac{1}{\varepsilon}\right]$，则当正整数$n>N$时，就有$\left|\frac{1}{n^2}\right|<\varepsilon$.

(2) $\left|\frac{2n}{3n-1}-\frac{2}{3}\right|=\frac{2}{3}\left|\frac{1}{3n-1}\right|<\frac{1}{3n}$. 对任意$\varepsilon>0$，欲使$\left|\frac{2n}{3n-1}-\frac{2}{3}\right|<\varepsilon$，只需$\frac{1}{3n}<\varepsilon$，取$N=\left[\frac{1}{3\varepsilon}\right]$，要找到正整数$N$，使得当$n>N$时，就有$\left|\frac{2n}{3n-1}-\frac{2}{3}\right|<\varepsilon$.

4*. 设数列$\{x_n\}$有界，又$\lim\limits_{n\to\infty}y_n=0$，证明：$\lim\limits_{n\to\infty}x_ny_n=0$.

证　由数列$\{x_n\}$有界得到，存在实数$M>0$，使得对于任意的正整数n，都有$|x_n|\leqslant M$. 又$\lim\limits_{n\to\infty}y_n=0$，因此，对于任意$\varepsilon>0$，存在正整数$N$，使得当$n>N$时，$|y_n|<\frac{\varepsilon}{M}$，从而$|x_ny_n|\leqslant M|y_n|<M\cdot\frac{\varepsilon}{M}=\varepsilon$，即$\lim\limits_{n\to\infty}x_ny_n=0$.

习题 1.3

1. 判断题：

(1) 若$\lim\limits_{x\to x_0}f(x)=A$，则$f(x_0)=A$;　　　　(　　)

(2) 已知$f(x_0)$不存在，但$\lim\limits_{x\to x_0}f(x)$不一定不存在;　　　　(　　)

(3) 若$f(x_0^+)$与$f(x_0^-)$都存在，则$\lim\limits_{x\to x_0}f(x)$必存在；　　(　　)

(4) $\lim\limits_{x\to\infty}f(x)=A$，则$\lim\limits_{n\to\infty}f(n)=A$.　　(　　)

解 (1) 错误．因为函数在一点的极限是否存在与其在该点处的函数值无关．

(2) 正确．例如$f(x)=\dfrac{\sin x}{x}$在$x_0=0$处没有定义，但$\lim\limits_{x\to 0}\dfrac{\sin x}{x}$存在且$\lim\limits_{x\to 0}\dfrac{\sin x}{x}=1$.

(3) 错误．当$f(x_0^+)$与$f(x_0^-)$都存在且相等时，则$\lim\limits_{x\to x_0}f(x)$存在．例如，符号函数$f(x)=\operatorname{sgn}x=\begin{cases}1, & x>0,\\ 0, & x=0,\\ -1, & x<0,\end{cases}$ 在$x_0=0$点处$f(0^+)=1$，$f(0^-)=-1$，但$f(0^+)\neq f(0^-)$，这时$\lim\limits_{x\to 0}f(x)$ 不存在．

(4) 正确．因为$\lim\limits_{x\to\infty}f(x)=A$，所以对$\forall\varepsilon>0$，存在$X>0$，当$|x|>X$时，有$|f(x)-A|<\varepsilon$. 因此当$n>X$时，就有$|f(x)-A|<\varepsilon$，这说明$\lim\limits_{n\to\infty}f(n)=A$.

2. 设函数$f(x)=\dfrac{\sqrt{x^2}}{x}$，回答下列问题：

(1) 函数$f(x)$ 在$x=0$处的左、右极限是否都存在?

(2) 函数$f(x)$ 在$x=0$处是否有极限？为什么?

(3) 函数$f(x)$ 在$x=1$处是否有极限？为什么?

解 (1) 存在．$\lim\limits_{x\to 0^-}f(x)=\lim\limits_{x\to 0^-}\dfrac{-x}{x}=-1$，$\lim\limits_{x\to 0^+}f(x)=\lim\limits_{x\to 0^+}\dfrac{x}{x}=1$.

(2) 因为$f(0^-)\neq f(0^+)$，所以函数$f(x)$在$x=0$处极限不存在；

(3) 因为$\lim\limits_{x\to 1^-}f(x)=\lim\limits_{x\to 1^-}\dfrac{x}{x}=1$，$\lim\limits_{x\to 1^+}f(x)=\lim\limits_{x\to 1^+}\dfrac{x}{x}=1$，所以$\lim\limits_{x\to 1^-}f(x)=\lim\limits_{x\to 1^+}f(x)=\lim\limits_{x\to 1}f(x)=1$.

3. 设$f(x)=\begin{cases}x+4, & x<1,\\ 2x-1, & x\geqslant 1,\end{cases}$ 求$\lim\limits_{x\to 1^-}f(x)$，$\lim\limits_{x\to 1^+}f(x)$；$\lim\limits_{x\to 1}f(x)$是否存在，为什么?

解 $\lim\limits_{x\to 1^-}f(x)=\lim\limits_{x\to 1^-}(x+4)=5$，$\lim\limits_{x\to 1^+}f(x)=\lim\limits_{x\to 1^+}(2x-1)=1$；$\lim\limits_{x\to 1}f(x)$不存在，因为$f(x)$在$x=1$处的左、右极限虽然都存在但不相等．

4. 设$f(x)=|x|$，求$\lim\limits_{x\to 0}f(x)$.

解 因为$\lim\limits_{x\to 0^-}f(x)=\lim\limits_{x\to 0^-}(-x)=0$；$\lim\limits_{x\to 0^+}f(x)=\lim\limits_{x\to 0^+}x=0$，所以$\lim\limits_{x\to 0}f(x)=\lim\limits_{x\to 0}|x|=0$.

5*. 根据函数极限的定义证明：

(1) $\lim\limits_{x\to 3}(3x-1)=8$；　　(2) $\lim\limits_{x\to +\infty}\dfrac{\sin x}{\sqrt{x}}=0$.

证 (1) 因为$|(3x-1)-8|=3|x-3|$，要使$|(3x-1)-8|<\varepsilon$，只需$|x-3|<\dfrac{\varepsilon}{3}$. 对于任意$\varepsilon>0$，取$\delta=\dfrac{1}{3}\varepsilon$，则当$0<|x-3|<\delta$时，就有

$$|(3x-1)-8|<\varepsilon,$$

所以$\lim\limits_{x\to 3}(3x-1)=8$.

(2) 因为$\left|\dfrac{\sin x}{\sqrt{x}}-0\right|=\dfrac{|\sin x|}{\sqrt{x}}\leqslant\left|\dfrac{1}{\sqrt{x}}\right|$，要使$\left|\dfrac{\sin x}{\sqrt{x}}-0\right|<\varepsilon$，只需$\dfrac{1}{\sqrt{x}}<\varepsilon$，即$x>\dfrac{1}{\varepsilon^2}$. 所以，

对于任意 $\varepsilon>0$，取 $X=\dfrac{1}{\varepsilon^2}$，则当 $x>X$ 时，就有

$$\left|\frac{\sin x}{\sqrt{x}}-0\right|<\varepsilon,$$

所以 $\lim\limits_{x\to+\infty}\dfrac{\sin x}{\sqrt{x}}=0$.

6*. 根据函数极限的定义证明：$\lim\limits_{x\to x_0}f(x)=A$ 的充要条件是 $\lim\limits_{x\to x_0^+}f(x)=\lim\limits_{x\to x_0^-}f(x)=A$.

证　先证必要性.

由 $\lim\limits_{x\to x_0}f(x)=A$，对于任意的 $\varepsilon>0$，存在 $\delta>0$，使得当 $0<|x-x_0|<\delta$ 时，有 $|f(x)-A|<\varepsilon$. 考虑到 $0<|x-x_0|<\delta$ 等价于 $0<x-x_0<\delta$ 且 $0<x_0-x<\delta$，因此当 $0<x_0-x<\delta$ 时，有 $|f(x)-A|<\varepsilon$，这说明 $\lim\limits_{x\to x_0^-}f(x)=A$. 当 $0<x-x_0<\delta$ 时，有 $|f(x)-A|<\varepsilon$，得到 $\lim\limits_{x\to x_0^+}f(x)=A$.

再证充分性.

由 $\lim\limits_{x\to x_0^-}f(x)=A$ 得到，对于任意的 $\varepsilon>0$，存在 $\delta_1>0$，使得当 $0<x_0-x<\delta_1$ 时有 $|f(x)-A|<\varepsilon$；由 $\lim\limits_{x\to x_0^+}f(x)=A$，对于上述 $\varepsilon>0$，存在 $\delta_2>0$，使得当 $0<x-x_0<\delta_2$ 时有 $|f(x)-A|<\varepsilon$. 取 $\delta=\min\{\delta_1,\delta_2\}$，当 $0<|x-x_0|<\delta$ 时，有 $|f(x)-A|<\varepsilon$，即

$$\lim_{x\to x_0}f(x)=A.$$

习题 1.4

1. 判断下列各题是否正确，并说明原因：

（1）零是无穷小；

（2）两个无穷小之和仍是无穷小；

（3）两个无穷大之和仍是无穷大；

（4）无界变量必是无穷大量；

（5）无穷大量必是无界变量.

解　（1）正确. 因为零的极限是零.

（2）正确. 根据数列与函数极限的性质可得.

（3）不正确. 例如，当 $x>\infty$ 时，$f(x)=x,g(x)=-x$ 都是无穷大，但它们的和是无穷小（零）.

（4）不正确. 例如，$y=e^x\sin x$ 在 $x\to\infty$ 时是无界变量，但当 $x=n\pi$ 时，$y=0$，所以 $y=e^x\sin x$ 不是 $x\to\infty$ 时的无穷大量.

（5）正确. 用反证的方法，若是有界变量，则一定不是无穷大量.

2. 当 $x\to 0$ 时，指出下列函数哪些是无穷小？哪些是无穷大？

（1）$y=\dfrac{x-1}{x+1}$；　（2）$y=\dfrac{x}{x^3+1}$；　（3）$y=x+\dfrac{1}{x}$；

（4）$y=\dfrac{\sin x}{x}$；　（5）$y=x\sin\dfrac{1}{x}$；　（6）$y=\cot x$.

解　因为 $\lim\limits_{x\to0}\dfrac{x-1}{x+1}=-1$，$\lim\limits_{x\to0}\dfrac{\sin x}{x}=1$，所以(1)，(4)既不是无穷大也不是无穷小.

因为$\lim\limits_{x\to0}\frac{x}{x^3+1}=0$，$\lim\limits_{x\to0}x\sin\frac{1}{x}=0$，所以(2)，(5)是无穷小．

因为$\lim\limits_{x\to0}\frac{1}{x+\frac{1}{x}}=0$，$\lim\limits_{x\to0}\frac{1}{\cot x}=\lim\limits_{x\to0}\tan x=0$，所以（3），（6）是无穷大．

3. 求下列极限：

（1）$\lim\limits_{x\to0}x^2\sin\frac{1}{x}$；　　（2）$\lim\limits_{x\to\infty}\frac{\arctan x}{x}$.

解　（1）因为当$x\to0$时，x^2是无穷小，$\sin\frac{1}{x}$是有界函数，即$\lim\limits_{x\to0}x^2=0$，$\left|\sin\frac{1}{x}\right|\leqslant1$，所以$\lim\limits_{x\to0}x^2\sin\frac{1}{x}=0$.

（2）因为$\lim\limits_{x\to\infty}\frac{1}{x}=0$，$|\arctan x|\leqslant\frac{\pi}{2}$，所以$\lim\limits_{x\to\infty}\frac{\arctan x}{x}=0$.

4. 函数$y=x\cos x$在$(-\infty,+\infty)$内是否有界？这个函数是否为当$x\to+\infty$时的无穷大？为什么？

解　函数$y=x\cos x$在$(-\infty,+\infty)$内无界．因为对$\forall M>0$，总存在正整数n使得$2n\pi>M$. 取$x=2n\pi\in(-\infty,+\infty)$，则$y(2n\pi)=2n\pi>M$，因此函数$y=x\cos x$在$(-\infty,+\infty)$内无界．

函数$y=x\cos x$在$x\to+\infty$时不是无穷大．例如，取$x=2n\pi+\frac{\pi}{2}$（$n\in\mathbf{Z}$），则

$$\left|y\left(2n\pi+\frac{\pi}{2}\right)\right|=\left(2n\pi+\frac{\pi}{2}\right)\cos\left(2n\pi+\frac{\pi}{2}\right)=0.$$

所以函数$y=x\cos x$不是当$x\to+\infty$时的无穷大．

5. 求函数$f(x)=\frac{4}{2-x^2}$的图形的渐近线．

解　因为$\lim\limits_{x\to\infty}\frac{4}{2-x^2}=0$，所以$y=0$是函数的水平渐近线．

又因为$\lim\limits_{x\to\sqrt{2}}\frac{4}{2-x^2}=\infty$及$\lim\limits_{x\to-\sqrt{2}}\frac{4}{2-x^2}=\infty$，因此$x=\pm\sqrt{2}$是函数的铅直渐近线．

习题 1.5

1. 判断题：

（1）在某一过程中，若函数$f(x)$的极限存在，$g(x)$的极限不存在，则$f(x)+g(x)$的极限不存在；　（　）

（2）在某一过程中，若函数$f(x)$和$g(x)$的极限都不存在，则$f(x)+g(x)$的极限也不存在；　（　）

（3）在某一过程中，若函数$f(x)$的极限存在，$g(x)$的极限不存在，则函数$f(x)g(x)$的极限不存在；　（　）

（4）在某一过程中，若函数$f(x)$和$g(x)$的极限都不存在，则$f(x)g(x)$的极限也不存在；　（　）

（5）$\lim\limits_{n\to\infty}\frac{1+2+3+\cdots+n}{n^2}=\lim\limits_{n\to\infty}\frac{1}{n^2}+\lim\limits_{n\to\infty}\frac{2}{n^2}+\cdots+\lim\limits_{n\to\infty}\frac{n}{n^2}=0$；　（　）

（6）$\lim\limits_{x\to0}x\sin\frac{1}{x}=\lim\limits_{x\to0}x\cdot\lim\limits_{x\to0}\sin\frac{1}{x}=0$；　（　）

(7) $\lim\limits_{x\to\infty}(x^2-3x)=\lim\limits_{x\to\infty}x^2-3\lim\limits_{x\to\infty}x=\infty-\infty=0$；　(　　)

(8) $\lim\limits_{x\to\infty}\frac{\sin x}{x}=1$；　(　　)

(9) $\lim\limits_{x\to\infty}\left(1-\frac{1}{x}\right)^x=\mathrm{e}$.　(　　)

解　(1) 正确．若$f(x)+g(x)$的极限存在，又$f(x)$的极限存在，可得$g(x)$的极限也存在，这与假设矛盾，所以$f(x)+g(x)$的极限不存在．

(2) 错误．例如，$f(x)=\sin\frac{1}{x}$与$g(x)=-\sin\frac{1}{x}$在$x\to0$时极限都不存在，但$f(x)+g(x)=0$在$x\to0$时极限存在．

(3) 错误．例如，$f(x)=0$在$x\to0$时极限存在且$\lim\limits_{x\to0}f(x)=0$，$g(x)=\sin\frac{1}{x}$在$x\to0$时极限不存在，但函数$f(x)g(x)$的极限存在且$\lim\limits_{x\to0}f(x)g(x)=0$.

(4) 错误．例如，$f(x)=\begin{cases}1, & x\geqslant0,\\-1, & x<0\end{cases}$与$g(x)=\begin{cases}1, & x\geqslant0,\\-1, & x<0\end{cases}$在$x=0$处极限均不存在，但$f(x)\cdot g(x)=1$在$x=0$处极限存在且极限为1.

(5) 错误．$\lim\limits_{n\to\infty}\frac{1+2+3+\cdots+n}{n^2}=\lim\limits_{n\to\infty}\frac{n(n+1)}{2n^2}=\frac{1}{2}$.

(6) 错误．因为$\lim\limits_{x\to0}\sin\frac{1}{x}$不存在，所以$\lim\limits_{x\to0}x\sin\frac{1}{x}\neq\lim\limits_{x\to0}x\cdot\lim\limits_{x\to0}\sin\frac{1}{x}$. 事实上，$\lim\limits_{x\to0}x\sin\frac{1}{x}=0$.

(7) 错误．因为$\lim\limits_{x\to\infty}\frac{1}{x^2-3x}=0$，所以$\lim\limits_{x\to\infty}(x^2-3x)=\infty$.

(8) 错误．$\lim\limits_{x\to\infty}\frac{\sin x}{x}=0$.

(9) 错误．因为$\lim\limits_{x\to\infty}\left(1-\frac{1}{x}\right)^x=\lim\limits_{x\to\infty}\left[\left(1-\frac{1}{x}\right)^{-x}\right]^{-1}=\mathrm{e}^{-1}$.

2. 计算下列极限：

(1) $\lim\limits_{x\to-1}\frac{2x+1}{x^2+1}$；　(2) $\lim\limits_{x\to1}\frac{x^2-1}{2x^2-x-1}$；

(3) $\lim\limits_{x\to2}\frac{x^3+7x^2}{(x-2)^2}$；　(4) $\lim\limits_{x\to0}\frac{x^2}{2-\sqrt{4+x^2}}$；

(5) $\lim\limits_{x\to\infty}\frac{\sqrt{3}x}{1+x^2}$；　(6) $\lim\limits_{x\to\infty}\frac{2x^2-x+1}{5x^2+1}$；

(7) $\lim\limits_{x\to\infty}\frac{x^3-1}{2x^2-x-1}$；　(8) $\lim\limits_{x\to\infty}\frac{(2x-1)^{100}(3x-2)^{200}}{(2x+1)^{300}}$；

(9) $\lim\limits_{x\to+\infty}\left(\frac{x^3}{1-x^2}+\frac{x^2}{1+x}\right)$；　(10) $\lim\limits_{x\to+\infty}\left(\sqrt{x^2+x+1}-\sqrt{x^2-x+1}\right)$.

解　(1) $\lim\limits_{x\to-1}\frac{2x+1}{x^2+1}=-\frac{1}{2}$.

(2) $\lim\limits_{x\to1}\frac{x^2-1}{2x^2-x-1}=\lim\limits_{x\to1}\frac{x+1}{2x+1}=\frac{2}{3}$.

(3) 因为$\lim\limits_{x\to2}\frac{(x-2)^2}{x^3+7x^2}=0$，所以

$$\lim_{x\to 2}\frac{x^3+7x^2}{(x-2)^2}=\infty.$$

(4) $\lim\limits_{x\to 0}\frac{x^2}{2-\sqrt{4+x^2}}=\lim\limits_{x\to 0}\frac{x^2(2+\sqrt{4+x^2})}{(2-\sqrt{4+x^2})(2+\sqrt{4+x^2})}$

$$=-\lim_{x\to 0}(2+\sqrt{4+x^2})=-4.$$

(5) $\lim\limits_{x\to\infty}\frac{\sqrt{3}x}{1+x^2}=\lim\limits_{x\to\infty}\frac{\frac{\sqrt{3}}{x}}{\frac{1}{x^2}+1}=0.$

(6) $\lim\limits_{x\to\infty}\frac{2x^2-x+1}{5x^2+1}=\frac{2}{5}.$

(7) $\lim\limits_{x\to\infty}\frac{x^3-1}{2x^2-x-1}=\infty.$

(8) $\lim\limits_{x\to\infty}\frac{(2x-1)^{100}(3x-2)^{200}}{(2x+1)^{300}}=\frac{3^{200}}{2^{200}}.$

(9) $\lim\limits_{x\to+\infty}\left(\frac{x^3}{1-x^2}+\frac{x^2}{1+x}\right)=\lim\limits_{x\to+\infty}\frac{x^2}{1-x^2}=-1.$

(10) $\lim\limits_{x\to+\infty}(\sqrt{x^2+x+1}-\sqrt{x^2-x+1})$

$$=\lim_{x\to+\infty}\frac{(\sqrt{x^2+x+1}-\sqrt{x^2-x+1})(\sqrt{x^2+x+1}+\sqrt{x^2-x+1})}{\sqrt{x^2+x+1}+\sqrt{x^2-x+1}}$$

$$=\lim_{x\to+\infty}\frac{2x}{\sqrt{x^2+x+1}+\sqrt{x^2-x+1}}$$

$$=\lim_{x\to+\infty}\frac{2}{\sqrt{1+\frac{1}{x}+\frac{1}{x^2}}+\sqrt{1-\frac{1}{x}+\frac{1}{x^2}}}=1.$$

习题 1.6

1. 计算下列极限；

(1) $\lim\limits_{x\to 0}\frac{\sin ax}{x}$；　　(2) $\lim\limits_{x\to 0}\frac{\tan 2x}{x}$；

(3) $\lim\limits_{x\to 0}\frac{\sin 3x}{\sin x}$；　　(4) $\lim\limits_{x\to\infty}x\sin\frac{1}{x^2}$；

(5) $\lim\limits_{n\to\infty}3^n\sin\frac{x}{3^n}(x\neq 0)$；　　(6) $\lim\limits_{x\to 0}\frac{1-\cos 2x}{x\sin x}$；

(7) $\lim\limits_{x\to 0}\frac{\sin x+2x}{\tan x+2x}$；　　(8) $\lim\limits_{x\to 0}\left(x\sin\frac{1}{x}+\frac{1}{x}\sin x\right)$.

解　(1) $\lim\limits_{x\to 0}\frac{\sin ax}{x}=a\lim\limits_{x\to 0}\frac{\sin ax}{ax}=a.$

(2) $\lim\limits_{x\to 0}\frac{\tan 2x}{x}=2\lim\limits_{x\to 0}\frac{\tan 2x}{2x}=2.$

（3）$\lim\limits_{x\to0}\frac{\sin 3x}{\sin x}=\lim\limits_{x\to0}\frac{\sin3x}{3x}\cdot\frac{3x}{\sin x}=3.$

（4）$\lim\limits_{x\to\infty}x\sin\frac{1}{x^2}=\lim\limits_{x\to\infty}\frac{1}{x}\cdot\lim\limits_{x\to\infty}\frac{\sin\frac{1}{x^2}}{\frac{1}{x^2}}=0\times1=0.$

（5）$\lim\limits_{n\to\infty}3^n\sin\frac{x}{3^n}=x\lim\limits_{n\to\infty}\frac{\sin\frac{x}{3^n}}{\frac{x}{3^n}}=x.$

（6）$\lim\limits_{x\to0}\frac{1-\cos 2x}{x\sin x}=\lim\limits_{x\to0}\frac{1-\cos2x}{2x^2}\cdot\frac{2x^2}{x\sin x}$

$=\lim\limits_{x\to0}\frac{2\sin^2 x}{2x^2}\cdot\frac{2x}{\sin x}=1\times2=2.$

（7）$\lim\limits_{x\to0}\frac{\sin x+2x}{\tan x+2x}=\lim\limits_{x\to0}\frac{\frac{\sin x}{x}+2}{\frac{\tan x}{x}+2}=1.$

（8）$\lim\limits_{x\to0}\left(x\sin\frac{1}{x}+\frac{1}{x}\sin x\right)=\lim\limits_{x\to0}x\sin\frac{1}{x}+\lim\limits_{x\to0}\frac{\sin x}{x}=1.$

2. 计算下列极限：

（1）$\lim\limits_{x\to0}\left(1-\frac{x}{3}\right)^{\frac{1}{x}}$；　　（2）$\lim\limits_{x\to\infty}\left(\frac{x-1}{x+1}\right)^x$；

（3）$\lim\limits_{x\to\infty}\left(\frac{x+1}{x+2}\right)^x$；　　（4）$\lim\limits_{x\to0}(1-3x)^{\frac{2}{x}}$；

（5）$\lim\limits_{x\to+\infty}\left(1+\frac{1}{x}\right)^{\sqrt{x}}$；　　（6）$\lim\limits_{n\to\infty}\{n[\ln(n+1)-\ln n]\}$．

解　（1）$\lim\limits_{x\to0}\left(1-\frac{x}{3}\right)^{\frac{1}{x}}=\lim\limits_{x\to0}\left[\left(1-\frac{x}{3}\right)^{-\frac{3}{x}}\right]^{-\frac{1}{3}}=e^{-\frac{1}{3}}.$

（2）$\lim\limits_{x\to\infty}\left(\frac{x-1}{x+1}\right)^x=\lim\limits_{x\to\infty}\left[\left(1-\frac{2}{x+1}\right)^{-\frac{x+1}{2}}\right]^{-\frac{2x}{x+1}}=e^{-2}.$

（3）$\lim\limits_{x\to\infty}\left(\frac{x+1}{x+2}\right)^x=\lim\limits_{x\to\infty}\left(1-\frac{1}{x+2}\right)^x=\lim\limits_{x\to\infty}\left[\left(1-\frac{1}{x+2}\right)^{-(x+2)}\right]^{-\frac{x}{x+2}}=e^{-1}.$

（4）$\lim\limits_{x\to0}(1-3x)^{\frac{2}{x}}=\lim\limits_{x\to0}\left[(1-3x)^{-\frac{1}{3x}}\right]^{-6}=e^{-6}.$

（5）$\lim\limits_{x\to+\infty}\left(1+\frac{1}{x}\right)^{\sqrt{x}}=\lim\limits_{x\to+\infty}\left[\left(1+\frac{1}{x}\right)^x\right]^{\frac{1}{\sqrt{x}}}=e^0=1$；

（6）$\lim\limits_{n\to\infty}\{n[\ln(n+1)-\ln n]\}=\lim\limits_{n\to\infty}\ln\left(1+\frac{1}{n}\right)^n=\ln e=1.$

3. 利用极限存在准则证明：

（1）$\lim\limits_{n\to\infty}n\left(\frac{1}{n^2+\pi}+\frac{1}{n^2+2\pi}+\cdots+\frac{1}{n^2+n\pi}\right)=1$；

（2）数列$\sqrt{2}$，$\sqrt{2+\sqrt{2}}$，$\sqrt{2+\sqrt{2+\sqrt{2}}}$，…的极限存在，并求其极限．

证 （1）由

$$\frac{n^2}{n^2+n\pi}<n\left(\frac{1}{n^2+\pi}+\frac{1}{n^2+2\pi}+\cdots+\frac{1}{n^2+n\pi}\right)<\frac{n^2}{n^2+\pi},$$

且 $\lim\limits_{n\to\infty}\frac{n^2}{n^2+\pi}=\lim\limits_{n\to\infty}\frac{n^2}{n^2+n\pi}=1$，根据夹逼准则，得

$$\lim_{n\to\infty}n\left(\frac{1}{n^2+\pi}+\frac{1}{n^2+2\pi}+\cdots+\frac{1}{n^2+n\pi}\right)=1.$$

（2）设 $x_1=\sqrt{2}$，$x_{n+1}=\sqrt{2+x_n}$（$n=1,2,3,\cdots$）.

先证数列 $\{x_n\}$ 有界.

当 $n=1$ 时，$x_1=\sqrt{2}<2$，假定 $n=k$ 时 $x_k<2$. 当 $n=k+1$ 时，

$$x_{k+1}=\sqrt{2+x_k}<\sqrt{2+2}=2,$$

所以 $x_n<2$（$n=1,2,\cdots$），即数列 $\{x_n\}$ 有界.

再证数列单调增加. 因

$$x_{n+1}-x_n=\sqrt{2+x_n}-x_n=\frac{2+x_n-x_n^2}{\sqrt{2+x_n}+x_n}=-\frac{(x_n-2)(x_n+1)}{\sqrt{2+x_n}+x_n},$$

而 $x_n-2<0$，所以 $x_{n+1}-x_n>0$，即数列 $\{x_n\}$ 单调增加.

综上所述，此数列极限存在. 记 $\lim\limits_{n\to\infty}x_n=a$，由 $x_{n+1}=\sqrt{2+x_n}$，得 $x_{n+1}^2=2+x_n$，两边取极限，有

$$a^2=a+2\Rightarrow a_1=2,\ a_2=-1(\text{舍去}),$$

所以 $\lim\limits_{n\to\infty}x_n=2$.

4. 某企业计划发行公司债券，规定以年利率6.5%的连续复利计算利息，10年后每份债券一次性偿还本息1000元，问发行时每份债券的价格应定为多少元？

解 设发行时每份债券的价格应定为 x 元，则由题意，得到 $xe^{6.5\%\times10}=1000$，解得 $x=522.046$（元）.

习题 1.7

1. 当 $x\to0$ 时，$2x-x^2$ 与 x^2-x^3 相比，哪一个是较高阶的无穷小？

解 因为 $\lim\limits_{x\to0}\frac{x^2-x^3}{2x-x^2}=\lim\limits_{x\to0}\frac{x(1-x)}{2-x}=0$，且 $\lim\limits_{x\to0}(x^2-x^3)=\lim\limits_{x\to0}(2x-x^2)=0$，所以当 $x\to0$ 时，x^2-x^3 是比 $2x-x^2$ 较高阶的无穷小.

2. 当 $x\to1$ 时，无穷小 $1-x$ 与下列无穷小是否同阶？是否等价？

（1）$\frac{1}{2}(1-x^2)$； （2）$1-x^3$.

解 （1）因为 $\lim\limits_{x\to1}\frac{1-x}{\frac{1}{2}(1-x^2)}=\lim\limits_{x\to1}\frac{2}{1+x}=1$，所以当 $x\to1$ 时，$1-x$ 与 $\frac{1}{2}(1-x^2)$ 是同阶且等价无穷小.

（2）因为 $\lim\limits_{x\to1}\frac{1-x}{1-x^3}=\lim\limits_{x\to1}\frac{1}{1+x+x^2}=\frac{1}{3}$，所以当 $x\to1$ 时，$1-x$ 与 $1-x^3$ 是同阶但不等价无穷小.

3. 证明当 $x\to 0$ 时，有

（1）$\sec x-1\sim\dfrac{x^2}{2}$；　（2）$\arctan x\sim x$；　（3）$\sqrt[3]{1+x}-1\sim\dfrac{1}{3}x$.

证　（1）因为

$$\lim_{x\to 0}\frac{\sec x-1}{\frac{x^2}{2}}=\lim_{x\to 0}\frac{\frac{1}{\cos x}-1}{\frac{x^2}{2}}=\lim_{x\to 0}\frac{1-\cos x}{x^2}\cdot\frac{2}{\cos x},$$

且当 $x\to 0$ 时，$1-\cos x\sim\dfrac{x^2}{2}$，所以

$$\lim_{x\to 0}\frac{\sec x-1}{\frac{x^2}{2}}=\lim_{x\to 0}\frac{\frac{x^2}{2}}{x^2}\cdot\frac{2}{\cos x}=1,$$

所以
$$\sec x-1\sim\frac{x^2}{2}.$$

（2）令 $t=\arctan x$，当 $x\to 0$ 时，$t\to 0$，所以

$$\lim_{x\to 0}\frac{\arctan x}{x}=\lim_{t\to 0}\frac{t}{\tan t}=1,$$

故 $\arctan x\sim x$.

（3）因为

$$\lim_{x\to 0}\frac{\sqrt[3]{1+x}-1}{\frac{x}{3}}=\lim_{x\to 0}\frac{3x}{x(\sqrt[3]{(1+x)^2}+\sqrt[3]{1+x}+1)}=1,$$

所以
$$\sqrt[3]{1+x}-1\sim\frac{1}{3}x.$$

4. 利用等价无穷小的性质求下列极限：

（1）$\lim\limits_{x\to 0}\dfrac{\sin 3x}{\tan 5x}$；　（2）$\lim\limits_{x\to 0}\dfrac{\sin^m x}{(\sin x)^n}$（$n$，$m$ 为正整数）；

（3）$\lim\limits_{x\to 0}\dfrac{\tan x-\sin x}{\sin^3 x}$；（4）$\lim\limits_{x\to 0}\dfrac{\sin 2x(\sec x-1)}{\arctan x}$.

解　（1）因为当 $x\to 0$ 时，$\sin 3x\sim 3x$，$\tan 5x\sim 5x$，所以

$$\lim_{x\to 0}\frac{\sin 3x}{\tan 5x}=\lim_{x\to 0}\frac{3x}{5x}=\frac{3}{5}.$$

（2）因为当 $x\to 0$ 时，$\sin^m x\sim x^m$，所以

$$\lim_{x\to 0}\frac{\sin^m x}{(\sin x)^n}=\lim_{x\to 0}\frac{x^m}{x^n}=\begin{cases}0, m>n,\\ 1,\ m=n,\\ \infty,\ m<n.\end{cases}$$

（3）$\lim\limits_{x\to 0}\dfrac{\tan x-\sin x}{\sin^3 x}=\lim\limits_{x\to 0}\dfrac{\tan x(1-\cos x)}{\sin^3 x}=\lim\limits_{x\to 0}\dfrac{x\cdot\frac{x^2}{2}}{x^3}=\dfrac{1}{2}.$

（4）$\lim\limits_{x\to 0}\dfrac{\sin 2x(\sec x-1)}{\arctan x}=\lim\limits_{x\to 0}\dfrac{\sin 2x(1-\cos x)}{\arctan x\cos x}$

$$=\lim_{x\to0}\frac{2x\cdot\frac{x^2}{2}}{x}\cdot\lim_{x\to0}\frac{1}{\cos x}=0.$$

习题 1.8

1. 判断下列各题是否正确，并说明原因：

(1) $f(x)$在其定义域(a, b)内一点 x_0 处连续的充分必要条件是$f(x)$在 x_0 既左连续又右连续.

(2) $f(x)$在 $x=x_0$ 连续，$g(x)$在 $x=x_0$ 不连续，则$f(x)+g(x)$在 x_0 一定不连续.

(3) $f(x)$在 x_0 处连续，$g(x)$在 x_0 处不连续，则$f(x)\cdot g(x)$在 x_0 一定不连续.

解 (1) 正确.

(2) 正确. 用反证的方法，假设$f(x)+g(x)$在 x_0 连续，则根据函数极限的性质，由$f(x)$在 $x=x_0$ 连续，可得到 $g(x)$在 $x=x_0$ 连续，与假设矛盾.

(3) 不正确. 例如，$f(x)$在 $x=x_0$ 的某邻域内取值为零，尽管 $g(x)$在 $x=x_0$ 不连续，但$f(x)\cdot g(x)$在 $x=x_0$ 的某邻域内恒为零，因此连续.

2. 求函数$f(x)=\dfrac{x^3+3x^2-x-3}{x^2+x-6}$的连续区间，并求$\lim\limits_{x\to0}f(x)$，$\lim\limits_{x\to-3}f(x)$.

解 因为$f(x)$ 是初等函数，所以在定义域内连续，所以$f(x)$的连续区间应为$(-\infty, -3)\cup(-3, 2)\cup(2, +\infty)$.

$$\lim_{x\to0}f(x)=\frac{1}{2},\qquad \lim_{x\to-3}f(x)=-\frac{8}{5}.$$

3. 讨论$f(x)=\begin{cases}x^2, & 0\leqslant x\leqslant1,\\ 2-x, & 1\leqslant x\leqslant2\end{cases}$的连续性，并画出其图形.

解 因为 $\lim\limits_{x\to1^-}f(x)=\lim\limits_{x\to1^+}f(x)=1=f(1)$，所以函数$f(x)$ 在 $x=1$ 点连续，从而$f(x)$在定义域 $[0, 2]$上连续，如图 1-2 所示.

图 1-2

4. 讨论下列函数在 $x=0$ 处的连续性：

(1) $f(x)=\begin{cases}\dfrac{x}{1-\sqrt{1-x}}, & x<0,\\ x+2, & x\geqslant0;\end{cases}$

(2) $f(x)=\begin{cases}1+\cos x, & x\leqslant0,\\ \dfrac{\ln(1+2x)}{x}, & x>0.\end{cases}$

解 (1) 因为

$$\lim_{x\to0^-}f(x)=\lim_{x\to0^-}\frac{x}{1-\sqrt{1-x}}=\lim_{x\to0^-}\frac{x(1+\sqrt{1-x})}{1-(1-x)}=2=f(0),$$

又因为
$$\lim_{x\to0^+}f(x)=\lim_{x\to0^+}(x+2)=2=f(0),$$

从而有
$$\lim_{x\to0^+}f(x)=\lim_{x\to0^-}f(x)=2=f(0),$$

所以$f(x)$在 $x=0$ 连续.

(2) 因为

$$\lim_{x\to0^-}f(x)=\lim_{x\to0^-}(1+\cos x)=2=f(0),$$

$$\lim_{x\to0^+}f(0)=\lim_{x\to0^+}\frac{\ln(1+2x)}{x}=2=f(0),$$

所以$f(x)$在$x=0$连续.

5. 指出下列函数的间断点属于哪一类. 若是可去间断点，则补充或改变函数的定义使其连续.

(1) $f(x)=\dfrac{1}{x^2-4}$;　　(2) $f(x)=e^{\frac{1}{x}}$;

(3) $f(x)=\dfrac{x^2-1}{x^2-3x+2}$, $x=1$, $x=2$;　(4) $y=\begin{cases}x-1, & x\leqslant1,\\ 3-x, & x>1,\end{cases}$ $x=1$.

解　(1) 因为$\lim\limits_{x\to\pm2}\dfrac{1}{x^2-4}=\infty$，所以$x=\pm2$是函数的第二类间断点中的无穷间断点.

(2) 因为$\lim\limits_{x\to0^+}e^{\frac{1}{x}}=+\infty$，所以$x=0$是函数的第二类间断点中的无穷间断点.

(3) 因为函数在$x=1$处无定义，所以$x=1$是函数的间断点，又

$$\lim_{x\to1}\frac{x^2-1}{x^2-3x+2}=\lim_{x\to1}\frac{(x-1)(x+1)}{(x-1)(x-2)}=\lim_{x\to1}\frac{x+1}{x-2}=-2,$$

所以$x=1$是函数的第一类间断点中的可去间断点，在$x=1$处补充定义$f(1)=-2$可使函数在$x=1$处连续.

因为函数在$x=2$处无定义，所以$x=2$是函数的间断点，又

$$\lim_{x\to2}\frac{x^2-1}{x^2-3x+2}=\lim_{x\to2}\frac{(x-1)(x+1)}{(x-1)(x-2)}=\lim_{x\to2}\frac{x+1}{x-2}=\infty,$$

所以$x=2$是函数的第二类间断点中的无穷间断点.

(4) 因为$\lim\limits_{x\to1^-}y=\lim\limits_{x\to1^-}(x-1)=0$，$\lim\limits_{x\to1^+}y=\lim\limits_{x\to1^+}(3-x)=2$，所以$x=1$是函数的第一类间断点中的跳跃间断点.

6. 求下列极限:

(1) $\lim\limits_{x\to0}\sqrt{x^2-2x+5}$;　　(2) $\lim\limits_{\alpha\to\frac{\pi}{4}}(\sin2\alpha)^3$;

(3) $\lim\limits_{x\to1}\ln(e^x+|x|)$;　　(4) $\lim\limits_{x\to4}\dfrac{\sqrt{2x+1}-3}{\sqrt{x-2}-\sqrt{2}}$;

(5) $\lim\limits_{x\to0}\dfrac{\log_a(1+2x)}{x}$ ($a>0$, 且$a\neq1$);　(6) $\lim\limits_{x\to0^-}\dfrac{2^{\frac{1}{x}}-1}{2^{\frac{1}{x}}+1}$;

(7) $\lim\limits_{x\to\frac{1}{2}}\arcsin\sqrt{1-x^2}$.

解　(1) $\lim\limits_{x\to0}\sqrt{x^2-2x+5}=\sqrt{5}$.

(2) $\lim\limits_{\alpha\to\frac{\pi}{4}}(\sin2\alpha)^3=1$.

(3) $\lim\limits_{x\to1}\ln(e^x+|x|)=\ln(e+1)$.

(4) **方法一**

$$\lim_{x\to4}\frac{\sqrt{2x+1}-3}{\sqrt{x-2}-\sqrt{2}}$$

$$=\lim_{x\to4}\frac{(\sqrt{2x+1}-3)(\sqrt{x-2}+\sqrt{2})(\sqrt{2x+1}+3)}{(\sqrt{x-2}-\sqrt{2})(\sqrt{x-2}+\sqrt{2})(\sqrt{2x+1}+3)}$$

$$=\lim_{x\to4}\frac{(2x-8)(\sqrt{x-2}+\sqrt{2})}{(x-4)(\sqrt{2x+1}+3)}=\lim_{x\to4}\frac{2(\sqrt{x-2}+\sqrt{2})}{\sqrt{2x+1}+3}=\frac{2\sqrt{2}}{3}.$$

方法二

$$\lim_{x\to4}\frac{\sqrt{2x+1}-3}{\sqrt{x-2}-\sqrt{2}}=\lim_{x\to4}\frac{\sqrt{2(x-4)+9}-3}{\sqrt{(x-4)+2}-\sqrt{2}}$$

$$=\lim_{x\to4}\frac{3\sqrt{1+\frac{2}{9}(x-4)}-3}{\sqrt{2}\sqrt{1+\frac{1}{2}(x-4)}-\sqrt{2}}=\frac{3}{\sqrt{2}}\lim_{x\to4}\frac{\sqrt{1+\frac{2}{9}(x-4)}-1}{\sqrt{1+\frac{1}{2}(x-4)}-1}.$$

因为当 $x\to4$ 时，$\sqrt{1+\frac{2}{9}(x-4)}-1\sim\frac{2}{9}(x-4)$，$\sqrt{1+\frac{1}{2}(x-4)}-1\sim\frac{1}{2}(x-4)$，所以

$$\lim_{x\to4}\frac{\sqrt{2x+1}-3}{\sqrt{x-2}-\sqrt{2}}=\frac{3}{\sqrt{2}}\lim_{x\to4}\frac{\frac{2}{9}(x-4)}{\frac{1}{2}(x-4)}=\frac{2\sqrt{2}}{3}.$$

(5) $\lim_{x\to0}\frac{\log_a(1+2x)}{x}=\frac{1}{\ln a}\lim_{x\to0}\frac{\ln(1+2x)}{x}$

$$=\frac{2}{\ln a}\lim_{x\to0}\ln(1+2x)^{\frac{1}{2x}}=\frac{2}{\ln a}\ln e=\frac{2}{\ln a}.$$

(6) 因为当 $x\to0^-$ 时，$\frac{1}{x}\to-\infty$，所以 $2^{\frac{1}{x}}\to0$，从而有

$$\lim_{x\to0^-}\frac{2^{\frac{1}{x}}-1}{2^{\frac{1}{x}}+1}=-1.$$

(7) $\lim_{x\to\frac{1}{2}}\arcsin\sqrt{1-x^2}=\arcsin\frac{\sqrt{3}}{2}=\frac{\pi}{3}.$

7. 设函数 $f(x)=\begin{cases}e^x, & x<0,\\ a+x, & x\geqslant0.\end{cases}$ 应怎样选择 a，可使 $f(x)$ 在 $(-\infty,+\infty)$ 内连续?

解　因为 $f(x)$ 在 $(-\infty,0)$，$(0,+\infty)$ 是连续的，所以只需讨论函数在 $x=0$ 点的连续性. 由

$$\lim_{x\to0^-}f(x)=\lim_{x\to0^-}e^x=1,\ \lim_{x\to0^+}f(x)=\lim_{x\to0^+}(a+x)=a,\ \text{所以当 } a=1 \text{ 时，}$$

$$\lim_{x\to0^-}f(x)=\lim_{x\to0^+}f(x)=f(0),$$

即 $f(x)$ 在 $x=0$ 点连续，因此 $f(x)$ 在 $(-\infty,+\infty)$ 内连续.

8. 讨论函数 $f(x)=\lim_{n\to\infty}\frac{1-x^{2n}}{1+x^{2n}}x$ 的连续性，若有间断点，判别其类型.

解　由于 $f(x)=\lim_{n\to\infty}\frac{1-x^{2n}}{1+x^{2n}}x=\begin{cases}-x, & |x|>1,\\ 0, & |x|=1,\\ x, & |x|<1,\end{cases}$ 在分段点 $x=-1$ 处，

$$\lim_{x\to -1^-} f(x) = \lim_{x\to -1^-}(-x) = 1,\ \lim_{x\to -1^+} f(x) = \lim_{x\to -1^+} x = -1,$$

所以 $x=-1$ 是函数的第一类间断点中的跳跃间断点.

在分段点 $x=1$ 处,

$$\lim_{x\to 1^-} f(x) = \lim_{x\to 1^-} x = 1,\ \lim_{x\to 1^+} f(x) = \lim_{x\to 1^+}(-x) = -1,$$

所以 $x=1$ 是函数的第一类间断点中的跳跃间断点.

习题 1.9

1. 证明方程 $x^5-3x+1=0$ 在 1 与 2 之间至少有一个实根.

证　令 $f(x)=x^5-3x+1$，则 $f(x)$ 在 $[1, 2]$ 内连续，且 $f(1)=-1<0$，$f(2)=27>0$，根据零点定理可知，$f(x)$ 在 1 与 2 之间至少有一个零点，即方程 $x^5-3x+1=0$ 在 1 与 2 之间至少有一个实根.

2. 证明方程在 $x=e^x-2$ 区间 $(0, 2)$ 内至少有一个实根.

证　令 $f(x)=e^x-x-2$，则 $f(x)$ 在 $[0, 2]$ 内连续，且 $f(0)=-1<0$，$f(2)=e^2-4>0$，根据零点定理可知，$f(x)$ 在 0 与 2 之间至少有一个零点，即方程 $x=e^x-2$ 在 0 与 2 之间至少有一个根.

3. 设函数 $f(x)$ 在闭区间 $[0, 1]$ 上连续，且对于 $[0, 1]$ 上任意一点 x 有 $0\leqslant f(x)\leqslant 1$. 试证明在 $[0, 1]$ 中必存在一点 ξ，使得 $f(\xi)=\xi$（ξ 称为 $f(x)$ 的不动点).

证　令 $g(x)=f(x)-x$，则 $g(x)$ 在 $[0, 1]$ 上连续，且 $g(0)=f(0)\geqslant 0$，$g(1)=f(1)-1\leqslant 0$，若 $g(0)=0$ 或 $g(1)=0$，则结论可证；若 $g(0)>0$ 且 $g(1)<0$，则由零点定理可知，在 $(0, 1)$ 内至少存在一点 ξ 使得 $g(\xi)=0$，即 $f(\xi)=\xi$. 综上，在 $[0, 1]$ 中必存在一点 ξ，使得 $f(\xi)=\xi$.

4. 证明：若 $f(x)$ 在 $[a, b]$ 上连续，$a<x_1<x_2<\cdots<x_n<b$，则在 $[x_1, x_n]$ 上必有 ξ，使

$$f(\xi)=\frac{f(x_1)+f(x_2)+\cdots+f(x_n)}{n}.$$

证　设

$$M=\max\left\{f(x)\ \middle|\ x_1\leqslant x\leqslant x_n\right\},\ m=\min\left\{f(x)\ \middle|\ x_1\leqslant x\leqslant x_n\right\},$$

则

$$nm\leqslant f(x_1)+f(x_2)+\cdots+f(x_n)\leqslant nM,$$

即

$$m\leqslant\frac{f(x_1)+f(x_2)+\cdots+f(x_n)}{n}\leqslant M.$$

因为 $f(x)$ 在 $[a, b]$ 上连续，从而在 $[x_1, x_n]$ 上连续，根据闭区间上连续函数的最值定理，在 $[x_1, x_n]$ 上必有 ξ，使

$$f(\xi)=\frac{f(x_1)+f(x_2)+\cdots+f(x_n)}{n}.$$

总 习 题 一

1. 在“充分”“必要”和“充分必要”三者中选择一个正确的填入下列空格内：

（1）数列$\{x_n\}$有界是数列$\{x_n\}$收敛的________条件．数列$\{x_n\}$收敛是数列$\{x_n\}$有界的________条件．

（2）$f(x)$在x_0的某一去心邻域内有界是$\lim\limits_{x\to x_0}f(x)$存在的________条件．$\lim\limits_{x\to x_0}f(x)$存在是$f(x)$在$x_0$的某一去心邻域内有界的________条件．

（3）$f(x)$在x_0的某一去心邻域内无界是$\lim\limits_{x\to x_0}f(x)=\infty$的________条件．$\lim\limits_{x\to x_0}f(x)=\infty$是$f(x)$在$x_0$的某一去心邻域内无界的________条件．

（4）$\lim\limits_{x\to x_0^+}f(x)=\lim\limits_{x\to x_0^-}f(x)$是$\lim\limits_{x\to x_0}f(x)$存在的________条件．

解　（1）必要，充分．（2）必要，充分．（3）必要，充分．（4）充分必要．

2. 选择题：

（1）当$x\to\infty$时，下列函数中极限存在的是（　　）．

（A）$\sin^2 x$；（B）$\dfrac{1}{e^x}$；（C）$\dfrac{x+2}{x^2-4}$；（D）$-\arctan x$.

解　（A），（B），（D）在$x\to\infty$时均不存在极限，而由$\lim\limits_{x\to\infty}\dfrac{x+2}{x^2-4}=0$，故选（C）.

（2）设$f(x)=\begin{cases}\cos x-1, & x\leqslant 0,\\ k, & x>0,\end{cases}$则$k=0$是$\lim\limits_{x\to x_0}f(x)$存在的（　　）.

（A）充分但非必要条件；　　（B）必要但非充分条件；

（C）充分必要条件；　　（D）无关条件．

解　函数在一点存在极限的充分必要条件是函数在该点的左右极限存在且相等．因为

$$\lim_{x\to 0^-}f(x)=0,\quad \lim_{x\to 0^+}f(x)=k,$$

所以$k=0$是$\lim\limits_{x\to 0}f(x)$存在的充分必要条件，故选（C）.

（3）设$f(x)=x^2+\arctan\dfrac{1}{x-1}$，则$x=1$是$f(x)$的（　　）.

（A）可去间断点；　　（B）跳跃间断点；

（C）无穷间断点；　　（D）连续点．

解　因为$\lim\limits_{x\to 1^-}\left(x^2+\arctan\dfrac{1}{x-1}\right)=1-\dfrac{\pi}{2}$，$\lim\limits_{x\to 1^+}\left(x^2+\arctan\dfrac{1}{x-1}\right)=1+\dfrac{\pi}{2}$，所以$x=1$是$f(x)$的跳跃间断点，故选（B）.

（4）当$x\to x_0$时，α和β（$\beta\neq 0$）都是无穷小．当$x\to x_0$时，下列变量中可能不是无穷小的是（　　）.

（A）$\alpha+\beta$；　（B）$\alpha-\beta$；　（C）$\alpha\cdot\beta$；　（D）$\dfrac{\alpha}{\beta}$.

解　由无穷小的性质，在自变量同一变化过程中的两个无穷小量的和、差、积都是无穷小，但商不一定是无穷小．例如，$\alpha=x^2$，$\beta=x^3$均是当$x\to 0$时的无穷小，但$\dfrac{\alpha}{\beta}=\dfrac{x^2}{x^3}=\dfrac{1}{x}$却是无穷大，因此选（D）.

（5）当$n\to\infty$时，若$\sin^2\dfrac{1}{n}$与$\dfrac{1}{n^k}$是等价无穷小，则$k=$(　　).

（A）2；　（B）$\dfrac{1}{2}$；　（C）1；　（D）3.

解　因为$\lim\limits_{n\to\infty}\dfrac{\sin^2\dfrac{1}{n}}{\dfrac{1}{n^2}}=1$，所以$k=2$，故选（A）.

（6）当$x\to0$时，$(1-\cos x)^2$是比$\sin^2x$的（　　）.

（A）高阶无穷小；　（B）同阶无穷小，但不等价；

（C）低阶无穷小；　（D）等价无穷小.

解　因为$\lim\limits_{x\to0}\dfrac{(1-\cos x)^2}{\sin^2x}=\lim\limits_{x\to0}\dfrac{\left(\dfrac{1}{2}x^2\right)^2}{\sin^2x}=0$，所以$(1-\cos x)^2$是比$\sin^2x$的高阶无穷小，因此选（A）.

（7）函数$f(x)=x\sin x$(　　).

（A）当$x\to\infty$时，$f(x)$为无穷大；（B）在$(-\infty,+\infty)$上有界；

（C）在$(-\infty,+\infty)$上无界；　（D）当$x\to\infty$时，$f(x)$极限存在.

解　因为当$x=k\pi(k\in\mathbf{Z})$时，$\lim\limits_{x\to\infty}x\sin x=0$，所以$f(x)=x\sin x$不是当$x\to\infty$时的无穷大量；又当$x=k\pi+\dfrac{\pi}{2}$（$k\in\mathbf{Z}$）时，$\lim\limits_{x\to\infty}x\sin x=\infty$，所以$f(x)=x\sin x$在$(-\infty,+\infty)$上无界，显然当$x\to\infty$时，函数$f(x)=x\sin x$极限不存在，因此选（C）.

（8）设$\lim\limits_{x\to\infty}\dfrac{(x+1)^{97}(ax+1)^3}{(x^2+1)^{50}}=8$，则$a$的值为（　　）.

（A）1；　（B）2；　（C）$\sqrt[5]{8}$；（D）以上三项均不对.

解　因为$\lim\limits_{x\to\infty}\dfrac{(x+1)^{97}\ (ax+1)^3}{(x^2+1)^{50}}=a^3=8$，所以$a=2$，故选（B）.

3. 求下列函数的极限：

（1）$\lim\limits_{x\to4}\dfrac{(x-4)\ \sqrt{x}}{\sqrt{x}-2}$；　（2）$\lim\limits_{x\to2}\dfrac{\sin(x-2)}{x^2+x-6}$；

（3）$\lim\limits_{x\to a}\dfrac{\sin x-\sin a}{x-a}$；　（4）$\lim\limits_{x\to0}\dfrac{\sqrt{1+x}-\sqrt{1-x}}{\sin2x}$；

（5）$\lim\limits_{x\to\infty}\dfrac{x+7}{x^2-x}$（$\sin x+2$）；　（6）$\lim\limits_{x\to\infty}\left(\dfrac{x^2-1}{x^2+1}\right)^{x^2}$；

（7）$\lim\limits_{x\to1}\dfrac{\ln x}{x-1}$；　（8）$\lim\limits_{x\to\infty}\left(\dfrac{x^3}{2x^2-1}-\dfrac{x^2}{2x+1}\right)$；

（9）$\lim\limits_{x\to+\infty}x(\sqrt{x^2+1}-x)$.

解（1）$\lim\limits_{x\to4}\dfrac{(x-4)\ \sqrt{x}}{\sqrt{x}-2}=\lim\limits_{x\to4}\dfrac{(x-4)\ \sqrt{x}\ (\sqrt{x}+2)}{x-4}$

$=\lim\limits_{x\to4}\sqrt{x}\ (\sqrt{x}+2)=8.$

（2）$\lim\limits_{x\to2}\dfrac{\sin(x-2)}{x^2+x-6}=\lim\limits_{x\to2}\dfrac{\sin(x-2)}{x-2}\cdot\dfrac{1}{x+3}=\dfrac{1}{5}.$

（3）$\lim\limits_{x\to a}\dfrac{\sin x-\sin a}{x-a}=\lim\limits_{x\to a}\dfrac{2\sin\dfrac{x-a}{2}\cos\dfrac{x+a}{2}}{x-a}$

$$=\lim_{x\to a}\frac{\sin\frac{x-a}{2}}{\frac{x-a}{2}}\cdot\cos\frac{x+a}{2}=\cos a.$$

（4）$\lim\limits_{x\to0}\frac{\sqrt{1+x}-\sqrt{1-x}}{\sin2x}=\lim\limits_{x\to0}\frac{2x}{\sin2x}\cdot\frac{1}{\sqrt{1+x}+\sqrt{1-x}}=\frac{1}{2}.$

（5）因为$\lim\limits_{x\to\infty}\frac{x+7}{x^2-x}=0$，且$|\sin x+2|\leqslant3$，所以

$$\lim_{x\to\infty}\frac{x+7}{x^2-x}(\sin x+2)=0.$$

（6）$\lim\limits_{x\to\infty}\left(\frac{x^2-1}{x^2+1}\right)^{x^2}=\lim\limits_{x\to\infty}\left[\left(1-\frac{2}{x^2+1}\right)^{-\frac{x^2+1}{2}}\right]^{-\frac{2x^2}{x^2+1}}=\mathrm{e}^{-2}.$

（7）因为$x\to1$，$\ln(1+x-1)\sim x-1$，所以

$$\lim_{x\to1}\frac{\ln x}{x-1}=\lim_{x\to1}\frac{\ln(1+x-1)}{x-1}=\lim_{x\to1}\frac{x-1}{x-1}=1.$$

（8）$\lim\limits_{x\to\infty}\left(\frac{x^3}{2x^2-1}-\frac{x^2}{2x+1}\right)=\lim\limits_{x\to\infty}\frac{x^3+x^2}{(2x^2-1)(2x+1)}=\frac{1}{4}.$

（9）$\lim\limits_{x\to+\infty}x\left(\sqrt{x^2+1}-x\right)=\lim\limits_{x\to+\infty}\frac{x\left(\sqrt{x^2+1}-x\right)\left(\sqrt{x^2+1}+x\right)}{\sqrt{x^2+1}+x}$

$$=\lim_{x\to+\infty}\frac{x}{\sqrt{x^2+1}+x}=\frac{1}{2}.$$

4. 设$\lim\limits_{x\to-1}\frac{x^3+ax^2-x+4}{x+1}=b$（常数），求$a$，$b$.

解 由$\lim\limits_{x\to-1}\frac{x^3+ax^2-x+4}{x+1}=b$可得$-1+a+1+4=0$，即$a=-4$. 进一步得到

$$b=\lim_{x\to-1}\frac{x^3-4x^2-x+4}{x+1}=\lim_{x\to-1}\frac{(x^2-1)(x-4)}{x+1}$$

$$=\lim_{x\to-1}(x-1)(x-4)=10.$$

5. 设$f(x)=\begin{cases}3x, & -1<x<1,\\ 2, & x=1,\\ 3x^2, & 1<x<2.\end{cases}$ 求$\lim\limits_{x\to0}f(x)$，$\lim\limits_{x\to1}f(x)$，$\lim\limits_{x\to\sqrt2}f(x)$.

解 $\lim\limits_{x\to0}f(x)=\lim\limits_{x\to0}3x=0$，$\lim\limits_{x\to\sqrt2}f(x)=\lim\limits_{x\to\sqrt2}3x^2=6$，

因为$\lim\limits_{x\to1^-}f(x)=\lim\limits_{x\to1^-}3x=3$，$\lim\limits_{x\to1^+}f(x)=\lim\limits_{x\to1^+}3x^2=3$，所以

$$\lim_{x\to1}f(x)=3.$$

6. 讨论极限$\lim\limits_{x\to0}\frac{1}{1+\mathrm{e}^{\frac{1}{x}}}$是否存在？

解 因为$\lim\limits_{x\to0^-}\frac{1}{1+\mathrm{e}^{\frac{1}{x}}}=1$，$\lim\limits_{x\to0^+}\frac{1}{1+\mathrm{e}^{\frac{1}{x}}}=0$，左右极限存在但不相等，所以极限$\lim\limits_{x\to0}\frac{1}{1+\mathrm{e}^{\frac{1}{x}}}$不存在.

7. 设 $f(x)=\begin{cases}\dfrac{\ln(1-x)}{x}, & x>0,\\ -1, & x=0,\\ \dfrac{|\sin x|}{x}, & x<0.\end{cases}$ 讨论 $f(x)$ 在 $x=0$ 处的连续性.

解　因为 $x\to0^+$，$\ln(1-x)\sim -x$，所以

$$\lim_{x\to0^+}\frac{\ln(1-x)}{x}=\lim_{x\to0^+}\frac{-x}{x}=-1\text{，而}\lim_{x\to0^-}\frac{|\sin x|}{x}=\lim_{x\to0^-}\frac{-\sin x}{x}=-1,$$

所以 $\lim\limits_{x\to0^-}f(x)=\lim\limits_{x\to0^+}f(x)=f(0)$，即 $f(x)$ 在 $x=0$ 连续.

8. 设 $f(x)=\begin{cases}e^{\frac{1}{x-1}}, & x>0,\\ \ln(1+x), & -1<x\leqslant0,\end{cases}$ 求 $f(x)$ 的间断点，并说明间断点的所属类型.

解　由

$$\lim_{x\to0^-}f(x)=\lim_{x\to0^-}\ln(1+x)=0,\ \lim_{x\to0^+}f(x)=\lim_{x\to0^+}e^{\frac{1}{x-1}}=e^{-1},$$

所以 $x=0$ 是第一类间断点中的跳跃间断点；

由
$$\lim_{x\to1^-}f(x)=\lim_{x\to1^-}e^{\frac{1}{x-1}}=0,\ \lim_{x\to1^+}f(x)=\lim_{x\to1^+}e^{\frac{1}{x-1}}=+\infty,$$

所以 $x=1$ 是第二类无穷间断点.

9. 证明方程 $x=2\sin x+1$ 至少有一个小于 3 的正根.

证　设 $f(x)=x-2\sin x-1$，则 $f(x)$ 在闭区间 $[0,3]$ 上连续，且 $f(0)=-1<0$，$f(3)=2(1-\sin3)>0$，根据零点定理可得，$f(x)=0$ 在 $(0,3)$ 内至少存在一零点，从而方程 $x=2\sin x+1$ 至少有一个小于 3 的正根.

六、自测题

（满分 100 分，时间 120 分钟）

1. 填空题（每小题 3 分，共 15 分）：

（1）已知 $f\left(x-\dfrac{1}{x}\right)=x^2+\dfrac{1}{x^2}+3$，则 $f(x)=$________.

（2）函数 $y=\sqrt{3-x}+\arctan\dfrac{1}{x}$ 的定义域为________，值域为________.

（3）当 $x\to1$ 时，无穷小 $1-x$ 与 $1-x^3$ 是________无穷小.

（4）设函数 $f(x)=\dfrac{x+3}{x^2+x-6}$，则 $x=-3$ 是函数 $f(x)$ 的第________类________间断点.

（5）已知函数 $f(x)=\begin{cases}\dfrac{\sin x}{x}, & x\neq0,\\ a, & x=0\end{cases}$ 在 $x=0$ 连续，则 $a=$________.

2. 选择题（每小题 3 分，共 15 分）：

（1）数列 $\{x_n\}$ 有界是它收敛的（　　）.

（A）充分但不必要条件；　　（B）必要但不充分条件；

（C）充分必要条件；　　（D）不充分也不必要条件.

（2）设 $f(x)=2^x+3^x-2$，则当 $x\to0$ 时，有（　　）.

(A) $f(x)$与x是等价无穷小；

(B) $f(x)$与x同阶但非等价无穷小；

(C) $f(x)$是比x高阶的无穷小；

(D) $f(x)$是比x低阶的无穷小.

(3) 下列结果正确的是（　　）.

(A) $\lim\limits_{x\to\infty}\dfrac{\sin x}{x}=1$；　　(B) $\lim\limits_{x\to\infty}\dfrac{\sin\omega x}{x}=\omega$；

(C) $\lim\limits_{x\to\infty}(1+x)^{\frac{1}{x}}=\mathrm{e}$；　　(D) $\lim\limits_{x\to\infty}\left(1+\dfrac{1}{x}\right)^{x}=\mathrm{e}$.

(4) 设$f(x)=\dfrac{\mathrm{e}^{\frac{1}{x}}-1}{\mathrm{e}^{\frac{1}{x}}+1}$，则$x=0$是$f(x)$的（　　）.

(A) 可去间断点；　　(B) 跳跃间断点；

(C) 第二类间断点；　　(D) 连续点.

(5) 函数$f(x)=\begin{cases}x+1, & x>-1,\\ a, & x=-1,\\ 2x+b, & x<-1\end{cases}$在$x=-1$处连续的充分必要条件是（　　）.

(A) $a=0$，b任意；　　(B) a任意，$b=0$；

(C) a，b都任意；　　(D) $a=0$，$b=2$.

3. 求下列函数的极限（每小题6分，共36分）

(1) $\lim\limits_{x\to0}\dfrac{\sqrt{x+1}-1}{x}$；　　(2) $\lim\limits_{x\to0}\dfrac{x}{\ln(1+x)}$；

(3) $\lim\limits_{x\to0}\dfrac{1-\cos x^2}{x^2\sin x^2}$；　　(4) $\lim\limits_{x\to\infty}\dfrac{(2x-3)^{30}(x+2)^{20}}{(x+1)^{50}}$；

(5) $\lim\limits_{n\to\infty}(\sqrt{n+1}+\sqrt{n})(\sqrt{n+2}-\sqrt{n})$；

(6) $\lim\limits_{x\to\infty}\left(\dfrac{2x+3}{2x+1}\right)^{x+1}$.

4. (7分) 设$x_1=1$，$x_n=\sqrt{2x_{n-1}+3}$ $(n=2, 3, \cdots)$，求$\lim\limits_{n\to\infty}x_n$.

5. (7分) 指出函数$f(x)=\begin{cases}(1+x)^{-\frac{1}{x}}, & x\neq0,\\ \mathrm{e}, & x=0\end{cases}$的间断点，并判断其类型.

6. (7分) 证明方程$\sin x+x+1=0$在开区间$\left(-\dfrac{\pi}{2}, \dfrac{\pi}{2}\right)$内至少有一个根.

7. (7分) 设函数$f(x)=\begin{cases}x\sin\dfrac{1}{x}, & x>0,\\ a+x^2, & x\leqslant0,\end{cases}$常数$a$为何值时，$f(x)$在$(-\infty, +\infty)$内连续?

8. (6分) 设$f(x)$在$(-\infty, +\infty)$内连续，且$\lim\limits_{x\to\infty}f(x)$存在，证明$f(x)$必在$(-\infty, +\infty)$内有界.

参考答案

1. (1) x^2+5； (2) $(-\infty, 0)\cup(0, 3]$，$\left[\arctan\dfrac{1}{3}, \dfrac{\pi}{2}\right)$； (3) 同阶但不等价；

(4) 一,可去；(5) 1.

2. (1) (B)；(2) (B)；(3) (D)；(4) (B)；(5) (D).

3. (1) $\frac{1}{2}$；(2) 1；(3) $\frac{1}{2}$；(4) 2^{30}；(5) 2；(6) e.

4. 3.

5. $x=0$，第一类可去间断点.

6. 提示：令 $f(x)=\sin x+x+1$，在 $\left[-\frac{\pi}{2}, \frac{\pi}{2}\right]$ 上应用零点定理.

7. $a=0$.

8. 提示：利用极限的定义及闭区间上连续函数的性质证明.

第二章　导数与微分

一、预习导引

高中时期已经学过一些简单的导数知识，本章将从极限的概念入手更加深入地讨论导数、微分的定义、性质以及应用．

1. 导数的概念

（1）在中学阶段我们学习了直线运动平均速度的求法，对特殊的运动也能求出瞬时速度（如自由落体运动），而对普通的直线变速运动，如果只知道时间 t 和位移 s 的函数关系，怎么求瞬时速度？学完导数的定义你就会找到解决的方法．

（2）函数 $y=f(x)$ 在平面中表示的是一条曲线，那么函数在某一点的导数有什么样的几何意义呢？

（3）第一章学习了连续的概念，可导与连续有什么联系？连续一定可导吗？可导一定连续吗？本章第一节的最后一部分会帮你理清二者之间的关系．

2. 函数的求导法则

（1）由导数的定义我们可以得到少数基本初等函数的求导公式，如 $\sin x$，$\cos x$，x^n，$\log_a x(a>0, a\neq1)$ 以及常数 C 的求导公式，而对于其他基本初等函数（$\tan x$，$\cot x$，e^x，$\arcsin x$，$\arccos x$ 等）怎么得到其求导公式，学完导数的四则运算法则以及反函数的求导法则，这些问题就会得到解决．

（2）得到了所有基本初等函数的求导公式，遇到更复杂的函数该怎么求导？复合函数的求导法则会解决这一问题．

3. 高阶导数

（1）得到了函数的一阶导数，其导函数还可以继续求导吗？怎么求？

（2）如果让求两个函数乘积的高阶导数，该怎么求？本章第三节主要介绍这两方面的问题．

4. 隐函数及由参数方程所确定的函数的导数

（1）函数有隐函数、显函数之分．对显函数的导数采用直接求导法就可以得到答案，而如何求得隐函数的导数？

（2）若函数是由参数方程所确定的，又该如何求此类函数的导数？本章第四节的两部分内容会解决这两个问题．

5. 函数的微分

函数在一点的导数是函数关于自变量在这一点的变化率问题，然而如果只考虑函数增量的问题该怎么描述呢？若只想得到函数增量的近似值，又该用什么样的量来近似？本章第五节通过介绍微分的概念、求法、几何意义以及应用会解决你所有的疑问.

6. 边际与弹性

（1）导数如何描述经济学中一个经济变量相对于另一个经济变量的变化问题？

（2）在经济学中，有哪些定义是用导数来描述的？具体的经济意义是什么？本章最后一节主要介绍这方面的问题.

二、知识梳理

1. 导数与微分的定义

定义　设函数 $y=f(x)$ 在点 x_0 的某一邻域内有定义，当自变量 x 在 x_0 处取得增量 Δx（点 $x_0+\Delta x$ 仍在该邻域内）时，相应的函数取得增量 $\Delta y=f(x_0+\Delta x)-f(x_0)$. 如果极限

$$\lim_{\Delta x\to 0}\frac{\Delta y}{\Delta x}=\lim_{\Delta x\to 0}\frac{f(x_0+\Delta x)-f(x_0)}{\Delta x}$$

存在，则称函数 $y=f(x)$ 在点 x_0 处可导，并称该极限值为函数 $y=f(x)$ 在点 x_0 处的**导数**，记作 $f'(x_0)$，即

$$f'(x_0)=\lim_{\Delta x\to 0}\frac{f(x_0+\Delta x)-f(x_0)}{\Delta x},$$

也可以记作 $y'|_{x=x_0}$，$\left.\frac{\mathrm{d}y}{\mathrm{d}x}\right|_{x=x_0}$ 或 $\left.\frac{\mathrm{d}f(x)}{\mathrm{d}x}\right|_{x=x_0}$.

如果

$$\lim_{h\to 0^-}\frac{f(x_0+h)-f(x_0)}{h} \text{ 和 } \lim_{h\to 0^+}\frac{f(x_0+h)-f(x_0)}{h}$$

都存在，则这两个极限分别称为函数在点 x_0 处的**左导数和右导数**，记作 $f'_-(x_0)$ 和 $f'_+(x_0)$，即

$$f'_-(x_0)=\lim_{h\to 0^-}\frac{f(x_0+h)-f(x_0)}{h},$$

$$f'_+(x_0)=\lim_{h\to 0^+}\frac{f(x_0+h)-f(x_0)}{h}.$$

设函数 $y=f(x)$ 在某一区间内有定义，x_0 及 $x_0+\Delta x$ 在该区间内，如果

$$\Delta y=f(x_0+\Delta x)-f(x_0)$$

可以表示为

$$\Delta y=A\Delta x+o(\Delta x),$$

其中 A 与 Δx 无关，那么称函数 $y=f(x)$ 在点 x_0 是可微分的，而 $A\Delta x$ 叫做函数 $y=f(x)$ 在点 x_0 处的**微分**，记作 $\mathrm{d}y$，即

$$\mathrm{d}y=A\Delta x.$$

由于当 x 为自变量时 $dy=\Delta x$，同时可证 $f'(x)=A$，所以函数 $y=f(x)$ 在点 x_0 的微分可写成 $dy=f'(x_0)\ dx$.

2. 函数连续、可导、可微的关系

(1) 如果函数 $y=f(x)$ 在点 x 处可导，则函数在该点一定连续．反之，如果函数在一点连续，但在该点不一定可导．

(2) $f'(x_0)$ 存在 $\Leftrightarrow f'_-(x_0)=f'_+(x_0)$.

(3) 函数 $f(x)$ 在点 x 处可微 $\Leftrightarrow f(x)$ 在点 x 处可导．

3. 基本初等函数的导数公式与微分公式

导数公式	微分公式
$(C)'=0$	$d(C)=0$（C 为常数）
$(x^\mu)'=\mu x^{\mu-1}$	$dx^\mu=\mu x^{\mu-1}dx$
$(\sin x)'=\cos x$	$d(\sin x)=\cos x dx$
$(\cos x)'=-\sin x$	$d(\cos x)=-\sin x dx$
$(\tan x)'=\sec^2 x$	$d(\tan x)=\sec^2 x dx$
$(\cot x)'=-\csc^2 x$	$d(\cot x)=-\csc^2 x dx$
$(\sec x)'=\sec x\tan x$	$d(\sec x)=\sec x\tan x dx$
$(\csc x)'=-\csc x\cot x$	$d(\csc x)=-\csc x\cot x dx$
$(a^x)'=a^x\ln a$	$d(a^x)=a^x\ln a dx$
$(e^x)'=e^x$	$d(e^x)=e^x dx$
$(\log_a x)'=\dfrac{1}{x\ln a}$	$d(\log_a x)=\dfrac{1}{x\ln a}dx$
$(\ln x)'=\dfrac{1}{x}$	$d(\ln x)=\dfrac{1}{x}dx$
$(\arcsin x)'=\dfrac{1}{\sqrt{1-x^2}}$	$d(\arcsin x)=\dfrac{1}{\sqrt{1-x^2}}dx$
$(\arccos x)'=-\dfrac{1}{\sqrt{1-x^2}}$	$d(\arccos x)=-\dfrac{1}{\sqrt{1-x^2}}dx$
$(\arctan x)'=\dfrac{1}{1+x^2}$	$d(\arctan x)=\dfrac{1}{1+x^2}dx$
$(\text{arccot}\, x)'=-\dfrac{1}{1+x^2}$	$d(\text{arccot}\, x)=-\dfrac{1}{1+x^2}dx$

4. 函数的导数、微分的求法

(1) 函数和、差、积、商的求导及微分法则

设 $u=u(x)$，$v=v(x)$ 在点 x 处都可导，则

$(u\pm v)'=u'\pm v'$，　　$d(u\pm v)=du\pm dv$；

$(uv)'=u'v+uv'$，　　$d(uv)=vdu+udv$；

$(Cu)'=Cu'$，　　$d(Cu)=Cdu$；

$\left(\dfrac{u}{v}\right)'=\dfrac{u'v-uv'}{v^2}\ (v\neq0)$，　　$d\left(\dfrac{u}{v}\right)=\dfrac{vdu-udv}{v^2}\ (v\neq0)$.

(2) 反函数的求导法则

如果 $x=f(y)$ 在区间 I_y 内单调、可导且 $f'(y)\neq 0$，则它的反函数 $y=f^{-1}(x)$ 在对应的区间 I_x 内也可导，且

$$[f^{-1}(x)]'=\frac{1}{f'(y)}.$$

(3) 复合函数的求导法则

设 $u=\varphi(x)$ 在点 x 处可导，$y=f(u)$ 在对应点 $u=\varphi(x)$ 处可导，则复合函数 $f(\varphi(x))$在点 x 处可导，且有

$$y'(x)=f'(u)\cdot\varphi'(x)\text{或}\frac{\mathrm{d}y}{\mathrm{d}x}=\frac{\mathrm{d}y}{\mathrm{d}u}\cdot\frac{\mathrm{d}u}{\mathrm{d}x}.$$

这种求复合函数导数的方法称之为链式法则，该法则可推广到多个函数复合的情形中去.

微分形式的不变性 $\mathrm{d}y=f(u)\mathrm{d}u=f(u)\varphi'(x)\mathrm{d}x$.

(4) 隐函数的求导法

1）**直接法**　方程两边对 x 求导$\frac{\mathrm{d}}{\mathrm{d}x}F(x,f(x))=0$，然后解出$\frac{\mathrm{d}y}{\mathrm{d}x}$.

2）**对数求导法**　当函数表达式为若干因子连乘积、乘方、开方或商的形式或幂指函数时，可以先对式子的两边取自然对数，然后在等式的两端再对 x 求导.

(5) 由参数方程所确定的函数的求导法

设 $x(t)$，$y(t)$ 均二阶可导，且 $x(t)\neq 0$，由参数方程$\begin{cases}x=x(t),\\y=y(t)\end{cases}$所确定的函数 $y=y(x)$ 的一阶导数为

$$\frac{\mathrm{d}y}{\mathrm{d}x}=\frac{y'(t)}{x'(t)},$$

又 $\frac{\mathrm{d}^2y}{\mathrm{d}^2x}=\frac{\mathrm{d}}{\mathrm{d}x}(y')=\frac{\mathrm{d}}{\mathrm{d}t}\left(\frac{y'(t)}{x'(t)}\right)\cdot\frac{\mathrm{d}t}{\mathrm{d}x}=\frac{x'(t)\ y''(t)-y'(t)\ x''(t)}{[x'(t)]^2}\cdot\frac{1}{x'(t)}$，所以 $y=y(x)$的二阶导数为

$$\frac{\mathrm{d}^2y}{\mathrm{d}x^2}=\frac{x'(t)y''(t)-y'(t)x''(t)}{[x'(t)]^3}.$$

(6) 分段函数的求导法

各区间段内的导数可以用“求导法则”求出，但是分段点处的导数一定要用“导数的定义”来求.

5. 高阶导数

(1) 概念与基本公式

当$f(x)$ 为 n 阶可导函数时，则有

$$f^{(n)}(x)=\frac{\mathrm{d}^ny}{\mathrm{d}x^n}=[f^{(n-1)}(x)]'(n=2,3,\cdots).$$

常用的高阶导数公式有

$(a^x)^{(n)} = a^x \ln^n a\,(a>0)$；　　$(e^x)^{(n)} = e^x$；

$(\sin kx)^{(n)} = k^n \sin\left(kx + n\cdot\frac{\pi}{2}\right)$；　　$(\cos kx)^{(n)} = k^n \cos\left(kx + n\cdot\frac{\pi}{2}\right)$；

$(x^m)^{(n)} = m(m-1)\cdots(m-n+1)\,x^{m-n}$；　　$(\ln x)^{(n)} = (-1)^{n-1}\frac{(n-1)!}{x^n}$.

莱布尼兹公式　若 $u(x)$，$v(x)$ 均 n 阶可导，则

$$(uv)^{(n)} = \sum_{i=0}^{n} C_n^i u^{(i)} v^{(n-i)}，其中\ u^{(0)} = u,\ v^{(0)} = v.$$

(2) 高阶导数的求法

1) **直接法**：直接法是指求出所给函数的 1 ~3 阶或 4 阶导数，分析所得结果的规律性，从而推导出 n 阶导数的方法.

2) **间接法**：利用已知函数的高阶导数公式，通过四则运算、变量代换的方法，求出所求函数的 n 阶导数.

6. 导数的几何意义及导数的简单应用

(1) 导数的几何意义

$y=f(x)$ 在点 x_0 处的导数 $f'(x_0)$，表示曲线 $y=f(x)$ 在 $M(x_0, y_0)$ 处的切线 MT 的斜率（图 2-1)，即

$$\tan\alpha = f'(x_0).$$

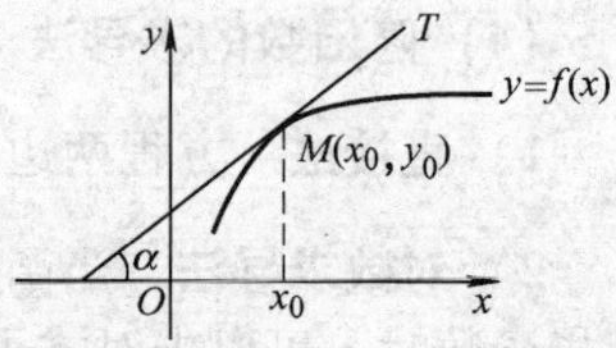

图 2-1

(2) 曲线的切线方程与法线方程

当 $f(x)$ 在 $x=x_0$ 处可导时，这时曲线 $y=f(x)$ 在点 $A(x_0, f(x_0))$ 处的切线方程与法线方程分别为

切线方程　　$y - f(x_0) = f'(x_0)(x - x_0)$，

法线方程　　$y - f(x_0) = -\frac{1}{f'(x_0)}(x - x_0)$.

注意　当 $f'(x_0) = \infty$ 时，曲线 $y=f(x)$ 在点 $A(x_0, f(x_0))$ 处的切线方程为 $x = x_0$.

(3) 函数的变化率

函数对自变量的变化率，就是函数的导数.

7. 导数在经济问题中的相关定义

在经济问题中，常用导数的概念来描述一个经济变量相对于另一个经济变量的变化.

基本概念

边际函数　设函数 $y=f(x)$ 在点 x 处可导，在经济学中称导函数 $f'(x)$ 为函数 $f(x)$ 的边际函数，$f'(x)$ 在点 x_0 处的值 $f'(x_0)$ 称为 $f(x)$ 在点 x_0 处的边际函数值.

边际成本函数　总成本函数 $C(Q)$ 的导数 $C'(Q)$ 称为边际成本函数.

边际收益函数　收益函数 $R(Q)$ 的导数称为边际收益函数.

边际利润函数　利润函数 $L(Q)$ 的导数称为边际利润函数.

弹性　设函数 $y=f(x)$ 在点 $x=x_0$ 处可导，函数的相对改变量 $\frac{\Delta y}{y_0}=\frac{f(x_0+\Delta x)-f(x_0)}{f(x_0)}$ 与自变量的相对改变量 $\frac{\Delta x}{x_0}$ 之比 $\frac{\Delta y/y_0}{\Delta x/x_0}$，称为函数 $f(x)$ 从 x_0 到 $x_0+\Delta x$ **两点间的弹性**（或**平均相对变化率**）. 而极限 $\lim\limits_{\Delta x\to 0}\frac{\Delta y/y_0}{\Delta x/x_0}$ 如果存在，称其为函数在点 $x=x_0$ 处的**弹性**（或**相对变化率**），记为

$$\left.\frac{Ey}{Ex}\right|_{x=x_0} \text{或} \frac{E}{Ex}f(x_0),$$

即

$$\left.\frac{Ey}{Ex}\right|_{x=x_0}=\lim_{\Delta x\to 0}\frac{\Delta y/y_0}{\Delta x/x_0}=\lim_{\Delta x\to 0}\frac{\Delta y}{\Delta x}\cdot\frac{x_0}{y_0}=f'(x_0)\frac{x_0}{y_0}.$$

如果函数 $f(x)$ 可导且 $f(x)\neq 0$，则

$$\frac{Ey}{Ex}=\lim_{\Delta x\to 0}\frac{\Delta y/y}{\Delta x/x}=\lim_{\Delta x\to 0}\frac{\Delta y}{\Delta x}\cdot\frac{x}{y}=y'\frac{x}{y}$$

是 x 的函数，称为 $f(x)$ 的**弹性函数**（简称弹性）.

三、释疑解难

1. 函数 $f(x)$ 在某点 x_0 处的导数 $f'(x_0)$ 与导函数 $f'(x)$ 有什么区别与联系?

释疑解难　区别：$f'(x)$ 是函数，$f'(x_0)$ 是数值；

联系：$f'(x)\big|_{x=x_0}=f'(x_0)$.

常见错解　$f'(x_0)=[f(x_0)]'=0$.

2. 设 $f(x)=(x-a)\varphi(x)$，$\varphi(x)$ 在 $x=a$ 处连续但不可导，证明 $f(x)$ 在 $x=a$ 处可导.

证　由导数的定义得

$$f'(a)=\lim_{x\to a}\frac{f(x)-f(a)}{x-a}=\lim_{x\to a}\frac{(x-a)\varphi(x)-0}{x-a}=\lim_{x\to a}\varphi(x)=\varphi(a),$$

所以 $f(x)$ 在 $x=a$ 处可导，且 $f'(a)=\varphi(a)$.

常见错解　对 $f(x)$ 求导得 $f'(x)=\varphi(x)+(x-a)\varphi'(x)$. 令 $x=a$，有 $f'(a)=\varphi(a)$. 所以 $f(x)$ 在 $x=a$ 处可导.

释疑解难　上面的错误在于增加了 $\varphi(x)$ 在 $x=a$ 处可导的条件，而原题中并没有此条件.

3. 确定 a 和 b 的值，使函数

$$f(x)=\begin{cases}\sin ax, & x\leqslant 0,\\ \ln(1+x)+b, & x>0\end{cases}$$

在 $(-\infty, +\infty)$ 上处处可导.

解　当 $x<0$ 时，$f'(x)=(\sin ax)'=a\cos ax$，

当 $x>0$ 时，$f'(x)=[\ln(1+x)+b]'=\dfrac{1}{1+x}$.

只需考察 $f(x)$ 在 $x=0$ 处的可导性.

首先由 $f(x)$ 在 $x=0$ 处连续可得

$$\lim_{x\to0^-}\sin ax=0=\lim_{x\to0^+}[\ln(1+x)+b],$$

从而有 $b=0$，又

$$f'_-(0)=\lim_{x\to0^-}\frac{f(x)-f(0)}{x-0}=\lim_{x\to0^-}\frac{\sin ax}{x}=a,$$

$$f'_+(0)=\lim_{x\to0^+}\frac{f(x)-f(0)}{x-0}=\lim_{x\to0^+}\frac{\ln(1+x)}{x}=\lim_{x\to0^+}\ln(1+x)^{\frac{1}{x}}=1,$$

可得 $a=1$.

常见错解　在求常数 a 的过程中，由 $f'_-(0)=a\cos 0=1=\dfrac{1}{1+0}=f'_+(0)$ 可得 $a=1$.

释疑解难　分段函数在求分段点导数时，直接用导函数代入相应点得到. 由导数定义可知分段点的导数必须用定义来求.

4. 求 $y=\arctan x+\tan x+\ln 5$ 的导数.

解　$y'=\dfrac{1}{1+x^2}+\sec^2x$.

常见错解　$y'=\dfrac{1}{1+x^2}+\sec^2x+\dfrac{1}{5}$.

释疑解难　$\ln 5$ 是常数，误将其看做函数借用公式来求.

四、典型题精讲

题型 1　利用导数的概念解题

【方法与技巧】

(1) 利用导数的定义求极限. 如果所求极限能够化为 $\lim\limits_{\Delta x\to0}\dfrac{f(x_0+\Delta x)-f(x_0)}{\Delta x}$ 或导数定义的其他形式之一，则其值为 $f'(x_0)$.

(2) 求分段函数在分段点处的导数、抽象函数在一点处的导数等，常用左右导数或导数定义求解.

(3) 讨论函数极限的存在性与可导性的相关问题，也常用导数的定义.

例 2.1　(110204) 已知 $f(x)$ 在 $x=0$ 处可导，且 $f(0)=0$，则 $\lim\limits_{x\to0}\dfrac{x^2f(x)-2f(x^3)}{x^3}=$ (　　).

（A）$-2f'(0)$；　（B）$-f'(0)$；　（C）$f'(0)$；　（D）0.

解 $\lim\limits_{x\to 0}\dfrac{x^2f(x)-2f(x^3)}{x^3}=\lim\limits_{x\to 0}\left(\dfrac{f(x)-f(0)}{x}-2\dfrac{f(x^3)-f(0)}{x^3}\right)$

$$=-f'(0).$$

故选（B）.

例 2.2（070104）设函数 $f(x)$ 在 $x=0$ 处连续，下列命题错误的是（　　）.

（A）若 $\lim\limits_{x\to 0}\dfrac{f(x)}{x}$ 存在，则 $f(0)=0$；

（B）若 $\lim\limits_{x\to 0}\dfrac{f(x)+f(-x)}{x}$ 存在，则 $f(0)=0$；

（C）若 $\lim\limits_{x\to 0}\dfrac{f(x)}{x}$ 存在，则 $f'(0)$ 存在；

（D）若 $\lim\limits_{x\to 0}\dfrac{f(x)-f(-x)}{x}$ 存在，则 $f'(0)$ 存在.

解 由已知及（A）中的条件，得到 $\lim\limits_{x\to 0}f(x)=f(0)=0$.

由（B）中的条件得到 $\lim\limits_{x\to 0}[f(x)+f(-x)]=f(0)+f(0)=0$，所以 $f(0)=0$.

由（C）中的条件得到 $\lim\limits_{x\to 0}f(x)=f(0)=0$，所以

$$\lim_{x\to 0}\frac{f(x)}{x}=\lim_{x\to 0}\frac{f(x)-f(0)}{x-0}=f'(0).$$

关于（D），设 $f(x)=|x|$，则

$$\lim_{x\to 0}\frac{f(x)-f(-x)}{x}=\lim_{x\to 0}\frac{|x|-|-x|}{x}=0(\text{存在}),$$

但 $f'(0)$ 不存在. 因此，（A）（B）（C）正确，（D）错误，应选（D）.

例 2.3 设 $f(x)=\begin{cases}e^x, & x<0,\\ a+bx, & x\geqslant 0,\end{cases}$ 确定 a，b 使 $f(x)$ 在 $x=0$ 处连续并且可微分.

解 因为

$$\lim_{x\to 0^+}f(x)=\lim_{x\to 0^+}(a+bx)=a,\ \lim_{x\to 0^-}f(x)=\lim_{x\to 0^-}e^x=1,$$

欲使 $f(x)$ 在 $x=0$ 处连续，必须 $\lim\limits_{x\to 0^+}f(x)=\lim\limits_{x\to 0^-}f(x)$，所以 $a=1$.

又因为
$$\lim_{x\to 0^+}\frac{f(x)-f(0)}{x-0}=\lim_{x\to 0^+}\frac{(1+bx)-1}{x}=b,$$

$$\lim_{x\to 0^-}\frac{f(x)-f(0)}{x-0}=\lim_{x\to 0^-}\frac{e^x-1}{x}=1.$$

欲使 $f(x)$ 在 $x=0$ 处可微分，必须

$$\lim_{x\to 0^+}\frac{f(x)-f(0)}{x-0}=\lim_{x\to 0^-}\frac{f(x)-f(0)}{x-0},$$

所以 $b=1$.

例 2.4 (050104) 设函数 $f(x)=\lim\limits_{n\to\infty}\sqrt[n]{1+|x|^{3n}}$，则 $f(x)$ 在 $(-\infty, +\infty)$ 内（　　）.

(A) 处处可导；　　　　　　(B) 恰有一个不可导点；

(C) 恰有两个不可导点；　　(D) 至少有三个不可导点.

解 先求 $f(x)$ 的表达式

$$\lim_{n\to\infty}\sqrt[n]{1+|x|^{3n}}=\lim_{n\to\infty}(1+|x|^{3n})^{\frac{1}{n}}=1^0=1\ (|x|<1),$$

$$\lim_{n\to\infty}\sqrt[n]{1+|x|^{3n}}=\lim_{n\to\infty}(1+1)^{\frac{1}{n}}=2^0=1\ (|x|=1),$$

$$\lim_{n\to\infty}\sqrt[n]{1+|x|^{3n}}=|x|^3\lim_{n\to\infty}\left(1+\frac{1}{|x|^{3n}}\right)^{\frac{1}{n}}=|x|^3(|x|>1).$$

所以

$$f(x)=\begin{cases}1, & |x|\leqslant 1,\\ |x|^3, & |x|>1.\end{cases}$$

由 $f(x)$ 的表达式可知，$f(x)$ 在 $x=\pm 1$ 处不可导，在其余点处 $f(x)$ 均可导，因此应选（C）.

例 2.5 (130204) 设函数 $y=f(x)$ 由方程 $\cos(xy)+\ln y-x=1$ 确定，则 $\lim\limits_{n\to\infty}n\left[f\left(\frac{2}{n}\right)-1\right]=(\quad)$.

(A) 2；　　(B) 1；　　(C) -1；　　(D) -2.

解 由题设可知当 $x=0$ 时，$y=1$，即 $f(0)=1$. 从而有

$$\lim_{n\to\infty}n\left[f\left(\frac{2}{n}\right)-1\right]=\lim_{n\to\infty}2\frac{f\left(\frac{2}{n}\right)-f(0)}{\frac{2}{n}-0}=2f'(0).$$

下面求出 $f'(0)$ 即可，将方程 $\cos(xy)+\ln y-x=1$ 两端对 x 求导得

$$-\sin(xy)(y+xy')+\frac{1}{y}y'-1=0,$$

将 $x=0$，$y=1$ 代入上式可得 $f'(0)=1$，故答案（A）正确.

题型 2　利用已知的求导方法、法则求函数的导数

【方法与技巧】

(1) 利用导数的基本公式及和、差、积、商的求导法则求函数的导数. 熟练掌握求导公式及法则，这也是今后学好高等数学的基础.

(2) 求复合函数的导数. 运用复合函数的求导法则求导时出错率比较高，应用时关键要弄清楚函数的复合关系，由外到里逐层求导.

(3) 隐函数的导数. 求由方程 $F(x, y)=0$ 所确定的函数 $y=f(x)$ 的导数，将

方程 $F(x, y)=0$ 两端对 x 求导，注意 y 是 x 的函数，得到含有 y' 的方程，解出 y' 即可．

（4）用对数求导法求函数的导数．对于幂指函数 $y=f(x)^{g(x)}$，或含乘、除、乘方、开方等较复杂的函数，先将函数关系式两端取对数，化为隐函数再求导．

（5）由参数方程所确定的函数的导数．

例 2.6　$y=\arctan e^x-\ln\sqrt{\dfrac{e^{2x}\sin x}{e^{2x}+1}}$，求 $\dfrac{dy}{dx}$.

分析　本例若直接利用差及复合函数的求导法则求导比较麻烦，但先利用对数性质对函数整理化简，再求导就简便得多．

解　因为

$$\begin{aligned}y&=\arctan e^x-\frac{1}{2}[\ln e^{2x}+\ln\sin x-\ln(e^{2x}+1)]\\&=\arctan e^x-x-\frac{1}{2}\ln\sin x+\frac{1}{2}\ln(e^{2x}+1),\end{aligned}$$

所以

$$y'=\frac{e^x}{1+e^{2x}}-1-\frac{1}{2}\cot x+\frac{1}{2}\frac{2e^{2x}}{e^{2x}+1}=\frac{e^x-1}{e^{2x}+1}-\frac{1}{2}\cot x.$$

例 2.7　（100204）已知一个长方形的长 l 以 2cm/s 的速率增加，宽 w 以 3cm/s 的速率增加．则当 $l=12$cm，$w=5$cm 时，它的对角线增加速率为________.

解　设 $l=x(t)$，$w=y(t)$，由题意知在 $t=t_0$ 时刻 $x(t_0)=12$，$y(t_0)=5$，且 $x'(t_0)=2$，$y'(t_0)=3$，又 $S(t)=\sqrt{x^2(t)+y^2(t)}$，所以

$$S'(t)=\frac{x(t)x'(t)+y(t)y'(t)}{\sqrt{x^2(t)+y^2(t)}},$$

$$S'(t_0)=\frac{x(t_0)x'(t_0)+y(t_0)y'(t_0)}{\sqrt{x^2(t_0)+y^2(t_0)}}=\frac{12\times2+5\times3}{\sqrt{12^2+5^2}}=3.$$

例 2.8　已知函数 $y=y(x)$ 由方程 $e^y+6xy+x^2-1=0$ 确定，则 $y''(0)=$________.

解　将方程两端对 x 两次求导，得

$$e^yy'+6xy'+6y+2x=0, \tag{1}$$

$$e^yy''+e^y(y')^2+6xy''+12y'+2=0. \tag{2}$$

以 $x=0$ 代入原方程得 $y=0$，以 $x=y=0$ 代入式（1）得 $y'=0$，再以 $x=y=y'=0$ 代入式（2）得 $y''(0)=-2$.

注意　将方程两端对 x 求导时，遇到含 y 的项，对 y 求导后不要忘记乘以 y 对 x 的导数．漏乘 y' 是隐函数求导中经常出现的错误．

例 2.9　（120204）函数 $f(x)=(e^x-1)(e^{2x}-2)\cdots(e^{nx}-n)$，其中 n 为正整数，则 $f'(0)=($　　$)$.

(A) $(-1)^{n-1}(n-1)!$;　　(B) $(-1)^{n}(n-1)!$;

(C) $(-1)^{n-1}n!$;　　(D) $(-1)^{n}n!$.

解　由

$$f'(x)=(\mathrm{e}^{x}-1)'(\mathrm{e}^{2x}-2)\cdots(\mathrm{e}^{nx}-n)+(\mathrm{e}^{x}-1)[(\mathrm{e}^{2x}-2)\cdots(\mathrm{e}^{nx}-n)]'$$

可得 $f'(0)=1\cdot(-1)(-2)\cdots(-n+1)+0=(-1)^{n-1}(n-1)!$，故答案(A)正确.

题型 3　求曲线的切线与法线

【方法与技巧】

由导数的几何意义，可以求得曲线 $y=f(x)$ 在一点的切线的斜率及法线的斜率，从而可以求出曲线在一点的切线方程与法线方程.

例 2.10　(080104) 曲线 $\sin(xy)+\ln(y-x)=x$ 在点 (0, 1) 处的切线方程是________.

解　方程两边对 x 求导，得

$$\cos(xy)(y+xy')+\frac{1}{y-x}(y'-1)=1.$$

令 $x=0$，$y=1$，得 $1+y'(0)-1=1$，即 $y'(0)=1$.

所以，曲线在 (0, 1) 点的切线方程是 $y=x+1$.

例 2.11　(070204) 曲线 $\begin{cases}x=\cos t+\cos^2 t,\\ y=1+\sin t\end{cases}$ 上对应于 $t=\dfrac{\pi}{4}$ 点处的法线的斜率为________.

解　先求点 t 处的切线斜率

$$k=\frac{\mathrm{d}y}{\mathrm{d}x}=\frac{y'_t}{x'_t}=\frac{\cos t}{-\sin t-2\cos t\sin t}=\frac{-1}{\tan t+2\sin t}.$$

于是 $k\big|_{t=\frac{\pi}{4}}=-\dfrac{1}{1+\sqrt{2}}$. 因此，$t=\dfrac{\pi}{4}$ 点处法线的斜率为 $1+\sqrt{2}$.

题型 4　求函数的高阶导数

【方法与技巧】

求函数 $f(x)$ 的高阶导数时，可以对函数逐次求导数得高阶导数. 但是要通过逐次求导归纳出函数的 n 阶导数的表达式，有时是非常困难的，甚至对有些函数是办不到的.

求函数 $f(x)$ 的 n 阶导数常用的方法有：归纳法、分解法、莱布尼兹公式法.

例 2.12　(100204) 函数 $y=\ln(1-2x)$ 在 $x=0$ 处的 n 阶导数 $y^{(n)}(0)=$________.

解　用归纳法求解.

$$y'=(1-2x)^{-1}(-2),\ y''=(-1)(1-2x)^{-2}\cdot(-2)^2,$$

$$y'''=(-1)(-2)(1-2x)^{-3}\cdot(-2)^3,\ y^{(4)}=(-1)(-2)(-3)(1-2x)^{-4}\cdot(-2)^4.$$

由归纳法，得

$$y^{(n)}=-2^n(n-1)!\ (1-2x)^{-n},\ y^{(n)}(0)=-2^n(n-1)!\ .$$

例 2.13　设 $y=\dfrac{x^3}{x^2-3x+2}$，求 $y^{(n)}$.

分析　求分式有理函数的高阶导数时，先将有理假分式化为整式与有理真分式之和，再将有理真分式分解成简单分式之和，最后仿 $(x^m)^{(n)}$ 的表达式写出所给定的有理函数的 n 阶导数.

解　$y=(x+3)+\dfrac{7x-6}{(x-2)(x-1)}=x+3+\dfrac{8}{x-2}-\dfrac{1}{x-1}.$

$$\begin{aligned}y^{(n)}&=(x+3)^{(n)}+[8(x-2)^{-1}]^{(n)}-[(x-1)^{-1}]^{(n)}\\&=0+(-1)^n\cdot 8\cdot n!\ (x-2)^{-1-n}-(-1)^n n!\ (x-1)^{-1-n}\\&=(-1)^n n!\ \left[\frac{8}{(x-2)^{n+1}}-\frac{1}{(x-1)^{n+1}}\right]\ (n\geqslant 2).\end{aligned}$$

五、教材习题选解

习题 2.1

2. 下列各题中均假定 $f'(x_0)$ 存在，按导数定义观察下列极限，指出这些极限表示什么，并将答案填在括号内.

(1) $\lim\limits_{\Delta x\to 0}\dfrac{f(x_0-\Delta x)-f(x_0)}{\Delta x}=(\quad)$；

(2) $\lim\limits_{x\to 0}\dfrac{f(x)}{x}=(\quad)$，其中 $f(0)=0$，且 $f'(0)$ 存在；

(3) $\lim\limits_{h\to 0}\dfrac{f(x_0+h)-f(x_0-h)}{h}=(\quad)$；

(4) 已知 $f(x)=\begin{cases}x^2, & x\geqslant 0,\\ -x^2, & x<0,\end{cases}$ 则 $f'(0)=(\quad)$.

解　(1) 由导数定义知 $\lim\limits_{\Delta x\to 0}\dfrac{f(x_0-\Delta x)-f(x_0)}{\Delta x}=-f'(x_0)$；

(2) 由于 $f(0)=0$，且 $f'(0)$ 存在，则 $\lim\limits_{x\to 0}\dfrac{f(x)-f(0)}{x-0}=f'(0)$；

(3) $\lim\limits_{h\to 0}\dfrac{f(x_0+h)-f(x_0)}{h}+\dfrac{f(x_0-h)-f(x_0)}{-h}=2f'(x_0)$；

(4) $f'_-(0)=\lim\limits_{x\to 0^-}\dfrac{f(x)-f(0)}{x-0}=\lim\limits_{x\to 0^-}\dfrac{-x^2-0}{x}=\lim\limits_{x\to 0^-}(-x)=0,$

$f'_+(0)=\lim\limits_{x\to 0^+}\dfrac{f(x)-f(0)}{x-0}=\lim\limits_{x\to 0^+}\dfrac{x^2-0}{x}=\lim\limits_{x\to 0^+}x=0,$

由于 $f'_+(0)=f'_-(0)=0$，故 $f'(0)=0$.

3. 求曲线 $y=\cos x$ 上点 $\left(\dfrac{\pi}{3},\ \dfrac{1}{2}\right)$ 处的切线方程和法线方程.

解　$y'\big|_{x=\frac{\pi}{3}}=(-\sin x)\big|_{x=\frac{\pi}{3}}=-\dfrac{\sqrt{3}}{2}$，故曲线在点$\left(\dfrac{\pi}{3},\dfrac{1}{2}\right)$处的切线方程为

$$y-\frac{1}{2}=-\frac{\sqrt{3}}{2}\left(x-\frac{\pi}{3}\right)，即\frac{\sqrt{3}}{2}x+y-\frac{1}{2}-\frac{\sqrt{3}}{6}\pi=0.$$

在点$\left(\dfrac{\pi}{3},\dfrac{1}{2}\right)$处的法线方程为

$$y-\frac{1}{2}=\frac{2}{\sqrt{3}}\left(x-\frac{\pi}{3}\right)，即\frac{2\sqrt{3}}{3}x-y+\frac{1}{2}-\frac{2\sqrt{3}}{9}\pi=0.$$

4. 曲线 $y=x^2$ 上哪一点处的切线与直线 $y=4x-1$ 平行，求过这一点的切线方程.

解　曲线 $y=x^2$ 在点 x 处的切线斜率为 $y'=2x=4$，故曲线过点（2，4），从而过这一点的切线方程为 $y-4=4(x-2)$.

5. 讨论函数 $f(x)=\begin{cases}x^2\sin\dfrac{1}{x}, & x\neq0,\\ 0, & x=0\end{cases}$ 在点 $x=0$ 处的连续性与可导性.

解　$\lim\limits_{x\to0}f(x)=\lim\limits_{x\to0}x^2\sin\dfrac{1}{x}=0=f(0)$，故函数在 $x=0$ 处连续．又 $f'(0)=\lim\limits_{x\to0}\dfrac{f(x)-f(0)}{x-0}=\lim\limits_{x\to0}\dfrac{x^2\sin\dfrac{1}{x}}{x}=\lim\limits_{x\to0}x\sin\dfrac{1}{x}=0$，故函数在 $x=0$ 处可导.

6. 设 $f(x)=\begin{cases}\sin x, & x<0,\\ ax+b, & x\geqslant0,\end{cases}$ 讨论 a，b 取何值时，$f(x)$ 在点 $x=0$ 处可导.

解　首先要使函数 $f(x)$ 在 $x=0$ 处连续，应有

$$\lim_{x\to0^-}f(x)=\lim_{x\to0^-}\sin x=0=\lim_{x\to0^+}(ax+b)=b,$$

可得 $b=0$，要使函数 $f(x)$ 在 $x=0$ 处可导，应有 $f'_-(0)=f'_+(0)$，而

$$f'_-(0)=\lim_{x\to0^-}\frac{f(x)-f(0)}{x-0}=\lim_{x\to0^-}\frac{\sin x-0}{x-0}=1,$$

$$f'_+(0)=\lim_{x\to0^+}\frac{f(x)-f(0)}{x-0}=\lim_{x\to0^+}\frac{ax-0}{x-0}=a,$$

即 $a=1$. 故 $a=1$，$b=0$.

7. 设 $Q=Q(T)$表示重 1 单位的金属从 0℃加热到 T℃时所吸收的热量，当金属从 T℃升温到 $(T+\Delta T)$℃时，所需热量为 $\Delta Q=Q(T+\Delta T)-Q(T)$，$\Delta Q$ 与 ΔT 之比称为 T 到 $T+\Delta T$ 的平均比热容，试解答下列问题：

（1）如何定义在 T℃时金属的比热容；

（2）当 $Q(T)=aT+bT^2$（其中 a，b 均为常数）时，求比热容.

解　（1）T℃时金属的比热容：当 $\Delta T\to0$ 时，ΔQ 与 ΔT 比值的极限，即函数 $Q(T)$ 在 T 时刻的导数.

（2）由（1）得，比热容为 $Q'(T)=a+2bT$.

习题 2.2

1. 求下列函数的导数：

（5）$y=x^3(\arccos x+\cot x)$；　　（7）$y=\dfrac{e^x+\cos x}{\sqrt{x}}$；

(8) $y=\dfrac{1-\sqrt{x}}{1+\sqrt{x}}$;　(10) $y=\dfrac{\arcsin x}{\arccos x}$;

(11) $y=(1+x^2)(\arctan x+\operatorname{arccot} x)$; (12) $y=x^2\ln x\cos x$.

解　(5) $y'=3x^2(\arccos x+\cot x)-x^3\left(\dfrac{1}{\sqrt{1-x^2}}+\csc^2 x\right)$;

(7) $$y'=\frac{(e^x-\sin x)\sqrt{x}-(e^x+\cos x)\frac{1}{2}x^{-\frac{1}{2}}}{x}=\frac{2x(e^x-\sin x)-(e^x+\cos x)}{2x\sqrt{x}};$$

(8) $$y'=\frac{-\frac{1}{2\sqrt{x}}(1+\sqrt{x})-(1-\sqrt{x})\frac{1}{2\sqrt{x}}}{(1+\sqrt{x})^2}=-\frac{1}{\sqrt{x}(1+\sqrt{x})^2};$$

(10) $$y'=\frac{\frac{1}{\sqrt{1-x^2}}\arccos x+\arcsin x\frac{1}{\sqrt{1-x^2}}}{(\arccos x)^2}=\frac{\arccos x+\arcsin x}{\sqrt{1-x^2}(\arccos x)^2};$$

(11) $$y'=2x(\arctan x+\operatorname{arccot} x)+(1+x^2)\left(\frac{1}{1+x^2}-\frac{1}{1+x^2}\right)=2x(\arctan x+\operatorname{arccot} x);$$

(12) $$y'=2x\ln x\cos x+x^2\frac{1}{x}\cos x+x^2\ln x(-\sin x)=2x\ln x\cos x+x\cos x-x^2\ln x\sin x.$$

2. 已知$\rho=\varphi\sin\varphi+\dfrac{1}{2}\cos\varphi$，求$\left.\dfrac{d\rho}{d\varphi}\right|_{\varphi=\pi/4}$.

解　$$\left.\frac{d\rho}{d\varphi}\right|_{\varphi=\pi/4}=\left.\left(\sin\varphi+\varphi\cos\varphi-\frac{1}{2}\sin\varphi\right)\right|_{\varphi=\pi/4}=\frac{\sqrt{2}}{2}\left(\frac{\pi}{4}+\frac{1}{2}\right).$$

3. 求下列函数的导数：

(3) $y=\sqrt{a^2-x^2}$; (4) $y=\log_a(x^2+x+1)$ ($a>0$，且$a\neq1$); (7) $y=e^{-3x^2}$;

(8) $y=\tan(x^2)$; (9) $y=\arcsin(1-2x)$; (10) $y=\arctan(e^x)$.

解　(3) $y'=\dfrac{1}{2\sqrt{a^2-x^2}}\cdot(-2x)=-\dfrac{x}{\sqrt{a^2-x^2}}$;

(4) $y'=\dfrac{1}{(x^2+x+1)\ln a}(2x+1)=\dfrac{2x+1}{(x^2+x+1)\ln a}$;

(7) $y'=e^{-3x^2}\cdot(-6x)=-6xe^{-3x^2}$;

(8) $y'=\sec^2(x^2)\cdot 2x=2x\sec^2(x^2)$;

(9) $y'=\dfrac{1}{\sqrt{1-(1-2x)^2}}\cdot(-2)=-\dfrac{2}{\sqrt{1-(1-2x)^2}}=-\dfrac{1}{\sqrt{x-x^2}}$;

(10) $y'=\dfrac{e^x}{1+(e^x)^2}=\dfrac{e^x}{1+e^{2x}}$.

4. 求下列函数的导数：

(1) $y=\left(\arcsin\frac{x}{2}\right)^2$；(2) $y=\mathrm{e}^{\arctan\sqrt{x}}$；(3) $y=\ln[\ln(\ln x)]$；

(4) $y=\ln\cos\frac{1}{x}$；(5) $y=\mathrm{e}^{-\sin^2\frac{1}{x}}$；(6) $y=\ln\sin(\mathrm{e}^x)$；

(7) $y=\sin^2x\cdot\sin(x^2)$；(8) $y=\ln(x+\sqrt{1+x^2})$；

(9) $y=\arctan\frac{1+x}{1-x}$.

解 (1) $y'=2\arcsin\frac{x}{2}\cdot\frac{1}{\sqrt{1-(x/2)^2}}\cdot\frac{1}{2}=\frac{2}{\sqrt{4-x^2}}\arcsin\frac{x}{2}$；

(2) $y'=\mathrm{e}^{\arctan\sqrt{x}}\cdot\frac{1}{1+(\sqrt{x})^2}\cdot\frac{1}{2\sqrt{x}}=\frac{\mathrm{e}^{\arctan\sqrt{x}}}{2\sqrt{x}\ (1+x)}$；

(3) $y'=\frac{1}{\ln\ (\ln x)}\frac{1}{\ln x}\frac{1}{x}=\frac{1}{x\ln x\ln(\ln x)}$；

(4) $y'=\frac{1}{\cos\frac{1}{x}}\cdot\left(-\sin\frac{1}{x}\right)\cdot\left(-\frac{1}{x^2}\right)=\frac{1}{x^2}\tan\frac{1}{x}$；

(5) $y'=\mathrm{e}^{-\sin^2\frac{1}{x}}\cdot\left(-2\sin\frac{1}{x}\right)\cdot\cos\frac{1}{x}\cdot\left(-\frac{1}{x^2}\right)=\frac{1}{x^2}\sin\frac{2}{x}\mathrm{e}^{-\sin^2\frac{1}{x}}$；

(6) $y'=\frac{1}{\sin(\mathrm{e}^x)}\cdot\cos(\mathrm{e}^x)\cdot\mathrm{e}^x=\mathrm{e}^x\cot(\mathrm{e}^x)$；

(7) $y'=2\sin x\cdot\cos x\cdot\sin(x^2)+\sin^2x\cdot\cos(x^2)\cdot 2x$

$=\sin 2x\sin(x^2)+2x\sin^2x\cdot\cos(x^2)$；

(8) $y=\frac{1}{x+\sqrt{1+x^2}}\left(1+\frac{2x}{2\sqrt{1+x^2}}\right)$

$=\frac{1}{x+\sqrt{1+x^2}}\frac{x+\sqrt{1+x^2}}{\sqrt{1+x^2}}=\frac{1}{\sqrt{1+x^2}}$；

(9) $y'=\frac{1}{1+\left(\frac{1+x}{1-x}\right)^2}\cdot\frac{(1-x)-(1+x)\cdot(-1)}{(1-x)^2}=\frac{1}{1+x^2}$.

5. 设$f(x)$可导，求下列函数的导数$\frac{\mathrm{d}y}{\mathrm{d}x}$：

(1) $y=f(x^2)$；(2) $y=f(\sin^2x)+f(\cos^2x)$.

解 (1) $y'=f'(x^2)\cdot 2x=2xf'(x^2)$；

(2) $y'=f'(\sin^2x)\ 2\sin x\cdot\cos x+f'(\cos^2x)\ 2\cos x\cdot(-\sin x)$

$=\sin 2x\ [f'(\sin^2x)-f'(\cos^2x)]$.

习题 2.3

1. 求下列函数的二阶导数：

(2) $y=\ln(x+\sqrt{1+x^2})$.

解 (2) $y'=\frac{1}{x+\sqrt{1+x^2}}\cdot\left(1+\frac{2x}{2\sqrt{1+x^2}}\right)=\frac{1}{\sqrt{1+x^2}}$,

$$y''=-\frac{1}{2}\frac{1}{\sqrt{(1+x^2)^3}}\cdot 2x=-\frac{x}{\sqrt{(1+x^2)^3}}.$$

2. 设 $y=e^x\cos x$，求 $y^{(4)}$.

解　$y'=e^x(\cos x-\sin x)$,

$y''=e^x(\cos x-\sin x)-e^x(\sin x+\cos x)=-2e^x\sin x$,

$y'''=-2e^x(\sin x+\cos x)$,

$y^{(4)}=-2e^x(\sin x+\cos x)-2e^x(\cos x-\sin x)=-4e^x\cos x$.

3. 设 $y=\frac{1}{1+2x}$，求 $y^{(6)}$.

解　$y'=\frac{2\cdot(-1)}{(1+2x)^2}$，$y''=\frac{2^2\cdot(-1)\cdot(-2)}{(1+2x)^3}$，$y'''=\frac{2^3\cdot(-1)(-2)(-3)}{(1+2x)^4}$，…，

$$y^{(6)}=\frac{2^6\cdot(-1)(-2)(-3)(-4)(-5)(-6)}{(1+2x)^7}=2^6\frac{6!}{(1+2x)^7}.$$

4. 若 $f''(x)$ 存在，求下列函数的二阶导数 $\frac{d^2y}{dx^2}$：

(1) $y=f(x^2)$；(2) $y=\ln[f(x)]$.

解　(1) $\frac{dy}{dx}=2xf'(x^2)$,

$$\frac{d^2y}{dx^2}=2f'(x^2)+2xf''(x^2)\cdot 2x=2f'(x^2)+4x^2f''(x^2).$$

(2) $\frac{dy}{dx}=\frac{1}{f(x)}f'(x)$，$\frac{d^2y}{dx^2}=\frac{f''(x)f(x)-f'^2(x)}{f^2(x)}$.

5. 设 $y=10^x$，求 $y^{(n)}(0)$.

解　$y'=10^x\ln 10$，$y''=10^x\ln^2 10$，…，$y^{(n)}=10^x\ln^n 10$，则 $y^{(n)}(0)=\ln^n 10$.

6. 设 $y=x(x-1)(x-2)\cdots(x-n)$，求 $y^{(n+1)}$.

解　$y=x^{n+1}+a_nx^n+\cdots+a_1x$，其中 a_1，…，a_n 为系数．则 $y^{(n+1)}=(n+1)!$．

7. 求下列函数的 n 阶导数的一般表达式：

(1) $y=\ln(1-x)$；　　(2) $y=\sin 2x$.

解　(1) $y'=-\frac{1}{1-x}$，$y''=-\frac{1}{(1-x)^2}$，$y'''=-\frac{1\cdot 2}{(1-x)^3}$，…，$y^{(n)}=-\frac{(n-1)!}{(1-x)^n}$.

(2) $y'=2\cos 2x=2\sin\left(2x+\frac{\pi}{2}\right)$,

$$y''=2^2\cos\left(2x+\frac{\pi}{2}\right)=2^2\sin\left(2x+2\cdot\frac{\pi}{2}\right),\ \cdots,\ y^{(n)}=2^n\sin\left(2x+n\cdot\frac{\pi}{2}\right).$$

8. $y=xe^x$，求 $y^{(n)}$，$y^{(n)}(0)$.

解　$y'=e^x+xe^x=(1+x)e^x$，$y''=e^x(1+x)+e^x=e^x(2+x)$,

$$y'''=e^x(2+x)+e^x=e^x(3+x),\ \cdots,\ y^{(n)}=e^x(n+x),\ y^{(n)}(0)=n.$$

9. $y=x\ln x$，求 $y^{(50)}$.

解　$y'=\ln x+x\cdot\frac{1}{x}=\ln x+1$，$y''=\frac{1}{x}$，$y'''=-\frac{1}{x^2}$，$y^{(4)}=\frac{2}{x^3}$，…，$y^{(50)}=\frac{48!}{x^{49}}$.

习题 2.4

1. 求下列方程所确定的隐函数的导数 $\frac{dy}{dx}$：

(1) $x^2+y^3-axy=0$;　　(2) $x^3y+xy^3=30$;

(3) $x=\ln(x+y)$;　　(4) $xy+\sin(xy)=1$;

(5) $x\sqrt{y+1}=xy+1$;　　(6) $xy-e^x+e^y=1$;

(7) $x=y\ln(xy)$;　　(8) $\ln(x^2+y^2)=2\arctan\frac{y}{x}$.

解　(1) 方程两端分别对 x 求导，得 $2x+3y^2\cdot y'-ay-axy'=0$，从而 $y'=\frac{ay-2x}{3y^2-ax}$，其中 $y=y(x)$ 是由方程 $x^2+y^3-axy=0$ 所确定的隐函数．

(2) 方程两端分别对 x 求导，得 $3x^2y+x^3y'+y^3+x\cdot 3y^2\cdot y'=0$，从而 $y'=-\frac{3x^2y+y^3}{x^3+3xy^2}$，其中 $y=y(x)$ 是由方程 $x^3y+xy^3=30$ 所确定的隐函数．

(3) 方程两端分别对 x 求导，得 $1=\frac{1+y'}{x+y}$，从而 $y'=x+y-1$，其中 $y=y(x)$ 是由方程 $x=\ln(x+y)$ 所确定的隐函数．

(4) 方程两端分别对 x 求导，得 $y+xy'+\cos(xy)\cdot(y+xy')=0$，从而 $y'=-\frac{y+y\cos(xy)}{x+x\cos(xy)}$，其中 $y=y(x)$ 是由方程 $xy+\sin(xy)=1$ 所确定的隐函数．

(5) 方程两端分别对 x 求导，得 $\sqrt{y+1}+x\cdot\frac{y'}{2\sqrt{y+1}}=y+xy'$，从而 $y'=\frac{2(\sqrt{y+1}-y)\sqrt{y+1}}{x(2\sqrt{y+1}-1)}$，其中 $y=y(x)$ 是由方程 $x\sqrt{y+1}=xy+1$ 所确定的隐函数．

(6) 方程两端分别对 x 求导，得 $y+xy'-e^x+e^y\cdot y'=0$，从而 $y'=\frac{e^x-y}{x+e^y}$，其中 $y=y(x)$ 是由方程 $xy-e^x+e^y=1$ 所确定的隐函数．

(7) 方程两端分别对 x 求导，得 $1=y'\ln(xy)+y\cdot\frac{y+xy'}{xy}$，从而 $y'=\frac{x-y}{x[1+\ln(xy)]}$，其中 $y=y(x)$ 是由方程 $x=y\ln(xy)$ 所确定的隐函数．

(8) 方程两端分别对 x 求导，得 $\frac{2x+2y\cdot y'}{x^2+y^2}=2\frac{x\cdot y'-y}{x^2+y^2}$，从而 $y'=\frac{x+y}{x-y}$，其中 $y=y(x)$ 是由方程 $\ln(x^2+y^2)=2\arctan\frac{y}{x}$ 所确定的隐函数．

2. 设 $y=f(x)$ 由方程 $e^{xy}+y^3-5x=0$ 所确定，试求 $\left.\frac{dy}{dx}\right|_{x=0}$．

解　应用隐函数求导方法，将方程两端对 x 求导，得 $e^{xy}(y+xy')+3y^2y'-5=0$，从而 $y'=\frac{5-ye^{xy}}{xe^{xy}+3y^2}$．由方程可知当 $x=0$ 时，$y=-1$，则 $\left.\frac{dy}{dx}\right|_{x=0}=\frac{5-(-1)}{3\times(-1)^2}=2$．

3. 求曲线 $\sqrt{y}+xy^2=5$ 在点 (4, 1) 处的切线方程和法线方程．

解　由导数的几何意义知，所求切线的斜率为 $k=y'|_{x=4}$．将方程两端分别对 x 求导，得 $\frac{y'}{2\sqrt{y}}+y^2+x\cdot 2y\cdot y'=0$，从而 $y'=-\frac{2\sqrt{y^5}}{1+4x\sqrt{y^3}}$，$k=y'|_{x=4}=-\frac{2}{17}$．于是

切线方程为　　$y-1=-\frac{2}{17}\cdot(x-4)$，即 $2x+17y-25=0$，

法线方程为　　$y-1=\frac{17}{2}\cdot(x-4)$，即 $17x-2y-66=0$.

4. 求曲线 $x^{\frac{2}{3}}+y^{\frac{2}{3}}=a^{\frac{2}{3}}$ 在点 $\left(\frac{\sqrt{2}}{4}a,\frac{\sqrt{2}}{4}a\right)$ 处的切线方程和法线方程.

解　由导数的几何意义知，所求切线的斜率为 $k=y'\big|_{x=\frac{\sqrt{2}}{4}a}$. 将曲线方程两端分别对 x 求导，得 $\frac{2}{3}x^{-\frac{1}{3}}+\frac{2}{3}y^{-\frac{1}{3}}y'=0$，从而 $y'=-\frac{x^{-\frac{1}{3}}}{y^{-\frac{1}{3}}}$，$k=y'\big|_{x=\frac{\sqrt{2}}{4}a}=-1$. 于是

切线方程为　　$y-\frac{\sqrt{2}}{4}a=(-1)\left(x-\frac{\sqrt{2}}{4}a\right)$，即 $x+y=\frac{\sqrt{2}}{2}a$，

法线方程为　　$y-\frac{\sqrt{2}}{4}a=1\cdot\left(x-\frac{\sqrt{2}}{4}a\right)$，即 $x-y=0$.

5. 求下列方程所确定的隐函数的二阶导数 $\frac{d^2y}{dx^2}$：

(1) $x^2-y^2=1$；　(2) $xy+y^3=2$；　(3) $y=\sin(x+y)$；　(4) $y=1+xe^y$.

解　(1) 方程两端分别对 x 求导，得 $2x-2y\cdot y'=0$，从而 $y'=\frac{x}{y}$，于是

$$y''=\frac{y-xy'}{y^2}=\frac{y^2-x^2}{y^3}.$$

(2) 方程两端分别对 x 求导，得 $x+xy'+3y^2\cdot y'=0$，从而 $y'=-\frac{x}{x+3y^2}$，于是

$$\begin{aligned}y''&=-\frac{x+3y^2-x(1+6yy')}{(x+3y^2)^2}=-\frac{1}{x+3y^2}+\frac{x(x+3y^2-6xy)}{(x+3y^2)^3}\\&=-\frac{3y(2x^2+xy+3y^3)}{(x+3y^2)^3}.\end{aligned}$$

(3) 方程两端分别对 x 求导，得 $y'=\cos(x+y)\cdot(1+y')$，从而 $y'=\frac{\cos(x+y)}{1-\cos(x+y)}$，于是

$$\begin{aligned}y''&=\frac{-\sin(x+y)(1+y')(1-\cos(x+y))-\cos(x+y)\sin(x+y)(1+y')}{(1-\cos(x+y))^2}\\&=\frac{-\sin(x+y)-\sin(x+y)\cos(x+y)\frac{1}{1-\cos(x+y)}}{(1-\cos(x+y))^2}\\&=-\frac{\sin(x+y)}{(1-\cos(x+y))^3}.\end{aligned}$$

(4) 方程两端分别对 x 求导，得 $y'=e^y+xe^y\cdot y'$，从而 $y'=\frac{e^y}{1-xe^y}$，于是

$$\begin{aligned}y''&=\frac{e^y\cdot y'(1-xe^y)+e^y(e^y+xe^y\cdot y')}{(1-xe^y)^2}\\&=\frac{2e^{2y}(1-xe^y)+xe^{3y}}{(1-xe^y)^3}=\frac{e^{2y}(2-xe^y)}{(1-xe^y)^3}.\end{aligned}$$

6. 利用对数求导法求下列函数的导数 $\frac{dy}{dx}$：

(1) $y=x^{\ln x}(x>0)$；　(2) $y=\left(\frac{x}{1+x}\right)^x$；

（3）$y=(3x-1)^{\frac{5}{3}}\sqrt{\frac{x-1}{x-2}}$；（4）$y=\sqrt{x\sin x\sqrt{1-e^x}}$.

解 （1）将等式两端取对数，得 $\ln y=\ln x\ln x$，两端同时对 x 求导数，得 $\frac{1}{y}y'=2\ln x\cdot\frac{1}{x}$，于是

$$\frac{dy}{dx}=2x^{\ln x-1}\ln x.$$

（2）将等式两端取对数，得 $\ln y=x[\ln x-\ln(1+x)]$，两端同时对 x 求导数，得

$$\frac{1}{y}y'=[\ln x-\ln(1+x)]+x\left(\frac{1}{x}-\frac{1}{1+x}\right)=\ln\frac{x}{1+x}+\frac{1}{1+x},$$

于是

$$y'=\left(\frac{x}{1+x}\right)^x\left(\ln\frac{x}{1+x}+\frac{1}{1+x}\right).$$

（3）将等式两端取对数，得

$$\ln y=\frac{5}{3}\ln(3x-1)+\frac{1}{2}[\ln(x-1)-\ln(x-2)],$$

两端同时对 x 求导数，得

$$\frac{1}{y}y'=\frac{5}{3}\cdot\frac{3}{3x-1}+\frac{1}{2}\cdot\frac{1}{x-1}-\frac{1}{2}\cdot\frac{1}{x-2}=\frac{5}{3x-1}+\frac{1}{2(x-1)}-\frac{1}{2(x-2)},$$

于是

$$y'=(3x-1)^{\frac{5}{3}}\sqrt{\frac{x-1}{x-2}}\left[\frac{5}{3x-1}+\frac{1}{2(x-1)}-\frac{1}{2(x-2)}\right].$$

（4）将等式两端取对数，得

$$\ln y=\frac{1}{2}\left[\ln x+\ln\sin x+\frac{1}{2}\ln(1-e^x)\right],$$

两端同时对 x 求导数，得

$$\frac{1}{y}y'=\frac{1}{2}\left(\frac{1}{x}+\frac{1}{\sin x}\cdot\cos x+\frac{1}{2}\cdot\frac{-e^x}{1-e^x}\right),$$

于是

$$y'=\frac{1}{2}\sqrt{x\sin x\sqrt{1-e^x}}\left[\frac{1}{x}+\cot x-\frac{e^x}{2(1-e^x)}\right].$$

7. 求由参数方程所确定的函数的导数 $\frac{dy}{dx}$：

（4）$\begin{cases}x=a\cos^3\theta,\\y=a\sin^3\theta.\end{cases}$

解 （4）$\frac{dy}{dx}=\frac{a\cdot3\sin^2\theta\cos\theta}{-a\cdot3\cos^2\theta\sin\theta}=-\tan\theta.$

8. 求由参数方程 $\begin{cases}x=\sin t,\\y=\cos 2t\end{cases}$ 所确定的曲线在 $t=\frac{\pi}{4}$ 处的切线方程和法线方程.

解 $\frac{dy}{dx}=\frac{-\sin 2t\cdot2}{\cos t}=-4\sin t$，$\left.\frac{dy}{dx}\right|_{t=\pi/4}=-2\sqrt{2}$. 当 $t=\frac{\pi}{4}$ 时对应点为 $M_0\left(\frac{\sqrt{2}}{2},0\right)$，曲线在点 M_0 的

切线方程为　　$y-0=-2\sqrt{2}\left(x-\frac{\sqrt{2}}{2}\right)$，即 $2\sqrt{2}x+y-2=0$.

法线方程为　　$y-0=\frac{1}{2\sqrt{2}}\left(x-\frac{\sqrt{2}}{2}\right)$，即 $\sqrt{2}x-4y-1=0$.

9. 求下列参数方程所确定的函数的二阶导数 $\frac{d^2y}{dx^2}$：

（1）$\begin{cases}x=a\cos t,\\ y=a\sin t;\end{cases}$（2）$\begin{cases}x=3e^{-t},\\ y=2e^{t}.\end{cases}$

解　（1）$\frac{dy}{dx}=\frac{a\cos t}{-a\sin t}=-\cot t$，$\frac{d^2y}{dx^2}=\frac{\csc^2 t}{-a\sin t}=-\frac{\csc^3 t}{a}$.

（2）$\frac{dy}{dx}=\frac{2e^t}{-3e^{-t}}=-\frac{2}{3}e^{2t}$，$\frac{d^2y}{dx^2}=\frac{-\frac{2}{3}e^{2t}\cdot 2}{-3e^{-t}}=\frac{4}{9}e^{3t}$.

习题 2.5

1. 已知 $y=x^3-x$，求当 $x=2$，Δx 分别为 1，0.1，0.01 时的 Δy，dy.

解
$$\begin{aligned}\Delta y&=(x+\Delta x)^3-(x+\Delta x)-x^3+x\\&=3x^2\Delta x+3x(\Delta x)^2+(\Delta x)^3-\Delta x,\end{aligned}$$
$$dy=(3x^2-1)\Delta x,$$
于是 $\Delta y\big|_{\substack{x=2\\ \Delta x=1}}=18$，$dy\big|_{\substack{x=2\\ \Delta x=1}}=11$；$\Delta y\big|_{\substack{x=2\\ \Delta x=0.1}}=1.161$，$dy\big|_{\substack{x=2\\ \Delta x=0.1}}=1.1$；$\Delta y\big|_{\substack{x=2\\ \Delta x=0.01}}=0.110601$，$dy\big|_{\substack{x=2\\ \Delta x=0.01}}=0.11$.

2. 求下列函数的微分：

（3）$y=x\sin 2x$；（5）$y=\ln\sqrt{1+x^2}$；

（6）$y=[\ln(1-x)]^2$；（8）$y=\frac{\ln x}{x^n}$.

解　（3）$dy=y'dx=(\sin 2x+2x\cos 2x)\,dx$；

（5）$dy=y'dx=\frac{1}{\sqrt{1+x^2}}\frac{2x}{\sqrt{1+x^2}}dx=\frac{x}{1+x^2}dx$；

（6）$dy=y'dx=2\ln(1-x)\cdot\frac{1}{1-x}\cdot(-1)\,dx=-\frac{2\ln(1-x)}{1-x}dx$；

（8）$dy=y'dx=\frac{\frac{1}{x}x^n-nx^{n-1}\ln x}{x^{2n}}dx=\frac{1-n\ln x}{x^{n+1}}dx$.

3. 求由下列方程所确定的隐函数 $y=y(x)$ 的微分 dy：

（1）$y=1+xe^y$；　　（2）$xy^2+x^2y=0$.

解　（1）由微分形式的不变性，方程两端同时求微分，得
$$dy=d(1+xe^y)=d(xe^y)=e^y dx+xe^y dy,$$
从而有
$$dy=\frac{e^y}{1-xe^y}dx.$$

（2）由微分形式的不变性，方程两端同时求微分，得
$$y^2dx+2xydy+2xydx+x^2dy=0,$$

从而
$$dy=-\frac{2xy+y^2}{2xy+x^2}dx.$$

5. 计算三角函数值 cos 29°的近似值 .

解 $\cos 29°=\cos(30°-1°)$，设 $f(x)=\cos\left(\frac{\pi}{6}-x\right)$，有 $f'(x)=\sin\left(\frac{\pi}{6}-x\right)$，取 $x_0=0$，则

$$f\left(\frac{\pi}{180}\right)\approx f(0)+f'(0)\frac{\pi}{180}=\frac{\sqrt{3}}{2}+\frac{\pi}{360}=0.8748.$$

6. 计算根式 $\sqrt[6]{65}$ 的近似值 .

解 $\sqrt[6]{65}=2\left(1+\frac{1}{64}\right)^{\frac{1}{6}}$，设 $f(x)=2(1+x)^{\frac{1}{6}}$，有 $f'(x)=\frac{1}{3}(1+x)^{-\frac{5}{6}}$，取 $x_0=0$，则

$$f\left(\frac{1}{64}\right)\approx f(0)+f'(0)\times\frac{1}{64}=2+\frac{1}{3}\times\frac{1}{64}=2.0052.$$

7. 当 $|x|$ 较小时，证明下列近似公式：

(1) $\tan x\approx x$；(2) $\ln(1+x)\approx x$.

证 (1) 令 $f(x)=\tan x$，$f'(x)=\sec^2 x$. 由 $f(x)\approx f(0)+f'(0)x$ 可得
$$\tan x\approx\tan 0+\sec^2 0\cdot x=x.$$

(2) 令 $f(x)=\ln(1+x)$，$f'(x)=\frac{1}{1+x}$. 由 $f(x)\approx f(0)+f'(0)x$ 可得
$$\ln(1+x)\approx\ln(1+0)+\frac{1}{1+0}x=x.$$

习题 2.6

1. 已知某商品的总成本函数为
$$C(x)=0.001x^3-0.3x^2+40x+1000.$$

求：(1) 当 $x=10$ 时的总成本和平均成本；

(2) 当 $x=10$ 到 $x=50$ 时的总成本的平均变化率；

(3) 当 $x=50$ 时的边际成本，并解释其经济意义 .

解 (1) 当 $x=10$ 时的总成本为
$$C(10)=0.001\times10^3-0.3\times10^2+40\times10+1000=1371,$$
平均成本为
$$\bar{C}(10)=\frac{C(10)}{10}=\frac{1371}{10}=137.1.$$

(2) 当 $x=10$ 到 $x=50$ 时的总成本的平均变化率为
$$\frac{C(50)-C(10)}{50-10}=\frac{2375-1371}{40}=25.1.$$

(3) 当 $x=50$ 时的边际成本为
$$C'(50)=0.003\times50^2-0.6\times50+40=17.5,$$

它表示当产量为 50 个单位时，再增产（或减产）一个单位，需增加（或减少）成本 17.5 个单位 .

2. 设某种产品的需求函数为 $Q=1000-100P$，求当需求量 $Q=300$ 时的总收益、平均收益和

边际收益.

解　由题意可得价格 P 关于需求量 Q 的函数 $P=10-\frac{Q}{100}$，则当需求量 $Q=300$ 时的总收益为

$$R(300)=300P(300)=3000-900=2100.$$

平均收益为

$$\frac{R(300)}{300}=\frac{2100}{300}=7.$$

边际收益为

$$R'(300)=P(300)+300P'(300)=4.$$

3. 已知某商品的价格 P 关于需求量 Q 的函数为 $P=10-\frac{Q}{5}$，求：

（1）总收益函数、平均收益函数和边际收益函数；

（2）当 $Q=20$ 个单位时的总收益、平均收益和边际收益.

解　（1）总收益函数为

$$R(Q)=QP(Q)=10Q-\frac{Q^2}{5}.$$

平均收益函数为

$$\frac{R(Q)}{Q}=10-\frac{Q}{5}.$$

边际收益函数为

$$R'(Q)=P(Q)+QP'(Q)=10-\frac{2Q}{5}.$$

（2）当 $Q=20$ 个单位时的总收益为

$$R(20)=10\times20-\frac{20^2}{5}=120.$$

平均收益为

$$\frac{R(20)}{20}=\frac{120}{20}=6.$$

边际收益为

$$R'(20)=10-\frac{2\times20}{5}=2.$$

4. 某商品需求函数为 $Q=f(P)=12-\frac{P}{2}$，求：

（1）需求弹性函数；

（2）$P=6$ 时的需求弹性；

（3）当 $P=6$ 时，若价格上涨 1%，总收益增加还是减少？将变化百分之几？

解　（1）由已知 $Q'=-\frac{1}{2}$，需求弹性为

$$\eta(P)=Q'\frac{P}{Q}=-\frac{P}{2Q}=-\frac{P}{24-P}.$$

（2）$P=6$ 时的需求弹性为

$$\eta(6)=-\frac{6}{24-6}=-\frac{1}{3}.$$

(3) 总收益函数为 $R(P)=Pf(P)$，则 $R(6)=54$. 从而可得总收益的弹性为

$$\left.\frac{ER}{EP}\right|_{P=6}=R'(6)\frac{6}{R(6)}=f(6)[1+\eta(6)]\frac{6}{R(6)},$$

$$=9\times\frac{2}{3}\times\frac{1}{9}=0.67.$$

所以当 $P=6$ 时，若价格上涨 1%，总收益增加 0.67%.

总习题二

5. 设 $f(x)$ 在点 x_0 可导，则 $\lim\limits_{\Delta x\to 0}\frac{f(x_0+\Delta x)-f(x_0-\Delta x)}{\Delta x}=$________.

解

$$\lim_{\Delta x\to 0}\frac{f(x_0+\Delta x)-f(x_0-\Delta x)}{\Delta x}$$

$$=\lim_{\Delta x\to 0}\frac{f(x_0+\Delta x)-f(x_0)+f(x_0)-f(x_0-\Delta x)}{\Delta x}$$

$$=\lim_{\Delta x\to 0}\frac{f(x_0+\Delta x)-f(x_0)}{\Delta x}+\lim_{\Delta x\to 0}\frac{f(x_0-\Delta x)-f(x_0)}{-\Delta x}$$

$$=2f'(x_0).$$

7. 设函数

$$f(x)=\begin{cases}x^2, & x>1,\\ ax+b, & x\leqslant 1,\end{cases}$$

问当 a，b 取什么值时函数 $f(x)$ 在 $x=1$ 处连续且可导?

解 由 $f(x)$ 在 $x=1$ 处连续可得

$$f(1^+)=\lim_{x\to 1^+}x^2=1=f(1^-)=\lim_{x\to 1^-}(ax+b)=a+b,$$

即 $a+b=1$. 又由 $f(x)$ 在 $x=1$ 处可导可得

$$f'_-(1)=\lim_{x\to 1^-}\frac{f(x)-f(1)}{x-1}=\lim_{x\to 1^-}\frac{ax-a}{x-1}=a=$$

$$f_+(1)=\lim_{x\to 1^+}\frac{x^2-a-b}{x-1}=\lim_{x\to 1^+}\frac{x^2-1}{x-1}=2,$$

从而有 $a=2$，故 $b=-1$.

8. 设函数

$$f(x)=\begin{cases}e^x, & x\geqslant 0,\\ x^2+1, & x<0,\end{cases}$$

求 $f'_-(0)$ 及 $f'_+(0)$，又 $f'(0)$ 是否存在?

解 $f'_-(0)=\lim\limits_{x\to 0^-}\frac{x^2+1-1}{x}=0$，$f'_+(0)=\lim\limits_{x\to 0^+}\frac{e^x-1}{x}=1$，由于 $f'_-(0)\neq f'_+(0)$，故 $f'(0)$ 不存在.

9. 已知 $f(x)=\begin{cases}\sin x, & x<0,\\ x, & x\geqslant 0,\end{cases}$ 求 $f'(x)$.

解 当 $x<0$ 时，$f'(x)=(\sin x)'=\cos x$；当 $x>0$ 时，$f'(x)=x'=1$.
下面只需求出函数在分段点 $x=0$ 处的导数.

$$f_-'(0)=\lim_{x\to0^-}\frac{\sin x-0}{x}=1,\quad f_+'(0)=\lim_{x\to0^+}\frac{x-0}{x}=1,$$

由于 $f_-'(0)=f_+'(0)$，故 $f'(0)=1$.

综上可得

$$f'(x)=\begin{cases}\cos x, & x<0,\\ 1, & x\geqslant0.\end{cases}$$

10. 求下列函数的导数或微分：

(2) $y=(2x+3)^{40}\cdot3^x$；(3) $y=\dfrac{\ln\sec x}{x-1}$；(4) $y=e^{-\frac{x}{2}}\cos 3x$；

(5) $y=\ln(\sec x+\tan x)$；(6) $y=\ln\sqrt{\dfrac{1-x}{1+x^2}}$；

(7) 设 $y=\sin^n x\cos nx$，求 dy；(8) $y=e^{-x}\cos(3-x)$，求 dy；

(9) $y=\arcsin\sqrt{1-x^2}$，求 dy；

(10) $f(x)=\arctan\sqrt{x^2-1}-\dfrac{\ln x}{\sqrt{x^2-1}}$，求 $df(x)$.

解 (2) $y'=40\cdot(2x+3)^{39}\cdot2\cdot3^x+(2x+3)^{40}\cdot3^x\cdot\ln3$

$=3^x[80(2x+3)^{39}+(2x+3)^{40}\ln3]$.

(3) $$y'=\frac{\dfrac{\sec x\tan x}{\sec x}(x-1)-\ln\sec x\cdot1}{(x-1)^2}=\frac{\tan x(x-1)-\ln\sec x}{(x-1)^2}.$$

(4) $$y'=-\frac{1}{2}e^{-\frac{x}{2}}\cos3x-3e^{-\frac{x}{2}}\sin3x=-e^{-\frac{x}{2}}\left(\frac{1}{2}\cos3x+3\sin3x\right).$$

(5) $$y'=\frac{\sec x\tan x+\sec^2x}{\sec x+\tan x}=\sec x.$$

(6) $$y=\frac{1}{2}[\ln(1-x)-\ln(1+x^2)],\ y'=-\frac{1}{2}\left(\frac{1}{1-x}+\frac{2x}{1+x^2}\right).$$

(7) $dy=[n\sin^{n-1}x\cos x\cos nx-n\sin^n x\sin nx]dx$

$=n\sin^{n-1}x[\cos x\cos nx-\sin x\sin nx]dx$

$=n\sin^{n-1}x\cos(n+1)x\,dx$.

(8) $dy=[-e^{-x}\cos(3-x)+e^{-x}\sin(3-x)]dx$

$=e^{-x}[\sin(3-x)-\cos(3-x)]dx$.

(9) $$dy=\frac{1}{\sqrt{1-(1-x^2)}}\cdot\frac{-2x}{2\sqrt{1-x^2}}dx=\frac{1}{|x|}\cdot\frac{-x}{\sqrt{1-x^2}}dx=\begin{cases}-\dfrac{1}{\sqrt{1-x^2}}dx, & x>0,\\ \dfrac{1}{\sqrt{1-x^2}}dx, & x<0.\end{cases}$$

(10) $$df(x)=\left[\frac{1}{1+x^2-1}\cdot\frac{2x}{2\sqrt{x^2-1}}-\frac{\dfrac{1}{x}\sqrt{x^2-1}-\ln x\cdot\dfrac{2x}{2\sqrt{x^2-1}}}{x^2-1}\right]dx$$

$$=\frac{x\ln x}{\sqrt{(x^2-1)^3}}dx.$$

11. 求曲线 $y=\ln x+e^x$ 在点 $x=1$ 处的切线方程及法线方程.

解　$y'\Big|_{x=1}=\left(\frac{1}{x}+e^x\right)\Big|_{x=1}=1+e$，则过点(1，e)的切线方程为

$$y-e=(1+e)(x-1)，即(1+e)x-y-1=0;$$

法线方程为　$y-e=-\frac{1}{1+e}(x-1)$，即 $(1+e)y+x-e-e^2-1=0.$

12. 求下列函数的二阶导数：

(1) $y=e^{-t}\sin t$；(2) $y=(1+x^2)\arctan x.$

解　(1) $y'=-e^{-t}\sin t+e^{-t}\cos t=e^{-t}(\cos t-\sin t)$，

$y''=-e^{-t}(\cos t-\sin t)+e^{-t}(-\sin t-\cos t)=-2e^{-t}\cos t.$

(2) $y'=2x\arctan x+(1+x^2)\frac{1}{1+x^2}=2x\arctan x+1$，

$y''=2\arctan x+\frac{2x}{1+x^2}.$

13. 设 $y=f\left(\frac{1}{x}\right)$，其中 $f(u)$ 为二阶可导函数，求 $\frac{d^2y}{dx^2}$.

解

$$\frac{dy}{dx}=f'\left(\frac{1}{x}\right)\cdot\left(-\frac{1}{x^2}\right)=-\frac{1}{x^2}f'\left(\frac{1}{x}\right),$$

$$\frac{d^2y}{dx^2}=-(-2)\frac{1}{x^3}f'\left(\frac{1}{x}\right)+\left(-\frac{1}{x^2}\right)f''\left(\frac{1}{x}\right)\cdot\left(-\frac{1}{x^2}\right)=\frac{2}{x^3}f'\left(\frac{1}{x}\right)+\frac{1}{x^4}f''\left(\frac{1}{x}\right).$$

14. 设方程 $x^2+y^2-xy=1$ 确定隐函数 $y=y(x)$，求 $\frac{dy}{dx}$.

解　方程两端同时对 x 求导，得 $2x+2y\cdot y'-y-xy'=0$，从而有

$$\frac{dy}{dx}=\frac{2x-y}{x-2y}.$$

15. 设由 $x^2y-e^{2y}=\sin y$ 确定 y 是 x 的函数，求 $\frac{dy}{dx}$.

解　方程两端同时对 x 求导，得 $2xy+x^2y'-2e^{2y}y'=\cos y\cdot y'$，从而有

$$\frac{dy}{dx}=\frac{2xy}{\cos y+2e^{2y}-x^2}.$$

16. 求由下列参数方程所确定的函数的一附导数 $\frac{dy}{dx}$ 及二阶导数 $\frac{d^2y}{dx^2}$：

(1) $\begin{cases}x=2e^t,\\y=e^{-t};\end{cases}$　　(2) $\begin{cases}x=\ln(1+t^2),\\y=t-\arctan t.\end{cases}$

解　(1) $\frac{dy}{dx}=\frac{-e^{-t}}{2e^t}=-\frac{1}{2}e^{-2t}$，$\frac{d^2y}{dx^2}=\frac{d}{dx}\left(\frac{dy}{dx}\right)=\frac{e^{-2t}}{2e^t}=\frac{1}{2}e^{-3t}$.

(2) $\frac{dy}{dx}=\frac{1-\frac{1}{1+t^2}}{\frac{2t}{1+t^2}}=\frac{t}{2}$，$\frac{d^2y}{dx^2}=\frac{d}{dx}\left(\frac{dy}{dx}\right)=\frac{\frac{1}{2}}{\frac{2t}{1+t^2}}=\frac{1+t^2}{4t}.$

17. 求曲线 $\begin{cases}x=\ln(1+t^2),\\y=\frac{\pi}{2}-\arctan t\end{cases}$ 上一点的坐标，使在该点处的切线平行于 $x+2y=0$.

解　由$\frac{dy}{dx}=\frac{-\frac{1}{1+t^2}}{\frac{2t}{1+t^2}}=-\frac{1}{2t}=-\frac{1}{2}$可得$t=1$，故点的坐标为$\left(\ln 2,\ \frac{\pi}{4}\right)$.

18. 求函数$y=\frac{1}{x^2-3x+2}$的n阶导数.

解　由于$y=\frac{1}{(x-1)(x-2)}=\frac{1}{x-2}-\frac{1}{x-1}$，从而有

$$y^{(n)}=(-1)^n n!\left[\frac{1}{(x-2)^{n+1}}-\frac{1}{(x-1)^{n+1}}\right].$$

19. 设某产品的成本函数及收益函数分别为$C(P)=100+5P+2P^2$，$R(P)=200P+P^2$，求边际成本函数、边际收益函数及边际利润函数.

解　边际成本函数为　$C'(P)=5+4P.$

边际收益函数为　$R'(P)=200+2P,$

边际利润函数为

$$L'(P)=R'(P)-C'(P)=200+2P-5-4P=195-2P.$$

20. 设某商品的需求函数为$Q=100-P^2$（Q为需求量，P为价格）.

（1）求需求弹性函数；

（2）求$P=4$时的需求弹性；

（3）当$P=4$时，若价格P上涨1%，总收益将变化百分之几？是增加还是减少？

解　（1）$E_d=Q'\frac{P}{Q}=(-2P)\frac{P}{100-P^2}=-\frac{2P^2}{100-P^2}$；

（2）$E_d|_{P=4}=-\frac{2\times 4^2}{100-4^2}=-0.38$；

（3）总收益函数为$R(P)=PQ$，则$R(4)=336$. 从而可得总收益的弹性为

$$\left.\frac{ER}{EP}\right|_{P=4}=R'(4)\frac{4}{R(4)}=(100-3\times 4^2)\frac{4}{400-4^3}=0.62,$$

所以当$P=4$时，若价格P上涨1%，则总收益将增加0.62%.

六、自测题

（满分100分，时间120分钟）

1. 填空题（每小题3分，共15分）：

（1）若函数$f(x)$在$x=a$处可导，则$\lim\limits_{n\to\infty}n\left[f\left(a+\frac{1}{n}\right)-f(a)\right]=$________.

（2）若函数$f(x)$在$x=3$处可导，则$\lim\limits_{h\to 0}\frac{f(3-h)-f(3)}{2h}=$________.

（3）设由方程$x^y=y^x$所确定的隐函数的导数$\frac{dy}{dx}=$________.

（4）函数$f(x)$为偶函数，且$f'(0)$存在，则$f'(0)=$________.

（5）设$f(x)=x\ln x$，求$f^{(n)}(1)=$________.

2. 选择题（每小题3分，共15分）：

（1）$y=f(x)$是奇函数，则y'是（　　）.

（A）偶函数；　（B）奇函数；　（C）非奇非偶；　（D）不确定.

（2）若函数$y=f(x)$在x_0处不存在，则（　　）.

(A) $f(x)$ 在 x_0 处连续；　　(B) $f'(x_0)$必存在；

(C) $f'(x_0)$必不存在；　　(D)以上都不正确．

(3) 若函数$f(x)$在 $x=a$ 处可导，则$\lim\limits_{x\to a}\dfrac{xf(x)-af(a)}{x-a}=$ (　　).

(A) $af(a)+f'(a)$；　　(B) $f(a)+af'(a)$；

(C) $af'(a)$；　　(D) $af(a)$.

(4) a 取 (　　) 时，函数$f(x)=\begin{cases}x^2, & x\leqslant 1,\\ ax-1, & x>1,\end{cases}$在 $x=1$ 处可导．

(A) 1；　　(B) 0；　　(C) -1；　　(D) 2.

(5) 设函数$f(x)=\begin{cases}\dfrac{|x^2-1|}{x-1}, & x\neq 1\\ 2, & x=1,\end{cases}$，则$f(x)$在 $x=1$ 处(　　).

(A) 不连续；　　(B) 连续但不可导；

(C) 可导但导数不连续；　　(D) 可导且导数连续．

3. 计算题（每小题 10 分，共 70 分）：

(1) $y=\ln[\sin(2^x+4x^3)]$，求 y'.

(2) 设函数$f(x)$可导，求函数 $y=f(\tan x^2)+f(\ln(2x))$对 x 的导数．

(3) 两曲线 $y=x^2+ax+b$ 与 $2y=1+xy^3$ 相切于点 $(-1,1)$ 处，求 a 和 b 的值．

(4) 求由参数方程$\begin{cases}x=\ln(1+t^2),\\ y=\ln 2-\arctan t\end{cases}$所确定的函数 $y(x)$的导数．

(5) 求函数 $y=\sqrt{e^{\frac{1}{x}}\sqrt{x\sin x}}$的微分．

(6) 设$f(x)=\begin{cases}ax^2+1, & x\geqslant 1\\ -x^2+bx, & x<1\end{cases}$，求常数 a 和 b，使$f(x)$在 $x=1$ 处可导．

(7) 设 $y=\dfrac{1}{x^2-5x+6}$，求 $y^{(n)}$.

参考答案

1. (1) $f'(a)$；(2) $-\dfrac{1}{2}f'(3)$；(3) $\dfrac{y(y-x\ln y)}{x(x-y\ln x)}$；(4) 0；(5) $(-1)^{n-2}(n-2)!$ $(n\geqslant 2)$.

2. (1) (A)；(2) (C)；(3) (B)；(4) (D)；(5) (A)．

3. (1) $\dfrac{\cos(2^x+4x^3)(2^x\ln 2+12x^2)}{\sin(2^x+4x^3)}$；

(2) $2x\sec^2 x^2 f'(\tan x^2)+\dfrac{1}{x}f'(\ln(2x))$；(3) $a=-3$，$b=3$；(4) $-\dfrac{1}{2t}$；

(5) $dy=\sqrt{e^{\frac{1}{x}}\sqrt{x\sin x}}\left(\dfrac{1}{4x}-\dfrac{1}{2x^2}+\dfrac{1}{4}\cot x\right)dx$；　(6) $a=0$，　$b=2$；　(7) $(-1)^n n!\left[\dfrac{1}{(x-3)^{n+1}}-\dfrac{1}{(x-2)^{n+1}}\right]$.

第三章　微分中值定理与导数的应用

一、预习导引

本章是在前两章已学习过函数、极限、连续、导数与微分的基础上，引进微分中值定理，介绍利用导数研究函数性态的方法，例如借助于导数判断函数的单调性与凹凸性，确定函数的极值、最值、拐点等，并利用这些知识解决一些实际问题.

1. 微分中值定理

(1) 罗尔定理的三个条件是充分的还是必要的？阅读本章第一节第一部分你会得到答案.

(2) 罗尔定理、拉格朗日中值定理、柯西中值定理之间有什么关系？为什么称它们为微分中值定理？仔细阅读本章第一节你会搞清楚的.

(3) 在证明题中如何引入辅助函数？仔细阅读本章第一节拉格朗日中值定理、柯西中值定理的证明过程，你一定会得到启发.

(4) 泰勒中值定理与拉格朗日中值定理有何关系？阅读本章第三节可以找到答案.

2. 洛必达法则

(1) 什么条件下可以通过对分子分母分别求导来确定极限？阅读本章第二节第一、二部分你会得到答案.

(2) 对于$0\cdot\infty$，$\infty-\infty$，0^0，1^∞，∞^0型未定式如何求解？阅读本章第二节第三部分你会明白的.

(3) 洛必达法则是求未定式的唯一方法吗？是最简单的方法吗？仔细阅读本章第二节，答案就在其中.

3. 函数的单调性、极值、最值，曲线的凹凸性与拐点

(1) 如何确定函数的单调增加、单调减少区间？哪些点有可能是单调区间的分界点？阅读本章第四节第一部分你会得到答案.

(2) 如何确定曲线的凹、凸区间？哪些点有可能是拐点？阅读本章第四节第二部分你会得到答案.

(3) 函数的极值与最值有何区别？哪些点有可能是极值点？如何求函数的极值与最值？

(4) 如何应用导数解决实际问题？本章第五节主要介绍第 (3)，(4) 两个问题.

4. 函数图形的描绘

通过阅读本章第六节，你会知道如何描绘函数的图形.

二、知识梳理

1. 微分中值定理

罗尔定理　如果函数$f(x)$满足：

（1）在闭区间$[a, b]$上连续；

（2）在开区间(a, b)内可导；

（3）$f(a)=f(b)$，

那么至少存在一点$\xi\in(a, b)$，使得$f'(\xi)=0$.

罗尔定理的几何意义是：在两端点高度相同且除端点外处处有不垂直于x轴的切线的连续曲线弧上，至少有一点$C(\xi,f(\xi))$，使得曲线在该点处的切线是水平的（图3-1）.

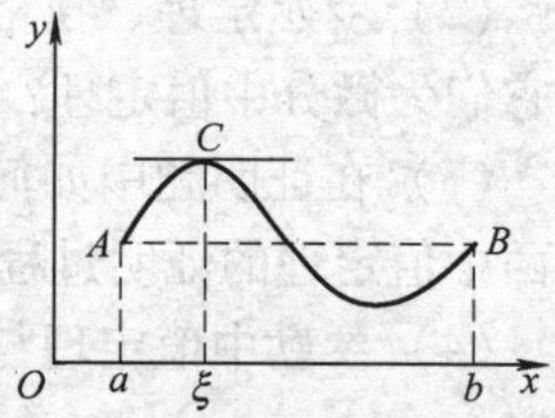

图　3-1

拉格朗日中值定理　如果函数$f(x)$满足：

（1）在闭区间$[a, b]$上连续；

（2）在开区间(a, b)内可导，

那么至少存在一点$\xi\in(a,b)$，使等式

$$f(b)-f(a)=f'(\xi)(b-a) \tag{3.1}$$

或

$$\frac{f(b)-f(a)}{b-a}=f'(\xi) \tag{3.2}$$

成立.

拉格朗日中值定理的几何意义是：在除端点外处处有不垂直于x轴的切线的连续曲线弧上，至少有一点$C(\xi,f(\xi))$，曲线在该点处的切线与连接两端点的弦平行（图3-2）.

注意　式（3.1）称为拉格朗日中值公式，也可写为

$$f(x_0+\Delta x)-f(x_0)=f'(x_0+\theta\cdot\Delta x)\Delta x\quad(0<\theta<1),$$

称为函数的有限增量公式.

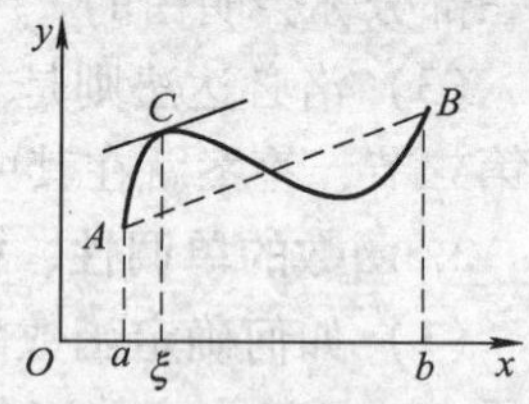

图　3-2

定理1　如果函数$f(x)$在区间I上的导数恒为零，那么$f(x)$在区间I上是一个常数.

推论　如果函数$f(x)$与$g(x)$在区间I上恒有$f'(x)=g'(x)$，那么在区间I上，

$$f(x)=g(x)+C\ (C为常数).$$

柯西中值定理　如果函数$f(x)$及$g(x)$满足：

（1）在闭区间$[a, b]$上连续；

（2）在开区间(a, b)内可导；

（3）对任一$x\in(a, b)$，$g'(x)\neq0$，那么至少存在一点$\xi\in(a, b)$，使等式

$$\frac{f(b)-f(a)}{g(b)-g(a)}=\frac{f'(\xi)}{g'(\xi)} \tag{3.3}$$

成立.

拉格朗日中值定理又称微分中值定理，在微分学中占有重要的地位．式(3.2)表明函数在一个区间上的平均变化率等于函数在该区间上某一瞬时变化率．罗尔定理是拉格朗日中值定理的特殊情形($f(a)=f(b)$)，而柯西中值定理又是拉格朗日中值定理的推广.

泰勒中值定理　如果函数$f(x)$在含有x_0的某个开区间$(a,\ b)$内具有直到$(n+1)$阶的导数，则对任一$x\in(a,b)$，有

$$f(x)=f(x_0)+f'(x_0)(x-x_0)+\frac{f''(x_0)}{2!}(x-x_0)^2+\cdots+\frac{f^{(n)}(x_0)}{n!}(x-x_0)^n+R_n(x), \tag{3.4}$$

其中

$$R_n(x)=\frac{f^{(n+1)}(\xi)}{(n+1)!}(x-x_0)^{n+1}\ (\xi\text{介于}x_0\text{与}x\text{之间}). \tag{3.5}$$

公式(3.4)称为$f(x)$按$(x-x_0)$的幂展开的带有拉格朗日型余项的n阶泰勒公式，公式(3.5)称为拉格朗日型余项.

当$f^{(n+1)}(x)$为有界函数时，$R_n(x)=o[(x-x_0)^n](x\to x_0)$称为佩亚诺型余项.

当$x_0=0$时，泰勒公式为

$$f(x)=f(0)+f'(0)x+\frac{f''(0)}{2!}x^2+\cdots+\frac{f^{(n)}(0)}{n!}x^n+\frac{f^{(n+1)}(\theta x)}{(n+1)!}x^{n+1}\quad(0<\theta<1), \tag{3.6}$$

称为带有拉格朗日型余项的n阶**麦克劳林公式**.

常用函数的n阶麦克劳林展开式：

$$e^x=1+x+\frac{x^2}{2!}+\cdots+\frac{x^n}{n!}+o(x^n);$$

$$\sin x=x-\frac{x^3}{3!}+\frac{x^5}{5!}-\frac{x^7}{7!}+\cdots+(-1)^{n-1}\frac{x^{2n-1}}{(2n-1)!}+o(x^{2n});$$

$$\cos x=1-\frac{x^2}{2!}+\frac{x^4}{4!}-\frac{x^6}{6!}+\cdots+(-1)^n\frac{x^{2n}}{(2n)!}+o(x^{2n+1});$$

$$\ln(1+x)=x-\frac{x^2}{2}+\frac{x^3}{3}-\cdots+(-1)^n\frac{x^{n+1}}{n+1}+o(x^{n+1});$$

$$\frac{1}{1-x}=1+x+x^2+\cdots+x^n+o(x^n);$$

$$(1+x)^m=1+mx+\frac{m(m-1)}{2!}x^2+\cdots+\frac{m(m-1)\cdots(m-n+1)}{n!}x^n+o(x^n).$$

2. 洛必达法则

定理 2　$\left(\frac{0}{0}\text{型}\right)$设

(1) 当 $x\to a$ 时，函数 $f(x)$ 及 $F(x)$ 都趋于零；

(2) 在点 a 的某去心邻域内，$f'(x)$ 及 $F'(x)$ 都存在且 $F'(x)\neq 0$；

(3) $\lim\limits_{x\to a}\frac{f'(x)}{F'(x)}$ 存在（或为无穷大），

那么

$$\lim_{x\to a}\frac{f(x)}{F(x)}=\lim_{x\to a}\frac{f'(x)}{F'(x)}.$$

注　(1) 该定理中，将“$x\to a$”改为“$x\to+\infty$”，或“$x\to-\infty$”，或者“$x\to\infty$”，在相应的条件下，结论也成立.

(2) 对“$x\to a$”或“$x\to\infty$”时的$\frac{“\infty”}{\infty}$型未定式，亦有相应的洛必达法则.

3. 函数的性态

函数单调性的判别法

定理 3　设函数 $y=f(x)$ 在 $[a, b]$ 上连续，在 (a, b) 内可导.

(1) 若 $x\in(a,b)$ 时，$f'(x)>0$，则 $y=f(x)$ 在 $[a, b]$ 上单调增加.

(2) 若 $x\in(a,b)$ 时，$f'(x)<0$，则 $y=f(x)$ 在 $[a, b]$ 上单调减少.

凹凸性及拐点的判定方法

定义 1　设 $f(x)$ 在区间 I 上连续，如果对 I 上任意两点 x_1，x_2，恒有

$$f\left(\frac{x_1+x_2}{2}\right)<\frac{f(x_1)+f(x_2)}{2},$$

那么称 $f(x)$ 在区间 I 上的图形是（向上）凹的（或凹弧）；如果恒有

$$f\left(\frac{x_1+x_2}{2}\right)>\frac{f(x_1)+f(x_2)}{2},$$

那么称 $f(x)$ 在区间 I 上的图形是（向上）凸的（或凸弧）.

定理 4　设 $f(x)$ 在 $[a, b]$ 上连续，在 (a, b) 内具有一阶和二阶导数，那么

(1) 若在 (a, b) 内 $f''(x)>0$，则 $y=f(x)$ 在 $[a, b]$ 上的图形是凹的.

(2) 若在 (a, b) 内 $f''(x)<0$，则 $y=f(x)$ 在 $[a, b]$ 上的图形是凸的.

定义 2　连续曲线上凹弧与凸弧的分界点称为曲线的**拐点**.

函数的极值、最值的判别及求法

定义 3　设函数 $f(x)$ 在点 x_0 的某邻域 $U(x_0)$ 内有定义，如果对去心邻域 $\mathring{U}(x_0)$ 内任意一点 x，都有

$$f(x)<f(x_0)\ (\text{或} f(x)>f(x_0)),$$

那么称 $f(x_0)$ 是函数 $f(x)$ 的一个极大值（或极小值），x_0 是函数 $f(x)$ 的极大值点

（或极小值点）.

函数的极大值与极小值统称为极值，使函数取得极值的点称为极值点.

定理 5　（极值的必要条件） 设函数 $f(x)$ 在点 x_0 处可导，且在 x_0 处取得极值，那么 $f'(x_0)=0$.

定理 6　（极值的第一充分条件） 设函数 $f(x)$ 在 x_0 处连续，且在 x_0 的某去心邻域 $\mathring{U}(x_0, \delta)$ 内可导.

（1）若 $x\in(x_0-\delta, x_0)$ 时，$f'(x)>0$，而 $x\in(x_0, x_0+\delta)$ 时，$f'(x)<0$，则 $f(x)$ 在 x_0 处取得极大值；

（2）若 $x\in(x_0-\delta, x_0)$ 时，$f'(x)<0$，而 $x\in(x_0, x_0+\delta)$ 时，$f'(x)>0$，则 $f(x)$ 在 x_0 处取得极小值；

（3）若 $x\in\mathring{U}(x_0, \delta)$ 时，$f'(x)$ 的符号保持不变，则 $f(x)$ 在 x_0 处没有极值.

定理 7　（极值的第二充分条件） 设函数 $f(x)$ 在 x_0 处具有二阶导数，且 $f'(x_0)=0$，$f''(x_0)\neq 0$，那么

（1）若 $f''(x_0)<0$，则函数 $f(x)$ 在 x_0 处取得极大值；

（2）若 $f''(x_0)>0$，则函数 $f(x)$ 在 x_0 处取得极小值.

设 $f(x)$ 在 $[a, b]$ 上连续，$x_1, x_2, \cdots, x_n$ 是 $f(x)$ 在 (a, b) 内的驻点或使 $f'(x)$ 不存在的点，则 $f(a), f(x_1), \cdots, f(x_n), f(b)$ 中最大（小）者为 $f(x)$ 在 $[a, b]$ 上的**最大（小）值**.

三、释疑解难

1. 罗尔定理、拉格朗日中值定理以及柯西中值定理之间有什么联系？

释疑解难　当柯西中值定理中的 $g(x)=x$ 时，柯西中值定理就变成了拉格朗日中值定理，而罗尔定理又是拉格朗日中值定理的特例，即当拉格朗日中值定理中增加条件 $f(a)=f(b)$ 时，二者一致.

2. 求 $\lim\limits_{x\to\pi}\dfrac{\tan x}{\tan 2x}$.

解　$\lim\limits_{x\to\pi}\dfrac{\tan x}{\tan 2x}=\lim\limits_{x\to\pi}\dfrac{\sec^2 x}{2\sec^2 2x}=\dfrac{1}{2}$.

常见错解　因 $\tan x\sim x$，$\tan 2x\sim 2x$，故 $\lim\limits_{x\to\pi}\dfrac{\tan x}{\tan 2x}=\lim\limits_{x\to\pi}\dfrac{x}{2x}=\dfrac{1}{2}$.

释疑解难　当 $x\to\pi$ 时，x 和 $2x$ 都不是无穷小，故不能用等价无穷小代换。

3. 求 $\lim\limits_{x\to 1}\dfrac{x^3-3x+2}{x^3-x^2-x+1}$.

解　原式 $=\lim\limits_{x\to 1}\dfrac{3x^2-3}{3x^2-2x-1}=\lim\limits_{x\to 1}\dfrac{6x}{6x-2}=\dfrac{3}{2}$.

常见错解　原式 $=\lim\limits_{x\to 1}\dfrac{3x^2-3}{3x^2-2x-1}=\lim\limits_{x\to 1}\dfrac{6x}{6x-2}=\lim\limits_{x\to 1}\dfrac{6}{6}=1$.

释疑解难　$\lim\limits_{x\to 1}\dfrac{6x}{6x-2}$不是未定式，不能用洛必达法则.

四、典型题精讲

题型 1　证明存在一点或多点使函数的导数在这些点满足某代数式.

【方法与技巧】

(1) 证明函数的导数存在零点，主要是验证函数在某区间上满足罗尔定理的条件.

(2) 证明在某点处函数及导数满足某代数式，一般利用所要证明的代数式构造辅助函数，再应用罗尔定理.

例 3.1　(070211) 设函数$f(x)$，$g(x)$在$[a, b]$上连续，在(a, b)内具有二阶导数且存在相等的最大值，且$f(a)=g(a)$，$f(b)=g(b)$. 证明：存在$\xi\in(a, b)$，使得$f''(\xi)=g''(\xi)$.

分析　需要证明的结论与导数有关，自然联想到用微分中值定理. 事实上，若令$F(x)=f(x)-g(x)$，则问题转化为证明$F''(\xi)=0$，只需对$F'(x)$应用罗尔定理，关键是找到$F'(x)$的端点函数值相等的区间(特别是一阶导数为零的两个点)，而已知有$F(a)=F(b)=0$，若能再找到一点$c\in(a, b)$，使得$F(c)=0$，则在区间$[a, c]$，$[c, b]$上两次利用罗尔定理，得到一阶导数为零的两点，再对$F'(x)$用罗尔定理即可.

证　构造辅助函数$F(x)=f(x)-g(x)$，由题设$F(a)=F(b)=0$. 又$f(x)$，$g(x)$在(a, b)内存在相等的最大值，不妨设存在$x_1\leqslant x_2$，x_1，$x_2\in(a, b)$使得$f(x_1)=\max\limits_{x\in[a,b]}f(x)$，$g(x_2)=\max\limits_{x\in[a, b]}g(x)$. 若$x_1=x_2$，令$c=x_1$，则$F(c)=0$；若$x_1<x_2$，因为

$$F(x_1)=f(x_1)-g(x_1)\geqslant 0,\ F(x_2)=f(x_2)-g(x_2)\leqslant 0,$$

从而存在$c\in(x_1, x_2)\subset(a, b)$，使得$F(c)=0$. 将$F(x)$在区间$[a, c]$，$[c, b]$上分别应用罗尔定理知，存在$\xi_1\in(a, c)$，$\xi_2\in(c, b)$，使得

$$F'(\xi_1)=F'(\xi_2)=0.$$

再对$F'(x)$在$[\xi_1, \xi_2]$上应用罗尔定理知，存在$\xi\in(\xi_1, \xi_2)$，有

$$F''(\xi)=0,\ 即 f''(\xi)=g''(\xi).$$

例 3.2　(100210) 设函数$f(x)$在$[0, 1]$上连续，在$(0, 1)$内可导，且$f(0)=0$，$f(1)=\dfrac{1}{3}$. 证明：存在$\xi\in\left(0, \dfrac{1}{2}\right)$，$\eta\in\left(\dfrac{1}{2}, 1\right)$，使得

$$f'(\xi)+f'(\eta)=\xi^2+\eta^2.$$

分析　根据要证明的结果，构造函数$F(x)=f(x)-\dfrac{1}{3}x^3$，将$F(x)$分别在$\left[0, \dfrac{1}{2}\right]$，$\left[\dfrac{1}{2}, 1\right]$上应用拉格朗日中值定理.

证　令 $F(x)=f(x)-\frac{1}{3}x^3$，对 $F(x)$ 在 $\left[0,\ \frac{1}{2}\right]$，$\left[\frac{1}{2},\ 1\right]$ 上分别应用拉格朗日中值定理，存在 $\xi\in\left(0,\ \frac{1}{2}\right)$，$\eta\in\left(\frac{1}{2},\ 1\right)$ 使得

$$F\left(\frac{1}{2}\right)-F(0)=\frac{1}{2}F'(\xi),\ F(1)-F\left(\frac{1}{2}\right)=\frac{1}{2}F'(\eta).$$

两式相加得　$F(1)-F\left(\frac{1}{2}\right)+F\left(\frac{1}{2}\right)-F(0)=\frac{1}{2}F'(\eta)+\frac{1}{2}F'(\xi)$，

$$f(1)-\frac{1}{3}-f(0)=\frac{1}{2}f'(\eta)-\frac{1}{2}\eta^2+\frac{1}{2}f'(\xi)-\frac{1}{2}\xi^2,$$

因为 $f(0)=0$，$f(1)=\frac{1}{3}$，所以

$$\frac{1}{2}f'(\eta)-\frac{1}{2}\eta^2+\frac{1}{2}f'(\xi)-\frac{1}{2}\xi^2=0,$$

即

$$f'(\xi)+f'(\eta)=\xi^2+\eta^2.$$

例 3.3　(130310) 设奇函数 $f(x)$ 在 $[-1,\ 1]$ 上具有二阶导数，且 $f(1)=1$. 证明：

(1) 存在 $\xi\in(0,\ 1)$ 使得 $f'(\xi)=1$；

(2) 存在 $\eta\in(-1,1)$ 使得 $f''(\eta)+f'(\eta)=1$.

证　(1) 由于 $f(x)$ 为奇函数，则 $f(0)=0$，由于 $f(x)$ 在 $[-1,1]$ 上具有二阶导数，由拉格朗日中值定理，存在 $\xi\in(0,\ 1)$，使得 $f'(\xi)=\frac{f(1)-f(0)}{1-0}=1$.

(2) 由于 $f(x)$ 为奇函数，则 $f'(x)$ 为偶函数，由 (1) 可知存在 $\xi\in(0,\ 1)$ 使得 $f'(\xi)=1$，且 $f'(-\xi)=1$，令 $\varphi(x)=\mathrm{e}^x[f'(x)-1]$，由条件知 $\varphi(x)$ 在 $[-1,1]$ 上可导，且 $\varphi(-\xi)=\varphi(\xi)$，由罗尔定理可知，存在 $\eta\in(-\xi,\ \xi)\subset(-1,\ 1)$，使得 $\varphi'(\eta)=0$，即 $f''(\eta)+f'\eta)=1$.

题型 2　求未定式的极限

【方法与技巧】

(1) 利用洛必达法则求未定式的极限. 对于 $\frac{0}{0}$，$\frac{\infty}{\infty}$ 型未定式直接利用洛必达法则求其极限. 对于 $0\cdot\infty$，$\infty-\infty$，0^0，1^∞，∞^0 型未定式，先化为 $\frac{0}{0}$ 或 $\frac{\infty}{\infty}$ 型未定式，再求其极限. 求极限时，一般先恒等变形、作等价无穷小代换等方法化简未定式后，再用洛必达法则求极限.

(2) 利用洛必达法则确定无穷小的阶.

(3) 洛必达法则在综合问题中的应用.

例 3.4　(110310) 求极限 $\lim\limits_{x\to0}\frac{\sqrt{1+2\sin x}-x-1}{x\ln(1+x)}$.

解　这是$\frac{0}{0}$型未定式，先利用等价无穷小代换，再根据洛必达法则，有

$$\lim_{x\to 0}\frac{\sqrt{1+2\sin x}-x-1}{x\ln(1+x)}=\lim_{x\to 0}\frac{\sqrt{1+2\sin x}-x-1}{x\cdot x}$$

$$=\lim_{x\to 0}\frac{\frac{\cos x}{\sqrt{1+2\sin x}}-1}{2x}$$

$$=\lim_{x\to 0}\frac{\cos x-\sqrt{1+2\sin x}}{2x}\cdot\frac{1}{\sqrt{1+2\sin x}}$$

$$=\lim_{x\to 0}\frac{-\sin x-\frac{\cos x}{\sqrt{1+2\sin x}}}{2}=-\frac{1}{2}.$$

例 3.5　(100304) 若极限$\lim\limits_{x\to 0}\left[\frac{1}{x}-\left(\frac{1}{x}-a\right)e^x\right]=1$，则 $a=$（　　）.

(A) 0；　　(B) 1；　　(C) 2；　　(D) 3.

分析　此题为$\infty-\infty$型未定式，先通分化为$\frac{0}{0}$或$\frac{\infty}{\infty}$型未定式，再利用洛必达法则求极限.

解　因为

$$\lim_{x\to 0}\left[\frac{1}{x}-\left(\frac{1}{x}-a\right)e^x\right]=\lim_{x\to 0}\frac{1-(1-ax)e^x}{x}$$

$$=\lim_{x\to 0}[ae^x-(1-ax)e^x]=a-1=1,$$

所以 $a=2$，应选 (C).

例 3.6　(100310) 求极限$\lim\limits_{x\to+\infty}(x^{\frac{1}{x}}-1)^{\frac{1}{\ln x}}$.

解　此题为 0^0 型未定式，先化为$\frac{0}{0}$或$\frac{\infty}{\infty}$型，再求极限.

因为
$$\lim_{x\to+\infty}\left(x^{\frac{1}{x}}-1\right)^{\frac{1}{\ln x}}=e^{\lim\limits_{x\to+\infty}\frac{\ln\left(x^{\frac{1}{x}}-1\right)}{\ln x}},$$

而
$$\lim_{x\to+\infty}\frac{\ln(x^{\frac{1}{x}}-1)}{\ln x}=\lim_{x\to+\infty}\frac{\ln\left(e^{\frac{\ln x}{x}}-1\right)}{\ln x}$$

$$=\lim_{x\to+\infty}\frac{\frac{\ln x}{e^x}\cdot\frac{1-\ln x}{x^2}}{\frac{e^{\frac{\ln x}{x}}-1}{\frac{1}{x}}}$$

$$= \lim_{x\to+\infty} \frac{1-\ln x}{x(e^{\frac{\ln x}{x}}-1)}$$

$$= \lim_{x\to+\infty} \frac{1-\ln x}{x\cdot\dfrac{\ln x}{x}}$$

$$= \lim_{x\to+\infty} \frac{1-\ln x}{\ln x}$$

$$= \lim_{x\to+\infty} \frac{-\dfrac{1}{x}}{x}$$

$$= -1,$$

所以 $$\lim_{x\to+\infty}(x^{\frac{1}{x}}-1)^{\frac{1}{\ln x}} = e^{-1}.$$

例 3.7 （100104）极限 $\lim\limits_{x\to\infty}\left(\dfrac{x^2}{(x-a)(x+b)}\right)^x = ($　　$)$.

（A）1；　（B）e；　（C）e^{a-b}；　（D）e^{b-a}.

解　此题为 1^∞ 型未定式，先化为 $\dfrac{0}{0}$ 或 $\dfrac{\infty}{\infty}$ 型未定式.

$$\lim_{x\to\infty}\left(\frac{x^2}{(x-a)(x+b)}\right)^x = \lim_{x\to\infty} e^{x\ln\frac{x^2}{(x-a)(x+b)}} = e^{\lim\limits_{x\to\infty} x\ln\frac{x^2}{(x-a)(x+b)}}.$$

再求极限

$$\lim_{x\to\infty} x\ln\frac{x^2}{(x-a)(x+b)} = \lim_{x\to\infty}\frac{2\ln x-\ln(x-a)-\ln(x+b)}{\dfrac{1}{x}}$$

$$= \lim_{x\to\infty}\frac{\dfrac{2}{x}-\dfrac{1}{x-a}-\dfrac{1}{x+b}}{-\dfrac{1}{x^2}} = \lim_{x\to\infty}\frac{ax^2-bx^2+2abx}{x^2-ax+bx-ab} = a-b.$$

所以，原式 $=e^{a-b}$，应选（C）.

例 3.8 （090104）当 $x\to0$ 时，$f(x)=x-\sin ax$ 与 $g(x)=x^2\ln(1-bx)$ 是等价无穷小，则（　　）.

（A）$a=1$，$b=-\dfrac{1}{6}$；　（B）$a=1$，$b=\dfrac{1}{6}$；

（C）$a=-1$，$b=-\dfrac{1}{6}$；　（D）$a=-1$，$b=\dfrac{1}{6}$.

解　因为当 $x\to0$ 时，$f(x)=x-\sin ax$ 与 $g(x)=x^2\ln(1-bx)$ 是等价无穷小，所以

$$\lim_{x\to0}\frac{x-\sin ax}{x^2\ln(1-bx)} = \lim_{x\to0}\frac{x-\sin ax}{x^2(-bx)} = \lim_{x\to0}\frac{1-a\cos ax}{-3bx^2}$$

$$= \lim_{x\to0}\frac{a^2\sin ax}{-6bx} = \frac{a^3}{-6b} = 1.$$

所以 $a^3=-6b$. 由 $\lim\limits_{x\to 0}\dfrac{1-a\cos ax}{-3bx^2}=1$，知 $\lim\limits_{x\to 0}(1-a\cos ax)=0$，得 $a=1$. 再由 $\dfrac{a^3}{-6b}=1$，得 $b=-\dfrac{1}{6}$，应选（A）.

题型 3　泰勒公式及应用

【方法与技巧】

（1）求函数在一点的 n 阶泰勒公式一般有两种方法：直接求出函数在这点的各阶导数代入公式，或将函数化为常见 6 个函数的代数和，再求函数的 n 阶泰勒公式.

（2）利用泰勒公式求函数在一点的高阶导数.

（3）利用泰勒公式求极限或确定无穷小的阶.

例 3.9　（100204）$y=\ln(1-2x)$ 在 $x=0$ 处的 n 阶导数 $y^{(n)}(0)=$________.

分析　学习了求解函数的泰勒公式后，可以利用已知函数的 n 阶泰勒公式求函数在一点的 n 阶导数.

解　由 $y=\ln(1+x)$ 的 n 阶麦克劳林公式

$$y=\ln(1+x)=x-\frac{1}{2}x^2+\frac{1}{3}x^3-\cdots+(-1)^{n-1}\frac{1}{n}x^n+o(x^n)$$

知 $y=\ln(1-2x)$ 的 n 阶麦克劳林公式为

$$\ln(1-2x)=(-2x)-\frac{1}{2}(-2x)^2+\frac{1}{3}(-2x)^3+\cdots$$

$$+(-1)^{n-1}\frac{1}{n}(-2x)^n+o(x^n),$$

所以 $\dfrac{y^{(n)}(0)}{n!}=(-1)^{n-1}\dfrac{1}{n}(-2)^n, y^{(n)}(0)=-2^n(n-1)!$.

例 3.10　（060210）试确定 A，B，C 的常数值，使

$$e^x(1+Bx+Cx^2)=1+Ax+o(x^3),$$

其中 $o(x^3)$ 是当 $x\to 0$ 时比 x^3 的高阶无穷小.

分析　此题可以先将 e^x 展开成带皮亚诺型余项的麦克劳林公式，然后用高阶无穷小的概念比较同次幂的系数求出待定常数. 也可利用高阶无穷小的概念及洛必达法则求解.

解　因为

$$e^x=1+x+\frac{1}{2}x^2+\frac{1}{6}x^3+o(x^3),$$

将其代入题设等式，整理得

$$1+(1+B)x+\left(\frac{1}{2}+B+C\right)x^2+\left(\frac{1}{6}+\frac{B}{2}+C\right)x^3=1+Ax+o(x^3),$$

比较上式两端的系数，得 $1+B=A$，$\dfrac{1}{2}+B+C=0$，$\dfrac{1}{6}+\dfrac{B}{2}+C=0$，解得 $A=\dfrac{1}{3}$，

$B=-\frac{2}{3}$，$C=\frac{1}{6}$.

例 3.11　(130310) 当 $x\to 0$ 时，$1-\cos x\cos 2x\cos 3x$ 与 ax^n 是等价无穷小，求常数 a，n.

分析　此题主要是考查当 $x\to 0$ 时函数展开成麦克劳林公式，然后用高阶无穷小的概念比较同次幂的系数，求出待定常数.

解　当 $x\to 0$ 时，$\cos x=1-\frac{1}{2}x^2+o(x^2)$，

$$\cos 2x=1-\frac{1}{2}(2x)^2+o(x^2)=1-2x^2+o(x^2),$$

$$\cos 3x=1-\frac{1}{2}(3x)^2+o(x^2)=1-\frac{9}{2}x^2+o(x^2),$$

所以　$1-\cos x\cos 2x\cos 3x$

$$=1-\left[1-\frac{1}{2}x^2+o(x^2)\right]\left[1-2x^2+o(x^2)\right]\left[1-\frac{9}{2}x^2+o(x^2)\right]$$

$$=7x^2+o(x^2).$$

由于 $1-\cos x\cos 2x\cos 3x$ 与 ax^n 是等价无穷小，所以 $a=7$，$n=2$.

题型 4　利用导数研究函数图形的单调性与凹凸性

【方法与技巧】

(1) 判断函数的单调性，求函数的单调区间．直接求函数的一阶导数，根据一阶导数的符号判断函数的单调性，确定函数的单调区间.

(2) 判断函数的凹凸性，求函数的凹凸区间及拐点．直接求函数的二阶导数，根据二阶导数的符号判断函数的凹凸性，确定函数的凹凸区间及拐点.

例 3.12　(110104) 曲线 $y=(x-1)(x-2)^2(x-3)^3(x-4)^4$ 的拐点是（　　）.

(A) (1, 0)；　(B) (2, 0)；　(C) (3, 0)；　(D) (4, 0).

解　设 $y_1=x-1$，$y_2=(x-2)^2$，$y_3=(x-3)^3$，$y_4=(x-4)^4$，则 $y_1'=1$，$y_1''=0$；$y_2'=2(x-2)$，$y_2''=2$；$y_3'=3(x-3)^2$，$y_3''=6(x-3)$；$y_4'=4(x-4)^3$，$y_4''=12(x-4)^2$．于是 $y=y_1y_2y_3y_4$，而

$$y'=(y_1y_2y_4)'y_3+(y_1y_2y_4)y'_3,$$

$$y''=(y_1y_2y_4)''y_3+2(y_1y_2y_4)'y_3'+(y_1y_2y_4)y_3'',\ y''(3)=0.$$

记 $y''=g(x)(x-3)$．由 $g(3)\neq 0$，且 $g(x)$ 在 $x=3$ 处连续，$g(x)$ 在 $x=3$ 的某邻域内保持符号不变．y'' 在 $x=3$ 的左右两侧变号，所以 (3, 0) 为曲线的拐点，故选 (C).

例 3.13　(100304) 若曲线 $y=x^3+ax^2+bx+1$ 有拐点 $(-1, 0)$，则 $b=$ ________.

解　由条件得 $y|_{x=-1}=0$，$y''|_{x=-1}=0$，其中 $y''=6x+2a$，得方程组

$$\begin{cases}-1+a-b+1=0,\\-6+2a=0,\end{cases}$$

解方程组得 $a=b=3$.

题型 5　求函数的极值及最值

【方法与技巧】

(1) 求函数的极值．先求出函数的驻点（$f'(x_0)=0$）或导数不存在的点，再利用极值的第一或第二充分条件判断该点是否是极值点．

(2) 求函数的最值．连续函数在某区间上的极值点和区间端点中的最大值和最小值就是函数在该区间上的最大值和最小值．对于最值的应用问题，需要先建立函数关系式，若函数在自变量的允许范围内只有一个驻点，则此点的函数值就是所求最值，不需要再进行判断．

例 3.14　(100304) 设函数 $f(x)$，$g(x)$ 具有二阶导数，且 $g''(x)<0$，$g(x_0)=a$ 在该区间上是 $g(x)$ 的极值，则 $f(g(x))$ 在 x_0 取得极大值的充分条件为（　　）．

(A) $f'(a)<0$；　(B) $f'(a)>0$；　(C) $f''(a)<0$；　(D) $f''(a)>0$.

解　根据已知得 $g'(x_0)=0$，$g''(x_0)<0$. 因此

$$[f(g(x))]'\big|_{x=x_0}=f'(g(x_0))g'(x_0)=0,$$

故欲使 x_0 成为极大值点，只需 $[f(g(x))]''\big|_{x=x_0}<0$，即

$$\begin{aligned}[f(g(x))]''\big|_{x=x_0}&=f''(g(x_0))[g'(x_0)]^2+f'(g(x_0))g''(x_0)\\&=f'(a)g''(x_0)<0.\end{aligned}$$

因此只需 $f'(a)>0$，应选（B）．

例 3.15　(130311) 设函数 $f(x)=\ln x+\dfrac{1}{x}$，求 $f(x)$ 的最小值．

解　函数 $f(x)=\ln x+\dfrac{1}{x}$ 的定义域为 $(0,+\infty)$，

$$f'(x)=\frac{1}{x}-\frac{1}{x^2}=\frac{x-1}{x^2},$$

令 $f'(x)=0$，得到唯一驻点 $x=1$. 当 $x\in(0,1)$ 时，$f'(x)<0$，函数单调递减；当 $x\in(1,+\infty)$ 时，$f'(x)>0$，函数单调递增，所以函数在 $x=1$ 处取得最小值 $f(1)=1$.

题型 6　不等式的证明

【方法与技巧】

(1) 用拉格朗日中值定理证明不等式．在所要证明的不等式中，若直接或通过恒等变形可以找到 $f(b)-f(a)$ 与 $b-a$ 之间的不等关系时，用这种方法证明不等式较简单．

(2) 用函数的单调性证明不等式．通常是考察函数的导数在某区间上的符号，用函数的单调性来确定不等式是否成立．

(3) 利用函数的最大值或最小值证明不等式．用这种方式证明不等式，一般需要先构造辅助函数，然后通过辅助函数在所讨论范围内的最值的符号确定不等式是否成立．

(4) 利用函数的凹凸性证明不等式．在所要证明的不等式中若直接或间接地

能找到$f\left(\frac{x_1+x_2}{2}\right)$与$\frac{f(x_1)+f(x_2)}{2}$之间的不等关系时，用这种方法较简单．

例 3.16 （110110）（1）证明对于任意的正整数 n 都有

$$\frac{1}{n+1}<\ln\left(1+\frac{1}{n}\right)<\frac{1}{n};$$

（2）设 $a_n=1+\frac{1}{2}+\cdots+\frac{1}{n}-\ln n$ （$n=1, 2, \cdots$），证明数列$\{a_n\}$收敛．

证　（1）设$f(x)=\ln(1+x)$，在区间$\left[0, \frac{1}{n}\right]$上应用拉格朗日中值定理，有

$$\ln\left(1+\frac{1}{n}\right)-\ln 1=\frac{1}{1+\xi}\cdot\frac{1}{n},\ 0<\xi<\frac{1}{n}.$$

又$\frac{1}{1+\frac{1}{n}}<\frac{1}{1+\xi}<1$，则$\frac{1}{1+\frac{1}{n}}\cdot\frac{1}{n}<\ln\left(1+\frac{1}{n}\right)<1\cdot\frac{1}{n}$，即

$$\frac{1}{1+n}<\ln\left(1+\frac{1}{n}\right)<\frac{1}{n}.$$

（2）由 $a_{n+1}=1+\frac{1}{2}+\cdots+\frac{1}{n+1}-\ln(1+n)$，得

$$a_{n+1}-a_n=\frac{1}{n+1}-\ln(1+n)+\ln n=\frac{1}{n+1}-\frac{1}{\eta}<0,$$

其中 $\ln(1+n)-\ln n=\frac{1}{\eta}(n+1-n)(n<\eta<n+1)$．即$\{a_n\}$单减．

$$\begin{aligned}a_n&=1+\frac{1}{2}+\cdots+\frac{1}{n}-\ln n\\&>\ln\left(1+\frac{1}{1}\right)+\ln\left(1+\frac{1}{2}\right)+\cdots+\ln\left(1+\frac{1}{n}\right)-\ln n\\&=\ln 2+\ln\frac{3}{2}+\cdots+\ln\frac{n+1}{n}-\ln n=\ln(n+1)-\ln n\\&=\ln\frac{n+1}{n}>0.\end{aligned}$$

所以$\{a_n\}$单减有界，故数列$\{a_n\}$收敛．

五、教材习题选解

习题 3.1

1. 验证罗尔定理对函数 $y=\ln\sin x$ 在区间$\left[\frac{\pi}{6}, \frac{5\pi}{6}\right]$上的正确性．

证　$y=\ln\sin x$ 在$\left[\frac{\pi}{6}, \frac{5\pi}{6}\right]$上连续，在$\left(\frac{\pi}{6}, \frac{5\pi}{6}\right)$内可导，且 $y\left(\frac{\pi}{6}\right)=y\left(\frac{5\pi}{6}\right)$.

故函数 $y=\ln\sin x$ 在区间$\left[\frac{\pi}{6}, \frac{5\pi}{6}\right]$上满足罗尔定理的条件．

又解 $y'=\cot x=0$ 得 $x=n\pi+\frac{\pi}{2}(n=0,\pm1,\pm2,\cdots)$，取 $n=0$，确实存在 $\xi=\frac{\pi}{2}\in\left(\frac{\pi}{6},\frac{5\pi}{6}\right)$ 使得 $y'(\xi)=\cot\xi=0$. 因此罗尔定理对函数 $y=\ln\sin x$ 在区间 $\left[\frac{\pi}{6},\frac{5\pi}{6}\right]$ 上正确.

注　凡是验证定理正确与否的命题，一定要验证两点：①定理的条件是否满足；②若条件满足，求出定理结论中的 ξ 值.

2. 验证拉格朗日中值定理对函数 $f(x)=x^2$ 在区间 $[0,1]$ 上的正确性.

证　函数 $f(x)=x^2$ 在 $[0,1]$ 上连续，在 $(0,1)$ 内可导，满足拉格朗日中值定理的条件. 又 $f'(x)=2x$, $f(1)-f(0)=2\xi(1-0)=1$，得 $\xi=\frac{1}{2}\in(0,1)$. 因此，拉格朗日中值定理对函数 $f(x)=x^2$ 在区间 $[0,1]$ 上正确.

3. 不求函数 $f(x)=(x-1)(x-2)(x-3)(x-4)$ 的导数，说明方程 $f'(x)=0$ 有几个实根，并指出它们所在的区间.

解　因 $f(1)=f(2)=f(3)=f(4)=0$，函数 $f(x)$ 分别在闭区间 $[1,2]$, $[2,3]$, $[3,4]$ 上连续，在开区间 $(1,2)$, $(2,3)$, $(3,4)$ 内可导，由罗尔定理知，至少存在 $\xi_1\in(1,2)$, $\xi_2\in(2,3)$, $\xi_3\in(3,4)$，使

$$f'(\xi_i)=0\ (i=1,2,3).$$

即方程 $f'(x)=0$ 至少有三个实根.

又因 $f'(x)=0$ 为三次方程，故它最多有三个实根.

因此，方程 $f'(x)=0$ 有且只有三个实根，分别位于区间 $(1,2)$, $(2,3)$, $(3,4)$ 内.

4. 证明恒等式：$\arcsin x+\arccos x=\frac{\pi}{2}\ (-1\leqslant x\leqslant1)$.

证　设 $f(x)=\arcsin x+\arccos x$，则

$$f'(x)=\frac{1}{\sqrt{1-x^2}}+\left(-\frac{1}{\sqrt{1-x^2}}\right)=0(-1<x<1).$$

于是 $f(x)=C$, $x\in[-1,1]$. 其中 C 为常数.

因为 $f(0)=\arcsin 0+\arccos 0=\frac{\pi}{2}$，故

$$f(x)=f(0)=\arcsin x+\arccos x=\frac{\pi}{2}(-1\leqslant x\leqslant1).$$

5. 若函数 $f(x)$ 在 (a,b) 内具有二阶导数，且 $f(x_1)=f(x_2)=f(x_3)$，其中 $a<x_1<x_2<x_3<b$，证明：在 (x_1,x_3) 内至少存在一点 ξ，使得 $f''(\xi)=0$.

证　由于 $f(x)$ 在 $[x_1,x_2]$ 上连续，在 (x_1,x_2) 内可导，且 $f(x_1)=f(x_2)$，根据罗尔定理，至少存在一点 $\xi_1\in(x_1,x_2)$，使得 $f'(\xi_1)=0$. 同理可证至少存在一点 $\xi_2\in(x_2,x_3)$，使得 $f'(\xi_2)=0$.

又因为 $f(x)$ 在 (a,b) 内二阶可导，所以函数 $f'(x)$ 在 $[\xi_1,\xi_2]$ 上连续，在 (ξ_1,ξ_2) 内可导，且 $f'(\xi_1)=f'(\xi_2)=0$. 再次应用罗尔定理知：至少存在一点 $\xi\in(\xi_1,\xi_2)\subset(x_1,x_3)$，使得 $f''(\xi)=0$.

6. 设函数 $f(x)$ 在 $[0,1]$ 上连续，在 $(0,1)$ 内可导，且 $f(1)=0$，证明：在 $(0,1)$ 内至少存在一点 ξ，使得 $f(\xi)+\xi f'(\xi)=0$.

分析　欲证 $f(\xi)+\xi f'(\xi)=0$，只需证 $[xf(x)]'_{x=\xi}=0$ 即可.

证　引进辅助函数 $g(x)=xf(x)$，函数 $g(x)$ 在 $[0,1]$ 上连续，在 $(0,1)$ 内可导，且 $g(0)=0$, $g(1)=f(1)=0$，由罗尔定理知，存在 $\xi\in(0,1)$，使得 $g'(\xi)=0$，即

$$f(\xi)+\xi f'(\xi)=0.$$

8. 设 $a>b>0$，证明：

$$\frac{a-b}{a}<\ln\frac{a}{b}<\frac{a-b}{b}.$$

分析　因 $\ln\frac{a}{b}=\ln a-\ln b$，要证明的不等式相当于函数 $f(x)=\ln x$ 在区间 $[b,a]$ 上函数值之差与自变量之差之间的不等关系，所以构造函数 $f(x)=\ln x$，应用拉格朗日中值定理证明.

证　设 $f(x)=\ln x$，$f(x)$ 在 $[b,a]$ 上满足拉格朗日中值定理条件，故存在 $\xi\in(b,a)$，使得

$$f(a)-f(b)=f'(\xi)(a-b).$$

即

$$\ln a-\ln b=\frac{a-b}{\xi}.$$

由于 $0<b<\xi<a$，所以 $\frac{1}{a}<\frac{1}{\xi}<\frac{1}{b}$，于是

$$\frac{a-b}{a}<\ln\frac{a}{b}<\frac{a-b}{b}\ (a>b>0).$$

9. 证明下列不等式：

(2) $|\arctan a-\arctan b|\leqslant|a-b|$.

证　(2) 设 $f(x)=\arctan x$，则 $f(x)$ 在 $[a,b]$ 或 $[b,a]$ 上满足拉格朗日中值定理条件，故有

$$f(a)-f(b)=f'(\xi)(a-b)\ (\xi\text{ 介于 }a\text{ 与 }b\text{ 之间}).$$

即

$$\arctan a-\arctan b=\frac{1}{1+\xi^2}(a-b),$$

所以

$$|\arctan a-\arctan b|=\frac{1}{1+\xi^2}|a-b|\leqslant|a-b|.$$

10. 证明方程 $x^5+x-1=0$ 只有一个正根.

分析　要证明方程只有一个根，需要证明两个方面：①根的存在性；②根的唯一性.

证　先证根的存在性.

设 $f(x)=x^5+x-1$，$f(x)$ 在 $[0,1]$ 上连续，且 $f(0)=-1<0$，$f(1)=1>0$，$f(0)\cdot f(1)<0$，由零点定理知，存在 $\xi\in(0,1)$，使得 $f(\xi)=0$.

再证根的唯一性.

假设有两个根 $x_1\neq x_2$，不妨设 $x_1<x_2$，因 $f(x)$ 在 $[x_1,x_2]$ 上连续，在 (x_1,x_2) 内可导，且 $f(x_1)=f(x_2)=0$，由罗尔定理知，存在 $\eta\in(x_1,x_2)$，使得 $f'(\eta)=0$. 而 $f'(x)=5x^4+1\neq0$，矛盾. 故 $f(x)=0$ 的根是唯一的.

综上所述，结论成立.

11. 证明：若函数 $f(x)$ 在 $(-\infty,+\infty)$ 内满足关系式 $f'(x)=f(x)$，且 $f(0)=1$，则 $f(x)=\mathrm{e}^x$.

分析　欲证 $f(x)=\mathrm{e}^x$，只需证 $f(x)\mathrm{e}^{-x}=1$，即证 $[f(x)\mathrm{e}^{-x}]'=0$.

证　引进辅助函数 $\varphi(x)=f(x)\mathrm{e}^{-x}$，则

$$\varphi'(x)=f'(x)\mathrm{e}^{-x}-f(x)\mathrm{e}^{-x}=0.$$

由拉格朗日中值定理的推论得 $\varphi(x)\equiv C$.

又因 $f(0)=1$，得 $\varphi(x)\equiv\varphi(0)=f(0)\mathrm{e}^0=1$. 即

$$f(x)=\mathrm{e}^x.$$

12. 设函数 $f(x)$ 在 $[a,b]$ 上连续，在 (a,b) 内可导，证明：在 (a,b) 内至少存在一

点ξ，使得$\dfrac{f(b)-f(a)}{b-a}=(a^2+ab+b^2)\dfrac{f'(\xi)}{3\xi^2}$.

分析 欲证$\dfrac{f(b)-f(a)}{b-a}=(a^2+ab+b^2)\dfrac{f'(\xi)}{3\xi^2}$，即证$\dfrac{f(b)-f(a)}{b^3-a^3}=\dfrac{f'(\xi)}{3\xi^2}$.

证 设$g(x)=x^3$，则函数$f(x)$与$g(x)$在$[a,b]$上连续，在(a,b)内可导，由柯西中值定理，在(a,b)内至少存在一点ξ，使得

$$\frac{f(b)-f(a)}{g(b)-g(a)}=\frac{f'(\xi)}{g'(\xi)}.$$

即
$$\frac{f(b)-f(a)}{b^3-a^3}=\frac{f'(\xi)}{3\xi^2}.$$

即
$$\frac{f(b)-f(a)}{b-a}=(a^2+ab+b^2)\frac{f'(\xi)}{3\xi^2}.$$

习题 3.2

1. 用洛必达法则求下列极限:

(1) $\lim\limits_{x\to0}\dfrac{e^x-e^{-x}}{\sin x}$;　　(2) $\lim\limits_{x\to a}\dfrac{\sin x-\sin a}{x-a}$;

(4) $\lim\limits_{x\to\frac{\pi}{2}}\dfrac{\ln\sin x}{(\pi-2x)^2}$;　　(5) $\lim\limits_{x\to a}\dfrac{x^m-a^m}{x^n-a^n}$ $(a\neq0)$;

(7) $\lim\limits_{x\to+\infty}\dfrac{\ln\left(1+\dfrac{1}{x}\right)}{\operatorname{arccot} x}$;　　(8) $\lim\limits_{x\to0}\dfrac{\tan x-x}{x-\sin x}$;

(9) $\lim\limits_{x\to0^+}\dfrac{\ln\tan 7x}{\ln\tan 2x}$;　　(10) $\lim\limits_{x\to\frac{\pi}{2}}\dfrac{\tan x}{\tan 3x}$;

(11) $\lim\limits_{x\to0}x\cot 3x$;　　(12) $\lim\limits_{x\to0}x^2e^{\frac{1}{x^2}}$;

(13) $\lim\limits_{x\to0}\left(\dfrac{1}{x}-\dfrac{1}{e^x-1}\right)$;　　(14) $\lim\limits_{x\to1}\left(\dfrac{x}{x-1}-\dfrac{2}{x^2-1}\right)$;

(15) $\lim\limits_{x\to0^+}x^{\sin x}$;　　(16) $\lim\limits_{x\to0^+}\left(\ln\dfrac{1}{x}\right)^x$.

解 (1) $\lim\limits_{x\to0}\dfrac{e^x-e^{-x}}{\sin x}=\lim\limits_{x\to0}\dfrac{(e^x-e^{-x})'}{(\sin x)'}=\lim\limits_{x\to0}\dfrac{e^x+e^{-x}}{\cos x}=2$.

(2) $\lim\limits_{x\to a}\dfrac{\sin x-\sin a}{x-a}=\lim\limits_{x\to a}\dfrac{(\sin x-\sin a)'}{(x-a)'}=\lim\limits_{x\to a}\dfrac{\cos x}{1}=\cos a$.

(4) $\lim\limits_{x\to\frac{\pi}{2}}\dfrac{\ln\sin x}{(\pi-2x)^2}=\lim\limits_{x\to\frac{\pi}{2}}\dfrac{(\ln\sin x)'}{[(\pi-2x)^2]'}=\lim\limits_{x\to\frac{\pi}{2}}\dfrac{\cot x}{2(\pi-2x)(-2)}$

$=-\dfrac{1}{4}\lim\limits_{x\to\frac{\pi}{2}}\dfrac{(\cot x)'}{(\pi-2x)'}=-\dfrac{1}{4}\lim\limits_{x\to\frac{\pi}{2}}\dfrac{-\csc^2x}{-2}=-\dfrac{1}{8}$.

(5) $\lim\limits_{x\to a}\dfrac{x^m-a^m}{x^n-a^n}=\lim\limits_{x\to a}\dfrac{(x^m-a^m)'}{(x^n-a^n)'}=\lim\limits_{x\to a}\dfrac{mx^{m-1}}{nx^{n-1}}=\dfrac{m}{n}a^{m-n}$ $(a\neq0)$.

(7) $\lim\limits_{x\to+\infty}\dfrac{\ln\left(1+\dfrac{1}{x}\right)}{\operatorname{arccot} x}=\lim\limits_{x\to+\infty}\dfrac{\dfrac{1}{x}}{\operatorname{arccot} x}$

$$= \lim_{x\to+\infty}\frac{-\frac{1}{x^2}}{-\frac{1}{1+x^2}} = \lim_{x\to+\infty}\frac{1+x^2}{x^2} = 1.$$

（8）$\lim\limits_{x\to0}\frac{\tan x - x}{x-\sin x} = \lim\limits_{x\to0}\frac{\sec^2x-1}{1-\cos x} = \lim\limits_{x\to0}\frac{\tan^2x}{1-\cos x} = \lim\limits_{x\to0}\frac{x^2}{\frac{1}{2}x^2} = 2.$

（9）$\lim\limits_{x\to0^+}\frac{\ln\tan 7x}{\ln\tan 2x} = \lim\limits_{x\to0^+}\frac{\frac{1}{\tan 7x}\cdot\sec^2 7x\cdot 7}{\frac{1}{\tan 2x}\cdot\sec^2 2x\cdot 2}$

$$= \lim_{x\to0^+}\frac{\tan 2x}{\tan 7x}\cdot\lim_{x\to0^+}\frac{7\sec^2 7x}{2\sec^2 2x} = \frac{7}{2}\lim_{x\to0^+}\frac{\tan 2x}{\tan 7x}$$

$$= \frac{7}{2}\lim_{x\to0^+}\frac{2x}{7x} = 1.$$

（10）$\lim\limits_{x\to\frac{\pi}{2}}\frac{\tan x}{\tan 3x} = \lim\limits_{x\to\frac{\pi}{2}}\frac{\sec^2x}{3\sec^2 3x} = \frac{1}{3}\lim\limits_{x\to\frac{\pi}{2}}\frac{\cos^2 3x}{\cos^2 x}$

$$= \frac{1}{3}\lim_{x\to\frac{\pi}{2}}\frac{6\cos 3x\cdot(-\sin 3x)}{2\cos x\cdot(-\sin x)} = -\lim_{x\to\frac{\pi}{2}}\frac{\cos 3x}{\cos x}$$

$$= -\lim_{x\to\frac{\pi}{2}}\frac{3\sin 3x}{\sin x} = 3.$$

（11）$\lim\limits_{x\to0}x\cot 3x = \lim\limits_{x\to0}\frac{x}{\tan 3x} = \lim\limits_{x\to0}\frac{1}{3\sec^2 3x} = \frac{1}{3}.$

（12）$\lim\limits_{x\to0}x^2 e^{\frac{1}{x^2}} = \lim\limits_{x\to0}\frac{e^{x^{-2}}}{x^{-2}} = \lim\limits_{x\to0}\frac{e^{x^{-2}}(-2x^{-3})}{-2x^{-3}} = +\infty.$

（13）$\lim\limits_{x\to0}\left(\frac{1}{x}-\frac{1}{e^x-1}\right) = \lim\limits_{x\to0}\frac{e^x-1-x}{x(e^x-1)} = \lim\limits_{x\to0}\frac{e^x-1-x}{x\cdot x} = \lim\limits_{x\to0}\frac{e^x-1}{2x} = \frac{1}{2}.$

（14）$\lim\limits_{x\to1}\left(\frac{x}{x-1}-\frac{2}{x^2-1}\right) = \lim\limits_{x\to1}\frac{x(x+1)-2}{x^2-1} = \lim\limits_{x\to1}\frac{2x+1}{2x}$

$$= \frac{3}{2}.$$

（15）设 $y = x^{\sin x}$，则

$$\ln y = \sin x\ln x,$$

$$\lim_{x\to0^+}\ln y = \lim_{x\to0^+}\sin x\ln x = \lim_{x\to0^+}\frac{\ln x}{\csc x} = \lim_{x\to0^+}\frac{\frac{1}{x}}{-\csc x\cot x}$$

$$= -\lim_{x\to0^+}\frac{\sin x\tan x}{x} = 0,$$

所以，
$$\lim_{x\to0^+}x^{\sin x} = e^0 = 1.$$

（16）设 $y = \left(\ln\frac{1}{x}\right)^x$，则

$$\ln y = -x\ln x,$$

$$\lim_{x\to0^+}\ln y = -\lim_{x\to0^+}x\ln x = -\lim_{x\to0^+}\frac{\ln x}{x^{-1}} = -\lim_{x\to0^+}\frac{\frac{1}{x}}{-x^{-2}} = \lim_{x\to0^+}x = 0.$$

所以，
$$\lim_{x\to 0^+}\left(\ln\frac{1}{x}\right)^x = e^0 = 1.$$

2. 验证极限 $\lim\limits_{x\to\infty}\dfrac{x+\sin x}{x}$ 存在，但不能用洛必达法则得出.

解 $\lim\limits_{x\to\infty}\dfrac{x+\sin x}{x}=\lim\limits_{x\to\infty}\left(1+\dfrac{\sin x}{x}\right)=1+0=1.$

但 $\lim\limits_{x\to\infty}\dfrac{(x+\sin x)'}{x'}=\lim\limits_{x\to\infty}\dfrac{1+\cos x}{1}=\lim\limits_{x\to\infty}(1+\cos x)$ 不存在，也不是无穷大，故不能使用洛必达法则.

3. 验证极限 $\lim\limits_{x\to\infty}\dfrac{5x+\cos x}{x-\cos x}$ 存在，但不能用洛必达法则得出.

解 $\lim\limits_{x\to\infty}\dfrac{5x+\cos x}{x-\cos x}=\lim\limits_{x\to\infty}\dfrac{5+\dfrac{1}{x}\cos x}{1-\dfrac{1}{x}\cos x}=5.$

但 $\lim\limits_{x\to\infty}\dfrac{(5x+\cos x)'}{(x-\cos x)'}=\lim\limits_{x\to\infty}\dfrac{5-\sin x}{1+\sin x}$ 不存在，也不是无穷大，故不能使用洛必达法则.

小结 用洛必达法则求极限应注意的事项：

(1) 运用洛必达法则时，一定要注意条件. 当 $x\to\infty$ 时，极限式中含有 $\sin x$，$\cos x$，或当 $x\to 0$ 时，极限式中含有 $\sin\dfrac{1}{x}$，$\cos\dfrac{1}{x}$ 时，不能用洛必达法则；

(2) 每用完一次洛必达法则，要将极限式整理化简，只要满足该法则的条件，可以连续使用下去；

(3) 为简化运算经常将洛必达法则与等价无穷小代换结合使用；

(4) 有时用变量代换可以简化求导运算，从而使洛必达法则更有效.

习题 3.3

2. 求函数 $f(x)=\tan x$ 的带有佩亚诺型余项的三阶麦克劳林公式.

解 因 $f(x)=\tan x,\ f'(x)=\sec^2 x,\ f''(x)=2\sec^2 x\tan x,$
$$f'''(x)=4\sec^2 x\tan^2 x+2\sec^4 x,$$
$$f(0)=0,\ f'(0)=1,\ f''(0)=0,\ f'''(0)=2,$$
由 $f(x)=f(0)+f'(0)x+\dfrac{f''(0)}{2!}x^2+\dfrac{f'''(0)}{3!}x^3+o(x^3)$ 得
$$\tan x=x+\frac{1}{3}x^3+o(x^3).$$

3. 求函数 $f(x)=\ln x$ 按 $(x-2)$ 的幂展开的带有佩亚诺型余项的 n 阶泰勒公式.

解 $f'(x)=\dfrac{1}{x}=x^{-1},\ f''(x)=(-1)x^{-2},\ f'''(x)=(-1)(-2)x^{-3}=\dfrac{2!}{x^3},\cdots,$
$$f^{(n)}(x)=\frac{(-1)^{n-1}(n-1)!}{x^n},\ f^{(n)}(2)=\frac{(-1)^{n-1}(n-1)!}{2^n}.$$
故 $\ln x=f(2)+f'(2)(x-2)+\dfrac{f''(2)}{2!}(x-2)^2+\dfrac{f'''(2)}{3!}(x-2)^3+\cdots+$
$$\frac{f^{(n)}(2)}{n!}(x-2)^n+o[(x-2)^n]$$

$$=\ln 2+\frac{1}{2}(x-2)-\frac{1}{2^3}(x-2)^2+\frac{1}{3\cdot 2^3}(x-2)^3-\cdots+$$

$$(-1)^{n-1}\frac{1}{n\cdot 2^n}(x-2)^n+o[(x-2)^n].$$

4. 求函数$f(x)=\frac{1}{x}$按$(x+1)$的幂展开的带有拉格朗日型余项的n阶泰勒公式.

解　因为$f^{(n)}(x)=\frac{(-1)^n n!}{x^{n+1}}$, $f^{(n)}(-1)=-n!$，故

$$\frac{1}{x}=f(-1)+f'(-1)(x+1)+\frac{f''(-1)}{2!}(x+1)^2+\frac{f'''(-1)}{3!}(x+1)^3+\cdots+$$

$$\frac{f^{(n)}(-1)}{n!}(x+1)^n+\frac{f^{(n+1)}(\xi)}{(n+1)!}(x+1)^{n+1}$$

$$=-[1+(x+1)+(x+1)^2+\cdots+(x+1)^n]+(-1)^{n+1}\xi^{-(n+2)}(x+1)^{n+1},$$

其中ξ介于x与-1之间.

5. 求函数$f(x)=xe^x$的带有佩亚诺型余项的n阶麦克劳林公式.

解　$f'(x)=e^x+xe^x=(1+x)e^x$, $f''(x)=2e^x+xe^x=(2+x)e^x$, $\cdots$,

$$f^{(n)}(x)=(n+x)e^x,\ f^{(n)}(0)=n(n=1,2,\cdots)$$

故 $xe^x=f(0)+f'(0)x+\frac{f''(0)}{2!}x^2+\cdots+\frac{f^{(n)}(0)}{n!}x^n+o(x^n)$

$$=x+x^2+\frac{x^3}{2!}+\cdots+\frac{x^n}{(n-1)!}+o(x^n).$$

6. 应用三阶泰勒公式求下列各数的近似值，并估计误差：

(1) $\sqrt[3]{30}$.

解　(1) $\sqrt[3]{30}=\sqrt[3]{27+3}=3\sqrt[3]{1+\frac{1}{9}}$. 设$f(x)=\sqrt[3]{1+x}$，取$x_0=0$，则有三阶泰勒展开式

$$f(x)=f(0)+f'(0)x+\frac{f''(0)}{2!}x^2+\frac{f'''(0)}{3!}x^3+R_3(x)$$

$$=1+\frac{1}{3}x+\frac{\frac{1}{3}\left(\frac{1}{3}-1\right)}{2!}x^2+\frac{\frac{1}{3}\left(\frac{1}{3}-1\right)\left(\frac{1}{3}-2\right)}{3!}x^3+R_3(x)$$

$$=1+\frac{1}{3}x-\frac{1}{9}x^2+\frac{5}{81}x^3+R_3(x),$$

其中$R_3(x)=\frac{-10}{3^5}(1+\xi)^{\frac{-11}{3}}x^4$，$\xi$介于0与$x$之间．故

$$\sqrt[3]{30}=\sqrt[3]{27+3}=3\sqrt[3]{1+\frac{1}{9}}\approx 3\left[1+\frac{1}{3}\times\frac{1}{9}-\frac{1}{9}\left(\frac{1}{9}\right)^2+\frac{5}{81}\left(\frac{1}{9}\right)^3\right]$$

$$\approx 3.10724.$$

$3|R_3|=3\left|\frac{-10}{3^5}(1+\xi)^{\frac{1}{3}-4}\left(\frac{1}{9}\right)^4\right|$，$\xi$介于0与$\frac{1}{9}$之间，即$0<\xi<\frac{1}{9}$,

因此$3|R_3|\leqslant\frac{10}{3^{12}}\approx 1.88\times 10^{-5}$.

7. 利用泰勒公式求下列极限：

(1) $\lim\limits_{x\to 0}\frac{\cos x-e^{-\frac{x^2}{2}}}{x^2[x+\ln(1-x)]}$;　　(2) $\lim\limits_{x\to 0}\frac{1+\frac{1}{2}x^2-\sqrt{1+x^2}}{(\cos x-e^{x^2})\sin x^2}$.

解 (1) $\lim\limits_{x\to0}\dfrac{\cos x-\mathrm{e}^{-\frac{x^2}{2}}}{x^2[x+\ln(1-x)]}$

$$=\lim_{x\to0}\frac{\left[1-\frac{x^2}{2!}+\frac{x^4}{4!}+o(x^4)\right]-\left[1+\left(-\frac{x^2}{2}\right)+\frac{1}{2!}\left(-\frac{x^2}{2}\right)^2+o(x^4)\right]}{x^2\left[x+\left(-x-\frac{x^2}{2}+o(x^2)\right)\right]}$$

$$=\lim_{x\to0}\frac{\left(\frac{1}{4!}-\frac{1}{8}\right)x^4+o(x^4)}{-\frac{1}{2}x^4+o(x^4)}=\lim_{x\to0}\frac{-\frac{1}{12}+\frac{o(x^4)}{x^4}}{-\frac{1}{2}+\frac{o(x^4)}{x^4}}=\frac{-\frac{1}{12}}{-\frac{1}{2}}=\frac{1}{6}.$$

(2) $\lim\limits_{x\to0}\dfrac{1+\frac{1}{2}x^2-\sqrt{1+x^2}}{(\cos x-\mathrm{e}^{x^2})\sin x^2}$

$$=\lim_{x\to0}\frac{1+\frac{1}{2}x^2-\left(1+\frac{1}{2}x^2-\frac{1}{8}x^4+o(x^4)\right)}{\left(1-\frac{1}{2}x^2+o(x^2)-1-x^2+o(x^2)\right)(x^2+o(x^2))}$$

$$=\lim_{x\to0}\frac{\frac{1}{8}x^4+o(x^4)}{-\frac{3}{2}x^4+o(x^4)}=\lim_{x\to0}\frac{\frac{1}{8}+\frac{o(x^4)}{x^4}}{-\frac{3}{2}+\frac{o(x^4)}{x^4}}=\frac{\frac{1}{8}}{-\frac{3}{2}}=-\frac{1}{12}.$$

习题 3.4

1. 确定函数 $y=x-\ln(1+x^2)$ 的单调性.

解 因为 $y'=1-\dfrac{2x}{1+x^2}=\dfrac{1+x^2-2x}{1+x^2}=\dfrac{(1-x)^2}{1+x^2}\geqslant0$，等号只在 $x=1$ 处成立，所以该函数在整个定义域内单调增加.

2. 确定下列函数的单调区间：

(3) $f(x)=\dfrac{10}{4x^3-9x^2+6x}$； (4) $f(x)=\ln(x+\sqrt{1+x^2})$；

(5) $y=2x^2-\ln x$.

解 (3) 函数 $f(x)$ 除 $x=0$ 外处处可导，且

$$f'(x)=\frac{-10(12x^2-18x+6)}{(4x^3-9x^2+6x)^2}=\frac{-60(2x-1)(x-1)}{(4x^3-9x^2+6x)^2}.$$

令 $f'(x)=0$ 得 $x=\dfrac{1}{2}$，$x=1$，列表讨论如下：

x	$(-\infty,0)$	$\left(0,\frac{1}{2}\right)$	$\left(\frac{1}{2},1\right)$	$(1,+\infty)$
$f'(x)$	−	−	+	−
$f(x)$	↘	↘	↗	↘

因此，$f(x)$ 在 $(-\infty,0)$，$\left(0,\frac{1}{2}\right]$，$[1,+\infty)$ 内单调减少；在 $\left[\frac{1}{2},1\right]$ 上单调增加.

(4) 函数$f(x)$在$(-\infty, +\infty)$内可导，且

$$f'(x)=\frac{1}{x+\sqrt{1+x^2}}\left(1+\frac{2x}{2\sqrt{1+x^2}}\right)=\frac{1}{\sqrt{1+x^2}}>0,$$

因此$f(x)$在$(-\infty, +\infty)$内单调增加.

(5) 函数f的定义域为$(0, +\infty)$，且

$$y'=4x-\frac{1}{x}=\frac{4x^2-1}{x}=\frac{(2x+1)(2x-1)}{x}.$$

令$y'=0$，得$x=\frac{1}{2}$.

当$0<x<\frac{1}{2}$时，$y'<0$，函数在$\left(0, \frac{1}{2}\right]$上单调减少；

当$x>\frac{1}{2}$时，$y'>0$，函数在$\left[\frac{1}{2}, +\infty\right)$上单调增加.

3. 设函数$f(x)$在定义域内可导，$y=f(x)$的图形如图3-3所示，则导函数$f'(x)$的图形为图3-4中所示的四个图形中的哪一个?

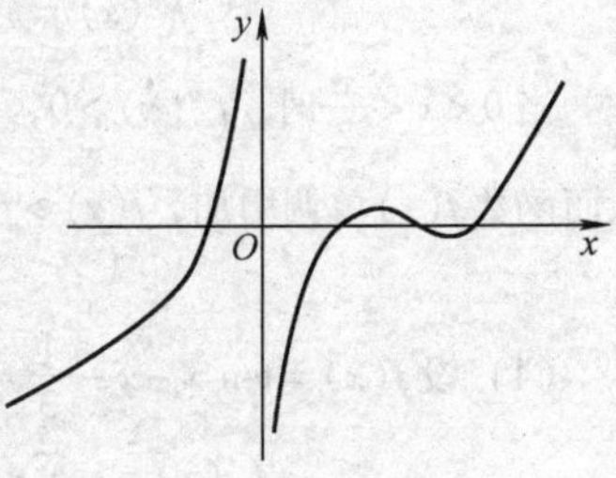

图　3-3

解　由图3-3知，当$x<0$时，$y=f(x)$单调增加，从而$f'(x)\geqslant 0$，故排除图3-4a、c；当$x>0$时，随着x增大，$y=f(x)$先单调增加，然后单调减少，再单调增加，因此随着x增大，先有$f'(x)\geqslant 0$，然后$f'(x)\leqslant 0$，继而又有$f'(x)\geqslant 0$，故应选图3-4d.

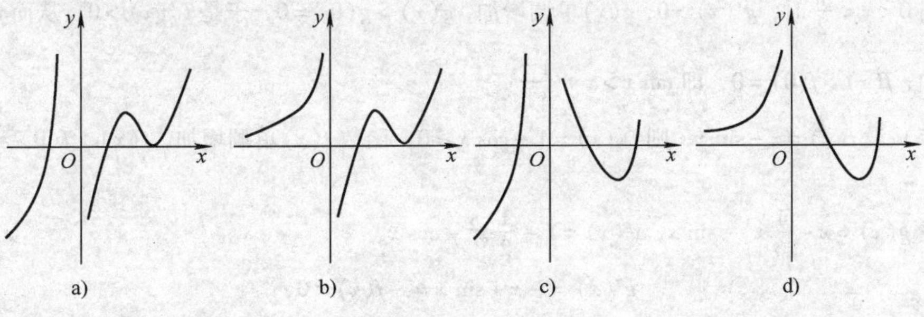

图　3-4

4. 证明下列不等式:

(1) 当$x>4$时，$2^x>x^2$；

(2) 当$x>0$时，$1+x\ln(x+\sqrt{1+x^2})>\sqrt{1+x^2}$；

(3) 当$0<x<\frac{\pi}{2}$时，$\sin x+\tan x>2x$；

(4) 当$0<x<\frac{\pi}{2}$时，$\tan x>x+\frac{1}{3}x^3$；

(5) 当$x>0$时，$x-\frac{1}{6}x^3<\sin x<x$.

证　(1) 设$f(x)=2^x-x^2$，则

$$f'(x)=2^x\ln 2-2x,\ f''(x)=2^x(\ln 2)^2-2.$$

当 $x>4$ 时，$f''(x)>0$，函数 $f'(x)$ 单调增加，$f'(x)>f'(4)>0$. 从而 $f(x)$ 单调增加，$f(x)>f(4)=0$，即 $2^x>x^2$.

（2）设 $f(x)=1+x\ln(x+\sqrt{1+x^2})-\sqrt{1+x^2}$，则

$$f'(x)=\ln(x+\sqrt{1+x^2})+\frac{x}{\sqrt{1+x^2}}-\frac{x}{\sqrt{1+x^2}}=\ln(x+\sqrt{1+x^2}).$$

当 $x>0$ 时，$f'(x)>0$，函数 $f(x)$ 单调增加，$f(x)>f(0)=0$，即

$$1+x\ln(x+\sqrt{1+x^2})>\sqrt{1+x^2}.$$

（3）设 $f(x)=\sin x+\tan x-2x$，则

$$f'(x)=\cos x+\sec^2 x-2,$$

$$f''(x)=-\sin x+2\sec^2 x\tan x=\sin x(2\sec^3 x-1).$$

当 $0<x<\frac{\pi}{2}$ 时，$f''(x)>0$，函数 $f'(x)$ 单调增加，$f'(x)>f'(0)=0$，从而函数 $f(x)$ 单调增加，$f(x)>f(0)=0$，即

$$\sin x+\tan x>2x.$$

（4）设 $f(x)=\tan x-x-\frac{1}{3}x^3$，则

$$f'(x)=\sec^2 x-1-x^2=\tan^2 x-x^2=(\tan x-x)(\tan x+x).$$

令 $g(x)=\tan x-x$，则

$$g'(x)=(\tan x-x)'=\sec^2 x-1=\tan^2 x.$$

当 $0<x<\frac{\pi}{2}$ 时，$g'(x)>0$，$g(x)$ 单调增加，$g(x)>g(0)=0$，于是 $f'(x)>0$，从而 $f(x)$ 单调增加，$f(x)>f(0)=0$，即 $\tan x>x+\frac{1}{3}x^3$.

（5）设 $f(x)=x-\sin x$，则 $f'(x)=1-\cos x\geqslant 0$，函数 $f(x)$ 单调增加，$f(x)>f(0)=0$，即 $\sin x<x$.

设 $g(x)=x-\frac{1}{6}x^3-\sin x$，$g'(x)=1-\frac{1}{2}x^2-\cos x$，

$$g''(x)=-x+\sin x=-f(x)<0,$$

当 $x>0$ 时，$g'(x)$ 单调减少，$g'(x)<g'(0)=0$；从而函数 $g(x)$ 单调减少，$g(x)<g(0)=0$，即 $x-\frac{1}{6}x^3<\sin x$.

综上可知，当 $x>0$ 时，有 $x-\frac{1}{6}x^3<\sin x<x$.

5. 通过研究下面的例子确定单调函数的导函数是否必为单调函数：

$$f(x)=x+\sin x.$$

解 单调函数的导函数不一定是单调函数.

例如，$f(x)=x+\sin x$，由于 $f'(x)=1+\cos x\geqslant 0$，且 $f'(x)$ 在任何有限区间内只有有限个零点，因此 $f(x)$ 在 $(-\infty,+\infty)$ 内单调增加. 而 $f''(x)=-\sin x$，所以导函数 $f'(x)=1+\cos x$ 在 $(-\infty,+\infty)$ 内不是单调增加的.

6. 判定下列曲线的凹凸性：

(1) $y=4x-x^2$;　　(2) $y=x+\dfrac{1}{x}$ $(x>0)$;(3) $y=x\arctan x$.

解　(1) $y'=4-2x$,$y''=-2<0$,故曲线 $y=4x-x^2$ 在 $(-\infty,+\infty)$ 内是凸的.

(2) $y'=1-\dfrac{1}{x^2}$,$y''=\dfrac{2}{x^3}>0$ $(x>0)$,故曲线 $y=x+\dfrac{1}{x}$在 $(0,+\infty)$ 内是凹的.

(3)
$$y'=\arctan x+\frac{x}{1+x^2},$$
$$y''=\frac{1}{1+x^2}+\frac{1+x^2-2x^2}{(1+x^2)^2}=\frac{2}{(1+x^2)^2}>0,$$
故曲线 $y=x\arctan x$ 在 $(-\infty,+\infty)$ 内是凹的.

7. 求下列函数图形的凹凸区间及拐点:

(1) $y=x^3-3x^2+3x+5$;　　(2) $y=xe^{-x}$;

(3) $y=\ln(x^2+1)$;　　(4) $y=e^{\arctan x}$;

(5) $y=x^4(12\ln x-7)$.

解　(1) 函数的定义域为 $(-\infty,+\infty)$.
$$y'=3x^2-6x+3,\ y''=6x-6.$$
令 $y''=0$,得 $x=1$.

当 $x<1$ 时,$y''<0$,曲线在 $(-\infty,1]$ 上是凸的;

当 $x>1$ 时,$y''>0$,曲线在 $[1,+\infty)$ 上是凹的;点 $(1,6)$ 是拐点.

(2) 函数的定义域为 $(-\infty,+\infty)$.
$$y'=e^{-x}+xe^{-x}\cdot(-1)=e^{-x}(1-x),$$
$$y''=-e^{-x}+(1-x)e^{-x}\cdot(-1)=e^{-x}(x-2),$$
令 $y''=0$,得 $x=2$.

当 $x<2$ 时,$y''<0$,曲线在 $(-\infty,2]$ 上是凸的;

当 $x>2$ 时,$y''>0$,曲线在 $[2,+\infty)$ 上是凹的;点 $(2,2e^{-2})$ 是拐点.

(3) 函数的定义域为 $(-\infty,+\infty)$.
$$y'=\frac{2x}{x^2+1},\ y''=\frac{2(1+x^2)-4x^2}{(x^2+1)^2}=\frac{-2(x-1)(x+1)}{(x^2+1)^2}.$$
令 $y''=0$,得 $x_1=-1$ 及 $x_2=1$.

列表讨论如下:

x	$(-\infty,-1)$	-1	$(-1,1)$	1	$(1,+\infty)$
y''	$-$	0	$+$	0	$-$
y	凸	有拐点	凹	有拐点	凸

故曲线在区间 $(-\infty,-1]$ 和 $[1,+\infty)$ 上是凸的,在 $[-1,1]$ 上是凹的,点 $(-1,\ln 2)$,$(1,\ln 2)$ 是曲线的两个拐点.

(4) 函数的定义域为 $(-\infty,+\infty)$.
$$y'=e^{\arctan x}\cdot\frac{1}{1+x^2},$$
$$y''=e^{\arctan x}\cdot\frac{1}{(1+x^2)^2}+e^{\arctan x}\cdot\frac{-2x}{(1+x^2)^2}=\frac{e^{\arctan x}(1-2x)}{(1+x^2)^2},$$

令 $y''=0$，得 $x=\frac{1}{2}$.

当 $x<\frac{1}{2}$时，$y''>0$，曲线 $y=\mathrm{e}^{\arctan x}$在区间$\left(-\infty,\ \frac{1}{2}\right]$内是凹的.

当 $x>\frac{1}{2}$时，$y''<0$，曲线 $y=\mathrm{e}^{\arctan x}$在区间$\left[\frac{1}{2},\ +\infty\right)$内是凸的，点$\left(\frac{1}{2},\ \mathrm{e}^{\arctan\frac{1}{2}}\right)$为拐点.

(5) 函数的定义域为（0，+∞）.

$$y'=4x^3(12\ln x-7)+x^4\cdot\frac{12}{x}=4x^3(12\ln x-4),$$

$$y''=12x^2(12\ln x-4)+4x^3\cdot\frac{12}{x}=144x^2\ln x(x>0),$$

令 $y''=0$，得 $x=1$.

当 $0<x<1$ 时，$y''<0$，曲线 $y=x^4(12\ln x-7)$在区间（0，1］内是凸的；

当 $x>1$ 时，$y''>0$，曲线 $y=x^4(12\ln x-7)$在区间［1，+∞）内是凹的. 点（1，-7）为曲线的拐点.

8. 利用函数图形的凹凸性，证明下列不等式：

(1) $\frac{1}{2}(x^n+y^n)>\left(\frac{x+y}{2}\right)^n(x>0,\ y>0,\ x\neq y,\ n>1)$；

(2) $\frac{\mathrm{e}^x+\mathrm{e}^y}{2}>\mathrm{e}^{\frac{x+y}{2}}(x\neq y)$.

证 (1) 设$f(t)=t^n.f'(t)=nt^{n-1},f''(t)=n(n-1)t^{n-2},t\in(0,+\infty)$.

当 $n>1$ 时，$f''(t)>0,t\in(0,+\infty)$，因此$f(t)=t^n$ 在$(0,+\infty)$内的图形是凹的，故对于任何 $x>0$，$y>0$，$x\neq y$，$n>1$，恒有

$$\frac{1}{2}(f(x)+f(y))>f\left(\frac{x+y}{2}\right),$$

即
$$\frac{1}{2}(x^n+y^n)>\left(\frac{x+y}{2}\right)^n.$$

(2) 设$f(t)=\mathrm{e}^t,f'(t)=\mathrm{e}^t,f''(t)=\mathrm{e}^t>0$.

因此$f(t)=\mathrm{e}^t$ 在（-∞，+∞）内的图形是凹的，故对于任何 $x\neq y$，恒有

$$\frac{1}{2}(f(x)+f(y))>f\left(\frac{x+y}{2}\right),$$

即
$$\frac{\mathrm{e}^x+\mathrm{e}^y}{2}>\mathrm{e}^{\frac{x+y}{2}}.$$

9. 已知点（1，3）为曲线 $y=ax^3+bx^2$ 的拐点，求 a，b.

解 $y'=3ax^2+2bx$，$y''=6ax+2b$. 由题意知

$$\begin{cases}y|_{x=1}=3,\\y''|_{x=1}=0,\end{cases}\text{即}\begin{cases}a+b=3,\\6a+2b=0,\end{cases}$$

解得 $a=-\frac{3}{2}$，$b=\frac{9}{2}$.

10. 设曲线 $y=ax^3+bx^2+cx+d$ 过点（-2，44），且其在与 $x=-2$ 对应点处有水平切线，（1，-10）为其拐点，求 a，b，c，d.

解 $y'=3ax^2+2bx+c$，$y''=6ax+2b$，由题设知

$$\begin{cases} y|_{x=-2}=44, \\ y|_{x=1}=-10, \\ y'|_{x=-2}=0, \\ y''|_{x=1}=0, \end{cases} \text{即} \begin{cases} -8a+4b-2c+d=44, \\ a+b+c+d=-10, \\ 12a-4b+c=0, \\ 6a+2b=0. \end{cases}$$

解得 $a=1$，$b=-3$，$c=-24$，$d=16$.

11. 试确定 $y=k(x^2-3)^2$ 中 k 的值，使曲线的拐点处的法线通过原点.

解 $y'=4kx(x^2-3)$，

$y''=4k(x^2-3)+4kx\cdot 2x=12k(x-1)(x+1)$.

令 $y''=0$ 得 $x_1=-1$，$x_2=1$. 列表讨论如下：

x	$(-\infty, -1)$	$(-1, 1)$	$(1, +\infty)$
y''	+（或 -）	-（或 +）	+（或 -）
y	凹（或凸）	凸（或凹）	凹（或凸）

故点 $(-1, 4k)$，$(1, 4k)$ 为曲线的拐点.

由 $y'|_{x=-1}=8k$ 知，过点 $(-1, 4k)$ 的法线方程为

$$Y-4k=-\frac{1}{8k}(X+1).$$

要使该法线过原点，原点坐标应满足这方程. 将 $X=0$，$Y=0$ 代入上式，得 $k=\pm\frac{\sqrt{2}}{8}$.

同理可得，要使过点 $(1, 4k)$ 的法线方程通过原点，则 $k=\pm\frac{\sqrt{2}}{8}$.

综上所述，当 $k=\pm\frac{\sqrt{2}}{8}$ 时，该曲线的拐点处的法线通过原点.

习题 3.5

1. 求下列函数的极值：

(1) $y=2x^3-6x^2-18x+7$；　　(2) $y=x-\ln(1+x)$；

(3) $y=x+\sqrt{1-x}$；　　(4) $y=\frac{1+3x}{\sqrt{4+5x^2}}$；

(5) $y=e^x\cos x$；　　(6) $y=3-2(x+1)^{\frac{1}{3}}$；

(7) $y=x^{\frac{1}{x}}$.

解 (1) 函数的定义域为 $(-\infty, +\infty)$.

$$y'=6x^2-12x-18=6(x-3)(x+1),\ y''=12(x-1).$$

令 $y'=0$，得驻点：$x_1=-1$，$x_2=3$.

由 $y''|_{x=-1}=-24<0$ 知，$y|_{x=-1}=17$ 为极大值.

由 $y''|_{x=3}=24>0$ 知，$y|_{x=3}=-47$ 为极小值.

(2) 函数的定义域为 $(-1, +\infty)$.

$$y'=1-\frac{1}{1+x}=\frac{x}{1+x},\ y''=\frac{1}{(1+x)^2}.$$

令 $y'=0$，得驻点 $x=0$. 由$y''|_{x=0}=1>0$ 知，$y|_{x=0}=0$ 为极小值.

（3）函数的定义域为（$-\infty$，1］.

$$y'=1-\frac{1}{2\sqrt{1-x}}=\frac{2\sqrt{1-x}-1}{2\sqrt{1-x}},\ y''=-\frac{1}{4}\cdot\frac{1}{(1-x)^{3/2}}.$$

令 $y'=0$，得驻点 $x=\frac{3}{4}$. 由$y''|_{x=\frac{3}{4}}=-2<0$ 知，$y|_{x=\frac{3}{4}}=\frac{5}{4}$为极大值.

（4）函数的定义域为（$-\infty$，$+\infty$）.

$$y'=\frac{3\sqrt{4+5x^2}-(1+3x)\cdot\dfrac{10x}{2\sqrt{4+5x^2}}}{4+5x^2}=\frac{12-5x}{(4+5x^2)^{3/2}}.$$

令 $y'=0$，得驻点 $x=\frac{12}{5}$.

当 $x<\frac{12}{5}$时，$y'>0$，函数单调增加；当 $x>\frac{12}{5}$时，$y'<0$，函数单调减少.

所以 $y\left(\frac{12}{5}\right)=\frac{\sqrt{205}}{10}$为极大值.

（5）函数的定义域为（$-\infty$，$+\infty$）.

$$y'=e^x\cos x-e^x\sin x=e^x(\cos x-\sin x),\ y''=-2e^x\sin x.$$

令 $y'=0$，得驻点 $x_k=2k\pi+\frac{\pi}{4}$及 $x_k=2k\pi+\frac{5\pi}{4}(k=0,\pm1,\pm2,\cdots)$.

由$y''|_{x=2k\pi+\frac{\pi}{4}}=-\sqrt{2}e^{2k\pi+\frac{\pi}{4}}<0$ 知，$y|_{x=2k\pi+\frac{\pi}{4}}=\frac{\sqrt{2}}{2}e^{2k\pi+\frac{\pi}{4}}$（$k=0$，$\pm1$，$\pm2$，$\cdots$）为极大值.

由$y''|_{x=2k\pi+\frac{5\pi}{4}}=\sqrt{2}e^{2k\pi+\frac{5\pi}{4}}>0$ 知，$y|_{x=2k\pi+\frac{5\pi}{4}}=-\frac{\sqrt{2}}{2}e^{2k\pi+\frac{5\pi}{4}}$（$k=0$，$\pm1$，$\pm2$，$\cdots$）为极小值.

（6）函数定义域为（$-\infty$，$+\infty$）.

$$y'=-\frac{2}{3}(x+1)^{-\frac{2}{3}},$$

当 $x=-1$ 时，导数不存在；当 $x\neq-1$ 时，$y'=-\frac{2}{3}(x+1)^{-\frac{2}{3}}<0$.

因此函数在（$-\infty$，$+\infty$）内单调减少，从而函数在（$-\infty$，$+\infty$）内无极值.

（7）函数的定义域为（0，$+\infty$）.

$$y'=(e^{\frac{1}{x}\ln x})'=e^{\frac{1}{x}\ln x}\cdot\frac{1-\ln x}{x^2}=x^{\frac{1}{x}-2}(1-\ln x).$$

令 $y'=0$，得驻点 $x=e$.

当 $0<x<e$ 时，$y'>0$，函数单调增加；当 $x>e$ 时，$y'<0$，函数单调减少. 所以 $y(e)=e^{\frac{1}{e}}$为极大值.

2. 试问 a 为何值时，函数 $f(x)=a\sin x+\frac{1}{3}\sin 3x$ 在 $x=\frac{\pi}{3}$处取得极值？它是极大值还是极小值？并求此极值.

解　$f'(x)=a\cos x+\cos 3x$，由条件知 $f'\left(\frac{\pi}{3}\right)=0$，即 $a\cos\frac{\pi}{3}+\cos\pi=0$，故 $a=2$. 又

$f''(x)=-2\sin x-3\sin 3x$，$f''\left(\dfrac{\pi}{3}\right)=-\sqrt{3}<0$，因此$f\left(\dfrac{\pi}{3}\right)=\sqrt{3}$为极大值．

3. 求下列函数的最大值、最小值：

（1）$y=2x^3-3x^2$，$-1\leqslant x\leqslant 4$；　（3）$y=x+\sqrt{1-x}$，$-5\leqslant x\leqslant 1$.

解　（1）$y'=6x^2-6x=6x(x-1)$．令$y'=0$，得驻点$x_1=0$，$x_2=1$. 计算　$y|_{x=0}=0$，$y|_{x=1}=-1$，$y|_{x=-1}=-5$，$y|_{x=4}=80$. 比较可知，函数在$[-1,4]$上的最大值为$y|_{x=4}=80$，最小值为$y|_{x=-1}=-5$.

（3）$y'=1-\dfrac{1}{2\sqrt{1-x}}=\dfrac{2\sqrt{1-x}-1}{2\sqrt{1-x}}$　$(x\neq 1)$．令$y'=0$，得驻点$x=\dfrac{3}{4}$．计算$y\Big|_{x=\frac{3}{4}}=\dfrac{5}{4}$，$y\Big|_{x=-5}=-5+\sqrt{6}$，$y|_{x=1}=1$. 比较可知，函数在$[-5,1]$上的最大值为$y|_{x=\frac{3}{4}}=\dfrac{5}{4}$，最小值为$y|_{x=-5}=\sqrt{6}-5$.

4. 问函数$y=\dfrac{x}{x^2+1}$　$(x\geqslant 0)$　在何处取得最大值？

解　$y'=\dfrac{x^2+1-x\cdot 2x}{(x^2+1)^2}=\dfrac{1-x^2}{(x^2+1)^2}$，$y''=\dfrac{-2x(3-x^2)}{(x^2+1)^3}(x\geqslant 0)$；

令$y'=0$，得唯一驻点$x=1$. 由$y''|_{x=1}=-\dfrac{4}{8}=-\dfrac{1}{2}<0$知，$x=1$为极大值点．又函数在$[0,+\infty]$上的驻点唯一，故极大值点就是最大值点，即$x=1$为最大值点，且最大值为$y|_{x=1}=\dfrac{1}{2}$.

5. 某车间靠墙壁要盖一间长方形小屋，现有存砖只够砌20m长的墙壁．问应围成怎样的长方形才能使这间小屋的面积最大？

解　设小屋的宽为x m，则长为$(20-2x)$ m. 小屋的面积为

$$S=x(20-2x)=20x-2x^2,\ x\in(0,10).$$

$$S'=20-4x.$$

令$S'=0$，得唯一驻点$x=5$，$20-2x=10$.

由该问题的实际意义可知，当宽为5m、长为10m时，小屋的面积最大．

6. 要造一圆柱形油罐，体积为V，问底半径r和高h分别等于多少时，才能使表面积最小？这时底直径与高的比是多少？

解　已知$V=\pi r^2h$，即$h=\dfrac{V}{\pi r^2}$. 圆柱形油罐的表面积为

$$A=2\pi r^2+2\pi rh=2\pi r^2+2\pi r\cdot\frac{V}{\pi r^2}=2\pi r^2+\frac{2V}{r},\ r\in(0,+\infty).$$

$$A'=4\pi r-\frac{2V}{r^2}.$$

令$A'=0$得唯一驻点$r=\sqrt[3]{\dfrac{V}{2\pi}}$，此时$h=\dfrac{V}{\pi r^2}=2\sqrt[3]{\dfrac{V}{2\pi}}=2r$，即$2r:h=1:1$.

由该问题的实际意义可知，当底半径为$r=\sqrt[3]{\dfrac{V}{2\pi}}$和高$h=2\sqrt[3]{\dfrac{V}{2\pi}}$时，才能使表面积最小．这时底直径与高的比是$1:1$.

7. 某地区防空洞的截面拟建成矩形加半圆（图3-5）. 截面的面积为$5m^2$. 问底宽x为多少时，才能使截面的周长最小，从而使建造时所用的材料最省？

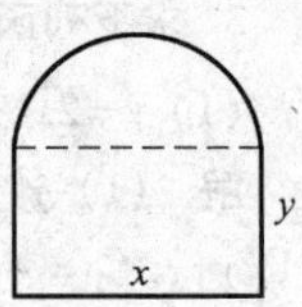

图 3-5

解 由题意知 $xy+\frac{\pi}{2}\left(\frac{x}{2}\right)^2=5$，即 $y=\frac{5}{x}-\frac{\pi x}{8}$.

截面的周长为

$$l=x+2y+\frac{\pi x}{2}=x+\frac{\pi x}{4}+\frac{10}{x},\ x\in\left(0,\sqrt{\frac{40}{\pi}}\right)$$

$$l'=1+\frac{\pi}{4}-\frac{10}{x^2},$$

令 $l'=0$，得唯一驻点 $x=\sqrt{\frac{40}{4+\pi}}$.

由该问题的实际意义可知，当截面的底宽为 $x=\sqrt{\frac{40}{4+\pi}}$时，截面的周长最小，从而使建造时所用的材料最省.

8. 某工厂生产x件产品的总成本函数为

$$C(x)=9000+40x+0.001x^2,$$

求该厂生产多少件产品时，平均成本达到最小？

解 平均成本函数为

$$\bar{C}(x)=\frac{C(x)}{x}=\frac{9000}{x}+40+0.001x,$$

$$\bar{C}'(x)=-\frac{9000}{x^2}+0.001,$$

令$\bar{C}'(x)=0$，得唯一驻点 $x=3000$.

由该问题的实际意义可知，当该厂生产3000件产品时，平均成本达到最小.

9. 一房地产公司有50套公寓要出租. 当月租金定为1000元时，公寓会全部租出去. 当月租金每增加50元时，就会多一套公寓租不出去. 而租出去的公寓每月需花费100元的维修费. 试问房租定为多少时可获得最大收入？

解 设每套房月租为x元，则租不出去的房子套数为$\frac{x-1000}{50}=\frac{x}{50}-20$，租出去的套数为$50-\left(\frac{x}{50}-20\right)=70-\frac{x}{50}$，租出的每套房子获利（$x-100$）元. 故总利润为

$$y=\left(70-\frac{x}{50}\right)(x-100)=-\frac{x^2}{50}+72x-7000.$$

$$y'=-\frac{x}{25}+72,$$

令 $y'=0$，得唯一驻点 $x=1800$.

由问题的实际意义可知，当每套房月租定在1800元时，可获得最大收入.

10. 已知制作一个背包的成本为40元，如果每一个背包的售出价为x元，售出的背包数由$n=\frac{a}{x-40}+b(80-x)$给出，其中a，b为正常数. 问什么样的售出价格能带来最大利润？

解 设利润函数为$p(x)$，则

$$p(x)=(x-40)n=a+b(x-40)(80-x),$$
$$p'(x)=b(120-2x).$$

令 $p'(x)=0$，得唯一驻点 $x=60$.

由问题的实际意义可知，售出价格定为 60 元时能带来最大利润.

习题 3.6

描绘下列函数的图形：

1. $y=\frac{1}{5}(x^4-6x^2+8x+7)$；2. $y=\frac{x}{1+x^2}$.

解　1.（1）函数的定义域为 $(-\infty, +\infty)$.

（2）
$$y'=\frac{1}{5}(4x^3-12x+8)=\frac{4}{5}(x+2)(x-1)^2,$$
$$y''=\frac{4}{5}(3x^2-3)=\frac{12}{5}(x+1)(x-1).$$

令 $y'=0$ 得 $x=-2$，$x=1$，令 $y''=0$ 得 $x=-1$，$x=1$.

（3）列表讨论如下：

x	$(-\infty, -2)$	-2	$(-2, -1)$	-1	$(-1, 1)$	1	$(1, +\infty)$
y'	$-$	0	$+$	$+$	$+$	0	$+$
y''	$+$	$+$	$+$	0	$-$	0	$+$
$y=f(x)$		极小值点		拐点		拐点	

（4）求曲线的渐近线.

由 $\lim\limits_{x\to+\infty}f(x)=\lim\limits_{x\to-\infty}f(x)=+\infty$，所以图形没有铅直、水平、斜渐近线.

（5）找出曲线上的特殊点.

由 $f(-2)=-\frac{17}{5}, f(-1)=-\frac{6}{5}, f(1)=2, f(0)=\frac{7}{5}$

得图形上的四个点：$\left(-2, -\frac{17}{5}\right)$，$\left(-1, -\frac{6}{5}\right)$，$(1, 2)$，$\left(0, \frac{7}{5}\right)$.

（6）作出图形（图 3-6）.

2.（1）函数的定义域为 $(-\infty, +\infty)$. 由于 $y=\frac{x}{1+x^2}$ 是奇函数，它的图形关于原点对称，所以可以只讨论 $[0, +\infty)$ 上该函数的图形.

（2）
$$y'=\frac{1+x^2-x\cdot 2x}{(1+x^2)^2}=\frac{1-x^2}{(1+x^2)^2},\ y''=\frac{2x(x^2-3)}{(1+x^2)^3}.$$

在 $[0, +\infty)$ 内，令 $y'=0$ 得 $x=1$，令 $y''=0$ 得 $x=\sqrt{3}$，$x=0$.

（3）列表讨论如下：

x	0	$(0, 1)$	1	$(1, \sqrt{3})$	$\sqrt{3}$	$(\sqrt{3}, +\infty)$
y'	$+$	$+$	0	$-$	$-$	$-$
y''	0	$-$	$-$	$-$	0	$+$
$y=f(x)$	拐点		极大值点		拐点	

（4）求曲线的渐近线．

由$\lim\limits_{x\to\infty}\dfrac{x}{1+x^2}=0$，所以图形有一条水平渐近线$y=0$，无铅直及斜渐近线．

（5）找出曲线上的特殊点．

由$f(0)=0, f(1)=\dfrac{1}{2}, f(\sqrt{3})=\dfrac{\sqrt{3}}{4}$

得图形上的点：（0，0），$\left(1, \dfrac{1}{2}\right)$，$\left(\sqrt{3}, \dfrac{\sqrt{3}}{4}\right)$.

（6）利用图形的对称性，作出图形（图3-7）．

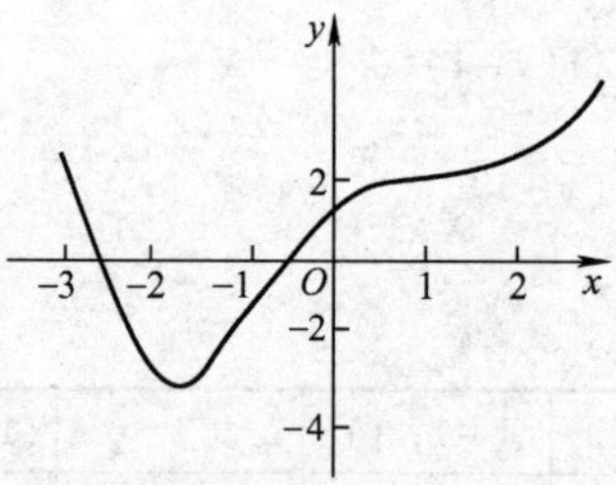

图　3-6

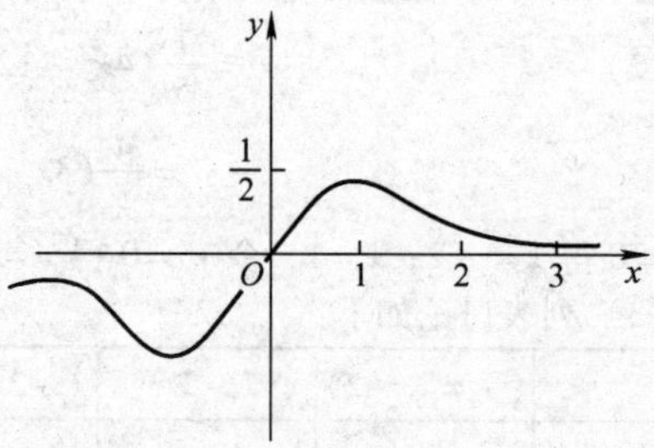

图　3-7

总习题三

1. 填空题：

（1）函数$f(x)=x\sqrt{3-x}$在区间［0，3］上满足罗尔定理的$\xi=$________．

（2）函数$y=\sqrt{x-1}+x$在［5，10］上满足拉格朗日中值定理的$\xi=$________．

（3）函数$y=2x^2+ax+3$在点$x=1$处取得极小值，则$a=$________．

（4）设常数$k>0$，函数$f(x)=\ln x-\dfrac{x}{\mathrm{e}}+k$在$(0, +\infty)$内零点的个数为________．

（5）设$f'(x)$在点x_0的某个邻域内存在，且$f(x_0)$为$f(x)$的极大值，则$\lim\limits_{h\to 0}\dfrac{f(x_0+2h)-f(x_0)}{h}=$________．

（6）函数$f(x)=2x^3-9x^2+12x$的单调减少区间为________．

（7）曲线$y=6x-24x^2+x^4$的凹区间为________．

解　（1）只需求出使$f'(x)=0$的点．

由$f'(x)=\sqrt{3-x}+x\cdot\dfrac{-1}{2\sqrt{3-x}}=\dfrac{2(3-x)-x}{2\sqrt{3-x}}=\dfrac{3(2-x)}{2\sqrt{3-x}}=0$，得

$$\xi=2.$$

（2）由$f'(x)=\dfrac{1}{2\sqrt{x-1}}+1$，由拉格朗日中值定理知$f'(\xi)=\dfrac{f(10)-f(5)}{10-5}$，即$\dfrac{1}{2\sqrt{\xi-1}}+1=\dfrac{13-7}{5}$，所以$\xi=\dfrac{29}{4}$.

（3）$y'=4x+a$，由极值必要条件知$y'|_{x=1}=0$，即$4+a=0$，所以$a=-4$.

(4) $f'(x)=\frac{1}{x}-\frac{1}{e}=\frac{e-x}{xe}$，令 $f'(x)=0$，得驻点 $x=e$.

当 $0<x<e$ 时，$f'(x)>0$，函数 $f(x)$ 在 $(0,e]$ 上单调增加．当 $e<x<+\infty$ 时，$f'(x)<0$，函数 $f(x)$ 在 $[e,+\infty)$ 上单调减少，所以 $x=e$ 为函数 $f(x)$ 的极大值点．由于驻点唯一，极大值也是最大值，且最大值 $f(e)=k>0$. 又 $\lim\limits_{x\to0^+}f(x)=-\infty$，$\lim\limits_{x\to+\infty}f(x)=-\infty$，故曲线 $y=\ln x-\frac{x}{e}+k$ 与 x 轴有两个交点，因此函数在 $(0,+\infty)$ 内零点的个数为 2.

(5) 由极值的必要条件知 $f'(x_0)=0$，所以

$$\lim_{h\to0}\frac{f(x_0+2h)-f(x_0)}{h}=2\lim_{h\to0}\frac{f(x_0+2h)-f(x_0)}{2h}=2f'(x_0)=0.$$

(6) 由 $f'(x)=6x^2-18x+12=6(x-1)(x-2)<0$ 知，$1<x<2$，所以，函数的单减区间为 $(1,2)$．

(7) $y'=6-48x+4x^3$，$y''=-48+12x^2=12(x^2-4)>0$ 得 $|x|>2$. 所以，曲线 $y=6x-24x^2+x^4$ 的凹区间为 $(-\infty,-2)\cup(2,+\infty)$.

2. 选择题：

(1) 设在 $[0,1]$ 上 $f''(x)>0$，则 $f'(0),f'(1),f(1)-f(0)$ 或 $f(0)-f(1)$ 几个数的大小顺序为（　　）．

(A) $f'(1)>f'(0)>f(1)-f(0)$；

(B) $f'(1)>f(1)-f(0)>f'(0)$；

(C) $f(1)-f(0)>f'(1)>f'(0)$；

(D) $f'(1)>f(0)-f(1)>f'(0)$.

解　(1) 因为 $f''(x)>0$，所以在 $[0,1]$ 上 $f'(x)$ 单调增加．又由拉格朗日中值定理知 $f(1)-f(0)=f'(\xi)$，其中 $\xi\in(0,1)$，故 $f'(0)<f'(\xi)<f'(1)$，即 $f'(0)<f(1)-f(0)<f'(1)$. 选 (B)．

(2) 下列函数中，在 $[-1,1]$ 上满足罗尔定理条件的是（　　）．

(A) $y=\ln x^2$；(B) $y=|x|$；(C) $y=\cos x$；(D) $y=\frac{1}{x^2-1}$.

解　(2) 罗尔定理有三个条件：闭区间上连续、开区间内可导、端点处函数值相等．经验证，选 (C)．

(3) 设 $f'(x_0)=f''(x_0)=0, f'''(x_0)>0$，则（　　）．

(A) $f'(x_0)$ 是 $f'(x)$ 的极大值；　(B) $f(x_0)$ 是 $f(x)$ 的极大值；

(C) $f(x_0)$ 是 $f(x)$ 的极小值；

(D) $(x_0,f(x_0))$ 是曲线 $y=f(x)$ 的拐点．

解　(3) 因为 $f'''(x_0)>0$，由导数的定义

$$f'''(x_0)=\lim_{x\to x_0}\frac{f''(x)-f''(x_0)}{x-x_0}=\lim_{x\to x_0}\frac{f''(x)}{x-x_0}>0.$$

在 x_0 的某邻域内，当 $x<x_0$ 时，$f''(x)<0$；当 $x>x_0$ 时，$f''(x)>0$，所以 $(x_0,f(x_0))$ 是曲线 $y=f(x)$ 的拐点．选 (D)．

另外，在 x_0 的某邻域内，当 $x<x_0$ 时，$f''(x)<0$，$f'(x)$ 单调减少，于是 $f'(x)>f'(x_0)=0$；当 $x>x_0$ 时，$f''(x)>0$，$f'(x)$ 单调增加，仍有 $f'(x)>f'(x_0)=0$. 所以 $f(x)$ 在 x_0 的某邻域内是

单调增加的，从而 $f(x_0)$ 不是 $f(x)$ 的极值．综上所述，只能选（D）．

（4）函数 $y=f(x)$ 在点 x_0 处取得极大值，则必有（　　）．

（A）$f'(x_0)=0, f''(x_0)>0$；（B）$f''(x_0)<0$

（C）$f'(x_0)=0, f''(x_0)<0$；（D）$f'(x_0)=0$，或 $f'(x_0)$ 不存在．

解　（4）因函数的极值可能在驻点及导数不存在的点处取得．故选（D）．

（5）$y=2x^2-\ln x$ 的单调递增区间为（　　）．

（A）$\left(0, \frac{1}{2}\right)$；（B）$\left(-\infty, \frac{1}{2}\right)$；（C）$\left(\frac{1}{2}, +\infty\right)$；（D）$\left(-\frac{1}{2}, 0\right)$．

解　（5）由 $y'=4x-\frac{1}{x}=\frac{4x^2-1}{x}>0$（$x>0$）知，$x>\frac{1}{2}$，选（C）．

（6）曲线 $y=e^x-x$ 在区间（0，$+\infty$）内是（　　）．

（A）单调上升且凹的；　　（B）单调上升且凸的；

（C）单调下降且凹的；　　（D）单调下降且凸的．

解　（6）在区间（0，$+\infty$）内 $y'=e^x-1>0$，$y''=e^x>0$，选（A）．

（7）曲线 $y=(x-5)^{\frac{5}{3}}+2$，则（　　）．

（A）有极值点 $x=5$ 但无拐点；（B）有极值点 $x=5$ 和拐点（5，2）；

（C）既无极值点也无拐点；　（D）无极值点但有拐点（5，2）．

解　（7）函数的定义域为（$-\infty$，$+\infty$），$y'=\frac{5}{3}(x-5)^{\frac{2}{3}}>0$，无极值点；又 $y''=\frac{10}{9}(x-5)^{-\frac{1}{3}}$，当 $x=5$ 时，y'' 不存在，但当 $x<5$ 时，$y''<0$；当 $x>5$ 时，$y''>0$，故有拐点（5，2）．选（D）．

3. 设函数 $f(x)$ 有连续导数，且 $\lim\limits_{x\to\infty}f'(x)=k$，求 $\lim\limits_{x\to\infty}[f(x+a)-f(x)]$．

解　由拉格朗日中值定理知

$$f(x+a)-f(x)=f'(\xi)a，\text{其中 }\xi\text{ 介于 }x\text{ 与 }x+a\text{ 之间}.$$

当 $x\to\infty$ 时，$\xi\to\infty$．故

$$\lim_{x\to\infty}[f(x+a)-f(x)]=\lim_{\xi\to\infty}f'(\xi)a=a\lim_{\xi\to\infty}f'(\xi)=ak.$$

4. 证明多项式 $f(x)=x^3-3x+a$ 在 $[0, 1]$ 上不可能有两个零点．

证　假设 $f(x)=x^3-3x+a$ 在 $[0, 1]$ 上有两个零点 x_1，x_2，不妨设 $x_1<x_2$．

因为 $f(x)$ 在 $[x_1, x_2]$ 上连续，在 (x_1, x_2) 内可导，且 $f(x_1)=f(x_2)$．由罗尔定理知，至少存在一点 $\xi\in(x_1, x_2)$，使 $f'(\xi)=0$. 但在 (x_1, x_2) 内，$f'(x)=3x^2-3<0$，矛盾．

故多项式 $f(x)=x^3-3x+a$ 在 $[0, 1]$ 上不可能有两个零点．

5. 设 $a_0+\frac{a_1}{2}+\cdots+\frac{a_n}{n+1}=0$，证明多项式

$$f(x)=a_0+a_1x+\cdots+a_{n-1}x^{n-1}+a_nx^n$$

在（0，1）内至少有一个零点．

证　设 $F(x)=a_0x+\frac{a_1}{2}x^2+\cdots+\frac{a_{n-1}}{n}x^n+\frac{a_n}{n+1}x^{n+1}$，$F'(x)=a_0+a_1x+\cdots+a_{n-1}x^{n-1}+a_nx^n=f(x)$，$F(x)$ 在 $[0, 1]$ 上连续，在（0，1）内可导，且 $F(0)=F(1)=0$，由罗尔定理知，至少存在一点 $\xi\in(0,1)$，使

$$F'(\xi)=0,\ 即 f(\xi)=0.$$

即多项式 $f(x)=a_0+a_1x+\cdots+a_{n-1}x^{n-1}+a_nx^n$ 在（0，1）内至少有一个零点.

6. 设 $f(x)$ 在 $[0,1]$ 上连续，在（0，1）内可导，且 $f(0)=f(1)=0$, $f\left(\frac{1}{2}\right)=1$. 证明至少存在一个 $\xi\in(0,1)$ 使 $f'(\xi)=1$.

证　令 $F(x)=f(x)-x$, $F(x)$ 在 $[0,1]$ 上连续，在（0，1）内可导，且

$$F(0)=f(0)-0=0,$$

$$F(1)=f(1)-1=-1<0,\ F\left(\frac{1}{2}\right)=f\left(\frac{1}{2}\right)-\frac{1}{2}=\frac{1}{2}>0.$$

由零点定理知，$\exists c\in\left(\frac{1}{2},1\right)$，使 $F(c)=0$. 对函数 $F(x)$ 在 $[0,c]$ 上应用罗尔定理，$\exists\xi\in(0,c)\subset(0,1)$，使 $F'(\xi)=0$，即 $f'(\xi)=1$.

7. 设 $0<a<b$，函数 $f(x)$ 在 $[a,b]$ 上连续，在 (a,b) 内可导，证明存在一点 $\xi\in(a,b)$，使

$$f(b)-f(a)=\xi f'(\xi)\ln\frac{b}{a}.$$

分析　将要证的结果化为 $\dfrac{f(b)-f(a)}{\ln b-\ln a}=\dfrac{f'(\xi)}{1/\xi}$，应用柯西中值定理证明.

证　设 $F(x)=\ln x$, $F(x)$, $f(x)$ 在 $[a,b]$ 上连续，在 (a,b) 内可导，且 $F'(x)=\dfrac{1}{x}\neq0$, $x\in(a,b)$. 由柯西中值定理知，至少存在一点 $\xi\in(a,b)$，使

$$\frac{f(b)-f(a)}{F(b)-F(a)}=\frac{f'(\xi)}{F'(\xi)},$$

即

$$\frac{f(b)-f(a)}{\ln b-\ln a}=\frac{f'(\xi)}{\dfrac{1}{\xi}},$$

即

$$f(b)-f(a)=\xi f'(\xi)\ln\frac{b}{a}.$$

8. 求下列极限：

(1) $\lim\limits_{x\to0}\dfrac{\tan x-x}{x^3}$;　　(2) $\lim\limits_{x\to0}\dfrac{x-\arctan x}{\ln(1+x^3)}$;

(3) $\lim\limits_{x\to0}\dfrac{e^x-e^{\sin x}}{x^3}$;　　(4) $\lim\limits_{x\to1}\dfrac{x^x-1}{x\ln x}$;

(5) $\lim\limits_{x\to0}\left[\dfrac{1}{\ln(1+x)}-\dfrac{1}{x}\right]$;　　(6) $\lim\limits_{x\to0}\left(\dfrac{1}{\sin^2x}-\dfrac{1}{x^2}\right)$;

(7) $\lim\limits_{x\to+\infty}\left(\dfrac{2}{\pi}\arctan x\right)^x$;　　(8) $\lim\limits_{x\to0}\left(\dfrac{e^x+e^{2x}+\cdots+e^{nx}}{n}\right)^{\frac{1}{x}}$.

解　(1) $\lim\limits_{x\to0}\dfrac{\tan x-x}{x^3}=\lim\limits_{x\to0}\dfrac{\sec^2x-1}{3x^2}=\lim\limits_{x\to0}\dfrac{\tan^2x}{3x^2}=\dfrac{1}{3}$.

(2) $\lim\limits_{x\to0}\dfrac{x-\arctan x}{\ln(1+x^3)}=\lim\limits_{x\to0}\dfrac{x-\arctan x}{x^3}=\lim\limits_{x\to0}\dfrac{1-\dfrac{1}{1+x^2}}{3x^2}$

$$=\lim_{x\to0}\frac{x^2}{3x^2(1+x^2)}=\lim_{x\to0}\frac{1}{3(1+x^2)}=\frac{1}{3}.$$

(3) $\lim\limits_{x\to0}\frac{e^x-e^{\sin x}}{x^3}=\lim\limits_{x\to0}\frac{-e^x(e^{\sin x-x}-1)}{x^3}=-\lim\limits_{x\to0}\frac{\sin x-x}{x^3}$

$$=-\lim_{x\to0}\frac{\cos x-1}{3x^2}=-\lim_{x\to0}\frac{-\sin x}{6x}=\frac{1}{6}.$$

(4) $\lim\limits_{x\to1}\frac{x^x-1}{x\ln x}=\lim\limits_{x\to1}\frac{e^{x\ln x}-1}{x\ln x}=\lim\limits_{x\to1}\frac{x\ln x}{x\ln x}=1.$

(5) $\lim\limits_{x\to0}\left[\frac{1}{\ln(1+x)}-\frac{1}{x}\right]=\lim\limits_{x\to0}\frac{x-\ln(1+x)}{x\ln(1+x)}=\lim\limits_{x\to0}\frac{x-\ln(1+x)}{x^2}$

$$=\lim_{x\to0}\frac{1-\frac{1}{1+x}}{2x}=\lim_{x\to0}\frac{1}{2(1+x)}=\frac{1}{2}.$$

注 第二个等号利用了 $x\to0$，$\ln(1+x)\sim x$.

(6) $\lim\limits_{x\to0}\left(\frac{1}{\sin^2x}-\frac{1}{x^2}\right)=\lim\limits_{x\to0}\frac{x^2-\sin^2x}{x^2\sin^2x}=\lim\limits_{x\to0}\frac{x^2-\sin^2x}{x^2\cdot x^2}$

$$=\lim_{x\to0}\frac{2x-2\sin x\cos x}{4x^3}=\lim_{x\to0}\frac{2x-\sin 2x}{4x^3}=\lim_{x\to0}\frac{2-2\cos 2x}{12x^2}$$

$$=\lim_{x\to0}\frac{1-\cos 2x}{6x^2}=\lim_{x\to0}\frac{2\sin 2x}{12x}=\frac{1}{3}.$$

(7) 设 $y=\left(\frac{2}{\pi}\arctan x\right)^x$，则 $\ln y=x\ln\left(\frac{2}{\pi}\arctan x\right)$，又因

$$\lim_{x\to+\infty}\ln y=\lim_{x\to+\infty}x\ln\left(\frac{2}{\pi}\arctan x\right)=\lim_{x\to+\infty}\frac{\ln\frac{2}{\pi}+\ln\arctan x}{\frac{1}{x}}$$

$$=\lim_{x\to+\infty}\frac{\frac{1}{\arctan x}\cdot\frac{1}{1+x^2}}{-\frac{1}{x^2}}=\lim_{x\to+\infty}\left(-\frac{x^2}{1+x^2}\cdot\frac{1}{\arctan x}\right)=-\frac{2}{\pi}.$$

所以，
$$\lim_{x\to+\infty}\left(\frac{2}{\pi}\arctan x\right)^x=e^{-\frac{2}{\pi}}.$$

(8) 设 $y=\left(\frac{e^x+e^{2x}+\cdots+e^{nx}}{n}\right)^{\frac{1}{x}}$，则

$$\ln y=\frac{1}{x}\ln\left(\frac{e^x+e^{2x}+\cdots+e^{nx}}{n}\right).$$

又因
$$\lim_{x\to0}\ln y=\lim_{x\to0}\frac{1}{x}\ln\left(\frac{e^x+e^{2x}+\cdots+e^{nx}}{n}\right)$$

$$=\lim_{x\to0}\frac{\ln(e^x+e^{2x}+\cdots+e^{nx})-\ln n}{x}$$

$$=\lim_{x\to0}\frac{\frac{e^x+2e^{2x}+\cdots+ne^{nx}}{e^x+e^{2x}+\cdots+e^{nx}}}{1}=\frac{1+2+\cdots+n}{n}=\frac{1+n}{2}.$$

所以，
$$\lim_{x\to0}\left(\frac{e^x+e^{2x}+\cdots+e^{nx}}{n}\right)^{\frac{1}{x}}=e^{\frac{1+n}{2}}.$$

9. 证明下列不等式：

（1）当 $0<x_1<x_2<\frac{\pi}{2}$ 时，$\frac{\tan x_2}{\tan x_1}>\frac{x_2}{x_1}$；

（2）当 $x>0$ 时，$\ln\left(x+\sqrt{1+x^2}\right)>\frac{x}{\sqrt{1+x^2}}$；

（3）当 $e<a<b<e^2$ 时，$\ln^2 b-\ln^2 a>\frac{4}{e^2}(b-a)$.

证（1）设 $f(x)=\frac{\tan x}{x}$.

$$f'(x)=\frac{x\sec^2 x-\tan x}{x^2}=\frac{x-\sin x\cos x}{x^2\cos^2 x}.$$

当 $0<x<\frac{\pi}{2}$ 时，令 $g(x)=x-\sin x\cos x=x-\frac{1}{2}\sin 2x$，由 $g'(x)=1-\cos 2x>0$ 得，$g(x)$ 在 $\left(0,\frac{\pi}{2}\right)$ 内单调增加，于是 $g(x)>g(0)=0$，从而 $f'(x)>0$，所以 $f(x)$ 在 $\left(0,\frac{\pi}{2}\right)$ 内单调增加.因此当 $0<x_1<x_2<\frac{\pi}{2}$ 时，$\frac{\tan x_2}{x_2}>\frac{\tan x_1}{x_1}$，即 $\frac{\tan x_2}{\tan x_1}>\frac{x_2}{x_1}$.

（2）设 $f(x)=\sqrt{1+x^2}\ln(x+\sqrt{1+x^2})-x$，$f(0)=0$，则

$$f'(x)=\frac{x}{\sqrt{1+x^2}}\ln(x+\sqrt{1+x^2})+\sqrt{1+x^2}\cdot\frac{1+\frac{x}{\sqrt{1+x^2}}}{x+\sqrt{1+x^2}}-1$$

$$=\frac{x\ln\left(x+\sqrt{1+x^2}\right)}{\sqrt{1+x^2}}.$$

当 $x>0$ 时，$f'(x)>0$，函数单调增加，所以，当 $x>0$ 时，$f(x)>f(0)=0$，即

$$\sqrt{1+x^2}\ln(x+\sqrt{1+x^2})-x>0,$$

即

$$\ln(x+\sqrt{1+x^2})>\frac{x}{\sqrt{1+x^2}}.$$

（3）设 $f(x)=\ln^2 x$. $f(x)$ 在 $[a,b]$ $(e<a<b<e^2)$ 上连续，在 (a,b) 内可导，由拉格朗日中值定理知，至少存在一点 $\xi\in(a,b)$，使

$$\ln^2 b-\ln^2 a=\frac{2\ln\xi}{\xi}(b-a).$$

设 $\varphi(t)=\frac{\ln t}{t}$，$\varphi'(t)=\frac{1-\ln t}{t^2}$. 当 $t>e$ 时，$\varphi'(t)<0$，所以 $\varphi(t)$ 在 $[e,+\infty)$ 上单调减少. 而 $e<a<\xi<b<e^2$，从而 $\varphi(\xi)>\varphi(e^2)$，即

$$\frac{\ln\xi}{\xi}>\frac{\ln e^2}{e^2}=\frac{2}{e^2},$$

因此

$$\ln^2 b-\ln^2 a>\frac{4}{e^2}(b-a).$$

10. 曲线 $y=ax^3+bx^2+x+c$ 过 (0, 1) 点，在 $x=1$ 处有极大值3，求 a，b，c 及极小值.

解 $y' = 3ax^2 + 2bx + 1$，由题意知

$$\begin{cases} y(0)=1, \\ y(1)=3, \\ y'(1)=0, \end{cases} \quad 即 \begin{cases} c=1, \\ a+b+1+c=3, \\ 3a+2b+1=0, \end{cases} \quad 解得 \begin{cases} a=-3, \\ b=4, \\ c=1. \end{cases}$$

由 $y' = -9x^2 + 8x + 1 = 0$ 得驻点：$x_1 = 1$，$x_2 = -\frac{1}{9}$.

由 $y'' = -18x + 8$，$y''\left(-\frac{1}{9}\right) = 10 > 0$，得极小值为 $y|_{x=-\frac{1}{9}} = \frac{229}{243}$.

11. 设 $a > 1$，$f(x) = a^x - ax$ 在（$-\infty$，$+\infty$）内的驻点为 $x(a)$. 问 a 为何值时，$x(a)$ 最小，并求出最小值.

解 由 $f'(x) = a^x \ln a - a = 0$，得唯一驻点 $x(a) = 1 - \frac{\ln \ln a}{\ln a}$. 下面求 $a > 1$ 时，$x(a) = 1 - \frac{\ln \ln a}{\ln a}$ 的最小值. 令

$$x'(a) = -\frac{\frac{1}{a} - \frac{1}{a}\ln \ln a}{(\ln a)^2} = -\frac{1 - \ln \ln a}{a(\ln a)^2} = 0$$

得唯一驻点 $a = e^e$. 当 $a > e^e$ 时，$x'(a) > 0$，函数 $x(a)$ 单调增加；当 $ka < e^e$ 时，$x'(a) < 0$，函数 $x(a)$ 单调减少.

因此 $x(e^e) = 1 - \frac{1}{e}$ 为极小值，也是最小值.

12. 设 $f''(x_0)$ 存在，证明

$$\lim_{h \to 0} \frac{f(x_0+h) + f(x_0-h) - 2f(x_0)}{h^2} = f''(x_0).$$

证
$$\begin{aligned} \lim_{h \to 0} \frac{f(x_0+h) + f(x_0-h) - 2f(x_0)}{h^2} &= \lim_{h \to 0} \frac{f'(x_0+h) - f'(x_0-h)}{2h} \\ &= \lim_{h \to 0} \frac{f'(x_0+h) - f'(x_0)}{2h} - \lim_{h \to 0} \frac{f'(x_0-h) - f'(x_0)}{2h} \\ &= \frac{1}{2} f''(x_0) + \frac{1}{2} f''(x_0) = f''(x_0). \end{aligned}$$

13. 设 $f^{(n)}(x_0)$ 存在，且 $f(x_0) = f'(x_0) = f''(x_0) = \cdots = f^{(n)}(x_0) = 0$，证明 $f(x) = o((x-x_0)^n)(x \to x_0)$.

证 因为 $f^{(n)}(x_0)$ 存在，所以 $f^{(k)}(x)$ $(k=1, \cdots, (n-1))$ 连续、可导，连续使用 $n-1$ 次洛必达法则. 有

$$\begin{aligned} \lim_{x \to x_0} \frac{f(x)}{(x-x_0)^n} &= \lim_{\xi_1 \to x_0} \frac{f'(\xi_1)}{n(\xi_1 - x_0)^{n-1}} = \cdots = \lim_{\xi_{n-1} \to x_0} \frac{f^{(n-1)}(\xi_{n-1})}{n!(\xi_{n-1} - x_0)} \\ &= \lim_{\xi_{n-1} \to x_0} \frac{f^{(n-1)}(\xi_{n-1}) - f^{(n-1)}(x_0)}{n!(\xi_{n-1} - x_0)} = \frac{f^{(n)}(x_0)}{n!} = 0, \end{aligned}$$

故

$$f(x) = o((x-x_0)^n)\ (x \to x_0).$$

14. 设 $f(x)$ 在 (a, b) 内二阶可导，且 $f''(x) \geqslant 0$. 证明对于（a，b）内任意两点 x_1，x_2 及 $0 \leqslant t \leqslant 1$，有

$$f[(1-t)x_1+tx_2]\leqslant(1-t)f(x_1)+tf(x_2).$$

证　设$(1-t)x_1+tx_2=x_0$，则$x_0\in(a,b)$. $f(x)$在x_0点的一阶泰勒展开式为

$$f(x)=f(x_0)+f'(x_0)(x-x_0)+\frac{f''(\xi)}{2!}(x-x_0)^2\ (\xi\text{介于}x\text{与}x_0\text{之间}).$$

因为$f''(x)\geqslant0$，所以

$$f(x)\geqslant f(x_0)+f'(x_0)(x-x_0),$$

$$f(x_1)\geqslant f(x_0)+f'(x_0)(x_1-x_0),\tag{1}$$

$$f(x_2)\geqslant f(x_0)+f'(x_0)(x_2-x_0).\tag{2}$$

式（1）×（$1-t$）+式（2）×t，得

$$\begin{aligned}(1-t)f(x_1)+tf(x_2)&\geqslant(1-t)f(x_0)+(1-t)f'(x_0)(x_1-x_0)+tf(x_0)+tf'(x_0)(x_2-x_0)\\&=f(x_0)+f'(x_0)[(1-t)(x_1-x_0)+t(x_2-x_0)]\\&=f(x_0)+f'(x_0)[(1-t)x_1-x_0+tx_2]=f(x_0).\end{aligned}$$

于是命题得证.

15. 设某商品的销售量x与价格P的函数关系为$P=7-0.2x$（万元/t），成本函数为$C(x)=3x+1$（万元）.

（1）若每销售1t商品，政府要征税t（万元），问销售量为多少时，可使商家的获利最大?

（2）问t为何值，政府税收总额最大?

解　由题意知，销售量为x时，政府征税为$y=tx$，商家获利为$L(x)=xP-C(x)-y=x(7-0.2x)-(3x+1)-tx$，令

$$L'(x)=-0.4x+4-t=0,$$

得$x=10-\frac{5}{2}t$. 于是$y=tx=t\left(10-\frac{5}{2}t\right)$，令$y'=10-5t=0$，得$t=2$.

（1）若每销售1t商品，政府要征税t（万元），销售量为$\left(10-\frac{5}{2}t\right)$t时，商家的获利最大；

（2）当$t=2$时，政府税收总额最大.

六、自测题

（满分100分，时间120分钟）

1. 填空（每小题4分，共20分）：

（1）设$f(x)=|x(1-x)|$，则$x=$________是$f(x)$的极值点，且曲线$y=f(x)$的拐点是________.

（2）当$a=$________时，函数$f(x)=2x^3-9x^2+12x-a$恰好有两个不同的零点.

（3）曲线$y=\frac{e^x}{3+x}$的凸区间为____________.

（4）设$x\to0$时，$e^{\tan x}-e^x$与x^n是同阶无穷小，则$n=$____________.

（5）曲线$y=\frac{x^2+x}{x^2-1}$渐近线的条数为____________.

2. 求极限（每小题6分，共30分）：

（1）$\lim\limits_{x\to0}\frac{3x-\sin3x}{(1-\cos x)\ln(1+2x)}$；　（2）$\lim\limits_{x\to0}\left(\frac{1}{x}-\frac{1}{e^x-1}\right)$；（3）$\lim\limits_{x\to e}(\ln x)^{\frac{1}{1-\ln x}}$；（4）$\lim\limits_{x\to0^+}$

$x^{\alpha}\ln x(\alpha>0)$；　(5) $\lim\limits_{x\to\infty}x\sin\dfrac{2x}{x^2+1}$.

3. (10分) 求函数 $y=\dfrac{2x-1}{(x-1)^2}$ 的单调区间、极值、凹凸区间及拐点.

4. (10分) 设 $f(x)=x\sin x+\cos x$，求极值.

5. (10分) 求 $\lim\limits_{x\to 0}\left(\dfrac{1+x}{1-e^{-x}}-\dfrac{1}{x}\right)$.

6. (10分) 证明：当 $0<x<\dfrac{\pi}{4}$ 时，$x<\tan x<\dfrac{4}{\pi}x$.

7. (10分) 设函数 $f(x)$ 在 $[0,3]$ 上连续，在 $(0,3)$ 内可导，且 $f(0)+f(1)+f(2)=3$，$f(3)=1$，试证必存在 $\xi\in(0,3)$，使 $f'(\xi)=0$.

参考答案

1. (1) 0, (0, 0)；　(2) 4；　(3) $(-\infty,-3)$；　(4) 3；　(5) 2.

2. (1) $\dfrac{9}{2}$；(2) $\dfrac{1}{2}$；(3) $\dfrac{1}{e}$；(4) 0；(5) 2.

3. 单调增加区间：$(0,1)$；单调减少区间：$(-\infty,0]$，$(1,+\infty)$；极小值 $y|_{x=0}=-1$；凹区间：$\left[-\dfrac{1}{2},1\right),(1,+\infty)$；凸区间：$\left(-\infty,-\dfrac{1}{2}\right)$；拐点：$\left(-\dfrac{1}{2},-\dfrac{8}{9}\right)$.

4. 提示：先求出 $f'(x)$，$f''(x)$，再用取极值的充分条件判断即可.

5. 提示：“$\infty-\infty$”型未定式，一般先通分，再用洛必达法则.

7. 提示：根据罗尔定理，只需再证明存在一点 $c\in[0,3)$，使得 $f(c)=1=f(3)$，然后在 $[c,3]$ 上应用罗尔定理即可. 条件 $f(0)+f(1)+f(2)=3$ 等价于 $\dfrac{f(0)+f(1)+f(2)}{3}=1$，问题转化为1介于 $f(x)$ 的最值之间，最终用介值定理可以达到目的.

第四章　不 定 积 分

一、预习导引

在第二章一开始，我们借助两个具体的实例——“求变速直线运动质点的瞬时速度”和“求曲线切线的斜率”引入了函数导数的概念．它们都是属于已知函数，求导数的问题，同属于微分学问题．但在许多实际应用中，常常会遇到把问题反过来讨论的情况．例如，一个什么样的函数的导数会等于 $\cos x$ 呢？这就是正运算与逆运算的问题．经验告诉我们，逆运算相对于正运算来说要困难得多，但是，逆运算常常为我们引出新的结果．本章将介绍不定积分的基本概念、基本性质和基本计算方法．

1. 不定积分的概念

（1）在第二章中我们知道 $\sin x$ 的导数是 $\cos x$，问题是只有 $\sin x$ 的导数是 $\cos x$吗？

（2）什么样的函数一定有原函数？

（3）既然不定积分是微分运算的逆运算，那么我们能否由基本初等函数的求导公式得出相应的积分公式？

2. 不定积分的换元法

我们的研究对象是初等函数，由第一章中我们知道，初等函数要比基本初等函数复杂得多．也就是说，仅有基本初等函数的积分公式和积分的性质是不行的，需要探讨其他方法．由基本初等函数得到初等函数的一个重要的加工过程就是对其进行复合运算，也就是进行变量代换．那么，复合函数的微分法反过来能否用于求不定积分呢？如果可以的话，是否也是应用变量代换的思想呢？

3. 不定积分的分部积分法

当被积函数是两个函数之积时，如果直接对其进行积分不容易求，我们能否将其转化成另一个易求的积分呢？看一下两函数之积的求导公式吧，你有思路了吗？

二、知识梳理

1. 原函数和不定积分的概念

原函数　若对于某区间 I 上任意一点 x 均有

$$F'(x)=f(x) \text{或} \mathrm{d}F(x)=f(x)\mathrm{d}x,$$

则称 $F(x)$ 是 $f(x)$ 在 I 上的原函数．

不定积分　$f(x)$ 在区间 I 上的原函数全体称为 $f(x)$ 在 I 上的不定积分，即若

$F(x)$是$f(x)$在I上的任一原函数，则$\int f(x)\mathrm{d}x = F(x) + C$（$C$为任意常数）.

2. 不定积分的性质

性质 1 $\int kf(x)\mathrm{d}x = k\int f(x)\mathrm{d}x$（$k$为非零常数）；

性质 2 $\int [f(x) \pm g(x)]\mathrm{d}x = \int f(x)\mathrm{d}x \pm \int g(x)\mathrm{d}x$.

3. 基本积分公式

(1) $\int k\mathrm{d}x = kx + C$ （k是常数）；

(2) $\int x^{\alpha}\mathrm{d}x = \frac{1}{\alpha+1}x^{\alpha+1} + C$ $(\alpha \neq -1)$；

(3) $\int \frac{1}{x}\mathrm{d}x = \ln|x| + C$ $(x \neq 0)$；

(4) $\int \frac{1}{1+x^2}\mathrm{d}x = \arctan x + C$；

(5) $\int \frac{1}{\sqrt{1-x^2}}\mathrm{d}x = \arcsin x + C$；

(6) $\int \cos x\mathrm{d}x = \sin x + C$；

(7) $\int \sin x\mathrm{d}x = -\cos x + C$；

(8) $\int \sec^2 x\mathrm{d}x = \tan x + C$；

(9) $\int \csc^2 x\mathrm{d}x = -\cot x + C$；

(10) $\int \sec x\tan x\mathrm{d}x = \sec x + C$；

(11) $\int \csc x\cot x\mathrm{d}x = -\csc x + C$；

(12) $\int \mathrm{e}^x\mathrm{d}x = \mathrm{e}^x + C$；

(13) $\int a^x\mathrm{d}x = \frac{a^x}{\ln a} + C(a > 0, a \neq 1)$；

(14) $\int \tan x\mathrm{d}x = -\ln|\cos x| + C$；

(15) $\int \cot x\mathrm{d}x = \ln|\sin x| + C$；

(16) $\int \sec x\mathrm{d}x = \ln|\sec x + \tan x| + C$；

(17) $\int \csc x\mathrm{d}x = \ln|\csc x - \cot x| + C$；

(18) $\int \frac{1}{a^2 + x^2} dx = \frac{1}{a} \arctan \frac{x}{a} + C$;

(19) $\int \frac{1}{x^2 - a^2} dx = \frac{1}{2a} \ln \left| \frac{x - a}{x + a} \right| + C$;

(20) $\int \frac{1}{\sqrt{a^2 - x^2}} dx = \arcsin \frac{x}{a} + C$;

(21) $\int \frac{1}{\sqrt{x^2 \pm a^2}} dx = \ln \left| x + \sqrt{x^2 \pm a^2} \right| + C$.

4. 求不定积分的基本方法

第一换元积分法 设$f(u)$具有原函数$F(u)$，$u = g(x)$可导，则

$$\int f(g(x)) g'(x) dx = [F(u)]_{u = g(x)}.$$

第二换元积分法 设$x = \psi(t)$单调可导，且$\psi'(t) \neq 0$. 又$f(\psi(t))\psi'(t)$具有原函数，则

$$\int f(x) dx = \left. \int f(\psi(t)) \psi'(t) dt \right|_{t = \psi^{-1}(x)}.$$

分部积分法 $\int u(x) dv(x) = u(x)v(x) - \int v(x) du(x)$.

几种特殊类型函数的积分

(1) 有理函数的积分 求有理函数的不定积分，可归结为求多项式与以下四种简单有理式的不定积分：

1) $\int \frac{A}{x - a} dx = A \ln |x - a| + C$;

2) $\int \frac{A}{(x - a)^n} dx = \frac{A}{(1 - n)(x - a)^{n-1}} + C (n > 1)$;

3) $\int \frac{Mx + N}{x^2 + px + q} dx \ (p^2 - 4q < 0)$;

4) $\int \frac{Mx + N}{(x^2 + px + q)^n} dx$ ($n \neq 1$, n为正整数；$p^2 - 4q < 0$).

(2) 三角函数有理式的积分

计算三角函数有理式的积分$\int R(\sin x, \cos x) dx$，一般有以下三种方式：

1) 令$t = \tan \frac{x}{2}$，$\sin x = \frac{2t}{1 + t^2}$，$\cos x = \frac{1 - t^2}{1 + t^2}$，$dx = \frac{2}{1 + t^2} dt$，

$$\int R(\sin x, \cos x) dx = \int R\left(\frac{2t}{1 + t^2}, \frac{1 - t^2}{1 + t^2}\right) \cdot \frac{2}{1 + t^2} dt.$$

2) 利用三角恒等式化简；

3) 特殊代换

若 $R(\sin x, -\cos x) = -R(\sin x, \cos x)$，可令 $t = \sin x$；

若 $R(-\sin x, \cos x) = -R(\sin x, \cos x)$，可令 $t = \cos x$；

若 $R(-\sin x, -\cos x) = R(\sin x, \cos x)$，可令 $t = \tan x$.

(3) 简单无理函数的积分

1) $\int R(x, \sqrt[n_1]{ax+b}, \sqrt[n_2]{ax+b}, \cdots, \sqrt[n_k]{ax+b})\mathrm{d}x$，可令 $t = \sqrt[N]{ax+b}$，其中 N 为 n_1，n_2，…，n_k 的最小公倍数.

2) $\int R\left(x, \sqrt[n_1]{\frac{ax+b}{cx+d}}, \sqrt[n_2]{\frac{ax+b}{cx+d}}, \cdots, \sqrt[n_k]{\frac{ax+b}{cx+d}}\right)\mathrm{d}x$，可令 $t = \sqrt[N]{\frac{ax+b}{cx+d}}$，其中 N 为 $n_1, n_2, \cdots, n_k$ 的最小公倍数.

三、释疑解难

不定积分是高等数学的重要组成部分又是学习定积分、重积分、线积分和面积分的基础. 学生在初学这部分内容时常易出错，且某些错误具有普遍性. 下面对学生求不定积分的常见错误进行剖析.

1. 求不定积分 $\int 5^x \mathrm{d}x$.

错解 $\int 5^x \mathrm{d}x = \frac{5^{x+1}}{x+1} + C$.

释疑解难 对于不定积分基本积分公式，许多学生虽然能够熟记，但在运用中常常会出现上述错误，原因是学生混淆了幂函数和指数函数，未能真正区分两者在表达式上的差别，错套了幂函数的不定积分公式，而被积函数 5^x 应为指数函数. 故应套用指数函数的不定积分公式.

正解 $\int 5^x \mathrm{d}x = \frac{5^x}{\ln 5} + C$.

2. 求不定积分 $\int \sin 2x \mathrm{d}x$.

错解 $\int \sin 2x \mathrm{d}x = -\cos 2x + C$.

释疑解难 求不定积分与求导是互为逆运算. 本题是一个复合函数的积分计算，一些学生初学不定积分时易盲目套用基本初等函数的不定积分公式，该题就是直接错误地套用了正弦函数的不定积分公式 $\int \sin x \mathrm{d}x = -\cos x + C$. 究其原因在于学生对复合函数求导数未掌握好.

正解 $\int \sin 2x \mathrm{d}x = \frac{1}{2}\int \sin 2x \mathrm{d}(2x) = -\frac{1}{2}\cos 2x + C$.

3. 求不定积分 $\int \sin x \cos x \mathrm{d}x$.

错解 $\int \sin x\cos x\mathrm{d}x = \int \sin x\mathrm{d}(\sin x) = -\cos x + C$.

释疑解难 凑微分法是微积分学中的一个重要的计算技巧，该题解答的第一步骤已能根据被积函数形式判断出将其中的 $\cos x$ 与 $\mathrm{d}x$ 进行结合，凑成 $\mathrm{d}(\sin x)$这种微分形式，接下来在心里面应马上进行换元，即把 $\sin x$ 看成积分变量 u，化成 $\int u\mathrm{d}u$ 的形式，然后应用幂函数的不定积分公式求得答案$\frac{1}{2}\sin^2 x + C$. 而学生解题时容易犯的错误在于仅把注意力停留在被积函数 $\sin x$ 上，未考虑此时积分变量已改变，因此出错.

正解 $\int \sin x\cos x\mathrm{d}x = \int \sin x\mathrm{d}(\sin x) = \frac{1}{2}\sin^2 x + C$.

4. 求不定积分$\int \frac{\mathrm{d}x}{\sin^2 x + 2\cos^2 x}$.

错解 $\int \frac{\mathrm{d}x}{\sin^2 x + 2\cos^2 x} = \int \frac{\frac{1}{\sin^2 x}}{1 + 2\cot^2 x}\mathrm{d}x = \int \frac{\csc^2 x}{1 + 2\cot^2 x}\mathrm{d}x$

$= -\frac{1}{\sqrt{2}}\int \frac{1}{1 + (\sqrt{2}\cot x)^2}\mathrm{d}(\sqrt{2}\cot x) = \frac{1}{\sqrt{2}}\mathrm{arccot}(\sqrt{2}\cot x) + C$.

释疑解难 此解答的错误非常具有隐蔽性，通过仔细观察发现解答存在这样的问题：被积函数的定义域与其原函数的定义域是不相同的. 错误在于第一步将被积函数的分子分母同除以$\sin^2 x$ 时已经下意识地限定了$\sin^2 x \neq 0$，即 $x \neq k\pi$，$k \in \mathbf{Z}$，但这与被积函数的定义域显然不符，被积函数的定义域为一切实数 $\mathbf{R}$. 学生对不定积分的概念往往理解得不够透彻，容易忽略被积函数的定义域与其原函数的定义域要相同这个条件.

正解

$$\int \frac{\mathrm{d}x}{\sin^2 x + 2\cos^2 x} = -\frac{1}{\sqrt{2}}\int \frac{1}{1 + \left(\frac{\cot x}{\sqrt{2}}\right)^2}\mathrm{d}\left(\frac{\cot x}{\sqrt{2}}\right)$$

$$= \frac{1}{\sqrt{2}}\mathrm{arccot}\left(\frac{\cot x}{\sqrt{2}}\right) + C.$$

四、典型题精讲

题型 1 利用概念或基本积分公式计算不定积分

【方法与技巧】

(1) 熟练掌握原函数和不定积分的定义，是解题的基础. 概念题常见的类型有：

1) 已知函数的原函数，求函数关系式；

2）已知函数的导数或导数的复合关系，求函数关系式；

3）综合运用原函数与不定积分的概念求不定积分等．利用原函数及不定积分的概念解题时，常用下面关系式：

$$\int f(x)\,\mathrm{d}x = F(x) + C;\qquad F'(x) = f(x);$$

$$\left(\int f(x)\,\mathrm{d}x\right)' = f(x);\quad \int F'(x)\,\mathrm{d}x = F(x) + C.$$

（2）熟练掌握基本积分公式，利用恒等变形（如一项拆成多项、分解因子、分母有理化、三角变形等）后再求不定积分．

例 4.1 设 $f(x)$ 是连续函数，$F(x)$ 是 $f(x)$ 的原函数，则下列结论正确的是（　　）．

（A）当 $f(x)$ 是奇函数时，$F(x)$ 必是偶函数；

（B）当 $f(x)$ 是偶函数时，$F(x)$ 必是奇函数；

（C）当 $f(x)$ 是周期函数时，$F(x)$ 必是周期函数；

（D）当 $f(x)$ 是单调增加函数时，$F(x)$ 必是单调增加函数．

分析 可由变上限函数 $F(x) = \int_a^x f(t)\,\mathrm{d}t$ 总为被积函数的一个原函数，或取特殊函数用排除法判定．

解 方法一 排除法

（B）$f(x)=3x^2$ 是偶函数，但原函数 $F(x)=x^3+1$ 不是奇函数；

（C）$f(x)=1+\cos x$ 是周期函数，但原函数 $F(x)=x+\sin x$ 不是周期函数；

（D）$f(x)=2x$ 是单调增加函数，但原函数 $F(x)=x^2$ 不是单调增加函数．

所以应选（A）．

方法二 设 $F(x) = \int_a^x f(t)\,\mathrm{d}t$，因为

$$F(-x) = \int_a^{-x} f(t)\,\mathrm{d}t = -\int_{-a}^{x} f(-u)\,\mathrm{d}u = -\int_{-a}^{x}(-f(u))\,\mathrm{d}u$$

$$= \int_{-a}^{a} f(u)\,\mathrm{d}u + \int_a^x f(u)\,\mathrm{d}u = F(x),$$

所以 $F(x)$ 为偶函数，应选（A）．

例 4.2 （040104）已知 $f'(\mathrm{e}^x)=x\mathrm{e}^{-x}$，且 $f(1)=0$，则 $f(x)=$ ________．

分析 先作变量代换，确定 $f'(x)$ 后再由不定积分求 $f(x)$．

解 令 $t=\mathrm{e}^x$，则 $f'(t)=\dfrac{\ln t}{t}$. 所以

$$f(x)+C=\int\frac{\ln x}{x}\mathrm{d}x=\frac{1}{2}(\ln x)^2,$$

又 $$f(1)=0,\ \text{所以}\ C=0,$$

故 $$f(x)=\frac{1}{2}(\ln x)^2.$$

例 4.3　求 $\int \frac{\sin 2x}{\cos^4 x - \sin^4 x} dx$.

分析　本题为三角函数有理式的积分，作三角恒等变形，再用公式求不定积分.

解　$$\int \frac{\sin 2x}{\cos^4 x - \sin^4 x} dx = \int \frac{\sin 2x}{\cos^2 x - \sin^2 x} dx = \int \frac{\sin 2x}{\cos 2x} dx$$

$$= -\frac{1}{2}\int \frac{d(\cos 2x)}{\cos 2x} = -\frac{1}{2}\ln |\cos 2x| + C.$$

题型 2　利用第一换元积分法计算不定积分

【方法与技巧】

第一换元积分法也叫做凑微分法. 其基本思想就是通过凑微分，把不定积分化为能利用基本积分公式积分的形式. 常用凑微分的形式有

$$\int f(ax+b)dx = \frac{1}{a}\int f(ax+b)d(ax+b);$$

$$\int f(x^{\mu})x^{\mu-1}dx = \frac{1}{\mu}\int f(x^{\mu})d(x^{\mu})\ (\mu \neq 0);$$

$$\int f(\ln x)\frac{1}{x}dx = \int f(\ln x)d(\ln x);$$

$$\int f(e^x)e^x dx = \int f(e^x)d(e^x);$$

$$\int f(\sin x)\cos x dx = \int f(\sin x)d(\sin x);$$

$$\int f(\cos x)\sin x dx = -\int f(\cos x)d(\cos x);$$

$$\int f(\arcsin x)\frac{1}{\sqrt{1-x^2}}dx = \int f(\arcsin x)d(\arcsin x);$$

$$\int f(\arctan x)\frac{1}{1+x^2}dx = \int f(\arctan x)d(\arctan x).$$

熟练掌握这些常见的凑微分形式，是用第一换元积分法求不定积分的基础.

对于被积函数较复杂的情况，需将被积表达式写成 $f(x)g(x)dx$，然后对 $f(x)$ 或其主要部分 $f_1(x)$ 求导，若其导数为 $g(x)$ 的常数倍，则

$$g(x)dx = kdf(x) \text{ 或 } g(x)dx = kdf_1(x),$$

其中 k 为常数.

计算 $\int f(e^x)dx$ 型积分时，可以通过恒等变形（分子分母同乘以 e^x）化为已知类型的不定积分.

例 4.4　$\int \frac{x+5}{x^2-6x+13}dx =$ ________.

分析　本题为有理函数的不定积分，且为四种简单有理式的不定积分之一 $\int \frac{Mx+N}{x^2+px+q}dx(p^2-4q<0)$，按固定解法做即可．

解　原式 $=\frac{1}{2}\int \frac{d(x^2-6x+13)}{x^2-6x+13}+\int \frac{8}{(x-3)^2+2^2}dx$

$$=\frac{1}{2}\ln(x^2-6x+13)+4\arctan\frac{x-3}{2}+C.$$

所以答案应为$\frac{1}{2}\ln(x^2-6x+13)+4\arctan\frac{x-3}{2}+C.$

例 4.5　求 $\int \frac{x}{\sqrt{2-3x^2}}dx$．

分析　本题为简单无理函数的积分，将被积函数应用凑微分法即可．

解　$\int \frac{x}{\sqrt{2-3x^2}}dx=\frac{1}{2}\int \frac{dx^2}{\sqrt{2-3x^2}}=-\frac{1}{6}\int \frac{d(2-3x^2)}{\sqrt{2-3x^2}}$

$$=-\frac{1}{6}\int (2-3x^2)^{-\frac{1}{2}}d(2-3x^2)=-\frac{1}{3}\sqrt{2-3x^2}+C.$$

例 4.6　求 $\int \frac{1}{1-e^x}dx$．

分析　本题为 $\int f(e^x)e^x dx=\int f(e^x)d(e^x)$ 形式．

解　方法一　凑微分后再积分．

$$\int \frac{1}{1-e^x}dx=\int \frac{1-e^x+e^x}{1-e^x}dx=\int\left(1+\frac{e^x}{1-e^x}\right)dx$$

$$=x-\int \frac{d(1-e^x)}{1-e^x}=x-\ln|1-e^x|+C.$$

方法二　将被积函数的分子分母同乘以 e^x，恒等变形后再积分．

$$\int \frac{1}{1-e^x}dx=\int \frac{e^x}{e^x(1-e^x)}dx=\int\left(\frac{1}{e^x}+\frac{1}{1-e^x}\right)d(e^x)$$

$$=\ln e^x-\ln|1-e^x|+C=x-\ln|1-e^x|+C.$$

方法三　将被积函数的分子分母同乘以 e^{-x}，凑微分后再积分．

$$\int \frac{1}{1-e^x}dx=-\int \frac{1}{e^{-x}-1}d(e^{-x})=-\int \frac{1}{e^{-x}-1}d(e^{-x}-1)$$

$$=-\ln|e^{-x}-1|+C.$$

注意　由此例可见，不定积分的结果的表达形式不是唯一的．

例 4.7　求不定积分 $\int \frac{\cot x}{1+\sin x}dx$．

分析　本题为三角函数有理式的积分，可以通过适当变换将其化成有理函数的积分后再进行积分．

解　方法一　被积函数为余弦的奇函数，采用正弦函数换元．

令 $\sin x = u$，则

$$\int \frac{\cot x}{1+\sin x}\mathrm{d}x = \int \frac{\sqrt{1-u^2}}{u(1+u)} \cdot \frac{1}{\sqrt{1-u^2}}\mathrm{d}u = \int \left(\frac{1}{u} - \frac{1}{1+u}\right)\mathrm{d}u$$

$$= \ln|u| - \ln|u+1| + C = \ln\left|\frac{\sin x}{\sin x+1}\right| + C.$$

方法二　本题也可以直接采用凑微分法．

$$\int \frac{\cot x}{1+\sin x}\mathrm{d}x = \int \frac{\cos x}{\sin x(1+\sin x)}\mathrm{d}x = \int \left(\frac{1}{\sin x} - \frac{1}{1+\sin x}\right)\mathrm{d}(\sin x)$$

$$= \ln\left|\frac{\sin x}{\sin x+1}\right| + C.$$

例 4.8　求不定积分 $\int \frac{\ln\tan x}{\sin x\cos x}\mathrm{d}x$．

分析　在本题这类复杂的不定积分的求解过程中需要逐步凑微分．

解

$$\int \frac{\ln\tan x}{\sin x\cos x}\mathrm{d}x = \int \frac{\ln\tan x}{\tan x\cos^2 x}\mathrm{d}x$$

$$= \int \frac{\ln\tan x}{\tan x}\mathrm{d}(\tan x) = \int \ln\tan x\,\mathrm{d}(\ln\tan x)$$

$$= \frac{1}{2}(\ln\tan x)^2 + C.$$

题型 3　利用第二换元积分法计算不定积分

【方法与技巧】

第二换元积分法的基本思想是：通过变量代换消去被积函数中的根式或把比较难计算的不定积分化为容易求的不定积分．常见的变换有下面几种形式：

（1）被积函数中含有 $\sqrt{a^2-x^2}$ 时，可令 $x=a\sin t$ 或 $x=a\cos t$ 去根号．

（2）被积函数中含有 $\sqrt{a^2+x^2}$ 时，可令 $x=a\tan t$ 或 $x=a\cot t$ 去根号．被积函数中含有 $\sqrt{x^2-a^2}$ 时，可令 $x=a\sec t$ 或 $x=a\csc t$ 去根号．

（3）对于被积函数中含有 $f(\varphi(x))$ 的形式时，可考虑作变量代换 $\varphi(x)=t$. 例如，$\int f(\mathrm{e}^x)\mathrm{d}x$ 型积分，一般通过变量代换 $\mathrm{e}^x=t$ 可以化为已知类型的不定积分．

例 4.9　求不定积分 $\int \frac{x^5}{\sqrt{1+x^2}}\mathrm{d}x$．

分析　本题为简单无理函数的积分，作三角代换后再积分．

解　方法一　令 $x=\tan t$，$\mathrm{d}x=\sec^2 t\mathrm{d}t$，则

$$\int \frac{x^5}{\sqrt{1+x^2}}\mathrm{d}x = \int \tan^5 t \cdot \sec t\mathrm{d}t = \int \frac{\sin^5 t}{\cos^6 t}\mathrm{d}t$$

$$= -\int \frac{(1-\cos^2 t)^2}{\cos^6 t} \mathrm{d}(\cos t)$$

$$= \int (-\cos^{-6} t + 2\cos^{-4} t - \cos^{-2} t) \mathrm{d}(\cos t) =$$

$$= \frac{1}{5}\cos^{-5} t - \frac{2}{3}\cos^{-3} t + \cos^{-1} t + C$$

$$= \frac{1}{5}(1+x^2)^{\frac{5}{2}} - \frac{2}{3}(1+x^2)^{\frac{3}{2}} + (1+x^2)^{\frac{1}{2}} + C.$$

方法二　令 $t=\sqrt{1+x^2}$，$x^2=t^2-1$，$x\mathrm{d}x=t\mathrm{d}t$，则

$$\int \frac{x^5}{\sqrt{1+x^2}} \mathrm{d}x = \int (t^2-1)^2 \mathrm{d}t = \int (t^4-2t^2+1) \mathrm{d}t$$

$$= \frac{1}{5}t^5 - \frac{2}{3}t^3 + t + C = \frac{1}{5}(1+x^2)^{\frac{5}{2}} - \frac{2}{3}(1+x^2)^{\frac{3}{2}} + (1+x^2)^{\frac{1}{2}} + C.$$

例 4.10　求不定积分 $\int \sqrt{5-4x-x^2}\mathrm{d}x$.

分析　本题直观上为简单无理函数的积分，作三角代换后再积分，关键在于配方要正确.

解　由于 $5-4x-x^2=9-(x+2)^2$，令 $x+2=3\sin t$，$t\in\left(-\frac{\pi}{2},\frac{\pi}{2}\right)$，则 $\mathrm{d}x=3\cos t\mathrm{d}t$.

$$\text{原式} = \int 9\cos^2 t\mathrm{d}t = \frac{9}{2}\int (1+\cos 2t)\mathrm{d}t = \frac{9}{2}t + \frac{9}{4}\sin 2t + C$$

$$= \frac{9}{2}\arcsin\frac{x+2}{3} + \frac{x+2}{2}\sqrt{5-4x-x^2} + C.$$

例 4.11　(090216) 求不定积分 $\int \ln\left(1+\sqrt{\frac{x+1}{x}}\right)\mathrm{d}x\ (x>0)$.

分析　本题为单个对数函数复合形式，一般先作变量代换化简后再用分部积分法；或直接用分部积分法试一下.

解　令 $\sqrt{\frac{1+x}{x}}=t$ 得 $x=\frac{1}{t^2-1}$，$\mathrm{d}x=\frac{-2t\mathrm{d}t}{(t^2-1)^2}$.

$$\text{原式} = \int \ln(1+t)\frac{-2t}{(t^2-1)^2}\mathrm{d}t = \int \ln(1+t)\frac{-1}{(t^2-1)^2}\mathrm{d}(t^2-1)$$

$$= \int \ln(1+t)\mathrm{d}\left(\frac{1}{t^2-1}\right)$$

$$= \frac{\ln(1+t)}{t^2-1} - \int \frac{1}{t^2-1}\cdot\frac{1}{t+1}\mathrm{d}t$$

$$= \frac{\ln(1+t)}{t^2-1} - \int \left(\frac{1}{4(t-1)} + \frac{-1}{4(t+1)} + \frac{-1}{2(t+1)^2}\right)\mathrm{d}t$$

$$=\frac{\ln(1+t)}{t^2-1}+\frac{1}{4}\ln\left|\frac{t+1}{t-1}\right|-\frac{1}{2(t+1)}+C$$

$$=x\ln\left(1+\sqrt{\frac{1+x}{x}}\right)+\frac{1}{4}\ln\frac{\sqrt{\frac{1+x}{x}}+1}{\sqrt{\frac{1+x}{x}}-1}-\frac{1}{2\left(\sqrt{\frac{1+x}{x}}+1\right)}+C$$

$$=x\ln\left(1+\sqrt{\frac{1+x}{x}}\right)+\frac{1}{2}\ln(\sqrt{1+x}+\sqrt{x})-\frac{1}{2}\ln(\sqrt{1+x}-\sqrt{x})+C.$$

注：（1）第二换元积分法是通过恰当的变换，将原积分化为关于新变量的函数的积分，从而达到化难为易的效果，与第一换元积分法的区别在于视新变量为自变量，而不是中间变量．使用第二换元积分法的关键是根据被积函数的特点寻找一个适当的变量代换．

（2）常用的代换有：根式代换、三角代换与倒代换．根式代换和三角代换常用于消去被积函数中的根号，使其有理化，这种代换使用广泛．而倒代换的目的是消去或降低被积函数分母中的因子的幂．

题型4 利用分部积分法计算不定积分

【方法与技巧】

（1）被积函数是单个的对数函数或反三角函数，$\mathrm{d}v=\mathrm{d}x$，其余部分为 u.

（2）若被积函数是对数函数、反三角函数、幂函数、指数函数、三角函数五类函数中的两类的乘积形式，必须用分部积分法求解．按照对数函数、反三角函数、幂函数、指数函数、三角函数的顺序，在前的取作 u，其余的凑成 $\mathrm{d}v$.

（3）被积函数为单个三角函数复合形式时，可直接用分部积分法；也可代换变形后再利用分部积分法．

（4）被积函数含有未知函数的导数时，一般用分部积分法求积分．

（5）利用分部积分法建立递推公式，计算不定积分．

例 4.12 $\int\frac{\ln x}{(1-x)^2}\mathrm{d}x=$ ________.

分析 本题为对数函数与幂函数乘积形式，须用分部积分法．

解 由 $\frac{1}{(1-x)^2}=\mathrm{d}\left(\frac{1}{1-x}\right)$ 可得

原式 $=\int\ln x\,\mathrm{d}\left(\frac{1}{1-x}\right)=\frac{\ln x}{1-x}-\int\frac{1}{x(1-x)}\mathrm{d}x$

$$=\frac{\ln x}{1-x}-\int\left(\frac{1}{x}+\frac{1}{1-x}\right)\mathrm{d}x=\frac{\ln x}{1-x}-\ln x+\ln|1-x|+C.$$

所以答案应为 $\frac{\ln x}{1-x}-\ln x+\ln|1-x|+C.$

例 4.13 已知 $f(\ln x)=\frac{\ln(1+x)}{x}$，求 $\int f(x)\mathrm{d}x$.

分析　本题应先求函数表达式，将其代入后再判定类型，为对数函数与指数函数乘积形式，用分部积分法．

解　方法一　设 $\ln x=t$，$x=e^t$，则 $f(t)=\dfrac{\ln(1+e^t)}{e^t}$.

$$\int f(x)\mathrm{d}x=\int\frac{\ln(1+e^x)}{e^x}\mathrm{d}x=-\int\ln(1+e^x)\mathrm{d}(e^{-x})$$

$$=-e^{-x}\ln(1+e^x)+\int\frac{\mathrm{d}x}{1+e^x}=-e^{-x}\ln(1+e^x)+$$

$$\int\left(1-\frac{e^x}{1+e^x}\right)\mathrm{d}x$$

$$=-e^{-x}\ln(1+e^x)+x-\ln(1+e^x)+C.$$

方法二　设 $x=\ln t$，$\mathrm{d}x=\dfrac{\mathrm{d}t}{t}$，则

$$\int f(x)\mathrm{d}x=\int\frac{f(\ln t)}{t}\mathrm{d}t=\int\ln(1+t)\frac{\mathrm{d}t}{t^2}$$

$$=-\int\ln(1+t)\mathrm{d}(t^{-1})=-t^{-1}\ln(1+t)+\int\frac{\mathrm{d}t}{t(1+t)}$$

$$=-t^{-1}\ln(1+t)+\ln t-\ln(1+t)+C$$

$$=-e^{-x}\ln(1+e^x)+x-\ln(1+e^x)+C.$$

例 4.14　（060216）求不定积分 $\displaystyle\int\frac{\arcsin e^x}{e^x}\mathrm{d}x$.

分析　本题为反三角函数与指数函数乘积形式，用分部积分法；也可代换变形后再利用分部积分法．

解　$$\int\frac{\arcsin e^x}{e^x}\mathrm{d}x=-\int\arcsin e^x\,\mathrm{d}(e^{-x})$$

$$=-e^{-x}\arcsin e^x+\int e^{-x}\cdot\frac{e^x}{\sqrt{1-e^{2x}}}\mathrm{d}x$$

$$=-e^{-x}\arcsin e^x+\int\frac{1}{\sqrt{1-e^{2x}}}\mathrm{d}x.$$

令 $t=\sqrt{1-e^{2x}}$，则

$$x=\frac{1}{2}\ln(1-t^2),\ \mathrm{d}x=-\frac{t}{1-t^2}\mathrm{d}t,$$

所以 $$\int\frac{1}{\sqrt{1-e^{2x}}}\mathrm{d}x=\int\frac{1}{t^2-1}\mathrm{d}t=\frac{1}{2}\int\left(\frac{1}{t-1}-\frac{1}{t+1}\right)\mathrm{d}t$$

$$=\frac{1}{2}\ln\left|\frac{t-1}{t+1}\right|+C$$

$$= \frac{1}{2}\ln\left|\frac{\sqrt{1-e^{2x}}-1}{\sqrt{1-e^{2x}}+1}\right| + C.$$

例 4.15　（020306）已知 $f(\sin^2 x) = \frac{x}{\sin x}$，求 $\int \frac{\sqrt{x}}{\sqrt{1-x}} f(x)\,dx$.

分析　本题应先求函数表达式，将其代入后再判定类型，然后积分.

解　设 $t = \sin^2 x$，则 $\sin x = \sqrt{t}$，$x = \arcsin\sqrt{t}$，$f(x) = \frac{\arcsin\sqrt{x}}{\sqrt{x}}$.

$$\int \frac{\sqrt{x}}{\sqrt{1-x}} f(x)\,dx = \int \frac{\arcsin\sqrt{x}}{\sqrt{1-x}}dx = -2\int \arcsin\sqrt{x}\,d(\sqrt{1-x})$$

$$= -2\sqrt{1-x}\arcsin\sqrt{x} + 2\int \sqrt{1-x}\frac{1}{\sqrt{1-x}}d(\sqrt{x})$$

$$= -2\sqrt{1-x}\arcsin\sqrt{x} + 2\sqrt{x} + C.$$

例 4.16　计算不定积分 $\int \frac{x e^{\arctan x}}{(1+x^2)^{\frac{3}{2}}}dx$.

分析　本题为幂函数与指数函数乘积形式，可直接用分部积分法；或先作变换再利用分部积分法.

解　$\int \frac{x e^{\arctan x}}{(1+x^2)^{\frac{3}{2}}}dx = \int \frac{x}{\sqrt{1+x^2}}d(e^{\arctan x})$

$$= \frac{x e^{\arctan x}}{\sqrt{1+x^2}} - \int \frac{e^{\arctan x}}{(1+x^2)^{\frac{3}{2}}}dx = \frac{x e^{\arctan x}}{\sqrt{1+x^2}} - \int \frac{1}{\sqrt{1+x^2}}d(e^{\arctan x})$$

$$= \frac{x e^{\arctan x}}{\sqrt{1+x^2}} - \frac{e^{\arctan x}}{\sqrt{1+x^2}} - \int \frac{x e^{\arctan x}}{(1+x^2)^{\frac{3}{2}}}dx,$$

移项得

$$\int \frac{x e^{\arctan x}}{(1+x^2)^{\frac{3}{2}}}dx = \frac{e^{\arctan x}}{2\sqrt{1+x^2}}(x-1) + C.$$

例 4.17　已知 $f(x) = \frac{e^x}{x}$，求 $\int x f''(x)\,dx$.

分析　本题为导函数积分形式，直接求出代入积分较麻烦；一般先用分部积分法再代入.

解　$\int x f''(x)\,dx = \int x\,df'(x) = x f'(x) - \int f'(x)\,dx$

$$= x f'(x) - f(x) + C.$$

因为 $f(x) = \frac{e^x}{x}$，则 $f'(x) = \frac{x e^x - e^x}{x^2} = \frac{e^x(x-1)}{x^2}$.

所以 $$xf'(x)=\frac{e^x(x-1)}{x},$$

故 $$\int xf''(x)\mathrm{d}x=\frac{e^x(x-1)}{x}-\frac{e^x}{x}+C=\frac{e^x(x-2)}{x}+C.$$

例 4.18 设$f(x)$为单调连续函数，$f^{-1}(x)$为其反函数，且$\int f(x)\mathrm{d}x=F(x)+C$，求$\int f^{-1}(x)\mathrm{d}x$.

分析 本题考查了一对互为反函数的函数间的关系，还有就是分部积分的练习. 要明白$x=f(f^{-1}(x))$这一恒等式，在分部积分过程中适时替换.

解 因为$\int f^{-1}(x)\mathrm{d}x=xf^{-1}(x)-\int x\mathrm{d}(f^{-1}(x))$，$x=f(f^{-1}(x))$，

所以 $$\int f^{-1}(x)\mathrm{d}x=xf^{-1}(x)-\int f(f^{-1}(x))\mathrm{d}(f^{-1}(x))$$

又因 $$\int f(x)\mathrm{d}x=F(x)+C,$$

所以 $$\int f^{-1}(x)\mathrm{d}x=xf^{-1}(x)-F(f^{-1}(x))+C.$$

题型 5 有理函数及可化为有理函数的不定积分

【方法与技巧】

(1) 有理函数的不定积分，一般先化简有理函数为多项式和四种简单有理式的代数和，再积分.

(2) 简单无理式和三角函数的有理式的积分，可以通过变换化为有理函数的积分.

例 4.19 求不定积分$\int\frac{4x^2+4x-11}{(2x-1)(2x+3)(2x-5)}\mathrm{d}x$.

解
$$\begin{aligned}&\int\frac{4x^2+4x-11}{(2x-1)(2x+3)(2x-5)}\mathrm{d}x\\&=\frac{1}{2}\int\frac{1}{2x-1}\mathrm{d}x-\frac{1}{4}\int\frac{1}{2x+3}\mathrm{d}x+\frac{3}{4}\int\frac{1}{2x-5}\mathrm{d}x\\&=\frac{1}{4}\ln|2x-1|-\frac{1}{8}\ln|2x+3|+\frac{3}{8}\ln|2x-5|+C.\end{aligned}$$

例 4.20 求不定积分$\int\frac{\mathrm{d}x}{5+4\sin 2x}$.

解 令$t=\tan x$， $\mathrm{d}x=\frac{\mathrm{d}t}{1+t^2}$，则

$$\text{原式}=\int\frac{1}{5t^2+8t+5}\mathrm{d}t=\frac{1}{3}\int\frac{\mathrm{d}\left(\frac{5}{3}t+\frac{4}{3}\right)}{\left(\frac{5}{3}t+\frac{4}{3}\right)^2+1}$$

$$=\frac{1}{3}\arctan\frac{5t+4}{3}+C$$

$$=\frac{1}{3}\arctan\left(\frac{5}{3}\tan x+\frac{4}{3}\right)+C.$$

题型 6 分段函数的不定积分

【方法与技巧】

求分段函数的不定积分，关键是求出每段上的原函数后，适当调整每一段上的常数，使其原函数在分段函数的分界点处连续.

例 4.21 求 $\int f(x)\,\mathrm{d}x$，其中 $f(x)=\begin{cases}x^2+1, & x<0,\\ 1, & 0\leqslant x<1,\\ \dfrac{1}{x}, & x\geqslant 1.\end{cases}$

分析 本题为分段函数的不定积分，应先求函数表达式.

解 由于 $f(x)$ 在 $(-\infty,+\infty)$ 上连续，则必存在原函数 $F(x)$. 当 $x<0$ 时，$F(x)=\frac{1}{3}x^3+x+C_1$；当 $0\leqslant x<1$，$F(x)=x+C_2$；当 $x>1$ 时，$F(x)=\ln x+C_3$. 又 $F(x)$ 处处连续，所以 $F(0+0)=F(0-0)$，$F(1+0)=F(1-0)$，则 $C_1=C_2$，$C_3=C_2+1$. 所以

$$\int f(x)\,\mathrm{d}x=\begin{cases}\frac{1}{3}x^3+x+C, & x<0,\\ x+C, & 0\leqslant x\leqslant 1,\\ \ln x+C+1, & x>1.\end{cases}$$

五、教材习题选解

习题 4.1

1. 求下列不定积分：

(1) $\int x\sqrt[3]{x}\,\mathrm{d}x$；　　(2) $\int\frac{1}{x^2\sqrt{x}}\mathrm{d}x$；

(3) $\int(\sqrt{x}-1)(x^2+1)\,\mathrm{d}x$；　　(4) $\int\frac{(1-x)^3}{x^2}\mathrm{d}x$；

(5) $\int\frac{3\cdot 2^x-5\cdot 3^x}{2^x}\mathrm{d}x$；　　(6) $\int(2^x+3^x)^2\,\mathrm{d}x$；

(7) $\int\sin^2\frac{x}{2}\mathrm{d}x$；　　(8) $\int\frac{1}{1-\cos 2x}\mathrm{d}x$；

(9) $\int\frac{\cos 2x}{\cos x-\sin x}\mathrm{d}x$；　　(10) $\int\frac{\cos 2x}{\cos^2 x\sin^2 x}\mathrm{d}x$；

(11) $\int \tan^2 x\mathrm{d}x$; (12) $\int (2\csc^2 x - \sec x\tan x)\mathrm{d}x$;

(13) $\int \left(\dfrac{1}{x^2+1} + \dfrac{1}{\sqrt{1-x^2}}\right)\mathrm{d}x$; (14) $\int \dfrac{2x^4+x^2}{x^2+1}\mathrm{d}x$.

解 (1) $\int x\sqrt[3]{x}\mathrm{d}x = \int x^{\frac{4}{3}}\mathrm{d}x = \dfrac{3}{7}x^{\frac{7}{3}} = \dfrac{3}{7}x^2\sqrt[3]{x} + C.$

(2) $\int \dfrac{1}{x^2\sqrt{x}}\mathrm{d}x = \int x^{-\frac{5}{2}}\mathrm{d}x = -\dfrac{2}{3}\cdot\dfrac{1}{x\sqrt{x}} + C.$

(3) $\int (\sqrt{x}-1)(x^2+1)\mathrm{d}x = \int (x^{\frac{5}{2}} + x^{\frac{1}{2}} - x^2 - 1)\mathrm{d}x$

$$= \frac{2}{7}x^{\frac{7}{2}} + \frac{2}{3}x^{\frac{3}{2}} - \frac{1}{3}x^3 - x + C.$$

(4) $\int \dfrac{(1-x)^3}{x^2}\mathrm{d}x = \int \dfrac{1-3x+3x^2-x^3}{x^2}\mathrm{d}x$

$$= \int (x^{-2} - 3x^{-1} + 3 - x)\mathrm{d}x$$

$$= -x^{-1} - 3\ln|x| + 3x - \frac{1}{2}x^2 + C.$$

(5) $\int \dfrac{3\cdot 2^x - 5\cdot 3^x}{2^x}\mathrm{d}x = \int \left[3 - 5\left(\dfrac{3}{2}\right)^x\right]\mathrm{d}x = 3x - \dfrac{5}{\ln\frac{3}{2}}\cdot\left(\dfrac{3}{2}\right)^x + C$

$$= 3x - \frac{5}{\ln 3 - \ln 2}\cdot\left(\frac{3}{2}\right)^x + C.$$

(6) $\int (2^x + 3^x)^2\mathrm{d}x = \int (4^x + 2\cdot 6^x + 9^x)\mathrm{d}x$

$$= \frac{4^x}{\ln 4} + 2\cdot\frac{6^x}{\ln 6} + \frac{9^x}{\ln 9} + C.$$

(7) $\int \sin^2\dfrac{x}{2}\mathrm{d}x = \int \dfrac{1-\cos x}{2}\mathrm{d}x = \dfrac{1}{2}(x - \sin x) + C.$

(8) $\int \dfrac{1}{1-\cos 2x}\mathrm{d}x = \int \dfrac{1}{2\sin^2 x}\mathrm{d}x = -\dfrac{1}{2}\cot x + C.$

(9) $\int \dfrac{\cos 2x}{\cos x - \sin x}\mathrm{d}x = \int \dfrac{\cos^2 x - \sin^2 x}{\cos x - \sin x}\mathrm{d}x = \int (\cos x + \sin x)\mathrm{d}x$

$$= \sin x - \cos x + C.$$

(10) $\int \dfrac{\cos 2x}{\cos^2 x\sin^2 x}\mathrm{d}x = \int \dfrac{\cos^2 x - \sin^2 x}{\cos^2 x\sin^2 x}\mathrm{d}x$

$$= \int \left(\frac{1}{\sin^2 x} - \frac{1}{\cos^2 x}\right)\mathrm{d}x$$

$$= -\cot x - \tan x + C.$$

(11) $\int \tan^2 x\mathrm{d}x = \int (\sec^2 x - 1)\mathrm{d}x = \tan x - x + C.$

(12) $\int (2\csc^2 x - \sec x\tan x)\mathrm{d}x = -2\cot x - \sec x + C.$

(13) $\int\left(\frac{1}{x^2+1}+\frac{1}{\sqrt{1-x^2}}\right)dx = \arctan x + \arcsin x + C.$

(14) $\int\frac{2x^4+x^2}{x^2+1}dx = \int\left(2x^2-1+\frac{1}{x^2+1}\right)dx$

$$= \frac{2}{3}x^3 - x + \arctan x + C.$$

2. 一曲线通过点（1，2），且在任一点处的切线的斜率等于该点横坐标的两倍，求该曲线的方程.

解 设该曲线的方程为 $y=f(x)$，则由题意得 $y'=2x$. 所以

$$y = \int 2x dx = x^2 + C.$$

又因为曲线通过点（1，2），所以有 $2=1^2+C$，即 $C=1$. 于是所求曲线的方程为 $y=x^2+1$.

3. 某工厂生产某种产品，已知每月生产的产品的边际成本是 $C'(Q)=2+\frac{7}{\sqrt[3]{Q^2}}$，且固定成本是5000元，求总成本 C 与月产量 Q 的函数关系.

解 由于
$$C'(Q)=2+\frac{7}{\sqrt[3]{Q^2}},$$
故
$$C(Q) = \int\left(2+\frac{7}{\sqrt[3]{Q^2}}\right)dQ = 2Q + 7\cdot 3\sqrt[3]{Q} + C_1$$
$$= 2Q + 21\sqrt[3]{Q} + C_1 \text{（}C_1\text{ 为任意常数），}$$
又由于 $Q=0$ 时，$C=5000$，所以 $C_1=5000$. 从而有
$$C=5000+2Q+21\sqrt[3]{Q}.$$

习题 4.2

1. 求下列不定积分：

(1) $\int(1-2x)^5dx$；

(2) $\int\frac{dx}{2+5x}$；

(3) $\int\frac{dx}{\sqrt{1-3x^2}}$；

(4) $\int\frac{dx}{4+9x^2}$；

(5) $\int x\sin(1-x^2)dx$；

(6) $\int\frac{x}{\sqrt{2-3x^2}}dx$；

(7) $\int\frac{3x^2}{4+x^6}dx$；

(8) $\int 8x^3 2^{-x^4}dx$；

(9) $\int\frac{dx}{x\ln x\ln\ln x}$；

(10) $\int\frac{1+\ln x}{(x\ln x)^2}dx$；

(11) $\int\frac{dx}{(\arccos x)^3\sqrt{1-x^2}}$；

(12) $\int\frac{10^{2\arctan x}}{1+x^2}dx$；

(13) $\int\frac{1}{e^x+e^{-x}}dx$；

(14) $\int\frac{\csc^2\sqrt{t}}{\sqrt{t}}dt$；

(15) $\int \frac{\sin x}{\cos^3 x}dx$;　　(16) $\int \cos^5 x dx$;

(17) $\int \cos^2 5x dx$;　　(18) $\int \sin^2 x \cos^2 x dx$;

(19) $\int \tan^{10} x \sec^2 x dx$;　　(20) $\int \tan^3 x \sec x dx$;

(21) $\int \sin 5x \cos 3x dx$;　　(22) $\int \frac{dx}{\sin x \cos x}$;

(23) $\int \frac{1}{2x^2 - 1}dx$;　　(24) $\int \frac{x^3}{9 + x^2}dx$;

(25) $\int \frac{1 - x}{\sqrt{9 - 4x^2}}dx$;　　(26) $\int \frac{x - 1}{x^2 + 4x + 6}dx$.

解　(1) $\int (1 - 2x)^5 dx = -\frac{1}{2}\int (1 - 2x)^5 d(1 - 2x)$

$$= -\frac{1}{12}(1 - 2x)^6 + C.$$

(2) $\int \frac{dx}{2 + 5x} = \frac{1}{5}\int \frac{d(2 + 5x)}{2 + 5x} = \frac{1}{5}\ln|2 + 5x| + C.$

(3) $\int \frac{dx}{\sqrt{1 - 3x^2}} = \frac{1}{\sqrt{3}}\int \frac{d(\sqrt{3}x)}{\sqrt{1 - (\sqrt{3}x)^2}} = \frac{1}{\sqrt{3}}\arcsin(\sqrt{3}x) + C.$

(4) $\int \frac{dx}{4 + 9x^2} = \frac{1}{3}\int \frac{d(3x)}{4 + (3x)^2} = \frac{1}{6}\arctan\frac{3x}{2} + C.$

(5) $\int x\sin(1 - x^2)dx = -\frac{1}{2}\int \sin(1 - x^2)d(1 - x^2)$

$$= \frac{1}{2}\cos(1 - x^2) + C.$$

(6) $\int \frac{x}{\sqrt{2 - 3x^2}}dx = \frac{1}{-6}\int \frac{d(2 - 3x^2)}{\sqrt{2 - 3x^2}} = \frac{1}{-6}\cdot 2\sqrt{2 - 3x^2} + C$

$$= -\frac{1}{3}\sqrt{2 - 3x^2} + C.$$

(7) $\int \frac{3x^2}{4 + x^6}dx = \int \frac{1}{4 + (x^3)^2}d(x^3) = \frac{1}{2}\arctan\frac{x^3}{2} + C.$

(8) $\int 8x^3 2^{-x^4}dx = -2\int 2^{-x^4}d(-x^4) = -\frac{2}{\ln 2}2^{-x^4} + C.$

(9) $\int \frac{dx}{x\ln x\ln\ln x} = \int \frac{d(\ln x)}{\ln x\ln\ln x} = \int \frac{d(\ln\ln x)}{\ln\ln x} = \ln\ln\ln x + C.$

(10) $\int \frac{1 + \ln x}{(x\ln x)^2}dx = \int \frac{1}{(x\ln x)^2}d(x\ln x) = -\frac{1}{x\ln x} + C.$

(11) $\int \frac{dx}{(\arccos x)^3\sqrt{1 - x^2}} = -\int \frac{d(\arccos x)}{(\arccos x)^3} = \frac{1}{2}\frac{1}{(\arccos x)^2} + C.$

(12) $\int \frac{10^{2\operatorname{arccot} x}}{1 + x^2}dx = -\frac{1}{2}\int 10^{2\operatorname{arccot} x}d(2\operatorname{arccot} x)$

$$= -\frac{1}{2}\frac{10^{2\operatorname{arccot} x}}{\ln 10} + C.$$

(13) $\int \frac{1}{e^x + e^{-x}}dx = \int \frac{e^x}{e^{2x}+1}dx = \int \frac{1}{1+e^{2x}}d(e^x) = \arctan e^x + C.$

(14) $\int \frac{\csc^2\sqrt{t}}{\sqrt{t}}dt = 2\int \csc^2\sqrt{t}d(\sqrt{t}) = -2\cot\sqrt{t} + C.$

(15) $\int \frac{\sin x}{\cos^3 x}dx = -\int \cos^{-3}x d(\cos x) = \frac{1}{2}\cos^{-2}x + C.$

$$= \frac{2}{1}\sec^2 x + C.$$

(16) $\int \cos^5 x dx = \int (1-\sin^2 x)^2 d(\sin x)$

$$= \int (1 - 2\sin^2 x + \sin^4 x) d(\sin x)$$

$$= \sin x - \frac{2\sin^3 x}{3} + \frac{\sin^5 x}{5} + C.$$

(17) $\int \cos^2 5x dx = \int \frac{1+\cos 10x}{2}dx = \frac{1}{2}x + \frac{\sin 10x}{20} + C.$

(18) $\int \sin^2 x\cos^2 x dx = \int \frac{\sin^2 2x}{4}dx = \int \frac{1-\cos 4x}{8}dx$

$$= \frac{1}{8}x - \frac{\sin 4x}{32} + C.$$

(19) $\int \tan^{10}x\sec^2 x dx = \int \tan^{10}x d(\tan x) = \frac{1}{11}\tan^{11}x + C.$

(20) $\int \tan^3 x\sec x dx = \int \tan^2 x \cdot \sec x\tan x dx = \int \tan^2 x d(\sec x)$

$$= \int (\sec^2 x - 1) d(\sec x) = \frac{1}{3}\sec^3 x - \sec x + C.$$

(21) $\int \sin 5x\cos 3x dx = \frac{1}{2}\int (\sin 8x + \sin 2x) dx$

$$= -\frac{1}{16}\cos 8x - \frac{1}{4}\cos 2x + C.$$

(22) $\int \frac{dx}{\sin x\cos x} = \int \frac{2dx}{\sin 2x} = 2\int \csc 2x dx$

$$= \ln|\csc 2x - \cot 2x| + C.$$

(23) $\int \frac{1}{2x^2-1}dx = \int \frac{1}{(\sqrt{2}x-1)(\sqrt{2}x+1)}dx$

$$= \frac{1}{2}\int \left(\frac{1}{\sqrt{2}x-1} - \frac{1}{\sqrt{2}x+1}\right)dx$$

$$= \frac{1}{2\sqrt{2}}\int \frac{1}{\sqrt{2}x-1}d(\sqrt{2}x-1) - \frac{1}{2\sqrt{2}}\int \frac{1}{\sqrt{2}x+1}d(\sqrt{2}x+1)$$

$$= \frac{1}{2\sqrt{2}}\ln|\sqrt{2}x-1| - \frac{1}{2\sqrt{2}}\ln|\sqrt{2}x+1| + C$$

$$=\frac{1}{2\sqrt{2}}\ln\left|\frac{\sqrt{2}x-1}{\sqrt{2}x+1}\right|+C.$$

(24) $\int\frac{x^3}{9+x^2}\mathrm{d}x=\frac{1}{2}\int\frac{x^2}{9+x^2}\mathrm{d}(x^2)=\frac{1}{2}\int\left(1-\frac{9}{9+x^2}\right)\mathrm{d}(x^2)$

$$=\frac{1}{2}[x^2-9\ln(9+x^2)]+C.$$

(25) $\int\frac{1-x}{\sqrt{9-4x^2}}\mathrm{d}x=\int\frac{1}{\sqrt{9-4x^2}}\mathrm{d}x-\int\frac{x}{\sqrt{9-4x^2}}\mathrm{d}x$

$$=\frac{1}{2}\int\frac{1}{\sqrt{1-\left(\frac{2}{3}x\right)^2}}\mathrm{d}\left(\frac{2}{3}x\right)+\frac{1}{8}\int\frac{1}{\sqrt{9-4x^2}}\mathrm{d}(9-4x^2)$$

$$=\frac{1}{2}\arcsin\frac{2x}{3}+\frac{1}{4}\sqrt{9-4x^2}+C.$$

(26) $\int\frac{x-1}{x^2+4x+6}\mathrm{d}x=\int\frac{\frac{1}{2}(2x+4)-3}{x^2+4x+6}\mathrm{d}x$

$$=\frac{1}{2}\int\frac{\mathrm{d}(x^2+4x+6)}{x^2+4x+6}-\int\frac{3}{(x+2)^2+2}\mathrm{d}x$$

$$=\frac{1}{2}\ln(x^2+4x+6)-\frac{3}{\sqrt{2}}\arctan\frac{x+2}{\sqrt{2}}+C.$$

2. 求下列不定积分：

(1) $\int\frac{\mathrm{d}x}{1+\sqrt{1-x^2}}$； (2) $\int\frac{x^2}{\sqrt{a^2-x^2}}\mathrm{d}x\,(a>0)$；

(3) $\int\frac{\mathrm{d}x}{\sqrt{(x^2+1)^3}}$； (4) $\int\frac{\mathrm{d}x}{x^4\sqrt{1+x^2}}$；

(5) $\int\frac{\sqrt{x^2-9}}{x}\mathrm{d}x$； (6) $\int\frac{\mathrm{d}x}{x\sqrt{x^2-1}}$.

解 (1) 令 $x=\sin t\left(-\frac{\pi}{2}<t<\frac{\pi}{2}\right)$，则 $\sqrt{1-x^2}=\cos t$，$\mathrm{d}x=\cos t\mathrm{d}t$，于是

$$\int\frac{\mathrm{d}x}{1+\sqrt{1-x^2}}=\int\frac{\cos t\mathrm{d}t}{1+\cos t}=\int\left(1-\frac{1}{1+\cos t}\right)\mathrm{d}t=\int\left(1-\frac{1}{2}\sec^2\frac{t}{2}\right)\mathrm{d}t$$

$$=t-\tan\frac{t}{2}+C=t-\frac{\sin t}{1+\cos t}+C=\arcsin x-\frac{x}{1+\sqrt{1-x^2}}+C.$$

(2) 令 $x=a\sin t\left(-\frac{\pi}{2}<t<\frac{\pi}{2}\right)$，则

$$\sqrt{a^2-x^2}=a\cos t,\ \mathrm{d}x=a\cos t\mathrm{d}t,$$

于是

$$\int\frac{x^2}{\sqrt{a^2-x^2}}\mathrm{d}x=\int\frac{a^2\sin^2t}{a\cos t}a\cos t\mathrm{d}t$$

$$=a^2\int\sin^2t\mathrm{d}t=a^2\int\frac{1-\cos 2t}{2}\mathrm{d}t$$

$$= \frac{1}{2}a^2 t - \frac{a^2}{4}\sin 2t + C$$

$$= \frac{a^2}{2}\arcsin\frac{x}{a} - \frac{x}{2}\sqrt{a^2 - x^2} + C.$$

(3) 令 $x = \tan t\left(-\frac{\pi}{2} < t < \frac{\pi}{2}\right)$,则 $\sqrt{x^2+1} = \sec t$, $dx = \sec^2 t dt$,于是

$$\int\frac{dx}{\sqrt{(x^2+1)^3}} = \int\frac{\sec^2 t dt}{\sqrt{(\tan^2 t+1)^3}} = \int \cos t dt = \sin t + C$$

$$= \frac{x}{\sqrt{x^2+1}} + C.$$

(4) 令 $x = \tan t\left(-\frac{\pi}{2} < t < \frac{\pi}{2}\right)$, 则 $\sqrt{1+x^2} = \sec t, dx = \sec^2 t dt$, 于是

$$\int\frac{dx}{x^4\sqrt{1+x^2}} = \int\frac{1}{\tan^4 t\cdot\sec t}\cdot\sec^2 t dt = \int\frac{\cos^3 t}{\sin^4 t}dt$$

$$= \int\frac{\cos^2 t}{\sin^4 t}d(\sin t) = \int\left(\frac{1}{\sin^4 t} - \frac{1}{\sin^2 t}\right)d(\sin t)$$

$$= -\frac{1}{3\sin^3 t} + \frac{1}{\sin t} + C = -\frac{\sqrt{(1+x^2)^3}}{3x^3} + \frac{\sqrt{1+x^2}}{x} + C.$$

(5) 当 $x > 3$ 时, 令 $x = 3\sec t\left(0 < t < \frac{\pi}{2}\right)$, 则 $\sqrt{x^2-9} = 3\tan t$, $dx = 3\tan t\sec t dt$, 于是

$$\int\frac{\sqrt{x^2-9}}{x}dx = \int\frac{\sqrt{9\sec^2 t-9}}{3\sec t}\cdot 3\tan t\sec t dt = 3\int\tan^2 t dt$$

$$= 3\int(\sec^2 t - 1)dt = 3\tan t - 3t + C$$

$$= \sqrt{x^2-9} - 3\arccos\frac{3}{x} + C.$$

当 $x < -3$ 时, 令 $x = -u$, 于是

$$\int\frac{\sqrt{x^2-9}}{x}dx = -\int\frac{\sqrt{u^2-9}}{-u}du = \int\frac{\sqrt{u^2-9}}{u}du$$

$$= \sqrt{u^2-9} - 3\arccos\frac{3}{u} + C$$

$$= \sqrt{x^2-9} - 3\arccos\frac{3}{-x} + C.$$

综合上述两种情况可得

$$原式 = \sqrt{x^2-9} - 3\arccos\frac{3}{|x|} + C.$$

(6) 当 $x > 1$ 时, 令 $x = \sec t\left(0 < t < \frac{\pi}{2}\right)$, 则

于是 $$\sqrt{x^2-1} = \tan t, dx = \tan t\sec t dt,$$

$$\int\frac{dx}{x\sqrt{x^2-1}} = \int\frac{1}{\sec t\tan t}\cdot\sec t\tan t dt = \int dt = t + C$$

$$= \arccos\frac{1}{x} + C.$$

当 $x < -1$ 时, 令 $x = -u$, 则 $u > 1$, 于是

$$\int \frac{dx}{x\sqrt{x^2-1}} = \int \frac{du}{u\sqrt{u^2-1}} = \arccos\frac{1}{u} + C = \arccos\frac{1}{-x} + C.$$

综上所述得

$$\int \frac{dx}{x\sqrt{x^2-1}} = \arccos\frac{1}{|x|} + C.$$

习题 4.3

求下列不定积分：

1. $\int x\sin 2x dx$.

解 $\int x\sin 2x dx = -\frac{1}{2}\int x d(\cos 2x) = -\frac{1}{2}x\cos 2x + \frac{1}{2}\int \cos 2x dx$

$= -\frac{1}{2}x\cos 2x + \frac{1}{4}\sin 2x + C.$

2. $\int x\cos^2\frac{x}{2}dx$.

解 $\int x\cos^2\frac{x}{2}dx = \frac{1}{2}\int x(1+\cos x)dx = \frac{1}{4}x^2 + \frac{1}{2}\int x d(\sin x)$

$= \frac{1}{4}x^2 + \frac{1}{2}x\sin x - \frac{1}{2}\int \sin x dx = \frac{1}{4}x^2 + \frac{1}{2}x\sin x + \frac{1}{2}\cos x + C.$

3. $\int 3xe^{3x}dx$.

解 $\int 3xe^{3x}dx = \int x d(e^{3x}) = xe^{3x} - \int e^{3x}dx = xe^{3x} - \frac{1}{3}e^{3x} + C.$

4. $\int x^2\cos x dx$.

解 $\int x^2\cos x dx = \int x^2 d(\sin x) = x^2\sin x - 2\int x\sin x dx$

$= x^2\sin x + 2\int x d(\cos x) = x^2\sin x + 2x\cos x - 2\int \cos x dx$

$= x^2\sin x + 2x\cos x - 2\sin x + C.$

5. $\int \frac{x}{\sin^2 x}dx$.

解 $\int \frac{x}{\sin^2 x}dx = \int x\csc^2 x dx = -\int x d(\cot x) = -x\cot x + \int \cot x dx$

$= -x\cot x + \ln|\sin x| + C.$

6. $\int x\tan^2 x dx$.

解 $\int x\tan^2 x dx = \int x(\sec^2 x - 1)dx = \int x\sec^2 x dx - \int x dx$

$= -\frac{1}{2}x^2 + \int x d(\tan x)$

$= -\frac{1}{2}x^2 + x\tan x - \int \tan x dx$

$= -\frac{1}{2}x^2 + x\tan x + \ln|\cos x| + C.$

7. $\int \arccos x\mathrm{d}x$.

解 $\int \arccos x\mathrm{d}x = x\arccos x - \int x\mathrm{d}(\arccos x)$

$$= x\arccos x + \int \frac{x}{\sqrt{1-x^2}}\mathrm{d}x = x\arccos x - \frac{1}{2}\int \frac{1}{\sqrt{1-x^2}}\mathrm{d}(1-x^2)$$

$$= x\arccos x - \sqrt{1-x^2} + C.$$

8. $\int x^2 \operatorname{arccot} x\mathrm{d}x$.

解 $\int x^2 \operatorname{arccot} x\mathrm{d}x = \frac{1}{3}\int \operatorname{arccot} x\mathrm{d}(x^3)$

$$= \frac{1}{3}x^3 \operatorname{arccot} x - \frac{1}{3}\int x^3 \cdot \frac{-1}{1+x^2}\mathrm{d}x$$

$$= \frac{1}{3}x^3 \operatorname{arccot} x + \frac{1}{6}\int \frac{x^2}{1+x^2}\mathrm{d}(x^2)$$

$$= \frac{1}{3}x^3 \operatorname{arccot} x + \frac{1}{6}\int \left(1 - \frac{1}{1+x^2}\right)\mathrm{d}(x^2)$$

$$= \frac{1}{3}x^3 \operatorname{arccot} x + \frac{1}{6}x^2 - \frac{1}{6}\ln(1+x^2) + C.$$

9. $\int (\arcsin x)^2\mathrm{d}x$.

解 $\int (\arcsin x)^2\mathrm{d}x = x(\arcsin x)^2 - \int x \cdot 2\arcsin x \cdot \frac{1}{\sqrt{1-x^2}}\mathrm{d}x$

$$= x(\arcsin x)^2 + 2\int \arcsin x\mathrm{d}(\sqrt{1-x^2})$$

$$= x(\arcsin x)^2 + 2\sqrt{1-x^2}\arcsin x - 2\int \mathrm{d}x$$

$$= x(\arcsin x)^2 + 2\sqrt{1-x^2}\arcsin x - 2x + C.$$

10. $\int x\ln x\mathrm{d}x$.

解 $\int x\ln x\mathrm{d}x = \frac{1}{2}\int \ln x\mathrm{d}(x^2) = \frac{1}{2}x^2\ln x - \frac{1}{2}\int x^2\mathrm{d}(\ln x)$

$$= \frac{1}{2}x^2\ln x - \frac{1}{2}\int x\mathrm{d}x = \frac{1}{2}x^2\ln x - \frac{1}{4}x^2 + C.$$

11. $\int \ln^2 x\mathrm{d}x$.

解 $\int \ln^2 x\mathrm{d}x = x\ln^2 x - \int x \cdot 2\ln x \cdot \frac{1}{x}\mathrm{d}x = x\ln^2 x - 2\int \ln x\mathrm{d}x$

$$= x\ln^2 x - 2x\ln x + 2\int x \cdot \frac{1}{x}\mathrm{d}x = x\ln^2 x - 2x\ln x + 2x + C.$$

12. $\int \mathrm{e}^{-x}\sin x\mathrm{d}x$.

解 $\int \mathrm{e}^{-x}\sin x\mathrm{d}x = -\int \mathrm{e}^{-x}\mathrm{d}(\cos x) = -\mathrm{e}^{-x}\cos x + \int \cos x\mathrm{d}(\mathrm{e}^{-x})$

$$= -e^{-x}\cos x - \int e^{-x}\cos x\mathrm{d}x = -e^{-x}\cos x - \int e^{-x}\mathrm{d}(\sin x)$$

$$= -e^{-x}\cos x - e^{-x}\sin x + \int \sin x\mathrm{d}(e^{-x})$$

$$= -e^{-x}\cos x - e^{-x}\sin x - \int e^{-x}\sin x\mathrm{d}x,$$

所以 $\int e^{-x}\sin x\mathrm{d}x = -\frac{1}{2}e^{-x}(\cos x + \sin x) + C.$

13. $\int e^x \sin^2 x\mathrm{d}x.$

解 $\int e^x \sin^2 x\mathrm{d}x = \frac{1}{2}\int e^x(1-\cos 2x)\mathrm{d}x = \frac{1}{2}e^x - \frac{1}{2}\int e^x\cos 2x\mathrm{d}x,$

而 $\int e^x\cos 2x\mathrm{d}x = \int \cos 2x\mathrm{d}(e^x) = e^x\cos 2x + 2\int e^x\sin 2x\mathrm{d}x$

$$= e^x\cos 2x + 2\int \sin 2x\mathrm{d}(e^x)$$

$$= e^x\cos 2x + 2e^x\sin 2x - 4\int e^x\cos 2x\mathrm{d}x,$$

故 $\int e^x\cos 2x\mathrm{d}x = \frac{1}{5}e^x(\cos 2x + 2\sin 2x) + C_1,$

所以 $\int e^x \sin^2 x\mathrm{d}x = \frac{1}{2}e^x - \frac{1}{10}e^x(\cos 2x + 2\sin 2x) + C.$

14. $\int e^{\sqrt[3]{x}}\mathrm{d}x.$

解 $\int e^{\sqrt[3]{x}}\mathrm{d}x \xlongequal{令\sqrt[3]{x}=t} 3\int t^2 e^t\mathrm{d}t = 3\int t^2\mathrm{d}(e^t) = 3t^2e^t - 6\int te^t\mathrm{d}t$

$$= 3t^2e^t - 6\int t\mathrm{d}(e^t) = 3t^2e^t - 6te^t + 6\int e^t\mathrm{d}t$$

$$= 3t^2e^t - 6te^t + 6e^t + C = 3e^{\sqrt[3]{x}}(\sqrt[3]{x^2} - 2\sqrt[3]{x} + 2) + C.$$

15. $\int \cos\ln x\mathrm{d}x.$

解 $\int \cos\ln x\mathrm{d}x = x\cos\ln x + \int x\cdot\sin\ln x\cdot\frac{1}{x}\mathrm{d}x$

$$= x\cos\ln x + \int \sin\ln x\mathrm{d}x$$

$$= x\cos\ln x + x\sin\ln x - \int x\cdot\cos\ln x\cdot\frac{1}{x}\mathrm{d}x$$

$$= x\cos\ln x + x\sin\ln x - \int \cos\ln x\mathrm{d}x,$$

所以 $\int \cos\ln x\mathrm{d}x = \frac{x}{2}(\cos\ln x + \sin\ln x) + C.$

习题 4.4

求下列不定积分：

1. $\int \frac{x^3}{x+1}\mathrm{d}x.$

解 $\int \frac{x^3}{x+1}dx = \int \frac{x^3+1-1}{x+1}dx = \int \frac{(x+1)(x^2-x+1)-1}{x+1}dx$

$$= \int (x^2-x+1)dx - \int \frac{1}{x+1}dx$$

$$= \frac{1}{3}x^3 - \frac{1}{2}x^2 + x - \ln|x+1| + C.$$

2. $\int \frac{x+1}{x^2+3x-10}dx$.

解 $\int \frac{x+1}{x^2+3x-10}dx = \int \frac{\frac{1}{2}(2x+3)-\frac{3}{2}}{x^2+3x-10}dx$

$$= \frac{1}{2}\int \frac{d(x^2+3x-10)}{x^2+3x-10} - \frac{3}{2}\int \frac{1}{\left(x+\frac{3}{2}\right)^2 - \frac{49}{4}}dx$$

$$= \frac{1}{2}\ln|x^2+3x-10| - \frac{1}{2}\cdot\frac{1}{2\cdot\frac{7}{2}}\ln\left|\frac{\left(x+\frac{3}{2}\right)-\frac{7}{2}}{\left(x+\frac{3}{2}\right)+\frac{7}{2}}\right| + C$$

$$= \frac{1}{2}\ln|x^2+3x-10| - \frac{1}{14}\ln\left|\frac{x-2}{x+5}\right| + C.$$

3. $\int \frac{x^4+4x^3+6x^2+1}{x^2+4x+6}dx$.

解 $\int \frac{x^4+4x^3+6x^2+1}{x^2+4x+6}dx = \int \left(x^2 + \frac{1}{x^2+4x+6}\right)dx$

$$= \frac{x^3}{3} + \int \frac{1}{(x+2)^2+2}dx = \frac{x^3}{3} + \frac{1}{\sqrt{2}}\int \frac{1}{1+\left(\frac{x+2}{\sqrt{2}}\right)^2}d\left(\frac{x+2}{\sqrt{2}}\right)$$

$$= \frac{x^3}{3} + \frac{1}{\sqrt{2}}\arctan\frac{x+2}{\sqrt{2}} + C.$$

4. $\int \frac{x^2+x-8}{x^3-x}dx$.

解 $\int \frac{x^2+x-8}{x^3-x}dx = \int \left(\frac{8}{x} - \frac{4}{x+1} - \frac{3}{x-1}\right)dx$

$$= 8\ln|x| - 4\ln|x+1| - 3\ln|x-1| + C.$$

5. $\int \frac{x^2+1}{x^2(x-1)}dx$.

解 $\int \frac{x^2+1}{x^2(x-1)}dx = \int \left(\frac{-1}{x} + \frac{-1}{x^2} + \frac{2}{x-1}\right)dx$

$$= -\ln|x| + \frac{1}{x} + 2\ln|x-1| + C.$$

6. $\int \frac{1}{x(x^2+1)}dx$.

解 $\int \frac{1}{x(x^2+1)}dx = \int \left(\frac{1}{x} - \frac{x}{1+x^2}\right)dx$

$$= \ln|x| - \frac{1}{2}\ln(1+x^2) + C.$$

7. $\int \frac{3}{x^3+1}\mathrm{d}x$.

解 $\int \frac{3}{x^3+1}\mathrm{d}x = \int\left(\frac{1}{x+1} + \frac{-x+2}{x^2-x+1}\right)\mathrm{d}x$

$$= \int\left(\frac{1}{x+1} - \frac{1}{2}\cdot\frac{2x-1}{x^2-x+1} + \frac{3}{2}\cdot\frac{1}{x^2-x+1}\right)\mathrm{d}x$$

$$= \ln|x+1| - \frac{1}{2}\int\frac{1}{x^2-x+1}\mathrm{d}(x^2-x+1) + \frac{3}{2}\int\frac{1}{\left(x-\frac{1}{2}\right)^2+\left(\frac{\sqrt{3}}{2}\right)^2}\mathrm{d}\left(x-\frac{1}{2}\right)$$

$$= \ln\frac{|x+1|}{\sqrt{x^2-x+1}} + \sqrt{3}\arctan\frac{2x-1}{\sqrt{3}} + C.$$

8. $\int \frac{\mathrm{d}x}{(x^2+1)(x^2+x)}$.

解 $\int \frac{\mathrm{d}x}{(x^2+1)(x^2+x)} = \int \frac{\mathrm{d}x}{(x^2+1)(x+1)x}$

$$= \int\frac{\mathrm{d}x}{x} - \frac{1}{2}\int\frac{\mathrm{d}x}{x+1} - \frac{1}{2}\int\frac{x+1}{x^2+1}\mathrm{d}x$$

$$= \ln|x| - \frac{1}{2}\ln|x+1| - \frac{1}{4}\ln(x^2+1) - \frac{1}{2}\arctan x + C.$$

9. $\int \frac{\mathrm{d}x}{(x^2+1)(x^2-1)}$.

解 $\int \frac{\mathrm{d}x}{(x^2+1)(x^2-1)} = \frac{1}{2}\int\left(\frac{1}{x^2-1} - \frac{1}{x^2+1}\right)\mathrm{d}x$

$$= \frac{1}{2}\cdot\frac{1}{2}\ln\left|\frac{x-1}{x+1}\right| - \frac{1}{2}\arctan x + C = \frac{1}{4}\ln\left|\frac{x-1}{x+1}\right| - \frac{1}{2}\arctan x + C.$$

10. $\int \frac{x^2+x+1}{(x^2+1)^2}\mathrm{d}x$.

解 $\int \frac{x^2+x+1}{(x^2+1)^2}\mathrm{d}x = \int\frac{x^2+1}{(x^2+1)^2}\mathrm{d}x + \int\frac{x}{(x^2+1)^2}\mathrm{d}x$

$$= \arctan x - \frac{1}{2}\frac{1}{x^2+1} + C.$$

11. $\int \frac{1}{4+5\cos x}\mathrm{d}x$.

解 令 $u = \tan\frac{x}{2}$, $x = 2\arctan u$, $\cos x = \frac{1-u^2}{1+u^2}$,

$\mathrm{d}x = \frac{2}{1+u^2}\mathrm{d}u$, 则

$$\int\frac{1}{4+5\cos x}\mathrm{d}x = \int\frac{1}{4+5\frac{1-u^2}{1+u^2}}\cdot\frac{2}{1+u^2}\mathrm{d}u = \int\frac{2}{9-u^2}\mathrm{d}u$$

$$= 2 \cdot \frac{1}{2 \cdot 3} \ln \left| \frac{u+3}{u-3} \right| + C = \frac{1}{3} \ln \left| \frac{\tan \frac{x}{2} + 3}{\tan \frac{x}{2} - 3} \right| + C.$$

12. $\int \frac{1}{1+2\sin x} dx.$

解 令 $u = \tan \frac{x}{2}$，则

$$\int \frac{1}{1+2\sin x} dx = \int \frac{1}{1+2 \cdot \frac{2u}{1+u^2}} \cdot \frac{2}{1+u^2} du$$

$$= \int \frac{2}{u^2+4u+1} du = \int \frac{2}{(u+2)^2-3} du$$

$$= 2 \cdot \frac{1}{2 \cdot \sqrt{3}} \ln \left| \frac{u+2-\sqrt{3}}{u+2+\sqrt{3}} \right| + C = \frac{1}{\sqrt{3}} \ln \left| \frac{\tan \frac{x}{2} + 2 - \sqrt{3}}{\tan \frac{x}{2} + 2 + \sqrt{3}} \right| + C.$$

13. $\int \frac{dx}{1+\sin x+\cos x}.$

解 $\int \frac{dx}{1+\sin x+\cos x} = \int \frac{dx}{2\cos^2 \frac{x}{2} + 2\sin \frac{x}{2} \cos \frac{x}{2}}$

$$= \frac{1}{2} \int \frac{dx}{\cos^2 \frac{x}{2} \left(1 + \tan \frac{x}{2}\right)} = \int \frac{1}{1+\tan \frac{x}{2}} d\left(\tan \frac{x}{2}\right)$$

$$= \ln \left| 1 + \tan \frac{x}{2} \right| + C.$$

14. $\int \frac{dx}{3+\sin^2 x}.$

解 $\int \frac{dx}{3+\sin^2 x} = \int \frac{dx}{\cos^2 x(3\sec^2 x + \tan^2 x)}$

$$= \frac{1}{2} \int \frac{d(2\tan x)}{3+4\tan^2 x} = \frac{1}{2\sqrt{3}} \arctan\left(\frac{2\tan x}{\sqrt{3}}\right) + C.$$

15. $\int \frac{1}{1+\sqrt[3]{x+1}} dx.$

解 令 $\sqrt[3]{x+1} = t$，则 $x = t^3 - 1$，$dx = 3t^2 dt$，于是

$$\int \frac{1}{1+\sqrt[3]{x+1}} dx = \int \frac{1}{1+t} \cdot 3t^2 dt = 3\int \left(t - 1 + \frac{1}{1+t}\right) dt$$

$$= \frac{3}{2} t^2 - 3t + 3\ln|1+t| + C.$$

$$= \frac{3}{2} \sqrt[3]{(x+1)^2} - 3\sqrt[3]{x+1} + 3\ln(1+\sqrt[3]{x+1}) + C.$$

16. $\int \frac{\sqrt{x+1}-1}{\sqrt{x+1}+1} dx.$

解 令 $\sqrt{x+1}=t$，则 $x=t^2-1$，$\mathrm{d}x=2t\mathrm{d}t$，于是

$$\begin{aligned}\int\frac{\sqrt{x+1}-1}{\sqrt{x+1}+1}\mathrm{d}x &= \int\frac{t-1}{t+1}\cdot 2t\mathrm{d}t = 2\int\left(t-2+\frac{2}{t+1}\right)\mathrm{d}t\\ &= 2\left(\frac{1}{2}t^2-2t+2\ln|t+1|\right)+C_1\\ &= (x+1)-4\sqrt{x+1}+4\ln(\sqrt{x+1}+1)+C_1\\ &= x-4\sqrt{x+1}+4\ln(\sqrt{x+1}+1)+C.\end{aligned}$$

17. $\int\frac{\sqrt{x}\mathrm{d}x}{x(1+\sqrt[3]{x})}$.

解 令 $\sqrt[6]{x}=t$，则 $x=t^6$，$\mathrm{d}x=6t^5\mathrm{d}t$，于是

$$\begin{aligned}\int\frac{\sqrt{x}\mathrm{d}x}{x(1+\sqrt[3]{x})} &= \int\frac{t^3}{t^6(1+t^2)}\cdot 6t^5\mathrm{d}t = 6\int\frac{t^2}{1+t^2}\mathrm{d}t\\ &= 6\int\left(1-\frac{1}{1+t^2}\right)\mathrm{d}t = 6t-6\arctan t+C\\ &= 6\sqrt[6]{x}-6\arctan\sqrt[6]{x}+C.\end{aligned}$$

18. $\int\frac{\mathrm{d}x}{\sqrt{x}+\sqrt[4]{x}}$.

解 令 $\sqrt[4]{x}=t$，则 $x=t^4$，$\mathrm{d}x=4t^3\mathrm{d}t$，于是

$$\begin{aligned}\int\frac{\mathrm{d}x}{\sqrt{x}+\sqrt[4]{x}} &= \int\frac{4t^3\mathrm{d}t}{t^2+t} = \int\frac{4t^2\mathrm{d}t}{t+1} = 4\int\left(t-1+\frac{1}{t+1}\right)\mathrm{d}t\\ &= 2t^2-4t+4\ln|1+t|+C = 2\sqrt{x}-4\sqrt[4]{x}+4\ln(1+\sqrt[4]{x})+C.\end{aligned}$$

总习题四

求下列不定积分（其中 a，b 为常数）：

1. $\int\frac{\mathrm{d}x}{\mathrm{e}^x-\mathrm{e}^{-x}}$.

解 $\int\frac{\mathrm{d}x}{\mathrm{e}^x-\mathrm{e}^{-x}}=\int\frac{\mathrm{e}^x}{\mathrm{e}^{2x}-1}\mathrm{d}x=\int\frac{1}{\mathrm{e}^{2x}-1}\mathrm{d}(\mathrm{e}^x)=\frac{1}{2}\ln\left|\frac{\mathrm{e}^x-1}{\mathrm{e}^x+1}\right|+C.$

2. $\int\frac{x+1}{(2-x)^3}\mathrm{d}x$.

解

$$\begin{aligned}\int\frac{x+1}{(2-x)^3}\mathrm{d}x &= -\int\frac{1}{(2-x)^2}\mathrm{d}x+\int\frac{3}{(2-x)^3}\mathrm{d}x\\ &= -\frac{1}{2-x}+\frac{3}{2}\cdot\frac{1}{(2-x)^2}+C.\end{aligned}$$

3. $\int\frac{x^2}{a^6-x^6}\mathrm{d}x\ (a>0)$.

解

$$\begin{aligned}\int\frac{x^2}{a^6-x^6}\mathrm{d}x &= \frac{1}{3}\int\frac{1}{(a^3)^2-(x^3)^2}\mathrm{d}(x^3)\\ &= \frac{1}{6a^3}\ln\left|\frac{x^3+a^3}{x^3-a^3}\right|+C.\end{aligned}$$

4. $\int \frac{1+\cos x}{x+\sin x} dx$.

解 $\int \frac{1+\cos x}{x+\sin x} dx = \int \frac{1}{x+\sin x} d(x+\sin x) = \ln|x+\sin x| + C$.

5. $\int \frac{\ln \ln x}{x} dx$.

解 $\int \frac{\ln \ln x}{x} dx = \int \ln \ln x d(\ln x) = \ln x \cdot \ln \ln x - \int \ln x \cdot \frac{1}{\ln x} \cdot \frac{1}{x} dx$

$= \ln x \cdot \ln \ln x - \ln x + C$.

6. $\int \frac{\sin x \cos x}{1+\sin^4 x} dx$.

解 $\int \frac{\sin x \cos x}{1+\sin^4 x} dx = \int \frac{\sin x}{1+\sin^4 x} d(\sin x)$

$= \frac{1}{2} \int \frac{1}{1+(\sin^2 x)^2} d(\sin^2 x) = \frac{1}{2} \arctan \sin^2 x + C$.

7. $\int \tan^4 x dx$.

解 $\int \tan^4 x dx = \int \tan^2 x (\sec^2 x - 1) dx$

$= \int \tan^2 x d(\tan x) - \int (\sec^2 x - 1) dx$

$= \frac{1}{3} \tan^3 x - \tan x + x + C$.

8. $\int \sin x \sin 2x dx$.

解 $\int \sin x \sin 2x dx = -\frac{1}{2} \int (\cos 3x - \cos x) dx$

$= -\frac{1}{6} \sin 3x + \frac{1}{2} \sin x + C$.

9. $\int \frac{dx}{x(x^6+4)}$.

解 $\int \frac{dx}{x(x^6+4)} = \frac{1}{4} \int \left(\frac{1}{x} - \frac{x^5}{x^6+4} \right) dx$

$= \frac{1}{4} \ln|x| - \frac{1}{24} \ln(x^6+4) + C$.

10. $\int \sqrt{\frac{a+x}{a-x}} dx \ (a>0)$.

解 $\int \sqrt{\frac{a+x}{a-x}} dx = \int \frac{a+x}{\sqrt{a^2-x^2}} dx$

$= a \int \frac{1}{\sqrt{a^2-x^2}} dx + \int \frac{x}{\sqrt{a^2-x^2}} dx = a \arcsin \frac{x}{a} - \sqrt{a^2-x^2} + C$.

11. $\int \frac{dx}{\sqrt{x(1+x)}}$.

解 $\int \frac{dx}{\sqrt{x(1+x)}} = \int \frac{1}{\sqrt{\left(x+\frac{1}{2}\right)^2 - \frac{1}{4}}} d\left(x+\frac{1}{2}\right)$

$= \ln\left(x + \frac{1}{2} + \sqrt{\left(x+\frac{1}{2}\right)^2 - \frac{1}{4}}\right) + C$

$= \ln\left(x + \frac{1}{2} + \sqrt{x(1+x)}\right) + C.$

12. $\int x\cos^2 x dx$.

解 $\int x\cos^2 x dx = \frac{1}{2}\int (x + x\cos 2x) dx$

$= \frac{1}{4}x^2 + \frac{1}{4}\int x d(\sin 2x) = \frac{1}{4}x^2 + \frac{1}{4}x\sin 2x - \frac{1}{4}\int \sin 2x dx$

$= \frac{1}{4}x^2 + \frac{1}{4}x\sin 2x + \frac{1}{8}\cos 2x + C.$

13. $\int e^{ax}\cos bx dx$.

解 因为

$$\int e^{ax}\cos bx dx = \frac{1}{a}\int \cos bx d(e^{ax})$$
$$= \frac{1}{a}e^{ax}\cos bx + \frac{b}{a}\int e^{ax}\sin bx dx$$
$$= \frac{1}{a}e^{ax}\cos bx + \frac{b}{a^2}\int \sin bx d(e^{ax})$$
$$= \frac{1}{a}e^{ax}\cos bx + \frac{b}{a^2}e^{ax}\sin bx - \frac{b^2}{a^2}\int e^{ax}\cos bx dx,$$

所以 $\int e^{ax}\cos bx dx = \frac{a^2}{a^2+b^2}\left(\frac{1}{a}e^{ax}\cos bx + \frac{b}{a^2}e^{ax}\sin bx\right) + C$

$= \frac{1}{a^2+b^2}e^{ax}(a\cos bx + b\sin bx) + C.$

14. $\int \frac{1}{\sqrt{1+e^x}} dx$.

解 令 $\sqrt{1+e^x} = t$, 则 $x = \ln(t^2-1)$, $dx = \frac{2t}{t^2-1}dt$, 于是

$\int \frac{1}{\sqrt{1+e^x}} dx = \int \frac{2t}{t(t^2-1)} dt = \int \left(\frac{1}{t-1} - \frac{1}{t+1}\right) dt$

$= [\ln(t-1) - \ln(t+1)] + C$

$= [\ln(\sqrt{1+e^x} - 1) - \ln(\sqrt{1+e^x} + 1)] + C$

$= 2\ln(\sqrt{1+e^x} - 1) - x + C.$

15. $\int \frac{dx}{x^2\sqrt{x^2-1}}$.

解 $\int \frac{dx}{x^2\sqrt{x^2-1}} \xlongequal{\text{令 } x = \sec t} \int \frac{1}{\sec^2 t \cdot \tan t} \cdot \sec t \tan t dt$

$$= \int \cos t\mathrm{d}t = \sin t + C = \frac{\sqrt{x^2 - 1}}{x} + C.$$

16. $\int \frac{\mathrm{d}x}{(a^2 - x^2)^{5/2}}$.

解 $\int \frac{\mathrm{d}x}{(a^2 - x^2)^{5/2}} \xlongequal{令 x = a\sin t} \int \frac{1}{(a\cos t)^5} \cdot a\cos t\mathrm{d}t$

$$= \frac{1}{a^4}\int \frac{1}{\cos^4 t}\mathrm{d}t = \frac{1}{a^4}\int (\tan^2 t + 1)\mathrm{d}(\tan t)$$

$$= \frac{1}{3a^4}\tan^3 t + \frac{1}{a^4}\tan t + C$$

$$= \frac{1}{3a^4} \cdot \frac{x^3}{\sqrt{(a^2 - x^2)^3}} + \frac{1}{a^4}\frac{x}{\sqrt{a^2 - x^2}} + C.$$

17. $\int \frac{x^3 + 1}{(x^2 + 1)^2}\mathrm{d}x$.

解 令 $x = \tan t \left(-\frac{\pi}{2} < t < \frac{\pi}{2}\right)$，则 $\mathrm{d}x = \sec^2 t\mathrm{d}t$，于是

$$\int \frac{x^3 + 1}{(x^2 + 1)^2}\mathrm{d}x = \int \frac{\tan^3 t + 1}{\sec^4 t} \cdot \sec^2 t\mathrm{d}t = \int \frac{\tan^3 t + 1}{\sec^2 t}\mathrm{d}t$$

$$= \int \left(\frac{\sin^3 t}{\cos t} + \cos^2 t\right)\mathrm{d}t = -\int \frac{1 - \cos^2 t}{\cos t}\mathrm{d}(\cos t) + \int \frac{1 + \cos 2t}{2}\mathrm{d}t$$

$$= -\ln |\cos t| + \frac{1}{2}\cos^2 t + \frac{1}{2}t + \frac{1}{4}\sin 2t + C$$

$$= -\ln \left|\frac{1}{\sqrt{1 + x^2}}\right| + \frac{1}{2}\frac{1}{1 + x^2} + \frac{1}{2}\arctan x + \frac{2}{4}\frac{x}{\sqrt{1 + x^2}}\frac{1}{\sqrt{1 + x^2}} + C$$

$$= \frac{1}{2}\ln (1 + x^2) + \frac{1}{2}\frac{1}{1 + x^2} + \frac{1}{2}\arctan x + \frac{1}{2}\frac{x}{1 + x^2} + C.$$

18. $\int \sqrt{x}\cos \sqrt{x}\mathrm{d}x$.

解 $\int \sqrt{x}\cos \sqrt{x}\mathrm{d}x \xlongequal{令\sqrt{x} = t} \int t\cos t \cdot 2t\mathrm{d}t = 2\int t^2\cos \mathrm{d}t$

$$= 2\int t^2\mathrm{d}(\sin t) = 2t^2\sin t - 2\int \sin t \cdot 2t\mathrm{d}t$$

$$= 2t^2\sin t + 4\int t\mathrm{d}(\cos t) = 2t^2\sin t + 4t\cos t - 4\int \cos t\mathrm{d}t$$

$$= 2t^2\sin t + 4t\cos t - 4\sin t + C$$

$$= 2x\sin \sqrt{x} + 4\sqrt{x}\cos \sqrt{x} - 4\sin \sqrt{x} + C.$$

19. $\int \ln (1 + x^2)\mathrm{d}x$.

解 $\int \ln (1 + x^2)\mathrm{d}x = x\ln (1 + x^2) - \int x \cdot \frac{2x}{1 + x^2}\mathrm{d}x$

$$= x\ln (1 + x^2) - 2\int \left(1 - \frac{1}{1 + x^2}\right)\mathrm{d}x$$

$$= x\ln (1 + x^2) - 2x + 2\arctan x + C.$$

20. $\int \frac{\sin^2 x}{\cos^3 x}dx$.

解 $\int \frac{\sin^2 x}{\cos^3 x}dx = \int \frac{1-\cos^2 x}{\cos^3 x}dx = \int \sec^3 x dx - \int \sec x dx$

$= \int \sec x d(\tan x) - \int \sec x dx = \sec x \tan x - \int \sec x \tan^2 x dx - \int \sec x dx$

$= \sec x \tan x - \int \sec x(\sec^2 x - 1)dx - \int \sec x dx$

$= \sec x \tan x - \int \sec^3 x dx$,

则 $2\int \sec^3 x dx = \int \sec x dx + \sec x \tan x$，从而

$$\int \sec^3 x dx = \frac{1}{2}\ln|\sec x + \tan x| + \frac{1}{2}\sec x \tan x + C.$$

故 $\int \frac{\sin^2 x}{\cos^3 x}dx = \frac{1}{2}\sec x \tan x + \frac{1}{2}\ln|\sec x + \tan x| - \int \sec x dx + C$

$= \frac{1}{2}\sec x \tan x - \frac{1}{2}\ln|\sec x + \tan x| + C.$

21. $\int \arctan\sqrt{x}dx$.

解 $\int \arctan\sqrt{x}dx = x\arctan\sqrt{x} - \int x \cdot \frac{1}{1+x}d(\sqrt{x})$

$= x\arctan\sqrt{x} - \int\left(1 - \frac{1}{1+x}\right)d(\sqrt{x})$

$= x\arctan\sqrt{x} - \sqrt{x} + \arctan\sqrt{x} + C$

$= (x+1)\arctan\sqrt{x} - \sqrt{x} + C.$

22. $\int \frac{\sqrt{1+\cos x}}{\sin x}dx$.

解 $\int \frac{\sqrt{1+\cos x}}{\sin x}dx = \int \frac{\sqrt{2}\left|\cos\frac{x}{2}\right|}{2\sin\frac{x}{2}\cos\frac{x}{2}}dx = \pm\sqrt{2}\int \csc\frac{x}{2}d\left(\frac{x}{2}\right)$

$= \pm\sqrt{2}\ln\left|\csc\frac{x}{2} - \cot\frac{x}{2}\right| + C.$

当 $\cos\frac{x}{2} > 0$ 时，取正；当 $\cos\frac{x}{2} < 0$ 时，取负.

23. $\int \frac{dx}{16 - x^4}$.

解 $\int \frac{dx}{16-x^4} = \int \frac{1}{(4-x^2)(4+x^2)}dx = \frac{1}{8}\int\left(\frac{1}{4-x^2} + \frac{1}{4+x^2}\right)dx$

$= \frac{1}{8}\left(\frac{1}{4}\ln\left|\frac{2+x}{2-x}\right| + \frac{1}{2}\arctan\frac{x}{2}\right) + C$

$= \frac{1}{32}\ln\left|\frac{2+x}{2-x}\right| + \frac{1}{16}\arctan\frac{x}{2} + C.$

24. $\int \frac{\sin x}{1+\sin x}dx$.

解 $\int \frac{\sin x}{1+\sin x}dx = \int \frac{\sin x(1-\sin x)}{1-\sin^2 x}dx = \int \frac{\sin x - \sin^2 x}{\cos^2 x}dx$

$= \int\left(\frac{\sin x}{\cos^2 x} + 1 - \frac{1}{\cos^2 x}\right)dx = \sec x + x - \tan x + C.$

25. $\int \frac{x+\sin x}{1+\cos x}dx.$

解 $\int \frac{x+\sin x}{1+\cos x}dx = \int \frac{x+\sin x}{2\cos^2\frac{x}{2}}dx = \frac{1}{2}\int \frac{x}{\cos^2\frac{x}{2}}dx + \frac{1}{2}\int \frac{\sin x}{\cos^2\frac{x}{2}}dx$

$= \int x d\left(\tan\frac{x}{2}\right) + \int \tan\frac{x}{2}dx$

$= x\tan\frac{x}{2} - \int \tan\frac{x}{2}dx + \int \tan\frac{x}{2}dx = x\tan\frac{x}{2} + C.$

26. $\int \frac{\sqrt[3]{x}}{x(\sqrt{x}+\sqrt[3]{x})}dx.$

解 $\int \frac{\sqrt[3]{x}}{x(\sqrt{x}+\sqrt[3]{x})}dx \xlongequal{令 x = t^6} \int \frac{t^2}{t^6(t^3+t^2)}\cdot 6t^5 dt$

$= 6\int\left(\frac{1}{t} - \frac{1}{t+1}\right)dt = 6\ln\frac{t}{t+1} + C = \ln x - 6\ln(\sqrt[6]{x}+1) + C.$

27. $\int \frac{dx}{(1+e^x)^2}.$

解 $\int \frac{dx}{(1+e^x)^2} \xlongequal{令 1+e^x = t} \int \frac{1}{t^2}\cdot\frac{1}{t-1}dt = \int\left(\frac{1}{t-1} - \frac{1}{t} - \frac{1}{t^2}\right)dt$

$= \ln(t-1) - \ln t + \frac{1}{t} + C$

$= x - \ln(1+e^x) + \frac{1}{1+e^x} + C.$

28. $\int \frac{xe^x}{(e^x+1)^2}dx.$

解 $\int \frac{xe^x}{(e^x+1)^2}dx = \int \frac{x}{(e^x+1)^2}d(e^x+1) = -\int x d\left(\frac{1}{e^x+1}\right)$

$= -\frac{x}{e^x+1} + \int \frac{1}{e^x+1}dx = -\frac{x}{e^x+1} + \int \frac{1}{e^x(e^x+1)}d(e^x)$

$= -\frac{x}{e^x+1} + \int\left(\frac{1}{e^x} - \frac{1}{e^x+1}\right)d(e^x)$

$= -\frac{x}{e^x+1} + \ln e^x - \ln(e^x+1) + C = \frac{xe^x}{e^x+1} - \ln(e^x+1) + C.$

29. $\int \sqrt{x}\ln^2 x dx.$

解 $\int \sqrt{x}\ln^2 x dx = \frac{2}{3}\int \ln^2 x d(x\sqrt{x})$

$= \frac{2}{3}x\sqrt{x}\ln^2 x - \frac{2}{3}\int x\sqrt{x}\cdot 2\frac{1}{x}\ln x dx$

$$=\frac{2}{3}x\sqrt{x}\ln^2x-\frac{4}{3}\int\sqrt{x}\cdot\ln x\mathrm{d}x$$

$$=\frac{2}{3}x\sqrt{x}\ln^2x-\frac{4}{3}\cdot\frac{2}{3}\int\ln x\mathrm{d}(x\sqrt{x})$$

$$=\frac{2}{3}x\sqrt{x}\ln^2x-\frac{8}{9}x\sqrt{x}\ln x+\frac{8}{9}\int x\sqrt{x}\cdot\frac{1}{x}\mathrm{d}x$$

$$=\frac{2}{3}x\sqrt{x}\ln^2x-\frac{8}{9}x\sqrt{x}\ln x+\frac{8}{9}\int\sqrt{x}\mathrm{d}x$$

$$=\frac{2}{3}x\sqrt{x}\ln^2x-\frac{8}{9}x\sqrt{x}\ln x+\frac{16}{27}x\sqrt{x}+C.$$

30. $\int\frac{\cot x}{1+\sin x}\mathrm{d}x.$

解 $$\int\frac{\cot x}{1+\sin x}\mathrm{d}x=\int\frac{1}{\sin x(1+\sin x)}\mathrm{d}(\sin x)$$

$$=\int\left(\frac{1}{\sin x}-\frac{1}{1+\sin x}\right)\mathrm{d}(\sin x)$$

$$=\ln|\sin x|-\ln(1+\sin x)+C=-\ln|\csc x+1|+C.$$

31. $\int\frac{\mathrm{d}x}{\sin^3x\cos x}.$

解 $$\int\frac{\mathrm{d}x}{\sin^3x\cos x}=-\int\frac{1}{\sin x\cos x}\mathrm{d}(\cot x)$$

$$=-\int\frac{\cos x}{\sin x\cos^2x}\mathrm{d}(\cot x)=-\int\cot x\cdot\frac{1}{\cos^2x}\mathrm{d}(\cot x)$$

$$=-\int\left(\frac{1}{\cot x}+\cot x\right)\mathrm{d}(\cot x)$$

$$=-\ln|\cot x|-\frac{1}{2}\cot^2x+C.$$

32. $\int\frac{\mathrm{d}x}{(2+\cos x)\sin x}.$

解 令 $u=\tan\frac{x}{2}$，则

$$\int\frac{\mathrm{d}x}{(2+\cos x)\sin x}=\int\frac{1}{\left(2+\frac{1-u^2}{1+u^2}\right)\frac{2u}{1+u^2}}\cdot\frac{2}{1+u^2}\mathrm{d}u$$

$$=\int\frac{1+u^2}{(u^2+3)u}\mathrm{d}u=\frac{1}{3}\int\frac{2u}{u^2+3}\mathrm{d}u+\frac{1}{3}\int\frac{1}{u}\mathrm{d}u$$

$$=\frac{1}{3}\ln(u^2+3)+\frac{1}{3}\ln|u|+C=\frac{1}{3}\left[\ln\left(\tan^2\frac{x}{2}+3\right)+\ln\left|\tan\frac{x}{2}\right|\right]+C.$$

六、自测题

（满分 100 分，时间 120 分钟）

1. 选择题（每小题 4 分，共 24 分）：

(1) 若 $\int f(x)\,dx = \frac{3}{4}\ln\sin 4x + C$, 则 $f(x) = ($　　$)$.

(A) $\cot 4x$;　(B) $-\cot 4x$;　(C) $-3\cot 4x$;　(D) $3\cot 4x$.

(2) 在区间 (a, b) 内, 若 $f'(x) = g'(x)$, 则必有 (　　).

(A) $f(x) = g(x)$;　(B) $f(x) = g(x) + C$;

(C) $\int f(x)\,dx = \int g(x)\,dx$;　(D) $\left(\int f(x)\,dx\right)' = \left(\int g(x)\,dx\right)'$.

(3) 不定积分 $\int \frac{1}{1-2x}dx = ($　　$)$.

(A) $2\ln|2x-1| + C$;　(B) $-2\ln|2x-1| + C$;

(C) $\frac{1}{2}\ln|2x-1| + C$;　(D) $-\frac{1}{2}\ln|2x-1| + C$.

(4) 不定积分 $\int \frac{1}{4+x^2}dx = ($　　$)$.

(A) $\arctan\frac{x}{2} + C$;　(B) $\ln(4+x^2) + C$;

(C) $\frac{1}{2}\arctan\frac{x}{2} + C$;　(D) $\frac{1}{2}\arctan x + C$.

(5) 若 $\int f(x)\,dx = F(x) + C$, 则 $\int e^{-x} f(e^{-x})\,dx = ($　　$)$.

(A) $F(e^x) + C$;　(B) $-F(e^x) + C$;

(C) $F(e^{-x}) + C$;　(D) $-F(e^{-x}) + C$.

(6) 若 $F'(x) = \frac{1}{\sqrt{1-x^2}}$, $F(1) = \frac{1}{2}\pi$, 则 $F(x)$ 为 (　　).

(A) $\arcsin x$;　(B) $\arcsin x + \frac{1}{2}\pi$;

(C) $\arcsin x + \pi$;　(D) $\arcsin x - \pi$.

2. 求下列各不定积分（每小题 6 分，共 54 分）:

(1) $\int \frac{4x+6}{x^2+3x-8}dx$;　(2) $\int \frac{x + \arccos x}{\sqrt{1-x^2}}dx$;

(3) $\int (2^x + 3^x)3^x dx$;　(4) $\int x^2 \arcsin x\,dx$;

(5) $\int (1+\sin^2 x)(1+\cos^2 x)\,dx$;　(6) $\int \frac{\sqrt{x}}{x(\sqrt{x}+\sqrt[3]{x})}dx$;

(7) $\int \frac{1}{1+\sin x}dx$;　(8) $\int \frac{1}{x^4(x^2+1)}dx$;

(9) $\int \frac{\arctan x}{x^2(1+x^2)}dx$.

3. (7 分) 若 $f(x) = xe^x$, 求 $\int \ln x f'(x)\,dx$.

4. (7 分) 若 $\sin x$ 是 $f(x)$ 的一个原函数，证明

$$\int x f''(x)\,dx = -x\sin x - \cos x + C.$$

5.（8分）求积分$\int (x\ln x)^p(1+\ln x)\mathrm{d}x$.

参考答案

1.（1）（D）；（2）（B）；（3）（D）；（4）（C）；（5）（D）；（6）（A）.

2.（1）$2\ln|x^2+3x-8|+C$；　（2）$-\sqrt{1-x^2}-\frac{1}{2}(\arccos x)^2+C$；

（3）$\frac{6^x}{\ln 6}+\frac{9^x}{2\ln 3}+C$；

（4）$\frac{1}{3}x^3\arcsin x+\frac{1}{3}\sqrt{1-x^2}-\frac{1}{9}\sqrt{(1-x^2)^3}+C$；

（5）$\frac{17}{8}x-\frac{1}{32}\sin 4x+C$；　（6）$6\ln(\sqrt[6]{x}+1)+C$；

（7）$\tan x-\sec x+C$；　（8）$-\frac{1}{3x^3}+\frac{1}{x}-\arctan\frac{1}{x}+C$；

（9）$-\frac{\arctan x}{x}+\ln\frac{|x|}{\sqrt{1+x^2}}-\frac{1}{2}(\arctan x)^2+C$.

3. $\mathrm{e}^x(x\ln x-1)+C$.

5. $\begin{cases}\frac{(x\ln x)^{p+1}}{p+1}+C, & p\neq -1,\\ \ln|x\ln x|+C, & p=-1.\end{cases}$

第五章　定积分及其应用

一、预习导引

1. 定积分的概念与性质

（1）在初等数学中，我们学习了平面上规则图形的面积公式，你会利用这些公式计算平面上不规则图形的面积吗？例如，求曲边梯形（即把梯形的一个腰换成曲线段得到的图形）的面积，你会吗？仔细阅读第五章第一节曲边梯形的面积部分，你会得到答案．

（2）利用求曲边梯形的面积的方法，求以速度 $v(t)$ 作变速直线运动的物体由时刻 T_1 到 T_2 走过的路程．阅读教材中变速直线运动的路程部分，并比较你的做法是否正确．

（3）对于曲边梯形的面积和变速直线运动的路程，虽然这两个问题的实际意义不同，但解题思路是一样的，通过阅读定积分的定义部分找出它们的共性，这对于你加深理解定积分的定义有很大帮助．

（4）定积分是由极限定义的，极限的性质能用到定积分中吗？定积分有哪些性质？怎样证明这些性质？阅读第五章第一节第二部分你会得到答案．

2. 微积分基本公式

（1）根据定积分的定义，你知道速度函数的定积分与路程函数有什么关系吗？这种关系能推广到一般函数的定积分吗？带着这些问题仔细阅读第五章第二节，你会从中找到答案．

（2）在证明积分上限函数的求导公式时用到了哪些概念和性质？它揭示了什么关系？阅读本节第二部分，并从中找出答案．

（3）用牛顿－莱布尼兹公式求定积分需要满足什么条件？去掉这个条件行吗？仔细阅读牛顿－莱布尼兹公式的证明过程，从中寻找答案．

（4）阅读牛顿－莱布尼兹公式部分，你知道不定积分与定积分的关系吗？这对应用牛顿－莱布尼兹公式求定积分非常重要．

3. 定积分的计算方法

（1）定积分与不定积分的换元法有什么联系与区别？应用定积分的换元法求定积分时应注意什么问题，带着这些问题阅读定积分的换元积分法．

（2）定积分与不定积分的分部积分法有什么联系与区别？阅读定积分的分部积分法，并从中找出答案．

4. 广义积分

（1）定积分中如果积分限由有限推广到无穷，能否借助定积分来求这类积分？仔细阅读无穷限的广义积分部分，你就会从中找到答案．

（2）如果被积函数在积分区间上有无穷间断点，你能借助无穷限的广义积分敛散性的定义，给出这类积分的敛散性的定义吗？阅读本节第二部分，完善你给出的积分定义．

（3）仔细阅读本节例题，找出求广义积分应注意的问题．

5. 定积分的几何应用

（1）回顾定积分的定义，你认为定义中哪一步最关键？根据定积分的定义你会判断一个量 U 是否可以用定积分表示吗？仔细阅读定积分的元素法，会帮助你解答这个问题．

（2）怎样利用元素法求平面图形的面积和空间立体的体积？仔细阅读定积分的几何应用部分的例题，对你应用元素法解决实际问题会有很大的帮助．

二、知识梳理

1. 定积分的概念与性质

定积分的定义 定积分可定义为和式的极限，即

$$\int_a^b f(x)\,\mathrm{d}x = \lim_{\lambda\to 0}\sum_{i=1}^{n} f(\xi_i)\Delta x_i,$$

其中，Δx_i 是任意分割 $[a,b]$ 为 n 个小区间所得的第 i 个小区间的长度，$\lambda = \max\limits_{1\leqslant i\leqslant n}\{\Delta x_i\}$，$\xi_i$ 是第 i 个小区间上的任意一点．

性质 1 $\int_a^b [f(x) \pm g(x)]\,\mathrm{d}x = \int_a^b f(x)\,\mathrm{d}x \pm \int_a^b g(x)\,\mathrm{d}x$.

性质 2 $\int_a^b kf(x)\,\mathrm{d}x = k\int_a^b f(x)\,\mathrm{d}x$（$k$ 为常数）.

性质 3 $\int_a^b f(x)\,\mathrm{d}x = \int_a^c f(x)\,\mathrm{d}x + \int_c^b f(x)\,\mathrm{d}x.$

$$\int_a^b f(x)\,\mathrm{d}x = -\int_b^a f(x)\,\mathrm{d}x,\ \int_a^a f(x)\,\mathrm{d}x = 0.$$

性质 4 如果 $f(x)=1$，则

$$\int_a^b f(x)\,\mathrm{d}x = \int_a^b \mathrm{d}x = b-a.$$

性质 5 如果在区间 $[a,b]$ 上 $f(x)\geqslant 0$，则

$$\int_a^b f(x)\,\mathrm{d}x \geqslant 0\ (a<b).$$

推论 1 如果在区间 $[a,b]$ 上，$f(x)\leqslant g(x)$，则

$$\int_a^b f(x)\,dx \leqslant \int_a^b g(x)\,dx\,(a < b).$$

推论 2　$\left|\int_a^b f(x)\,dx\right| \leqslant \int_a^b |f(x)|\,dx\ (a < b).$

性质 6　估值不等式

设 M, m 分别是函数 $f(x)$ 在 $[a, b]$ 上的最大值和最小值，则

$$m(b-a) \leqslant \int_a^b f(x)\,dx \leqslant M(b-a) \quad (a < b).$$

性质 7　定积分中值定理

如果函数 $f(x)$ 在闭区间 $[a, b]$ 上连续，则在 $[a, b]$ 上至少存在一点 ξ，使下式成立：

$$\int_a^b f(x)\,dx = f(\xi)(b-a).$$

无穷限的广义积分

$$\int_a^{+\infty} f(x)\,dx = \lim_{b\to+\infty}\int_a^b f(x)\,dx,$$

$$\int_{-\infty}^b f(x)\,dx = \lim_{a\to-\infty}\int_a^b f(x)\,dx,$$

$$\int_{-\infty}^{+\infty} f(x)\,dx = \int_{-\infty}^0 f(x)\,dx + \int_0^{+\infty} f(x)\,dx.$$

若右边极限存在，则称无穷限广义积分**收敛**；否则，称其**发散**（不收敛）.

无界函数广义积分（瑕积分）

$$\int_a^b f(x)\,dx = \lim_{\varepsilon\to0^+}\int_{a+\varepsilon}^b f(x)\,dx\ (\lim_{x\to a+0} f(x) = \infty),$$

$$\int_a^b f(x)\,dx = \lim_{\varepsilon\to0^+}\int_a^{b-\varepsilon} f(x)\,dx\ (\lim_{x\to b-0} f(x) = \infty),$$

$$\int_a^b f(x)\,dx = \int_a^c f(x)\,dx + \int_c^b f(x)\,dx\ (\lim_{x\to c} f(x) = \infty).$$

若右边极限存在，则称无界函数广义积分**收敛**；否则，称其**发散**（不收敛）.

2. 定积分的计算

牛顿 - 莱布尼兹公式

$$\int_a^b f(x)\,dx = F(x)\Big|_a^b = F(b) - F(a),$$

其中 $f(x)$ 在 $[a, b]$ 上连续，$F(x)$ 是 $f(x)$ 的任意一个原函数.

换元积分公式

$$\int_a^b f(x)\,dx = \int_\alpha^\beta f(\varphi(t))\varphi'(t)\,dt,$$

其中 $x = \varphi(t)$ 在 $[\alpha, \beta]$ 上单调，有连续导数 $\varphi'(t)$，且 $\varphi(\alpha) = a$, $\varphi(\beta) = b$.

分部积分公式

$$\int_a^b u(x)\mathrm{d}v(x) = u(x)v(x)\Big|_a^b - \int_a^b v(x)\mathrm{d}u(x),$$

其中 $u(x)$, $v(x)$ 在 $[a, b]$ 上都是连续可微函数.

利用对称性计算定积分公式

若 $f(x)$ 在 $[-a,a]$ 上连续，则

（1）当 $f(x)$ 为奇函数时, $\int_{-a}^{a} f(x)\mathrm{d}x = 0$;

（2）当 $f(x)$ 为偶函数时, $\int_{-a}^{a} f(x)\mathrm{d}x = 2\int_0^a f(x)\mathrm{d}x$.

周期函数的定积分公式

若 $f(x)$ 是周期为 T 的周期函数，则对任意 $a \in (-\infty, +\infty)$, 都有

$$\int_a^{a+T} f(x)\mathrm{d}x = \int_0^T f(x)\mathrm{d}x.$$

变限定积分求导公式

$$\frac{\mathrm{d}}{\mathrm{d}x}\int_{\psi(x)}^{\varphi(x)} f(t)\mathrm{d}t = f(\varphi(x))\cdot\varphi'(x) - f(\psi(x))\cdot\psi'(x),$$

其中 $f(x)$ 是连续函数, $\varphi(x)$, $\psi(x)$ 皆可微.

3. 定积分的应用

（1）元素法

设某量 U 符合下列条件:

1）U 是与某个变量 x 的变化区间 $[a, b]$ 有关的量;

2）U 对于区间 $[a, b]$ 具有可加性;

3）部分量 ΔU_i 可表示成 $f(\xi_i)\Delta x_i$,

则量 U 可以用定积分来计算.

用元素法解题的步骤为:

1）选取适当的变量为积分变量，并确定它的变化区间 $[a, b]$;

2）在区间 $[a, b]$ 上任取其中一个小区间 $[x, x+\mathrm{d}x]$, 求出相应于这个小区间的部分量 ΔU 的近似值 $f(x)\mathrm{d}x$（$f(x)$ 在 $[a, b]$ 上连续），即

$$\Delta U \approx f(x)\mathrm{d}x,$$

称 $\mathrm{d}U = f(x)\mathrm{d}x$ 为量 U 的元素;

3）以 $f(x)\mathrm{d}x$ 为被积表达式，在区间 $[a, b]$ 上作定积分，得

$$U = \int_a^b f(x)\mathrm{d}x.$$

（2）定积分的几何应用

1）平面图形的面积

直角坐标的情形，如图 5-1a、b、c、d 所示.

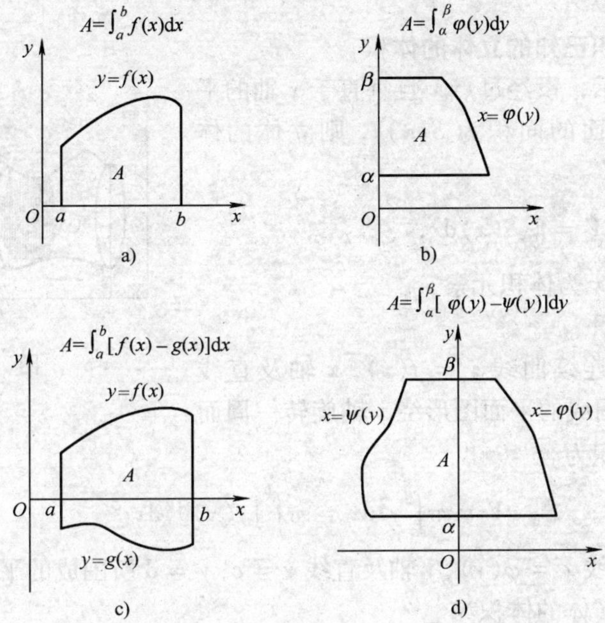

图　5-1

极坐标的情形，如图 5-2a、b、c、d 所示.

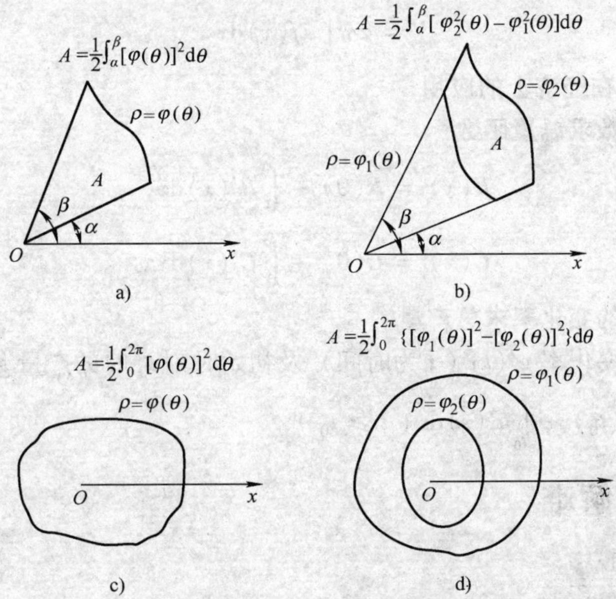

图　5-2

2）体积

平行截面面积已知的立体的体积

如图 5-3 所示，设经过点 x 且垂直于 x 轴的平面截立体所得截面的面积为 $S(x)$，则立体的体积为

$$V = \int_a^b S(x)\,\mathrm{d}x,$$

其中 $\mathrm{d}V = S(x)\,\mathrm{d}x$ 为体积元素.

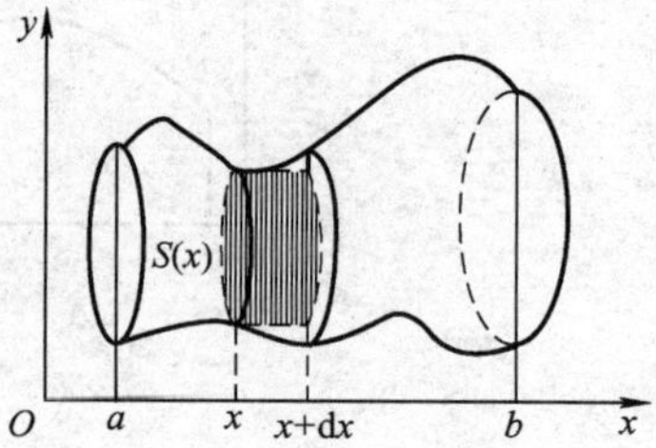

图　5-3

旋转体的体积

切片法①由连续曲线 $y = f(x)$，x 轴及直线 $x = a$，$x = b$ 所围成的平面图形绕 x 轴旋转一周而成的旋转体的体积为

$$V = \pi\int_a^b y^2\,\mathrm{d}x = \pi\int_a^b [f(x)]^2\,\mathrm{d}x.$$

② 由平面曲线 $x = \varphi(y)$，y 轴及直线 $y = c$，$y = \mathrm{d}$ 所围成的平面图形绕 y 轴旋转一周而成的旋转体的体积为

$$V = \pi\int_c^d x^2\,\mathrm{d}y = \pi\int_c^d [\varphi(y)]^2\,\mathrm{d}y.$$

薄壳法　由平面图形 $0 \leqslant a \leqslant x \leqslant b$，$0 \leqslant y \leqslant f(x)$ 绕 y 轴旋转而成的旋转体的体积为

$$V = 2\pi\int_a^b xf(x)\,\mathrm{d}x.$$

（3）定积分在经济上的应用

已知边际函数求总量函数

$$R(x) = R(0) + \int_0^x R'(x)\,\mathrm{d}x,$$

$$C(x) = C(0) + \int_0^x C'(x)\,\mathrm{d}x.$$

已知总产量的变化率求总产量

已知总产量变化率 $g'(t)$（t 为时间）及初始时刻 t_0 时的产量 $g(t_0)$，则

总产量 $= g(t_0) + \int_{t_0}^t g'(s)\,\mathrm{d}s$（$t \geqslant t_0$）.

三、释疑解难

1. 求 $\int_{-1}^1 \frac{\mathrm{d}x}{1 + x^2}$.

解　$\int_{-1}^1 \frac{\mathrm{d}x}{1 + x^2} = 2\int_0^1 \frac{\mathrm{d}x}{1 + x^2} = 2[\arctan x]_0^1 = \frac{\pi}{2}.$

常见错解　作代换 $x=\frac{1}{t}$，则 $\mathrm{d}x=-\frac{\mathrm{d}t}{t^2}$，且当 $x=-1$ 时，$t=-1$；当 $x=1$ 时，$t=1$.

由
$$\int_{-1}^{1}\frac{\mathrm{d}x}{1+x^2}=\int_{-1}^{1}\frac{-\frac{1}{t^2}}{1+\frac{1}{t^2}}\mathrm{d}t=-\int_{-1}^{1}\frac{\mathrm{d}t}{1+t^2}=-\int_{-1}^{1}\frac{\mathrm{d}x}{1+x^2},$$
移项得
$$2\int_{-1}^{1}\frac{\mathrm{d}x}{1+x^2}=0.$$

释疑解难　代换 $x=\frac{1}{t}$ 在 $t=0$ 处不连续，当然也不可导，在引用变量代换 $x=\varphi(t)$ 时，必须满足单值且有连续导数的条件.

2. 计算 $\int_{-\infty}^{+\infty}x^3\mathrm{d}x$.

解　$\int_{-\infty}^{+\infty}x^3\mathrm{d}x=\int_{-\infty}^{0}x^3\mathrm{d}x+\int_{0}^{+\infty}x^3\mathrm{d}x$.

因为
$$\int_{0}^{+\infty}x^3\mathrm{d}x=\left[\frac{x^4}{4}\right]_0^{+\infty}=+\infty,$$
所以 $\int_{-\infty}^{+\infty}x^3\mathrm{d}x$ 发散.

常见错解　因为 x^3 为奇函数，所以 $\int_{-\infty}^{+\infty}x^3\mathrm{d}x=0$.

释疑解难　当 $f(x)$ 为 $[-a,a]$ 上的连续奇函数时有 $\int_{-a}^{a}f(x)\mathrm{d}x=0$，对于 $[-\infty,+\infty]$ 上的广义积分，只有在确定积分收敛时才可用此公式.

3. 计算 $\int_{-1}^{3}\frac{\mathrm{d}x}{(2-x)^2}$.

解　由于 $x=2$ 是被积函数的无穷间断点，故该积分为广义积分. 因为
$$\begin{aligned}\int_{-1}^{3}\frac{\mathrm{d}x}{(2-x)^2}&=\int_{-1}^{2}\frac{\mathrm{d}x}{(2-x)^2}+\int_{2}^{3}\frac{\mathrm{d}x}{(2-x)^2}\\&=\lim_{\varepsilon\to0^+}\int_{-1}^{2-\varepsilon}\frac{\mathrm{d}x}{(2-x)^2}+\lim_{\varepsilon\to0^+}\int_{2+\varepsilon}^{3}\frac{\mathrm{d}x}{(2-x)^2}\\&=\lim_{\varepsilon\to0^+}\frac{1}{2-x}\bigg|_{-1}^{2-\varepsilon}+\lim_{\varepsilon\to0^+}\frac{1}{2-x}\bigg|_{2+\varepsilon}^{3}\\&=\lim_{\varepsilon\to0^+}\left(\frac{1}{\varepsilon}-\frac{1}{3}\right)+\lim_{\varepsilon\to0^+}\left(-1+\frac{1}{\varepsilon}\right)=+\infty,\end{aligned}$$
所以该广义积分发散.

常见错解　$\int_{-1}^{3}\frac{\mathrm{d}x}{(2-x)^2}=\frac{1}{2-x}\bigg|_{-1}^{3}=-\frac{4}{3}$.

释疑解难 忽略 $x=2$ 是 $\dfrac{1}{(2-x)^2}$ 的无穷间断点，而把它误认为定积分来计算，结果是错误的.

四、典型题精讲

题型 1 定积分的概念与性质

例 5.1 (080304) 曲线方程为 $y=f(x)$, 函数在区间 $[0, a]$ 上有连续导数，则定积分 $\int_0^a xf'(x)\mathrm{d}x$ 在几何上表示（ ）.

(A) 曲边梯形 $ABCD$ 的面积； (B) 梯形 $ABCD$ 的面积；

(C) 曲边三角形 ACD 面积； (D) $\triangle ACD$ 面积.

分析 本题考查定积分的几何意义.

解 $\int_0^a xf'(x)\mathrm{d}x=\int_0^a x\mathrm{d}f(x)=af(a)-\int_0^a f(x)\mathrm{d}x$,

其中 $af(a)$ 是矩形面积，$\int_0^a f(x)\mathrm{d}x$ 为曲边梯形的面积，所以 $\int_0^a xf'(x)\mathrm{d}x$ 为曲边三角形 ACD 的面积. 故应选（C）.

例 5.2 (110304) 设 $I=\int_0^{\frac{\pi}{4}}\ln(\sin x)\mathrm{d}x$, $J=\int_0^{\frac{\pi}{4}}\ln(\cot x)\mathrm{d}x$, $K=\int_0^{\frac{\pi}{4}}\ln(\cos x)\mathrm{d}x$ 则 I, J, K 的大小关系是（ ）.

(A) $I<J<K$; (B) $I<K<J$; (C) $J<I<K$; (D) $K<J<I$.

分析 直接计算 I, J, K 是比较困难的，可应用定积分的性质比较大小.

解 因为当 $0<x<\dfrac{\pi}{4}$ 时，有 $\cot x>\cos x>\sin x$, 于是 $\ln(\cot x)>\ln(\cos x)>\ln(\sin x)$, 从而有 $I<K<J$, 故应选（B）.

例 5.3 (090304) 使不等式 $\int_1^x \dfrac{\sin t}{t}\mathrm{d}t>\ln x$ 成立的 x 的范围是（ ）.

(A) $(0, 1)$; (B) $\left(1, \dfrac{\pi}{2}\right)$; (C) $\left(\dfrac{\pi}{2}, \pi\right)$; (D) $(\pi, +\infty)$.

分析 将不等式转化为 $\int_1^x \dfrac{\sin t-1}{t}\mathrm{d}t>0$.

解 原问题可转化为求

$$\begin{aligned}f(x)&=\int_1^x \frac{\sin t}{t}\mathrm{d}t-\ln x=\int_1^x \frac{\sin t}{t}\mathrm{d}t-\int_1^x \frac{1}{t}\mathrm{d}t\\&=\int_1^x \frac{\sin t-1}{t}\mathrm{d}t=\int_x^1 \frac{1-\sin t}{t}\mathrm{d}t>0\end{aligned}$$

成立时 x 的取值范围.

由 $\dfrac{1-\sin t}{t}>0, t\in(0,1)$ 时，知当 $x\in(0,1)$ 时，$f(x)>0$．故应选（A）．

题型 2　积分限函数及其导数

例 5.4　（100304）设可导函数 $y=y(x)$ 由方程 $\int_0^{x+y}\mathrm{e}^{-t^2}\mathrm{d}t=\int_0^x x\sin t^2\mathrm{d}t$ 确定，则 $\left.\dfrac{\mathrm{d}y}{\mathrm{d}x}\right|_{x=0}=$________.

解　方程两边对 x 求导得

$$\mathrm{e}^{-(x+y)^2}(1+y')=\int_0^x\sin t^2\mathrm{d}t+x\sin x^2,$$

在上式中令 $x=0$ 得

$$\mathrm{e}^{-y^2}(1+y'|_{x=0})=0.$$

由已知易得 $x=0$ 时 $y=0$，所以 $1+y'|_{x=0}$，从而 $y'|_{x=0}=-1$.

题型 3　定积分的计算

例 5.5　（040304）设 $f(x)=\begin{cases}x\mathrm{e}^{x^2}, & -\dfrac{1}{2}\leqslant x<\dfrac{1}{2},\\ -1, & x\geqslant\dfrac{1}{2},\end{cases}$ 则 $\int_{\frac{1}{2}}^2 f(x-1)\mathrm{d}x=$________.

分析　先换元，注意分段函数要分段积分．

解　令 $x-1=t$，则

$$\int_{\frac{1}{2}}^2 f(x-1)\mathrm{d}x=\int_{-\frac{1}{2}}^1 f(t)\mathrm{d}t=\int_{-\frac{1}{2}}^1 f(x)\mathrm{d}x$$

$$=\int_{-\frac{1}{2}}^{\frac{1}{2}}x\mathrm{e}^{x^2}\mathrm{d}x+\int_{\frac{1}{2}}^1(-1)\mathrm{d}x=0-\frac{1}{2}=-\frac{1}{2}.$$

例 5.6　（080304）设 $f\left(x+\dfrac{1}{x}\right)=\dfrac{x+x^3}{1+x^4}$，则 $\int_2^{2\sqrt{2}}f(x)\mathrm{d}x=$________.

解　$f\left(x+\dfrac{1}{x}\right)=\dfrac{\dfrac{1}{x}+x}{\dfrac{1}{x^2}+x^2}=\dfrac{\dfrac{1}{x}+x}{\left(\dfrac{1}{x}+x\right)^2-2}$，令 $t=\dfrac{1}{x}+x$，得 $f(t)=\dfrac{t}{t^2-2}$，所以

$$\int_2^{2\sqrt{2}}f(x)\mathrm{d}x=\int_2^{2\sqrt{2}}\frac{x}{x^2-2}\mathrm{d}x=\frac{1}{2}\ln(x^2-2)\Big|_2^{2\sqrt{2}}$$

$$=\frac{1}{2}(\ln 6-\ln 2)=\frac{1}{2}\ln 3.$$

题型 4　广义积分

例 5.7　（130304）$\int_1^{+\infty}\dfrac{\ln x}{(1+x)^2}\mathrm{d}x=$________.

解 $\int_1^{+\infty}\frac{\ln x}{(1+x)^2}\mathrm{d}x=-\int_1^{+\infty}\ln x\mathrm{d}\left(\frac{1}{1+x}\right)$

$$=-\frac{\ln x}{1+x}\Big|_1^{+\infty}+\int_1^{+\infty}\frac{1}{(1+x)x}\mathrm{d}x$$

$$=0+\ln\frac{x}{1+x}\Big|_1^{+\infty}=0-\ln\frac{1}{2}=\ln 2.$$

例 5.8 (080209) 计算 $\int_0^1\frac{x^2\arcsin x}{\sqrt{1-x^2}}\mathrm{d}x$.

分析 由于 $\lim\limits_{x\to 1^-}\frac{x^2\arcsin x}{\sqrt{1-x^2}}=+\infty$，故 $\int_0^1\frac{x^2\arcsin x}{\sqrt{1-x^2}}\mathrm{d}x$ 是反常积分.

解 令 $\arcsin x=t$，则 $x=\sin t$，$t\in\left[0,\frac{\pi}{2}\right)$.

$$\int_0^1\frac{x^2\arcsin x}{\sqrt{1-x^2}}\mathrm{d}x=\int_0^{\frac{\pi}{2}}t\sin^2t\mathrm{d}t=\int_0^{\frac{\pi}{2}}\left(\frac{t}{2}-\frac{t\cos 2t}{2}\right)\mathrm{d}t$$

$$=\left[\frac{t^2}{4}\right]_0^{\frac{\pi}{2}}-\frac{1}{4}\int_0^{\frac{\pi}{2}}t\mathrm{d}(\sin 2t)=\frac{\pi^2}{16}-\left[\frac{t\sin 2t}{4}\right]_0^{\frac{\pi}{2}}+\frac{1}{4}\int_0^{\frac{\pi}{2}}\sin 2t\mathrm{d}t$$

$$=\frac{\pi^2}{16}-\left[\frac{1}{8}\cos 2t\right]_0^{\frac{\pi}{2}}=\frac{\pi^2}{16}+\frac{1}{4}.$$

题型 5 定积分的几何应用

例 5.9 (120304) 由曲线 $y=\frac{4}{x}$ 和直线 $y=x$ 及 $y=4x$ 在第一象限中所围图形的面积为________.

解 如图 5-4 所示，有

$$S=\int_0^1(4x-x)\mathrm{d}x+\int_1^2\left(\frac{4}{x}-x\right)\mathrm{d}x=4\ln 2.$$

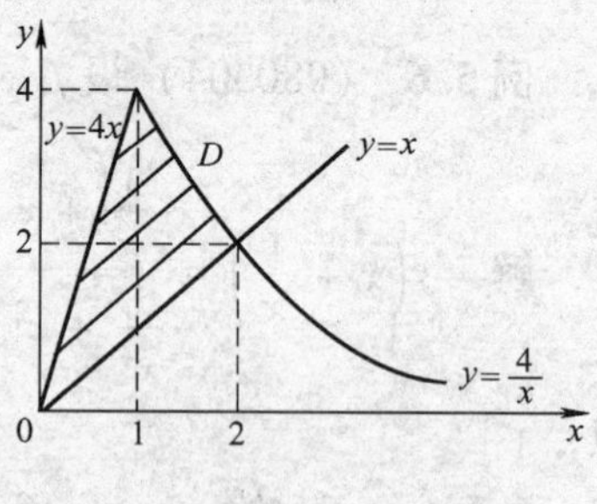

图 5-4

题型 6 定积分的经济应用

例 5.10 (120310) 某企业为生产甲、乙两种型号的产品，投入的固定成本为 10000（万元），设该企业生产甲、乙两种产品的产量分别为 x（件）和 y（件），且固定甲、乙两种产品的边际成本分别为 $20+\frac{x}{2}$（万元/件）与 $6+y$（万元/件）.

（1）求生产甲、乙两种产品的总成本函数 $C(x, y)$（万元）.

（2）问当总产量为 50 件时，甲、乙两种产品的产量各为多少时可以使总成本最小？求最小的总成本.

（3）求总产量为 50 件且总成本最小时甲产品的边际成本，并解释其经济意义.

解　(1) 设成本函数为 $C(x, y)$，则 $C'_x(x, y) = 20 + \frac{x}{2}$，对 x 积分得 $C(x, y) = 20x + \frac{x^2}{4} + \varphi(y)$. 由已知得 $C'_y(x, y) = \varphi'(y) = 6 + y$，再对 y 积分有 $\varphi(y) = 6y + \frac{y^2}{2} + C$，所以

$$C(x, y) = 20x + \frac{x^2}{4} + 6y + \frac{y^2}{2} + C.$$

因为 $C(0, 0) = 10000$，所以 $C = 10000$，于是

$$C(x, y) = 20x + \frac{x^2}{4} + 6y + \frac{y^2}{2} + 10000.$$

(2) 若 $x + y = 50$，则

$$y = 50 - x(2 \leqslant x \leqslant 50),$$

代入到成本函数得

$$C(x) = 20x + \frac{x^2}{4} + 6(50 - x) + \frac{(50 - x)^2}{2} + 10000$$

$$= \frac{3}{4}x^2 - 36x + 11550.$$

令 $C'(x) = \frac{3}{2}x - 36 = 0$ 得 $x = 24$，则 $y = 26$. 故总成本最小为 $C(24, 26) = 11118$.

(3) 当总产量为 50 件且总成本最小时甲产品的边际成本为 $C'_x(x, y) = 32$，即在要求总产量为 50 件，且甲产品为 24 件时，改变一个单位的产量，总成本会发生 32 万元的改变.

题型 7　综合题

例 5.11　(080310) 设 $f(x)$ 是周期为 2 的连续函数.

(1) 证明对任意的实数 t，有 $\int_t^{t+2} f(x)\mathrm{d}x = \int_0^2 f(x)\mathrm{d}x$;

(2) 证明 $G(x) = \int_0^x \left[2f(t) - \int_t^{t+2} f(s)\mathrm{d}s\right]\mathrm{d}t$ 是周期为 2 的周期函数.

证　(1) 设 $F(t) = \int_t^{t+2} f(x)\mathrm{d}x$，由于

$$F'(t) = f(t + 2) - f(t) = 0,$$

所以 $F(t)$ 为常数，从而有 $F(t) = F(0)$. 而 $F(0) = \int_0^2 f(x)\mathrm{d}x$，所以 $F(t) = \int_0^2 f(x)\mathrm{d}x$，即 $\int_t^{t+2} f(x)\mathrm{d}x = \int_0^2 f(x)\mathrm{d}x$.

（2）由（1）知，对任意的 t 有 $\int_2^{t+2} f(x)\mathrm{d}x = \int_0^2 f(x)\mathrm{d}x$，记 $a = \int_0^2 f(x)\mathrm{d}x$，则

$$G(x) = 2\int_0^x f(u)\mathrm{d}u - ax,$$

$$G(x+2) = 2\int_0^{x+2} f(u)\mathrm{d}u - a(x+2).$$

由于对任意 x，$(G(x+2))' = 2f(x+2) - a = 2f(x) - a$，$(G(x))' = 2f(x) - a$，所以 $(G(x+2) - G(x))' = 0$，从而 $G(x+2) - G(x)$ 是常数，即有

$$G(x+2) - G(x) = G(2) - G(0) = 0,$$

所以 $G(x)$ 是周期为 2 的周期函数.

例 5.12　（100310）（1）比较 $\int_0^1 |\ln t|[\ln(1+t)]^n \mathrm{d}t$ 与 $\int_0^1 t^n|\ln t|\mathrm{d}t(n = 1, 2,\cdots)$ 的大小，说明理由；

（2）记 $u_n = \int_0^1 |\ln t|[\ln(1+t)]^n\mathrm{d}t(n = 1,2,\cdots)$，求极限 $\lim\limits_{n\to\infty} u_n$.

解　（1）当 $0 < x < 1$ 时，$0 < \ln(1+x) < x$，故 $[\ln(1+t)]^n < t^n$，所以 $|\ln t|[\ln(1+t)]^n < |\ln t|t^n$.

故
$$\int_0^1 |\ln t|[\ln(1+t)]^n \mathrm{d}t < \int_0^1 t^n|\ln t|\mathrm{d}t(n = 1,2,\cdots).$$

（2）$\int_0^1 t^n|\ln t|\mathrm{d}t = -\int_0^1 \ln t \cdot t^n \mathrm{d}t = -\dfrac{1}{n+1}\int_0^1 \ln t\mathrm{d}(t^{n+1}) = \dfrac{1}{(n+1)^2}$，

故由 $0 < u_n < \int_0^1 |\ln t|\cdot t^n\mathrm{d}t = \dfrac{1}{(n+1)^2}$，根据夹逼定理得

$$0 \leqslant \lim_{n\to\infty} u_n \leqslant \lim_{n\to\infty} \frac{1}{(n+1)^2} = 0.$$

故
$$\lim_{n\to\infty} u_n = 0.$$

五、教材习题选解

习题 5.1

1. 用定积分的定义证明定积分的性质：

（1）$\int_a^b k\mathrm{d}x = k(b-a)$.

证　$\int_a^b k\mathrm{d}x = \lim\limits_{\lambda\to 0}\sum\limits_{i=1}^n f(\xi_i)\Delta x_i = \lim\limits_{\lambda\to 0}\sum\limits_{i=1}^n k\Delta x_i$

$= k\lim\limits_{\lambda\to 0}\sum\limits_{i=1}^n \Delta x_i = k(b-a)$.

（2）$\int_a^b \mathrm{d}x = b - a$.

证　$\int_a^b 1 \cdot \mathrm{d}x = \lim\limits_{\lambda \to 0} \sum\limits_{i=1}^{n} \Delta x_i = \lim\limits_{\lambda \to 0}(b-a) = b-a.$

2. 用定积分的几何意义求下列积分：

(1) $\int_{-1}^{1} \sqrt{1-x^2}\mathrm{d}x.$

解　$\int_{-1}^{1} \sqrt{1-x^2}\mathrm{d}x$ 表示由曲线 $y=\sqrt{1-x^2}$, x 轴所围成的半圆的面积，即圆 $x^2+y^2=1$ 面积的 $\frac{1}{2}$, 故

$$\int_{-1}^{1} \sqrt{1-x^2}\mathrm{d}x = \frac{1}{2} \times (\pi \times 1^2) = \frac{\pi}{2}.$$

(2) $\int_{-\pi}^{\pi} \sin x\mathrm{d}x.$

解　由于 $y=\sin x$ 为奇函数，在关于原点对称的区间 $[-\pi, \pi]$ 上与 x 轴所围的面积的代数和为零，即

$$\int_{-\pi}^{\pi} \sin x\mathrm{d}x = 0.$$

3. 根据定积分的性质，比较下列两个定积分的大小：

(1) $\int_0^{\frac{\pi}{4}} \sin x\mathrm{d}x$ 与 $\int_0^{\frac{\pi}{4}} \cos x\mathrm{d}x.$

解　由于当 $0 \leqslant x \leqslant \frac{\pi}{4}$ 时, $\sin x \leqslant \cos x$, 因此

$$\int_0^{\frac{\pi}{4}} \sin x\mathrm{d}x \leqslant \int_0^{\frac{\pi}{4}} \cos x\mathrm{d}x.$$

(2) $\int_0^1 \mathrm{e}^x\mathrm{d}x$ 与 $\int_0^1 (1+x)\mathrm{d}x.$

解　由于当 $x \geqslant 0$ 时, $\ln(1+x) \leqslant x$, 故此时有 $1+x \leqslant \mathrm{e}^x$, 因此

$$\int_0^1 \mathrm{e}^x\mathrm{d}x \geqslant \int_0^1 (1+x)\mathrm{d}x.$$

(3) $\int_1^2 \ln x\mathrm{d}x$ 与 $\int_1^2 \ln^2 x\mathrm{d}x.$

解　在区间 $[1, 2]$ 上由于 $0 \leqslant \ln x \leqslant 1$, 得 $\ln x \geqslant (\ln x)^2$, 因此 $\int_1^2 \ln x\mathrm{d}x \geqslant \int_1^2 \ln^2 x\mathrm{d}x.$

4. 估计下列定积分的值：

(1) $\int_1^4 (x^2+1)\mathrm{d}x.$

解　在区间 $[1, 4]$ 上, $2 \leqslant x^2+1 \leqslant 17$, 因此有

$$6 = \int_1^4 2\,\mathrm{d}x \leqslant \int_1^4 (x^2+1)\,\mathrm{d}x \leqslant \int_1^4 17\,\mathrm{d}x = 51.$$

(2) $\int_{\frac{\sqrt{3}}{3}}^{\sqrt{3}} x\arctan x\mathrm{d}x.$

解　在区间 $\left[\frac{\sqrt{3}}{3}, \sqrt{3}\right]$ 上，函数 $f(x) = x\arctan x$ 是单调增加的，因此 $f\left(\frac{\sqrt{3}}{3}\right) \leqslant f(x) \leqslant$

$f(\sqrt{3})$，即 $\frac{\pi}{6\sqrt{3}} \leqslant x\arctan x \leqslant \frac{\pi}{\sqrt{3}}$，故有

$$\frac{\pi}{9} = \int_{\frac{\sqrt{3}}{3}}^{\sqrt{3}} \frac{\pi}{6\sqrt{3}} \mathrm{d}x \leqslant \int_{\frac{\sqrt{3}}{3}}^{\sqrt{3}} x\arctan x \,\mathrm{d}x \leqslant \int_{\frac{\sqrt{3}}{3}}^{\sqrt{3}} \frac{\pi}{\sqrt{3}} \mathrm{d}x = \frac{2\pi}{3}.$$

(3) $\int_1^0 \mathrm{e}^{x^2-x}\mathrm{d}x$.

解 设 $f(x) = x^2 - x,\ x \in [0,1]$，则 $f'(x) = 2x-1$，令 $f'(x) = 0$ 得 $x = \frac{1}{2}$，计算得 $f(0) = f(1) = 0,\ f\left(\frac{1}{2}\right) = -\frac{1}{4}$，所以 $f(x)$ 在区间 $[0,1]$ 上的最大值、最小值分别为 $0,\ -\frac{1}{4}$，因此有

$$\mathrm{e}^{-\frac{1}{4}} = \int_0^1 \mathrm{e}^{-\frac{1}{4}}\mathrm{d}x \leqslant \int_0^1 \mathrm{e}^{x^2-x}\mathrm{d}x \leqslant \int_0^1 \mathrm{e}^0\mathrm{d}x = 1,$$

而

$$\int_1^0 \mathrm{e}^{x^2-x}\mathrm{d}x = -\int_0^1 \mathrm{e}^{x^2-x}\mathrm{d}x,\ \text{故}$$

$$-1 \leqslant \int_1^0 \mathrm{e}^{x^2-x}\mathrm{d}x \leqslant -\mathrm{e}^{-\frac{1}{4}}.$$

5. 设 $f(x)$ 及 $g(x)$ 在 $[a,b]$ 上连续，证明：

(1) 若在 $[a,b]$ 上，$f(x) \geqslant 0$，且 $\int_a^b f(x)\mathrm{d}x = 0$，则在 $[a,b]$ 上 $f(x) \equiv 0$；

(2) 若在 $[a,b]$ 上，$f(x) \geqslant 0$，且 $f(x) \not\equiv 0$，则 $\int_a^b f(x)\mathrm{d}x > 0$.

证 (1) 设 $F(x) = \int_a^x f(t)\mathrm{d}t\ (a \leqslant x \leqslant b)$，则 $F'(x) = f(x)$，因为 $f(x)$ 在 $[a,b]$ 上连续，且 $f(x) \geqslant 0$，故

$$\int_a^x f(t)\mathrm{d}t \geqslant 0,\ \int_x^b f(t)\mathrm{d}t \geqslant 0.$$

又因

$$\int_a^x f(t)\mathrm{d}t + \int_x^b f(t)\mathrm{d}t = \int_a^b f(t)\mathrm{d}t = 0,$$

所以

$$F(x) = \int_a^x f(t)\mathrm{d}t \equiv 0 \quad (a \leqslant x \leqslant b),$$

因此 $F'(x) \equiv 0$，即 $f(x) \equiv 0 \quad (a \leqslant x \leqslant b)$.

(2) 根据条件必定存在 $x_0 \in [a,b]$，使得 $f(x_0) > 0$. 由函数 $f(x)$ 在 x_0 连续可知，存在 $a \leqslant \alpha < \beta \leqslant b$，使得当 $x \in [\alpha,\beta]$ 时 $f(x) > \frac{f(x_0)}{2}$. 因此有

$$\int_a^b f(x)\mathrm{d}x = \int_a^\alpha f(x)\mathrm{d}x + \int_\alpha^\beta f(x)\mathrm{d}x + \int_\beta^b f(x)\mathrm{d}x,$$

由定积分的性质得到

$$\int_a^\alpha f(x)\mathrm{d}x \geqslant 0,\ \int_\alpha^\beta f(x)\mathrm{d}x \geqslant \int_\alpha^\beta \frac{f(x_0)}{2}\mathrm{d}x = \frac{\beta-\alpha}{2}f(x_0) > 0,$$

$$\int_\beta^b f(x)\mathrm{d}x \geqslant 0,$$

故得到结论 $\int_a^b f(x)\mathrm{d}x > 0$.

6. 用定积分的几何意义和平均值公式，计算函数 $f(x) = \sqrt{9-x^2}$ 在 $[-3,3]$ 上的平均值.

解　由平均值公式得 $f(x)=\sqrt{9-x^2}$ 在 $[-3,3]$ 上的平均值为

$$I=\frac{1}{6}\int_{-3}^{3}\sqrt{9-x^2}\mathrm{d}x.$$

而根据定积分的几何意义 $\int_{-3}^{3}\sqrt{9-x^2}\mathrm{d}x$ 表示由曲线 $y=\sqrt{9-x^2}$，x 轴所围成的半圆的面积，故

$$\int_{-3}^{3}\sqrt{9-x^2}\mathrm{d}x=\frac{1}{2}\times\pi\times 9=\frac{9\pi}{2},$$

所以，

$$I=\frac{1}{6}\times\frac{9}{2}\pi=\frac{3}{4}\pi.$$

习题 5.2

1. 计算下列函数的导数：

(1) $\int_{0}^{x^2}\mathrm{e}^t\mathrm{d}t$.

解　$\frac{\mathrm{d}}{\mathrm{d}x}\int_{0}^{x^2}\mathrm{e}^t\mathrm{d}t=(x^2)'\mathrm{e}^{x^2}=2x\mathrm{e}^{x^2}$.

(2) $\int_{x}^{-1}\ln(1+t^2)\mathrm{d}t$.

解　$\frac{\mathrm{d}}{\mathrm{d}x}\int_{x}^{-1}\ln(1+t^2)\mathrm{d}t=-\frac{\mathrm{d}}{\mathrm{d}x}\int_{-1}^{x}\ln(1+t^2)\mathrm{d}t=-\ln(1+x^2)$.

(3) $\int_{x^2}^{x^3}\frac{\mathrm{d}t}{\sqrt{1+t^4}}$.

解　$\frac{\mathrm{d}}{\mathrm{d}x}\int_{x^2}^{x^3}\frac{\mathrm{d}t}{\sqrt{1+t^4}}=\frac{(x^3)'}{\sqrt{1+x^{12}}}-\frac{(x^2)'}{\sqrt{1+x^8}}=\frac{3x^2}{\sqrt{1+x^{12}}}-\frac{2x}{\sqrt{1+x^8}}$.

(4) $\int_{\sin x}^{\cos x}\cos(\pi t^2)\mathrm{d}t$.

解

$$\begin{aligned}\frac{\mathrm{d}}{\mathrm{d}x}\int_{\sin x}^{\cos x}\cos(\pi t^2)\mathrm{d}t&=\cos[\pi(\cos x)^2]\cdot(-\sin x)-\cos[\pi(\sin x)^2]\cdot(\cos x)\\&=-\cos[\pi(1-\sin^2 x)]\cdot\sin x-\cos[\pi\sin^2 x]\cdot\cos x\\&=\cos(\pi\sin^2 x)\cdot\sin x-\cos(\pi\sin^2 x)\cdot\cos x\\&=(\sin x-\cos x)\cos(\pi\sin^2 x).\end{aligned}$$

注意　$\frac{\mathrm{d}}{\mathrm{d}x}\int_{\psi(x)}^{\varphi(x)}f(t)\mathrm{d}t=f(\varphi(x))\cdot\varphi'(x)-f(\psi(x))\cdot\psi'(x)$，其中，$f(x)$ 是连续函数，$\varphi(x)$，$\psi(x)$ 皆可微.

2. 设 $\begin{cases}x=\int_0^t\cos u\mathrm{d}u,\\ y=\int_0^t\sin u\mathrm{d}u,\end{cases}$ 求 $\frac{\mathrm{d}y}{\mathrm{d}x}$.

分析　导数 $\frac{\mathrm{d}y}{\mathrm{d}x}$ 是两个微分的商.

解　$\frac{\mathrm{d}y}{\mathrm{d}x}=\frac{\mathrm{d}y}{\mathrm{d}t}\Big/\frac{\mathrm{d}x}{\mathrm{d}t}=\frac{\sin t}{\cos t}=\tan t$.

3. 设函数 $y = y(x)$ 由方程 $\int_0^y e^t dt + \int_0^x \cos t^2 dt = 0$ 所确定，求 $\frac{dy}{dx}$.

解　方程两边对 x 求导，得

$$e^y \cdot \frac{dy}{dx} + \cos x^2 = 0, \text{ 即 } \frac{dy}{dx} = -e^{-y}\cos x^2.$$

4. 求下列极限：

(1) $\lim\limits_{x\to 0}\frac{1}{x}\int_0^x \frac{\sin t}{2t}dt$; (2) $\lim\limits_{x\to\infty}\frac{\left(\int_0^x e^{t^2}dt\right)^2}{\int_0^x e^{2t^2}dt}$.

解　(1) $\lim\limits_{x\to 0}\frac{1}{x}\int_0^x \frac{\sin t}{2t}dt = \lim\limits_{x\to 0}\frac{\sin x}{2x} = \frac{1}{2}$.

(2) $\lim\limits_{x\to\infty}\frac{\left(\int_0^x e^{t^2}dt\right)^2}{\int_0^x e^{2t^2}dt} = \lim\limits_{x\to\infty}\frac{2e^{x^2}\int_0^x e^{t^2}dt}{e^{2x^2}} = \lim\limits_{x\to\infty}\frac{2e^{x^2}}{2xe^{x^2}} = 0$.

5. 计算下列定积分：

(1) $\int_4^9 (\sqrt{x} + x)dx$;　　(2) $\int_0^1 \frac{1}{4t^2 - 9}dt$;

(3) $\int_0^{2\pi} |\sin x|dx$;　　(4) $\int_0^{\frac{\pi}{4}} \tan^2\theta d\theta$;

(5) $\int_1^{e^2} \frac{\ln^2 t}{t}dt$;　　(6) $\int_0^1 \frac{dx}{e^x + e^{-x}}$.

解　(1) $\int_4^9 (\sqrt{x} + x)dx = \left[\frac{2}{3}x^{\frac{3}{2}} + \frac{1}{2}x^2\right]_4^9 = 45\frac{1}{6}$.

(2) $\int_0^1 \frac{1}{4t^2 - 9}dt = \frac{1}{6}\int_0^1\left(\frac{1}{2t-3} - \frac{1}{2t+3}\right)dt$

$$= \frac{1}{12}\left[\ln|2t-3| - \ln|2t+3|\right]_0^1 = -\frac{1}{12}\ln 5.$$

(3) $\int_0^{2\pi} |\sin x|dx = \int_0^{\pi}\sin x dx - \int_{\pi}^{2\pi}\sin x dx$

$$= -\cos x\Big|_0^{\pi} + \cos x\Big|_{\pi}^{2\pi} = 4.$$

(4) $\int_0^{\frac{\pi}{4}} \tan^2\theta d\theta = \int_0^{\frac{\pi}{4}}(\sec^2\theta - 1)d\theta = [\tan\theta - \theta]_0^{\frac{\pi}{4}} = 1 - \frac{\pi}{4}$.

(5) 因为 $\int\frac{\ln^2 t}{t}dt = \int \ln^2 t d(\ln t) = \frac{1}{3}\ln^3 t + C$, 所以

$$\int_1^{e^2}\frac{\ln^2 t}{t}dt = \left[\frac{1}{3}\ln^3 t\right]_1^{e^2} = \frac{8}{3}.$$

(6) 因为 $\int\frac{dx}{e^x + e^{-x}} = \int\frac{d(e^x)}{e^{2x}+1} = \arctan e^x + C$, 所以

$$\int_0^1\frac{dx}{e^x + e^{-x}} = [\arctan e^x]_0^1 = \arctan e - \frac{\pi}{4}.$$

6. 设 $f(x) = \begin{cases} x^2, & -1 \leqslant x \leqslant 1, \\ e^{-x}, & 1 < x \leqslant 2. \end{cases}$ 求 $\int_0^{\frac{3}{2}} f(x)dx$ 和 $\int_1^0 f(x)dx$.

解 $\int_0^{\frac{3}{2}} f(x)\mathrm{d}x = \int_0^1 x^2\mathrm{d}x + \int_1^{\frac{3}{2}} \mathrm{e}^{-x}\mathrm{d}x = \frac{x^3}{3}\Big|_0^1 - \mathrm{e}^{-x}\Big|_1^{\frac{3}{2}}$

$$= \frac{1}{3} - \frac{1}{\sqrt{\mathrm{e}^3}} + \frac{1}{\mathrm{e}};$$

$$\int_1^0 f(x)\mathrm{d}x = \int_1^0 x^2\mathrm{d}x = \frac{x^3}{3}\Big|_1^0 = -\frac{1}{3}.$$

7. 设 $f(t) = \begin{cases} t, & 0 \leqslant t \leqslant 1, \\ t^2, & 1 < t \leqslant 2. \end{cases}$ 求 $g(x) = \int_0^x f(t)\mathrm{d}t$ 在 $[0, 2]$ 上的表达式.

解 当 $0 \leqslant x \leqslant 1$ 时，$g(x) = \int_0^x f(t)\mathrm{d}t = \int_0^x t\mathrm{d}t = \left[\frac{t^2}{2}\right]_0^x = \frac{x^2}{2}$；

$1 < x \leqslant 2$ 时，$g(x) = \int_0^x f(t)\mathrm{d}t = \int_0^1 t\mathrm{d}t + \int_1^x t^2\mathrm{d}t$

$$= \left[\frac{t^2}{2}\right]_0^1 + \left[\frac{t^3}{3}\right]_1^x = \frac{1}{2} + \frac{x^3}{3} - \frac{1}{3} = \frac{x^3}{3} + \frac{1}{6}.$$

所以
$$g(x) = \begin{cases} \frac{x^2}{2}, & x \in [0, 1], \\ \frac{1}{6} + \frac{x^3}{3}, & x \in (1, 2]. \end{cases}$$

8. 设 $f(x)$ 在 $[a, b]$ 上连续且 $f(x) > 0$，$F(x) = \int_a^x f(t)\mathrm{d}t + \int_b^x \frac{\mathrm{d}t}{f(t)}$，证明：

(1) $F'(x) \geqslant 2$；

(2) 方程 $F(x) = 0$ 在 (a, b) 内有且仅有一个根.

证 (1) 因为
$$f(x) > 0,$$
所以
$$F'(x) = f(x) + \frac{1}{f(x)} \geqslant 2\sqrt{f(x)}\frac{1}{\sqrt{f(x)}} = 2.$$

(2) 因为 $f(x) > 0$，所以 $F(a) = \int_a^a f(t)\mathrm{d}t + \int_b^a \frac{1}{f(t)}\mathrm{d}t < 0$，同理 $F(b) > 0$. 根据零点定理，$F(x) = 0$ 在 (a, b) 内至少有一个根.

又因为 $F'(x) \geqslant 2 > 0$，所以 $f(x)$ 在 $[a, b]$ 上单调递增，显然只有一个根.

习题 5.3

1. 计算下列定积分：

(1) $\int_0^{\sqrt{2}} \sqrt{2 - x^2}\mathrm{d}x$；　　(2) $\int_0^1 t\mathrm{e}^{-\frac{t^2}{2}}\mathrm{d}t$；

(3) $\int_4^9 \frac{\sqrt{x}}{\sqrt{x} - 1}\mathrm{d}x$；　　(4) $\int_1^{\mathrm{e}^2} \frac{\mathrm{d}x}{x\sqrt{1 + \ln x}}$；

(5) $\int_0^{\pi} (1 - \sin^3\theta)\mathrm{d}\theta$；　　(6) $\int_0^{\ln 3} \frac{\mathrm{d}x}{\sqrt{1 + \mathrm{e}^x}}$；

(7) $\int_1^{\sqrt{3}} \frac{\mathrm{d}x}{x^2\sqrt{1 + x^2}}$；　　(8) $\int_0^{\sqrt{2}a} \frac{x\mathrm{d}x}{\sqrt{3a^2 - x^2}}\ (a > 0)$；

(9) $\int_0^{\frac{\pi}{4}} \tan^3 x \sec^2 x \mathrm{d}x$;　　(10) $\int_{-2}^{0} \frac{\mathrm{d}x}{x^2+2x+2}$;

(11) $\int_{-\frac{\pi}{2}}^{\frac{\pi}{2}} \sqrt{\cos x - \cos^3 x}\mathrm{d}x$;　(12) $\int_{\frac{1}{e}}^{e} |\ln x| \mathrm{d}x$;

(13) $\int_1^2 x^{-2} e^{\frac{1}{x}} \mathrm{d}x$;　　(14) $\int_1^e \sin(\ln x)\mathrm{d}x$;

(15) $\int_{-\pi}^{\pi} x^4 \sin x \mathrm{d}x$.

解　(1) 令 $x=\sqrt{2}\sin t$, 当 $x=0$ 时, $t=0$; 当 $x=\sqrt{2}$ 时, $t=\frac{\pi}{2}$. 则

$$\int_0^{\sqrt{2}} \sqrt{2-x^2}\mathrm{d}x = \sqrt{2}\int_0^{\frac{\pi}{2}} \sqrt{1-\sin^2 t}\mathrm{d}(\sqrt{2}\sin t) = 2\int_0^{\frac{\pi}{2}} \cos^2 t \mathrm{d}t = \frac{\pi}{2}.$$

(2) $\int_0^1 t e^{-\frac{t^2}{2}} \mathrm{d}t = -\int_0^1 e^{-\frac{t^2}{2}} \mathrm{d}\left(-\frac{t^2}{2}\right) = \left[-e^{-\frac{t^2}{2}}\right]_0^1 = 1 - e^{-\frac{1}{2}}.$

(3) $\int_4^9 \frac{\sqrt{x}}{\sqrt{x}-1}\mathrm{d}x = 2\int_4^9 \frac{(\sqrt{x})^2}{\sqrt{x}-1}\mathrm{d}(\sqrt{x}) \xlongequal{u=\sqrt{x}} 2\int_2^3 \frac{u^2}{u-1}\mathrm{d}u$

$$= 2\int_2^3 \left(u+1+\frac{1}{u-1}\right)\mathrm{d}u = \left[u^2+2u+2\ln(u-1)\right]_2^3 = 7+2\ln 2.$$

(4) $\int_1^{e^2} \frac{\mathrm{d}x}{x\sqrt{1+\ln x}} \xlongequal{x=e^u} \int_0^2 \frac{\mathrm{d}u}{\sqrt{1+u}} = \left[2\sqrt{1+u}\right]_0^2$

$$= 2\sqrt{3}-2.$$

(5) $\int_0^{\pi}(1-\sin^3\theta)\mathrm{d}\theta = \int_0^{\pi}(1-\sin\theta+\cos^2\theta\sin\theta)\mathrm{d}\theta$

$$= \left[\theta+\cos\theta-\frac{1}{3}\cos^3\theta\right]_0^{\pi} = \pi - \frac{4}{3}.$$

(6) $\int_0^{\ln 3} \frac{\mathrm{d}x}{\sqrt{1+e^x}} \xlongequal[x=\ln(u^2-1)]{u=\sqrt{1+e^x}} \int_{\sqrt{2}}^{2} \frac{2\mathrm{d}u}{u^2-1} = \left[\ln\frac{u-1}{u+1}\right]_{\sqrt{2}}^{2}$

$$= 2\ln(1+\sqrt{2}) - \ln 3.$$

(7) $\int_1^{\sqrt{3}} \frac{\mathrm{d}x}{x^2\sqrt{1+x^2}} \xlongequal{x=\frac{1}{u}} \int_1^{\frac{1}{\sqrt{3}}} \frac{-u\mathrm{d}u}{\sqrt{1+u^2}} = \left[-\sqrt{1+u^2}\right]_1^{\frac{1}{\sqrt{3}}}$

$$= \sqrt{2} - \frac{2\sqrt{3}}{3}.$$

(8) $\int_0^{\sqrt{2}a} \frac{x\mathrm{d}x}{\sqrt{3a^2-x^2}} = \int_0^{\sqrt{2}a} \frac{-\frac{1}{2}\mathrm{d}(3a^2-x^2)}{\sqrt{3a^2-x^2}}$

$$= \left[-\sqrt{3a^2-x^2}\right]_0^{\sqrt{2}a} = \sqrt{3}a - a.$$

(9) $\int_0^{\frac{\pi}{4}} \tan^3 x \sec^2 x \mathrm{d}x = \int_0^{\frac{\pi}{4}} (\sec^2 x - 1)\sec x \mathrm{d}(\sec x)$

$$= \left[\frac{\sec^4 x}{4} - \frac{\sec^2 x}{2}\right]_0^{\frac{\pi}{4}} = \frac{1}{4}.$$

(10) $\int_{-2}^{0} \frac{dx}{x^2+2x+2} = \int_{-2}^{0} \frac{d(x+1)}{(x+1)^2+1} = \left[\arctan(x+1)\right]_{-2}^{0} = \frac{\pi}{2}.$

(11) $\int_{-\frac{\pi}{2}}^{\frac{\pi}{2}} \sqrt{\cos x - \cos^3 x}dx = 2\int_0^{\frac{\pi}{2}} \sqrt{\cos x}\sin x dx$

$$\xlongequal{u=\cos x} -2\int_1^0 \sqrt{u}du = \frac{4}{3}.$$

(12) $\int_{\frac{1}{e}}^{e} |\ln x| dx = -\int_{\frac{1}{e}}^{1} \ln x\, dx + \int_1^e \ln x\, dx$

$$= (x\ln x)\Big|_1^e - \int_1^e dx - (x\ln x)\Big|_{\frac{1}{e}}^{1} + \int_{\frac{1}{e}}^{1} dx = 2 - \frac{2}{e}.$$

(13) $\int_1^2 x^{-2} e^{\frac{1}{x}} dx = -\int_1^2 e^{\frac{1}{x}} d\left(\frac{1}{x}\right) = -\left[e^{\frac{1}{x}}\right]_1^2 = e - e^{\frac{1}{2}}.$

(14) $\int_1^e \sin(\ln x)dx = x\sin(\ln x)\Big|_1^e - \int_1^e \cos(\ln x)dx$

$$= e\sin 1 - x\cos(\ln x)\Big|_1^e - \int_1^e \sin(\ln x)dx$$

$$= e\sin 1 - e\cos 1 + 1 - \int_1^e \sin(\ln x)dx,$$

所以

$$\int_1^e \sin(\ln x)dx = \frac{1}{2}(e\sin 1 - e\cos 1 + 1).$$

(15) 因为 $y = x^4\sin x$ 是奇函数，由对称区间上定积分的性质，得

$$\int_{-\pi}^{\pi} x^4 \sin x dx = 0.$$

2. 利用函数的奇偶性计算下列积分：

(1) $\int_{-1}^{1} (x + \sqrt{4-x^2})^2 dx$；　　(2) $\int_{-a}^{a} \ln\frac{1+x}{1-x}dx$；

(3) $\int_{-\frac{1}{2}}^{\frac{1}{2}} \frac{(\arcsin x)^2}{\sqrt{1-x^2}}dx$.

解　(1) $\int_{-1}^{1} (x+\sqrt{4-x^2})^2 dx = \int_{-1}^{1} (4 + 2x\sqrt{4-x^2})dx$

$$= \int_{-1}^{1} 4dx + \int_{-1}^{1} 2x\sqrt{4-x^2}dx.$$

因为 $2x\sqrt{4-x^2}$ 是奇函数，且积分区间关于原点对称，所以 $\int_{-1}^{1} 2x\sqrt{4-x^2}dx = 0$，从而 $\int_{-1}^{1} (x+\sqrt{4-x^2})^2 dx = \int_{-1}^{1} 4dx = 8.$

(2) 因为被积函数是奇函数，且积分区间关于原点对称，

所以

$$\int_{-a}^{a} \ln\frac{1+x}{1-x}dx = 0.$$

(3) 因为被积函数是偶函数，所以

$$\int_{-\frac{1}{2}}^{\frac{1}{2}} \frac{(\arcsin x)^2}{\sqrt{1-x^2}} dx = 2\int_0^{\frac{1}{2}} \frac{(\arcsin x)^2}{\sqrt{1-x^2}} dx$$

$$= 2\int_0^{\frac{1}{2}} (\arcsin x)^2 d(\arcsin x) = \frac{2}{3}(\arcsin x)^3\Big|_0^{\frac{1}{2}} = \frac{\pi^3}{324}.$$

3. 设 $f(x)=\begin{cases}\dfrac{1}{1+x}, & x \geqslant 0,\\ \dfrac{1}{1+e^x}, & x<0,\end{cases}$ 求 $\int_0^2 f(x-1)dx$.

解　令 $x-1=t$, 则

$$\int_0^2 f(x-1)dx = \int_{-1}^1 f(t)dt = \int_{-1}^0 f(t)dt + \int_0^1 f(t)dt$$

$$= \int_{-1}^0 \frac{1}{1+e^t}dt + \int_0^1 \frac{1}{1+t}dt = \int_{-1}^0 \frac{1+e^t-e^t}{1+e^t}dt + \ln(1+t)\Big|_0^1$$

$$= 1 - \int_{-1}^0 \frac{1}{1+e^t}d(1+e^t) + \ln 2$$

$$= 1 + \ln 2 - \ln(1+e^t)\Big|_{-1}^0 = \ln(1+e).$$

4. 设函数 $f(x)$ 在 $[-a, a]$ 上连续，试证明：

$$\int_{-a}^a f(x)dx = \int_{-a}^a f(-x)dx.$$

证　令 $x=-t$, 则

左边 $= \int_a^{-a} f(-t)(-dt) = \int_{-a}^a f(-t)dt = \int_{-a}^a f(-x)dx =$ 右边.

5. 设 $f(x)=\tan^2 x$, 求 $\int_0^{\frac{\pi}{4}} f'(x)f''(x)dx$.

解　$\int_0^{\frac{\pi}{4}} f'(x)f''(x)dx = \int_0^{\frac{\pi}{4}} f'(x)d(f'(x)) = \frac{1}{2}[f'(x)]^2\Big|_0^{\frac{\pi}{4}}$.

因为 $f'(x)=2\tan x\sec^2 x$, 所以

$$\int_0^{\frac{\pi}{4}} f'(x)f''(x)dx = 2[\tan x\sec^2 x]^2\Big|_0^{\frac{\pi}{4}} = 8.$$

6. 证明 $\int_x^1 \frac{dx}{1+x^2} = \int_1^{\frac{1}{x}} \frac{1}{1+x^2}dx\ (x>0)$.

分析　本题由上、下限易看出所作的变量代换为 $x=\frac{1}{t}$.

证　令 $x=\frac{1}{t}(x>0)$, 则

$$\int_x^1 \frac{dx}{1+x^2} = \int_{\frac{1}{x}}^1 \frac{1}{1+\left(\frac{1}{t}\right)^2}\cdot\left(-\frac{1}{t^2}\right)dt = \int_1^{\frac{1}{x}} \frac{1}{t^2+1}dt$$

$$= \int_1^{\frac{1}{x}} \frac{1}{1+x^2}dx.$$

7. 设$f(x)$在$[a, b]$上连续，证明$\int_a^b f(x)\mathrm{d}x = \int_a^b f(a+b-x)\mathrm{d}x$.

证　令$t = a+b-x$，则

$$\int_a^b f(a+b-x)\mathrm{d}x = \int_b^a f(t)d(a+b-t)$$

$$= -\int_b^a f(t)\mathrm{d}t = -\int_b^a f(x)\mathrm{d}x = \int_a^b f(x)\mathrm{d}x.$$

8. 设$f(x)$是连续函数，证明：

（1）若$f(x)$是奇函数，则$\int_0^x f(t)\mathrm{d}t$是偶函数；

（2）若$f(x)$是偶函数，则$\int_0^x f(t)\mathrm{d}t$是奇函数.

证　记$F(x) = \int_0^x f(t)\mathrm{d}t$，则

$$F(-x) = \int_0^{-x} f(t)\mathrm{d}t \xlongequal{\text{令}t=-u} -\int_0^x f(-u)\mathrm{d}u.$$

（1）若$f(x)$为奇函数，则

$$F(-x) = \int_0^x f(u)\mathrm{d}u = F(x).$$

所以$\int_0^x f(t)\mathrm{d}t$是偶函数；

（2）若$f(x)$为偶函数，则

$$F(-x) = -\int_0^x f(u)\mathrm{d}u = -F(x).$$

所以$\int_0^x f(t)\mathrm{d}t$是奇函数.

9. 设$f(x) = \int_x^{\frac{\pi}{2}} \frac{\sin t}{t}\mathrm{d}t$，求$\int_0^{\frac{\pi}{2}} xf(x)\mathrm{d}x$.

解　$$\int_0^{\frac{\pi}{2}} xf(x)\mathrm{d}x = \int_0^{\frac{\pi}{2}} f(x)\mathrm{d}\left(\frac{x^2}{2}\right) = \left[\frac{x^2}{2}f(x)\right]_0^{\frac{\pi}{2}} - \int_0^{\frac{\pi}{2}} \frac{x^2}{2}\mathrm{d}f(x)$$

$$= \frac{\pi^2}{8}\int_{\frac{\pi}{2}}^{\frac{\pi}{2}} \frac{\sin t}{t}\mathrm{d}t - 0 - \int_0^{\frac{\pi}{2}} \frac{x^2}{2}\left(-\frac{\sin x}{x}\right)\mathrm{d}x$$

$$= \frac{1}{2}\int_0^{\frac{\pi}{2}} x\sin x\mathrm{d}x = -\frac{1}{2}\int_0^{\frac{\pi}{2}} x\mathrm{d}(\cos x)$$

$$= -\frac{1}{2}\left[x\cos x\right]_0^{\frac{\pi}{2}} + \frac{1}{2}\int_0^{\frac{\pi}{2}} \cos x\mathrm{d}x = \left[\frac{1}{2}\sin x\right]_0^{\frac{\pi}{2}} = \frac{1}{2}.$$

习题 5.4

1. 判别下列广义积分的收敛性，若收敛，算出它的值：

（1）$\int_1^{+\infty} \frac{1}{\sqrt{x}}\mathrm{d}x$；　　（2）$\int_0^{+\infty} \mathrm{e}^{-ax}\mathrm{d}x(a>0)$；

（3）$\int_{-\infty}^0 \frac{2x}{x^2+1}\mathrm{d}x$；　　（4）$\int_1^{+\infty} \frac{1}{x^2(x^2+1)}\mathrm{d}x$；

(5) $\int_0^1 \frac{x\mathrm{d}x}{\sqrt{1-x^2}}$； (6) $\int_0^2 \frac{\mathrm{d}x}{(1-x)^2}$；

(7) $\int_{-\infty}^{+\infty} \frac{1}{x^2+2x+2}\mathrm{d}x$； (8) $\int_0^1 \frac{\ln x}{\sqrt{x}}\mathrm{d}x$.

解 (1) 因为 $\int_1^{+\infty} \frac{\mathrm{d}x}{\sqrt{x}} = 2\sqrt{x}\Big|_1^{+\infty} = 2(\lim\limits_{x\to+\infty}\sqrt{x}-1) = +\infty$，所以 $\int_1^{+\infty}\frac{\mathrm{d}x}{\sqrt{x}}$ 发散.

(2) $\int_0^{+\infty} \mathrm{e}^{-ax}\mathrm{d}x = \left[-\frac{1}{a}\mathrm{e}^{-ax}\right]_0^{+\infty} = -\frac{1}{a}(\lim\limits_{x\to+\infty}\mathrm{e}^{-ax}-1) = \frac{1}{a}$，即广义积分收敛于 $\frac{1}{a}$.

(3) $\int_{-\infty}^0 \frac{2x}{x^2+1}\mathrm{d}x = \int_{-\infty}^0 \frac{1}{x^2+1}\mathrm{d}(x^2+1)$

$$= \ln(x^2+1)\Big|_{-\infty}^{0} = -\infty,$$

所以广义积分 $\int_{-\infty}^0 \frac{2x}{x^2+1}\mathrm{d}x$ 发散.

(4) $\int_1^{+\infty} \frac{1}{x^2(x^2+1)}\mathrm{d}x = \int_1^{+\infty}\left(\frac{1}{x^2}-\frac{1}{x^2+1}\right)\mathrm{d}x$

$$= \left(-\frac{1}{x}\right)\Big|_1^{+\infty} - \arctan x\Big|_1^{+\infty} = 1-\frac{\pi}{4}.$$

(5) $\int_0^1 \frac{x\mathrm{d}x}{\sqrt{1-x^2}} = \left[-\sqrt{1-x^2}\right]_0^1 = 1.$

(6) 由于 $x=1$ 是被积函数的无穷间断点，故该积分为广义积分. 因为

$$\int_0^2 \frac{\mathrm{d}x}{(1-x)^2} = \int_0^1 \frac{\mathrm{d}x}{(1-x)^2} + \int_1^2 \frac{\mathrm{d}x}{(1-x)^2}$$

$$= \lim_{\varepsilon\to0^+}\int_0^{1-\varepsilon}\frac{\mathrm{d}x}{(1-x)^2} + \lim_{\varepsilon\to0^+}\int_{1+\varepsilon}^2\frac{\mathrm{d}x}{(1-x)^2}$$

$$= \lim_{\varepsilon\to0^+}\frac{1}{1-x}\Big|_0^{1-\varepsilon} + \lim_{\varepsilon\to0^+}\frac{1}{1-x}\Big|_{1+\varepsilon}^2$$

$$= \lim_{\varepsilon\to0^+} + \left(\frac{1}{\varepsilon}-1\right) + \lim_{\varepsilon\to0^+}\left(-1+\frac{1}{\varepsilon}\right) = +\infty,$$

所以该广义积分发散.

(7) $\int_{-\infty}^{+\infty} \frac{\mathrm{d}x}{x^2+2x+2} = \int_{-\infty}^{+\infty}\frac{\mathrm{d}(x+1)}{(x+1)^2+1} = \left[\arctan(x+1)\right]_{-\infty}^{+\infty}$

$$= \frac{\pi}{2}+\frac{\pi}{2} = \pi.$$

(8) $\int_0^1 \frac{\ln x}{\sqrt{x}}\mathrm{d}x = 2\int_0^1 \ln x\,\mathrm{d}(\sqrt{x}) = \left[2\sqrt{x}\ln x\right]_0^1 - 2\int_0^1\frac{\sqrt{x}}{x}\mathrm{d}x$

$$= \left[2\sqrt{x}\ln x - 4\sqrt{x}\right]_0^1 = -4 - \lim_{\varepsilon\to0^+}(2\sqrt{\varepsilon}\ln\varepsilon - 4\sqrt{\varepsilon}) = -4.$$

2. 计算 $\int_{-\infty}^{+\infty} f(x)\mathrm{d}x$，其中 $f(x) = \begin{cases}\frac{1}{1+x^2}, & -\infty < x \leqslant 0, \\ 2, & 0 < x \leqslant 1, \\ 0, & 1 < x < +\infty.\end{cases}$

解　$\int_{-\infty}^{+\infty} f(x)\,dx = \int_{-\infty}^{0} \frac{1}{x^2+1}dx + \int_0^1 2dx + \int_1^{+\infty} 0dx$

$$= \lim_{a\to-\infty} \arctan x\Big|_a^0 + 2 = \frac{\pi}{2} + 2.$$

3. 当 k 为何值时，广义积分 $\int_2^{+\infty} \frac{1}{x(\ln x)^k}dx$ 收敛？当 k 为何值时，该广义积分发散？

解　$\int \frac{1}{x(\ln x)^k}dx = \int \frac{1}{(\ln x)^k}d(\ln x)$，

$$= \frac{1}{1-k}\frac{1}{(\ln x)^{k-1}} + C(k \neq 1).$$

当 $k=1$ 时，$\int \frac{1}{x(\ln x)}dx = \ln\ln x + C.$

所以 $\int \frac{1}{x(\ln x)^k}dx = \begin{cases} \frac{1}{1-k}\frac{1}{(\ln x)^{k-1}} + C, & k\neq 1, \\ \ln\ln x + C, & k = 1. \end{cases}$

(1) 当 $k=1$ 时，原式 $=\infty$，发散；

(2) 当 $k<1$ 时，原式 $= \frac{1}{1-k}(\ln x)^{1-k}\Big|_2^{+\infty} = +\infty$，发散；

(3) 当 $k>1$ 时，

原式 $= \frac{1}{1-k}\frac{1}{(\ln x)^{k-1}}\Big|_2^{+\infty} = \frac{1}{k-1}\frac{1}{(\ln 2)^{k-1}}$，

广义积分收敛．

综上所述，当 $k\leqslant 1$ 时，广义积分发散；当 $k>1$ 时，广义积分收敛．

习题 5.5

1. 求下列曲线所围成的图形的面积：

(1) $y=\sqrt{x}$, $y=x$; (2) $y=e^x$, $y=e$, $x=0$;

(3) $y=\ln x$, y 轴，直线 $y=\ln a$, $y=\ln b$ $(b>a>0)$；

(4) $y=\sin x$, $x\in\left[0,\frac{3\pi}{2}\right]$, $x=\frac{3}{2}\pi$, $y=0$; (5) $r=2a\cos\theta$;

(6) $r=\sqrt{2}\sin\theta$, $r^2=\cos 2\theta$.

解　(1) $S=\int_0^1(\sqrt{x}-x)dx = \left[\frac{2}{3}x^{\frac{3}{2}} - \frac{1}{2}x^2\right]_0^1 = \frac{1}{6}.$

(2) $S=\int_0^1(e-e^x)dx = \left[ex - e^x\right]_0^1 = 1.$

(3) $S=\int_{\ln a}^{\ln b}(e^y - 0)dy = \left[e^y\right]_{\ln a}^{\ln b} = b-a.$

(4) $S=\int_0^{\frac{3\pi}{2}}|\sin x|dx = \int_0^{\pi}\sin x dx - \int_{\pi}^{\frac{3\pi}{2}}\sin x dx$

$$= -\cos x\Big|_0^{\pi} + \cos x\Big|_{\pi}^{\frac{3\pi}{2}} = 3.$$

(5) 本题直接运用极坐标的面积公式计算即可．关键是确定上、下限．可通过画出草图或函数关系式本身确定 θ 的取值范围，两种方法均可．下面使用的是第二种方法．

这里 $a>0$，由 $r=2a\cos\theta\geqslant 0$，有 $\cos\theta\geqslant 0$，所以

$$-\frac{\pi}{2}\leqslant\theta\leqslant\frac{\pi}{2}.$$

又由于图形关于 x 轴对称，故所求面积为

$$S=2\cdot\frac{1}{2}\int_0^{\frac{\pi}{2}}(2a\cos\theta)^2\mathrm{d}\theta=2a^2\int_0^{\frac{\pi}{2}}(1+\cos 2\theta)\mathrm{d}\theta=\pi a^2.$$

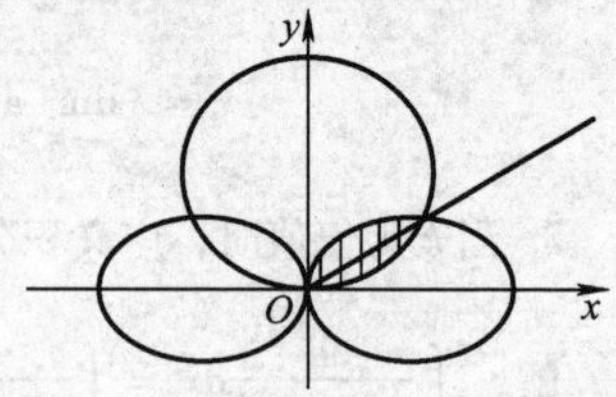

图　5-5

（6）如图 5-5 所示，由对称性，只讨论第一象限面积 S_1．

由 $\begin{cases}r=\sqrt{2}\sin\theta,\\ r^2=\cos 2\theta,\end{cases}$ 解得 $\theta=\dfrac{\pi}{6}$.

$$S_1=\frac{1}{2}\int_0^{\frac{\pi}{6}}(\sqrt{2}\sin\theta)^2\mathrm{d}\theta+\frac{1}{2}\int_{\frac{\pi}{6}}^{\frac{\pi}{4}}\cos 2\theta\mathrm{d}\theta$$

$$=\int_0^{\frac{\pi}{6}}\frac{1-\cos 2\theta}{2}\mathrm{d}\theta+\frac{1}{2\cdot 2}\int_{\frac{\pi}{6}}^{\frac{\pi}{4}}\cos 2\theta\mathrm{d}2\theta=\frac{\pi}{12}+\frac{1-\sqrt{3}}{4}.$$

所求面积为
$$S=2S_1=\frac{\pi}{6}+\frac{1-\sqrt{3}}{2}.$$

2.（1）求抛物线 $y=-x^2+4x-3$ 及其在点 $(0,-3)$ 和 $(3,0)$ 处的切线围成的图形的面积．

解　如图 5-6 所示，因为 $y'=-2x+4$，所以 $y'|_{x=0}=4$，$y'|_{x=3}=-2$，

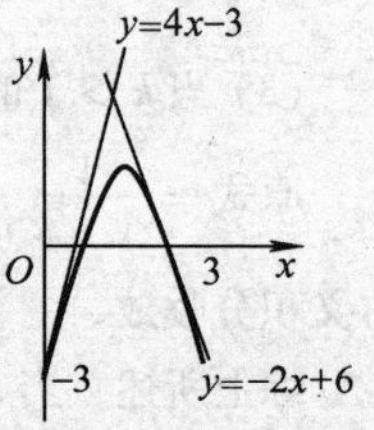

图　5-6

故　题设两点处的切线方程分别为

$$y=4x-3 \text{ 与 } y=-2x+6,$$

联立两切线方程，解方程组得 $x=\dfrac{3}{2}$.

则所求面积为

$$A=\int_0^{\frac{3}{2}}[(4x-3)-(-x^2+4x-3)]\mathrm{d}x+\int_{\frac{3}{2}}^{3}[(-2x+6)-(-x^2+4x-3)]\mathrm{d}x$$

$$=\left[\frac{x^3}{3}\right]_0^{\frac{3}{2}}+\left[\frac{x^3}{3}-3x^2+9x\right]_{\frac{3}{2}}^{3}=\frac{9}{4}.$$

（2）求抛物线 $y^2=2px\ (p>0)$ 及其在点 $\left(\dfrac{p}{2},p\right)$ 处的法线所围成的图形的面积．

解　$y^2=2px$ 两边对 x 求导，得

$$2yy'=2p,\ y'|_M=\frac{p}{y}\bigg|_M=1,$$

故法线方程为

$$y-p=-\left(x-\frac{p}{2}\right),\text{ 即 } x=-y+\frac{3}{2}p.$$

由 $\begin{cases}y^2=2px,\\ x=-y+\dfrac{3}{2}p,\end{cases}$ 得 $N\left(\dfrac{9}{2}p,-3p\right)$.

取 y 为积分变量，则所求图形（图 5-7）的面积为

$$S = \int_{-3p}^{p}\left(-y + \frac{3}{2}p - \frac{1}{2p}y^2\right)dy = \frac{16}{3}p^2.$$

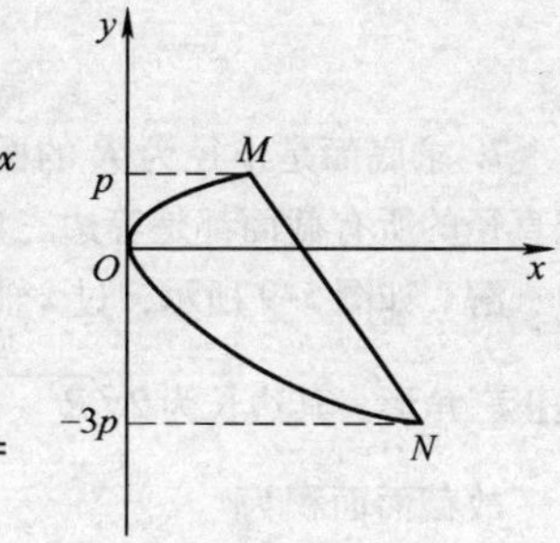

图　5-7

3. 求位于曲线 $y = e^x$ 下方，该曲线过原点的切线的左方以及 x 轴上方之间的图形的面积．

解　设切点为 (x_0, e^{x_0})，该点处的切线方程为

$$y - e^{x_0} = e^{x_0}(x - x_0),$$

将 $(0,0)$ 代入得 $x_0 = 1$，所以过原点的切线方程为 $y = ex$，由 $y = e^x$，$y = ex$ 和 x 轴所围成的图形的面积为

$$S = \int_{-\infty}^{0} e^x dx + \int_0^1 (e^x - ex)dx = \left[e^x\right]_{-\infty}^{0} + \left[e^x - e\frac{x^2}{2}\right]_0^1 = \frac{e}{2}.$$

4. 求对数螺线 $r = ae^{\theta}$ $(-\pi \leqslant \theta \leqslant \pi)$ 及射线 $\theta = \pi$ 所围成的图形的面积．

解　由极坐标面积公式，得

$$S = \frac{1}{2}\int_{-\pi}^{\pi}(ae^{\theta})^2 d\theta$$

$$= \frac{a^2}{2}\int_{-\pi}^{\pi} e^{2\theta}d\theta = \frac{a^2}{4}\left[e^{2\theta}\right]_{-\pi}^{\pi} = \frac{a^2}{4}(e^{2\pi} - e^{-2\pi}).$$

5. 设曲线 $y = \sqrt{2x}$.

（1）求过曲线上点（2，2）处的切线方程；

（2）求由曲线、切线及 x 轴所围成的平面图形的面积．

解　（1）$y' = \dfrac{1}{\sqrt{2x}}$，曲线 $y = \sqrt{2x}$ 过点（2，2）的切线斜率 $k = \dfrac{1}{2}$，所以切线方程为 $y = \dfrac{1}{2}x + 1$.

（2）$S = \int_0^2\left(\frac{y^2}{2} - 2y + 2\right)dy = \left(\frac{y^3}{6} - y^2 + 2y\right)\Big|_0^2 = \frac{4}{3}.$

6. 设有一截锥体，其高为 h，上、下底均为椭圆，椭圆的轴长分别为 $2a$，$2b$ 和 $2A$，$2B$，求这截锥体的体积．

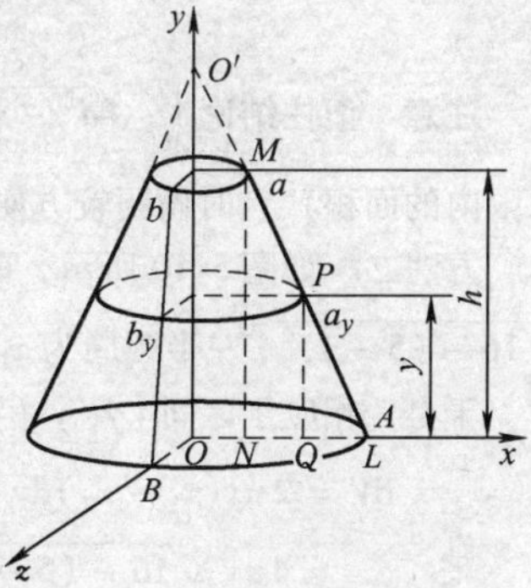

图　5-8

解　如图 5-8 所示，由△LMN∽△LPQ 得

$$\frac{y}{h} = \frac{A - a_y}{A - a},$$

所以　$a_y = A - \dfrac{A-a}{h}y$,

同理　$b_y = B - \dfrac{B-b}{h}y$.

故截面椭圆的面积为

$$A(y) = \pi\left(A - \frac{A-a}{h}y\right)\left(B - \frac{B-b}{h}y\right)$$

因此，所求截锥体的体积为

$$V = \int_0^h \pi\left(A - \frac{A-a}{h}y\right)\left(B - \frac{B-b}{h}y\right)dy$$

$$= \frac{1}{6}\pi h[2(ab + AB) + aB + Ab].$$

7. 求底面是半径为 R 的圆，而垂直于底面上一条固定直径的所有截面都是等边三角形的立体的体积.

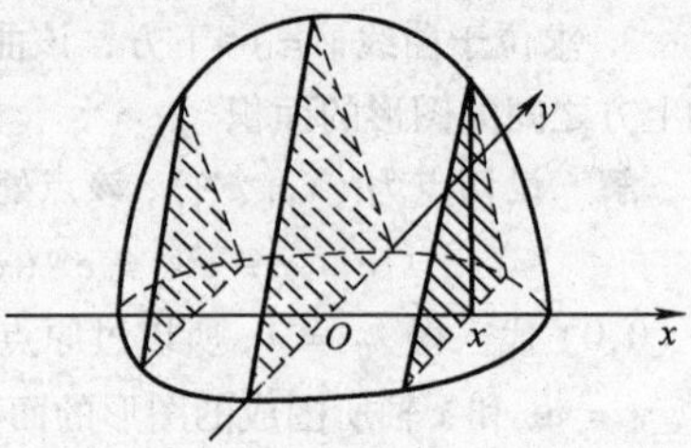

图　5-9

解　如图 5-9 所示，过 x 轴上点 x 而垂直于 x 轴的截面是正三角形，其边长为 $2\sqrt{R^2-x^2}$，高为 $2\sqrt{R^2-x^2}\cdot\frac{\sqrt{3}}{2}$.

故截面面积为

$$A(x) = \frac{1}{2}\cdot 2\sqrt{R^2-x^2}\cdot\sqrt{R^2-x^2}\cdot\sqrt{3}$$
$$= \sqrt{3}(R^2-x^2).$$

由对称性知所求体积为

$$V = 2\int_0^R A(x)\mathrm{d}x = 2\int_0^R \sqrt{3}(R^2-x^2)\mathrm{d}x$$
$$= 2\sqrt{3}\left[R^2x - \frac{1}{3}x^3\right]_0^R = \frac{4}{3}\sqrt{3}R^3.$$

8. 求由下列曲线所围成的图形绕指定坐标轴旋转所成立体的体积：

(1) $y = x^2,\ x = y^2$，绕 y 轴旋转.

解　$V = V_1 - V_2 = \int_0^1 \pi(\sqrt{y})^2\mathrm{d}y - \int_0^1 \pi(y^2)^2\mathrm{d}y = \frac{3}{10}\pi.$

(2) $x^2 + (y-5)^2 = 16$，绕 x 轴旋转.

解　方法一　取积分变量为 x. 上半圆周为 $y_1 = 5 + \sqrt{16-x^2}$，下半圆周为 $y_2 = 5 - \sqrt{16-x^2}$.

$$V = \int_{-4}^4 \pi y_1^2\mathrm{d}x - \int_{-4}^4 \pi y_2^2\mathrm{d}x$$
$$= 2\pi\int_0^4 20\sqrt{16-x^2}\mathrm{d}x = 160\pi^2.$$

注意　记住结论 $\int_0^a \sqrt{a^2-x^2}\mathrm{d}x = \frac{1}{4}\pi a^2$（圆 $x^2+y^2 \leqslant a^2$ 在第一象限内的面积）有时做题较方便.

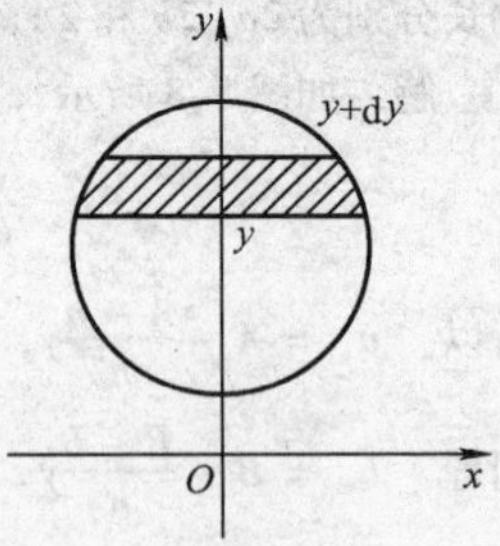

图　5-10

方法二　如图 5-10 所示，取 y 为积分变量，则右半圆周为 $x_1 = \sqrt{16-(5-y)^2}$，左半圆周为 $x_2 = -\sqrt{16-(5-y)^2}$.

于是，相应于区间 $[y, y+\mathrm{d}y]$ 的体积元素为

$$\mathrm{d}V = 2\pi y(x_1 - x_2)\mathrm{d}y = 2\pi y 2\sqrt{16-(5-y)^2}\mathrm{d}y$$
$$= 4\pi y\sqrt{16-(5-y)^2}\mathrm{d}y.$$

故
$$V = \int_1^9 4\pi y\sqrt{16-(5-y)^2}\mathrm{d}y$$
$$\xlongequal{令 5-y=t} -\int_4^{-4} 4\pi(5-t)\sqrt{16-t^2}\mathrm{d}t$$
$$= 20\pi\int_{-4}^4 \sqrt{16-t^2}\mathrm{d}t - 4\pi\int_{-4}^4 t\sqrt{16-t^2}\mathrm{d}t.$$

由奇偶函数在对称区间上的积分性质，得

$$V = 40\pi\int_0^4 \sqrt{16 - t^2}\mathrm{d}t = 160\pi^2 .$$

(3) $y = x^3$, $x = 2$, $y = 0$, 分别绕 x 轴及 y 轴旋转.

解 $V_x = \int_0^2 \pi(x^3)^2\mathrm{d}x = \left[\frac{\pi x^7}{7}\right]_0^2 = \frac{128}{7}\pi$;

$V_y = 2\pi\int_0^2 x \cdot x^3\mathrm{d}x = 2\pi\left[\frac{x^5}{5}\right]_0^2 = \frac{64}{5}\pi$.

9. 过坐标原点作曲线 $y = \ln x$ 的切线，该切线与曲线 $y = \ln x$ 及 x 轴围成平面图形 D.

(1) 求 D 的面积 S.

(2) 求 D 绕直线 $x = \mathrm{e}$ 旋转一周所成的旋转体的体积 V.

分析 (1) 取积分变量为 y.

(2) 所求体积 V 看做两旋转体体积 V_1 与 V_2 的差. 其中，大旋转体体积为圆锥体的体积，且 $V_1 = \frac{1}{3}\pi\mathrm{e}^2$. 求小旋转体的体积时，积分变量可以取 x, 也可以取 y, 体积元素为

$$\mathrm{d}V_2 = \pi(\mathrm{e} - \mathrm{e}^y)^2\mathrm{d}y.$$

解 (1) 根据题意，先求切线方程，设切点为 $(x_0, \ln x_0)$, 则切线方程可表示为

$$y - \ln x_0 = \frac{1}{x_0}(x - x_0) .$$

由于该切线过原点 $(0, 0)$, 则 $-\ln x_0 = -1$, $x_0 = \mathrm{e}$, 从而该切线方程为 $y = \frac{1}{\mathrm{e}}x$. 所围图形 D (图 5-11) 的面积为

$$S = \int_0^1 (\mathrm{e}^y - \mathrm{e}y)\mathrm{d}y = \frac{\mathrm{e}}{2} - 1 .$$

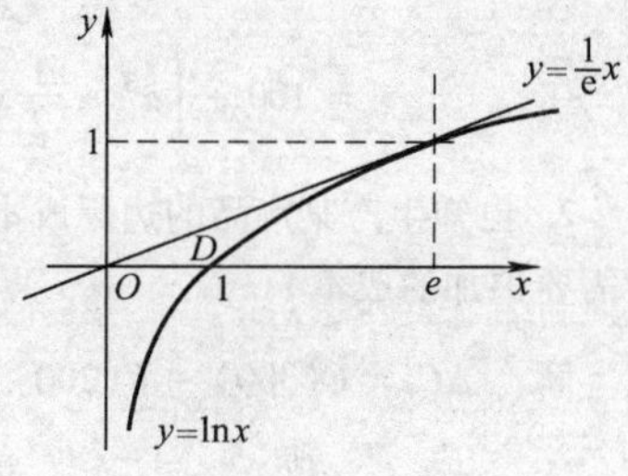

图 5-11

(2) 切线 $y = \frac{1}{\mathrm{e}}x$ 与 x 轴及直线 $x = \mathrm{e}$ 所围的图形绕直线 $x = \mathrm{e}$ 旋转所得旋转体的体积 $V_1 = \frac{1}{3}\pi\mathrm{e}^2$, 其次曲线 $y = \ln x$ 与 x 轴及直线 $x = \mathrm{e}$ 所围的图形绕直线 $x = \mathrm{e}$ 旋转所得旋转体的体积

$$V_2 = \int_0^1 \pi(\mathrm{e} - \mathrm{e}^y)^2\mathrm{d}y.$$

综上，所求旋转体的体积为 $V = V_1 - V_2 = \frac{\pi}{6}(5\mathrm{e}^2 - 12\mathrm{e} + 3)$.

10. 设抛物线 $y = ax^2 + bx + c$ 通过点 $(0, 0)$, 且当 $x \in [0, 1]$ 时, $y \geqslant 0$. 试确定 a, b, c 的值，使得抛物线 $y = ax^2 + bx + c$ 与直线 $x = 1$, $y = 0$ 所围图形的面积为 $\frac{4}{9}$, 且使该图形绕 x 轴旋转而成的旋转体的体积最小.

解 因抛物线过原点 $(0, 0)$, 所以 $c = 0$. 由题设知

$$\int_0^1 (ax^2 + bx + c)\mathrm{d}x = \frac{4}{9},$$

即 $\frac{a}{3}+\frac{b}{2}=\frac{4}{9}$，所以 $a=\frac{8-9b}{6}$. 由旋转体体积公式知

$$
\begin{aligned}
V &= \pi\int_0^1 (ax^2+bx)^2\mathrm{d}x = \int_0^1 (a^2x^4+2abx^3+b^2x^2)\mathrm{d}x \\
&= \pi\left(\frac{1}{5}a^2+\frac{1}{2}ab+\frac{1}{3}b^2\right) \\
&= \pi\left[\frac{1}{5}\left(\frac{8-9b}{6}\right)^2+\frac{1}{2}\left(\frac{8-9b}{6}\right)b+\frac{1}{3}b^2\right] \\
&= \frac{\pi}{180}(64-24b+6b^2).
\end{aligned}
$$

令 $V'_b=0$，得 $b=2$. 综上所述，$a=-\frac{5}{3}$，$b=2$，$c=0$.

习题 5.6

1. 设生产某产品的固定成本为 100，当产量为 x 时的边际成本为 $C'(x)=3x^2-x+30$，求总成本函数.

解　$C(x)=C(0)+\int_0^x C'(x)\mathrm{d}x=100+\int_0^x(3x^2-x+30)\mathrm{d}x$

$$
=100+\left[x^3-\frac{1}{2}x^2+30x\right]_0^x=100+x^3-\frac{1}{2}x^2+30x.
$$

2. 已知生产某产品的边际成本为 $C'(x)=150-0.2x$（x 为产量），求产量从 200 增加到 300 时需要追加的成本.

解　$\Delta C=C(300)-C(200)=\int_{200}^{300}C'(x)\mathrm{d}x$

$$
=\int_{200}^{300}(150-0.2x)\mathrm{d}x=\left[150x-0.1x^2\right]_{200}^{300}=10000.
$$

3. 设某产品生产 x 单位时的边际收入是 $R'(x)=100-\frac{x}{200}$.

（1）求生产 100 单位时的总收入；

（2）如果已经生产了 200 单位，求再生产 200 单位的总收入.

解　（1）$R(100)=R(0)+\int_0^{100}R'(x)\mathrm{d}x=\int_0^{100}\left(100-\frac{x}{200}\right)\mathrm{d}x$

$$
=\left[100x-\frac{x^2}{400}\right]_0^{100}=9975.
$$

（2）$\Delta R=\int_{200}^{400}R'(x)\mathrm{d}x=\int_{200}^{400}\left(100-\frac{x}{200}\right)\mathrm{d}x$

$$
=\left[100x-\frac{x^2}{400}\right]_{200}^{400}=19700.
$$

4. 已知生产某产品 x（百台）的边际成本和边际收入分别为

$$
C'(x)=3+\frac{1}{3}x\text{（万元/百台）},\quad R'(x)=7-x\quad\text{（万元/百台）},
$$

其中 $C(x)$ 和 $R(x)$ 分别是总成本函数和总收入函数.

（1）若固定成本 $C_0=1$ 万元，求总成本函数、总收入函数和总利润函数；

（2）产量为多少时，总利润最大？最大总利润是多少？

解　(1) $C(x)=C(0)+\int_0^x C'(x)\mathrm{d}x=1+\int_0^x\left(3+\frac{1}{3}x\right)\mathrm{d}x$

$$=1+3x+\frac{1}{6}x^2;$$

$$R(x)=R(0)+\int_0^x(7-x)\mathrm{d}x=7x-\frac{x^2}{2};$$

$$L(x)=R(x)-C(x)=7x-\frac{x^2}{2}-\left(1+3x+\frac{1}{6}x^2\right)$$

$$=-\frac{2}{3}x^2+4x-1.$$

(2) 令 $L'(x)=-\frac{4}{3}x+4=0$，得 $x=3$.

又 $L''(x)=-\frac{4}{3}<0$，所以 $x=3$ 为极大值点，也是最大值点，故当 $x=3$ 时总利润最大，最大利润为 $L(3)=5$（万元）.

5. 已知某产品在时刻 t 总产量的变化率是 $f(t)=100+12t-0.6t^2$（单位/h），求从 $t=2$ 到 $t=4$ 的总产量（t 的单位是 h）.

分析　这是一个由变化率求总量的问题，只需对变化率在相应的区间上求定积分即可.

解　总产量

$$Q=\int_2^4 f(t)\mathrm{d}t=\int_2^4(100+12t-0.6t^2)\mathrm{d}t$$

$$=[100t+6t^2-0.2t^3]_2^4=260.8.$$

总习题五

1. 填空题:

（1）函数 $f(x)$ 在 $[a,b]$ 上有界是 $f(x)$ 在 $[a,b]$ 上可积的________条件，而 $f(x)$ 在 $[a,b]$ 上连续是 $f(x)$ 在 $[a,b]$ 上可积的________条件.

（2）函数 $f(x)$ 在 $[a,b]$ 上连续，$F(x)$ 是 $f(x)$ 的________，则 $\int_a^b f(x)\mathrm{d}x=F(b)-F(a)$.

（3）设 $f(x)=\int_0^x \mathrm{e}^{-\frac{t^2}{2}}\mathrm{d}t$，$-\infty<x<+\infty$，则 $f'(x)=$________；$f(x)$ 的单调性是________；$f(x)$ 的奇偶性是________；$f(x)$ 图形的拐点是________；凹、凸区间分别是________；水平渐近线是________.

（4）若 $f(x)$ 在 $[-1,1]$ 上连续，其平均值为 2，则 $\int_{-1}^1 f(x)\mathrm{d}x=$________.

（5）设函数 $f(x)$ 及 $g(x)$ 在区间 $[a,b]$ 上连续，且 $f(x)\geqslant g(x)$，那么 $\int_a^b[f(x)-g(x)]\mathrm{d}x$ 在几何上表示________.

（6）设函数 $f(x)$ 在区间 $[a,b]$ 上连续，且 $f(x)\geqslant 0$，那么 $\int_a^b \pi f^2(x)\mathrm{d}x$ 在几何上表

示________.

(7) 如果一公司经营某种产品的边际利润函数为 $P'(x)$，那么 $\int_{1000}^{2000} P'(x)\mathrm{d}x$ 表示________.

(8) 设 $\int_0^1 x(a-x)\mathrm{d}x = 1$，则常数 $a =$________.

解 (1) 必要，充分.

(2) 一个原函数.

(3) $\mathrm{e}^{-\frac{x^2}{2}}$；单调递增；奇函数；$(0, 0)$；凹区间 $(-\infty, 0)$，凸区间 $(0, +\infty)$；$y = \pm\frac{\sqrt{\pi}}{2}$.

(4) 4.

(5) 直线 $x = a$, $x = b$，曲线 $y = f(x)$, $y = g(x)$ 所围成的图形的面积.

(6) 直线 $x = a$, $x = b$, x 轴与曲线 $y = f(x)$ 所围成的曲边梯形绕 x 轴旋转而成的旋转体的体积.

(7) 公司经营该种产品自第 1001 件至第 2000 件所得利润.

(8) $\frac{8}{3}$.

2. 求下列极限：

(1) $\lim\limits_{x\to a}\frac{x}{x-a}\int_a^x f(t)\mathrm{d}t$，其中 $f(x)$ 连续；

(2) $\lim\limits_{x\to+\infty}\frac{\int_0^x (\arctan t)^2\mathrm{d}t}{\sqrt{1+x^2}}$.

解 (1)
$$\lim_{x\to a}\frac{x}{x-a}\int_a^x f(t)\mathrm{d}t = \lim_{x\to a}x\cdot\lim_{x\to a}\frac{\int_a^x f(t)\mathrm{d}t}{x-a} = a\cdot\lim_{x\to a}\frac{f(x)}{1} = af(a).$$

(2)
$$\lim_{x\to+\infty}\frac{\int_0^x (\arctan t)^2\mathrm{d}t}{\sqrt{1+x^2}} = \lim_{x\to+\infty}\frac{(\arctan x)^2}{\frac{x}{\sqrt{1+x^2}}} = \frac{\pi^2}{4}.$$

3. 求 a 的值，使 $\lim\limits_{x\to0}\frac{1}{x^4}\int_0^{x^2}\frac{t}{\sqrt{a+t}}\mathrm{d}t = 1$.

解 由洛必达法则，得

$$\lim_{x\to0}\frac{1}{x^4}\int_0^{x^2}\frac{t}{\sqrt{a+t}}\mathrm{d}t = \lim_{x\to0}\frac{\frac{x^2}{\sqrt{a+x^2}}\cdot 2x}{4x^3} = \frac{1}{2\sqrt{a}} = 1,\text{ 所以 } a = \frac{1}{4}.$$

4. 设 $F(x) = \int_0^{x^2}\mathrm{e}^{-t^2}\mathrm{d}t$，试求：

(1) $F(x)$ 的极值；

(2) $\int_0^1 x^2F'(x)\mathrm{d}x$.

解 (1) 令 $F'(x) = \mathrm{e}^{-x^4}\cdot 2x = 0$，得 $x = 0$.

又 $F''(x)=\mathrm{e}^{-x^4}(2-8x^4)$，$F''(0)=2>0$，所以 $F(x)$ 有极小值 $F(0)=0$.

(2) $\int_0^1 x^2F'(x)\mathrm{d}x=\int_0^1 x^2\mathrm{e}^{-x^4}\cdot 2x\mathrm{d}x$

$$=\int_0^1 2x^3\mathrm{e}^{-x^4}\mathrm{d}x=-\frac{1}{2}\int_0^1\mathrm{e}^{-x^4}\mathrm{d}(-x^4)=\frac{1}{2}(1-\mathrm{e}^{-1}).$$

5. 计算下列积分：

(1) $\int_0^{\frac{\pi}{2}}\frac{x+\sin x}{1+\cos x}\mathrm{d}x$；　(2) $\int_0^{\frac{\pi}{4}}\ln(1+\tan x)\mathrm{d}x$；

(3) $\int_0^a\frac{1}{x+\sqrt{a^2-x^2}}\mathrm{d}x\ (a>0)$；　(4) $\int_0^{\frac{\pi}{2}}\sqrt{1-\sin 2x}\mathrm{d}x$；

(5) $\int_0^{\frac{\pi}{2}}\frac{1}{1+\cos^2x}\mathrm{d}x$；　(6) $\int_0^{\pi}x\sqrt{\cos^2x-\cos^4x}\mathrm{d}x$；

(7) $\int_0^{\pi}x^2|\cos x|\mathrm{d}x$；　(8) $\int_0^{+\infty}\frac{1}{\mathrm{e}^{x+1}+\mathrm{e}^{3-x}}\mathrm{d}x$；

(9) $\int_0^1\ln x\mathrm{d}x$；　(10) $\int_{-1}^1 x^{-\frac{4}{3}}\mathrm{d}x$.

解 (1) $\int_0^{\frac{\pi}{2}}\frac{x+\sin x}{1+\cos x}\mathrm{d}x=\int_0^{\frac{\pi}{2}}\frac{x}{1+\cos x}\mathrm{d}x+\int_0^{\frac{\pi}{2}}\frac{\sin x}{1+\cos x}\mathrm{d}x$

$$=\int_0^{\frac{\pi}{2}}\frac{x}{2\cos^2\frac{x}{2}}\mathrm{d}x+\int_0^{\frac{\pi}{2}}\frac{\sin x}{1+\cos x}\mathrm{d}x$$

$$=\int_0^{\frac{\pi}{2}}x\mathrm{d}\left(\tan\frac{x}{2}\right)-\int_0^{\frac{\pi}{2}}\frac{\mathrm{d}(1+\cos x)}{1+\cos x}$$

$$=\left[x\tan\frac{x}{2}\right]_0^{\frac{\pi}{2}}-\int_0^{\frac{\pi}{2}}\tan\frac{x}{2}\mathrm{d}x-\left[\ln(1+\cos x)\right]_0^{\frac{\pi}{2}}$$

$$=\frac{\pi}{2}-2\int_0^{\frac{\pi}{2}}\tan\frac{x}{2}\mathrm{d}\left(\frac{x}{2}\right)+\ln 2=\frac{\pi}{2}+2\left[\ln\cos\frac{x}{2}\right]_0^{\frac{\pi}{2}}+\ln 2=\frac{\pi}{2}.$$

(2) **分析** 本题考虑用变量代换使得原积分再现，即将上、下限分别为 $0,\frac{\pi}{4}$ 的积分化为上、下限分别为 $\frac{\pi}{4},0$ 的积分．由积分上、下限知所作变换应满足 $x+t=\frac{\pi}{4}$.

解 令 $x=\frac{\pi}{4}-t$，则

$$\int_0^{\frac{\pi}{4}}\ln(1+\tan x)\mathrm{d}x=-\int_{\frac{\pi}{4}}^0\ln\left[1+\tan\left(\frac{\pi}{4}-t\right)\right]\mathrm{d}t$$

$$=-\int_{\frac{\pi}{4}}^0\ln\left(1+\frac{1-\tan t}{1+\tan t}\right)\mathrm{d}t=\int_0^{\frac{\pi}{4}}\ln\frac{2}{1+\tan t}\mathrm{d}t$$

$$=\frac{\pi}{4}\ln 2-\int_0^{\frac{\pi}{4}}\ln(1+\tan x)\mathrm{d}x,$$

因此，$$\int_0^{\frac{\pi}{4}}\ln(1+\tan x)\mathrm{d}x=\frac{\pi}{8}\ln 2.$$

（3） 作变换 $x=a\sin t$，则 $\mathrm{d}x=a\cos t\mathrm{d}t$，于是

$$\int_0^a\frac{\mathrm{d}x}{x+\sqrt{a^2-x^2}}=\int_0^{\frac{\pi}{2}}\frac{a\cos t\mathrm{d}t}{a\sin t+a\cos t}$$

$$=\frac{1}{2}\int_0^{\frac{\pi}{2}}\frac{a\cos t+a\sin t-a\sin t+a\cos t}{a\sin t+a\cos t}\mathrm{d}t$$

$$=\frac{1}{2}\int_0^{\frac{\pi}{2}}\left(1+\frac{a\cos t-a\sin t}{a\sin t+a\cos t}\right)\mathrm{d}t=\frac{1}{2}\times\frac{\pi}{2}+\frac{1}{2}\int_0^{\frac{\pi}{2}}\frac{\mathrm{d}(\sin t+\cos t)}{\sin t+\cos t}$$

$$=\frac{\pi}{4}+\frac{1}{2}\Big[\ln(\sin t+\cos t)\Big]_0^{\frac{\pi}{2}}=\frac{\pi}{4}.$$

（4）$$\int_0^{\frac{\pi}{2}}\sqrt{1-\sin 2x}\mathrm{d}x=\int_0^{\frac{\pi}{2}}\sqrt{\sin^2x+\cos^2x-2\sin x\cos x}\mathrm{d}x$$

$$=\int_0^{\frac{\pi}{2}}|\sin x-\cos x|\mathrm{d}x$$

$$=\int_0^{\frac{\pi}{4}}(\cos x-\sin x)\mathrm{d}x+\int_{\frac{\pi}{4}}^{\frac{\pi}{2}}(\sin x-\cos x)\mathrm{d}x$$

$$=\Big[\sin x+\cos x\Big]_0^{\frac{\pi}{4}}+\Big[-\cos x-\sin x\Big]_{\frac{\pi}{4}}^{\frac{\pi}{2}}=2(\sqrt{2}-1).$$

（5）注意到 $\lim\limits_{x\to\left(\frac{\pi}{2}\right)^-}\arctan\dfrac{\tan x}{\sqrt{2}}=\dfrac{\pi}{2}$，因此有

$$\int_0^{\frac{\pi}{2}}\frac{\mathrm{d}x}{1+\cos^2x}=\int_0^{\frac{\pi}{2}}\frac{\sec^2x\mathrm{d}x}{1+\sec^2x}=\int_0^{\frac{\pi}{2}}\frac{\mathrm{d}(\tan x)}{\tan^2x+2}$$

$$=\left[\frac{1}{\sqrt{2}}\arctan\frac{\tan x}{\sqrt{2}}\right]_0^{\frac{\pi}{2}}=\frac{\pi}{2\sqrt{2}}.$$

（6）$$\int_0^{\pi}x\sqrt{\cos^2x-\cos^4x}\mathrm{d}x=\int_0^{\pi}x|\cos x|\sin x\mathrm{d}x$$

$$=\frac{\pi}{2}\int_0^{\pi}|\cos x|\sin x\mathrm{d}x$$

$$=\frac{\pi}{2}\int_0^{\frac{\pi}{2}}\cos x\sin x\mathrm{d}x-\frac{\pi}{2}\int_{\frac{\pi}{2}}^{\pi}\cos x\sin x\mathrm{d}x$$

$$=\frac{\pi}{2}\left[\frac{1}{2}\sin^2x\right]_0^{\frac{\pi}{2}}-\frac{\pi}{2}\left[\frac{1}{2}\sin^2x\right]_{\frac{\pi}{2}}^{\pi}=\frac{\pi}{2}.$$

（7）$$\int_0^{\pi}x^2|\cos x|\mathrm{d}x=\int_0^{\frac{\pi}{2}}x^2\cos x\mathrm{d}x-\int_{\frac{\pi}{2}}^{\pi}x^2\cos x\mathrm{d}x$$

$$=\Big[x^2\sin x+2x\cos x-2\sin x\Big]_0^{\frac{\pi}{2}}-\Big[x^2\sin x+2x\cos x-2\sin x\Big]_{\frac{\pi}{2}}^{\pi}$$

$$=\frac{\pi^2}{2}-2\pi+4.$$

(8) $\int_0^{+\infty} \frac{dx}{e^{x+1}+e^{3-x}} = \frac{1}{e^2}\int_0^{+\infty} \frac{d(e^{x-1})}{e^{2x-2}+1}$

$$= \frac{1}{e^2}\left[\arctan(e^{x-1})\right]_0^{+\infty} = \frac{1}{e^2}\left(\frac{\pi}{2} - \arctan\frac{1}{e}\right).$$

(9) 由于 $\lim\limits_{x\to 0^+}\ln x = -\infty$，故所求积分为广义积分.

$$\int_0^1 \ln x dx = \lim_{\varepsilon\to 0^+}\int_\varepsilon^1 \ln x dx = \lim_{\varepsilon\to 0^+}\left[x\ln x\Big|_\varepsilon^1 - \int_\varepsilon^1 x\cdot\frac{1}{x}dx\right]$$

$$= -1 - \lim_{\varepsilon\to 0^+}\frac{\ln\varepsilon}{\varepsilon^{-1}} = -1 - \lim_{\varepsilon\to 0^+}\frac{\varepsilon^{-1}}{-\varepsilon^{-2}} = -1.$$

(10) 由于 $\lim\limits_{x\to 0}x^{-\frac{4}{3}} = \infty$，故所求积分为广义积分.

因为 $\int_0^1 x^{-\frac{4}{3}}dx = \lim\limits_{\varepsilon\to 0^+}\left[-3x^{-\frac{1}{3}}\right]_\varepsilon^1 = +\infty$，所以 $\int_{-1}^1 x^{-\frac{4}{3}}dx$ 发散.

6. 设 $f(x)$ 在区间 $[a,b]$ 上连续，$g(x)$ 在区间 $[a,b]$ 上连续且不变号. 证明至少存在一点 $\xi\in[a,b]$，使下式成立：

$\int_a^b f(x)g(x)dx = f(\xi)\int_a^b g(x)dx$（积分第一中值定理）.

分析　$\int_a^b f(x)g(x)dx = f(\xi)\int_a^b g(x)dx \Leftrightarrow f(\xi) = \frac{\int_a^b f(x)g(x)dx}{\int_a^b g(x)dx}.$

所以只要证明

$$m \leqslant \frac{\int_a^b f(x)g(x)dx}{\int_a^b g(x)dx} \leqslant M,$$

其中 M, m 分别为 $f(x)$ 在 $[a,b]$ 上的最大、最小值.

证　由于 $f(x)$ 在 $[a,b]$ 上连续，故可设 M, m 分别为 $f(x)$ 在 $[a,b]$ 上的最大、最小值.

(1) 若 $g(x)>0$，则 $mg(x)\leqslant f(x)g(x)\leqslant Mg(x)$，于是

$$m\int_a^b g(x)dx \leqslant \int_a^b f(x)g(x)dx \leqslant M\int_a^b g(x)dx,$$

$$m \leqslant \frac{\int_a^b f(x)g(x)dx}{\int_a^b g(x)dx} \leqslant M.$$

(2) 若 $g(x)<0$，则 $mg(x)\geqslant f(x)g(x)\geqslant Mg(x)$，于是

$$m\int_a^b g(x)dx \geqslant \int_a^b f(x)g(x)dx \geqslant M\int_a^b g(x)dx,$$

同样有

$$m \leqslant \frac{\int_a^b f(x)g(x)dx}{\int_a^b g(x)dx} \leqslant M.$$

由介值定理的推论知，必存在 $\xi\in[a,b]$，使得

$$f(\xi) = \frac{\int_a^b f(x)g(x)dx}{\int_a^b g(x)dx}.$$

故

$$\int_a^b f(x)g(x)dx = f(\xi)\int_a^b g(x)dx.$$

7. 求由曲线 $r = a\sin\theta$, $r = a(\cos\theta+\sin\theta)$ $(a>0)$ 所围图形公共部分的面积.

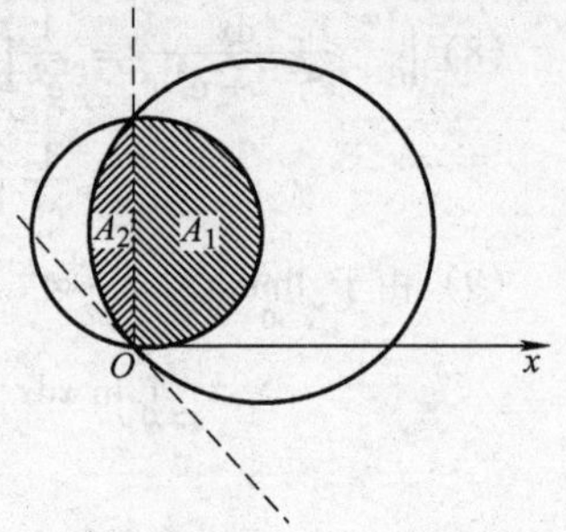

图 5-12

解　如图 5-12 所示，小圆：$r = a\sin\theta\ (0\leqslant\theta\leqslant\pi)$，

大圆：$r = a(\cos\theta+\sin\theta)\ \left(-\dfrac{\pi}{4}\leqslant\theta\leqslant\dfrac{3\pi}{4}\right)$.

联立两曲线方程消去 r，得

$a\sin\theta = a(\cos\theta+\sin\theta)$，

解得 $\theta = \dfrac{\pi}{2}$，即除极点外两曲线的另一交点为 $\left(a,\ \dfrac{\pi}{2}\right)$，故

$A_1 = \dfrac{1}{2}\pi\left(\dfrac{a}{2}\right)^2 = \dfrac{1}{8}\pi a^2$；

$$A_2 = \int_{\frac{\pi}{2}}^{\frac{3\pi}{4}} \frac{1}{2}\left[\sqrt{2}a\sin\left(\theta+\frac{\pi}{4}\right)\right]^2 d\theta = a^2\int_{\frac{\pi}{2}}^{\frac{3\pi}{4}} \sin^2\left(\theta+\frac{\pi}{4}\right)d\theta$$

$$\xlongequal{\text{令}\,\theta+\frac{\pi}{4}=t} a^2\int_{\frac{3\pi}{4}}^{\pi}\frac{1-\cos 2t}{2}dt = \frac{\pi}{8}a^2-\frac{a^2}{4}.$$

所求面积为 $A = A_1 + A_2 = \dfrac{\pi}{8}a^2+\dfrac{\pi}{8}a^2-\dfrac{a^2}{4} = \dfrac{a^2}{4}(\pi-1)$.

8. 求由曲线 $y = x^{\frac{3}{2}}$，直线 $x = 4$ 及 x 轴所围图形绕 y 轴旋转而成的旋转体的体积.

解　如图 5-13 所示，所求体积为

$$V = \int_0^8 \pi 4^2 dy - \int_0^8 \pi\left(y^{\frac{2}{3}}\right)^2 dy = 128\pi - \pi\left[\frac{3}{7}y^{\frac{7}{3}}\right]_0^8 = \frac{512}{7}\pi.$$

9. 求圆盘 $(x-2)^2+y^2\leqslant 1$ 绕 y 轴旋转而成的旋转体的体积.

解　如图 5-14 所示，所求体积为

$$\begin{aligned} V &= 2\int_1^3 2\pi x\sqrt{1-(x-2)^2}dx\ (\text{令}\ x-2=t) \\ &= 2\int_{-1}^1 2\pi(t+2)\sqrt{1-t^2}dt \\ &= 4\pi\int_{-1}^1 t\sqrt{1-t^2}dt + 8\pi\int_{-1}^1\sqrt{1-t^2}dt \\ &= 0 + 8\pi\int_{-1}^1\sqrt{1-t^2}dt = 4\pi^2. \end{aligned}$$

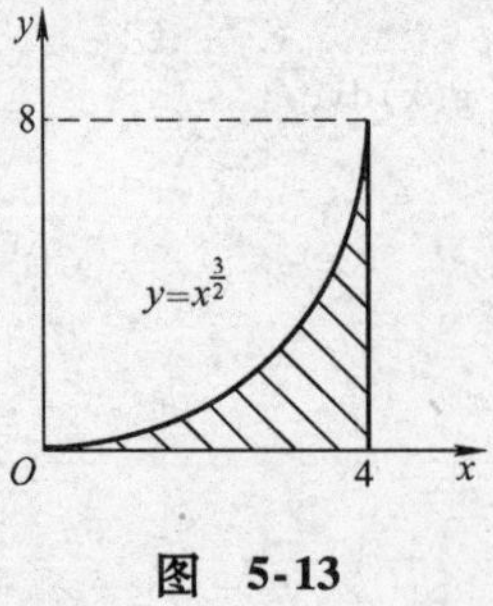

图　5-13

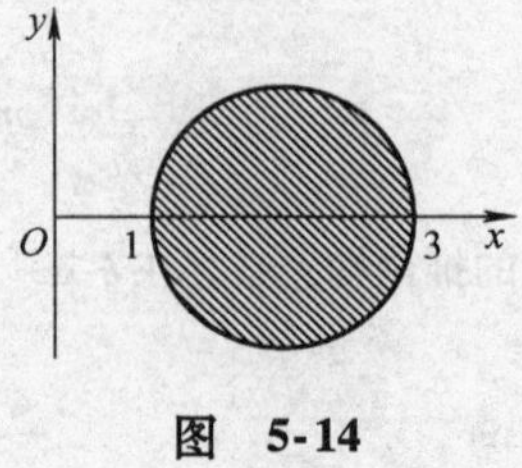

图　5-14

10. 求由曲线 $L_1: y = x^2$，x 轴，以及这条曲线的与 x 轴成 60° 角的切线所围图形的面积.

解　设切点为 $M_0(x_0, y_0)$，由题设 $y'\big|_{x=x_0} = \tan 60°$，即 $2x_0 = \sqrt{3}$，得 $x_0 = \dfrac{\sqrt{3}}{2}, y_0 = \dfrac{3}{4}$.

故切线方程为 $L_2: y - \dfrac{3}{4} = \sqrt{3}\left(x - \dfrac{\sqrt{3}}{2}\right)$.

切线与 x 轴的交点 A 的横坐标为 $x = \dfrac{\sqrt{3}}{4}$.

所求面积为 $S = \int_0^{\frac{3}{4}} \left[\dfrac{\sqrt{3}}{12}(4y+3) - \sqrt{y}\right] dy = \dfrac{\sqrt{3}}{32}$.

11. 已知某商场销售电视机的边际利润为 $L'(x) = 250 - \dfrac{x}{10}(x \geqslant 20)$.

(1) 试求售出 40 台电视机的总利润；

(2) 问售出 60 台时，前 30 台与后 30 台的平均利润各为多少？

(3) 问售出多少台时，获得的利润最大？

解　(1) $L_1 = \int_0^{40}\left(250 - \dfrac{x}{10}\right)dx = \left[250x - \dfrac{x^2}{20}\right]_0^{40} = 9920$.

(2) $\overline{L_2} = \dfrac{1}{30}\int_0^{30}\left(250 - \dfrac{x}{10}\right)dx = \dfrac{1}{30}\left[250x - \dfrac{x^2}{20}\right]_0^{30} = 248.5$；

$\overline{L_3} = \dfrac{1}{30}\int_{30}^{60}\left(250 - \dfrac{x}{10}\right)dx = \dfrac{1}{30}\left[250x - \dfrac{x^2}{20}\right]_{30}^{60} = 245.5$.

(3) 令 $L'(x) = 250 - \dfrac{x}{10} = 0$ 得 $x = 2500$，而 $L''(x) = -\dfrac{1}{10} < 0$，所以 $x = 2500$ 为最大值点，即售出 2500 台时获得的利润最大.

六、自测题

(满分 100 分，时间 90 分钟)

1. 填空题（每小题 3 分，共 15 分）：

(1) 设 $f(x)$ 在 $[a, b]$ 上连续，则 $\int_a^b f(x)dx + \int_b^a f(t)dt =$ ________；

(2) $\int_0^1 (x^{100}e^x)'dx =$ ________；

(3) $\int_1^{+\infty} \dfrac{1}{1+x^2}dx =$ ________；

(4) 设 $f(x) = \int_0^{1-x^2} e^{-t^2}dt$，则 $f'(x) =$ ________；

(5) 设 $k \neq 0$，且 $\int_0^k (2x - x^2)dx = 0$，则 $k =$ ________.

2. 选择题（每小题 2 分，共 10 分）：

(1) $\int_{-\frac{\pi}{3}}^{\frac{\pi}{2}} \sqrt{1 - \cos 2x}dx =$ (　　).

(A) $\dfrac{3\sqrt{2}}{2}$；(B) $-\dfrac{\sqrt{2}}{2}$；(C) $\sqrt{2} - \dfrac{1}{2}$；(D) $\sqrt{2} - \dfrac{\sqrt{3}}{2}$.

(2) $\int_{-1}^{1} \frac{1}{x^2}\mathrm{d}x = (\quad)$.

(A) -2; (B) 2; (C) 0; (D) 发散.

(3) $\lim\limits_{x\to 0}\frac{\int_0^x \arctan t\mathrm{d}t}{1-\cos 2x} = (\quad)$.

(A) 1; (B) 0; (C) $\frac{1}{2}$; (D) $\frac{1}{4}$.

(4) 如果$f(x)$在$[-1, 1]$上连续，且平均值为2，则$\int_{-1}^{1} f(x)\mathrm{d}x = (\quad)$.

(A) 1; (B) -1;　(C) 4;　(D) -4.

(5) 设$f(x)$在$[-5, 5]$上连续，则下列积分正确的是（　）.

(A) $\int_{-5}^{5}[f(x)+f(-x)]\mathrm{d}x = 0$; (B) $\int_{-5}^{5}[f(x)-f(-x)]\mathrm{d}x = 0$;

(C) $\int_{0}^{5}[f(x)+f(-x)]\mathrm{d}x = 0$; (D) $\int_{0}^{5}[f(x)-f(-x)]\mathrm{d}x = 0$.

3. 计算下列定积分（每小题5分，共35分）：

(1) $\int_{-1}^{1}\frac{x\mathrm{d}x}{\sqrt{5-4x}}$;　(2) $\int_{-\frac{\pi}{2}}^{\frac{\pi}{2}}\sqrt{\cos x-\cos^3 x}\mathrm{d}x$;

(3) $\int_{1}^{e} x\ln x\mathrm{d}x$;　(4) $\int_{1}^{+\infty}\frac{\mathrm{d}x}{x(x^2+1)}$;

(5) $\int_{0}^{+\infty} \mathrm{e}^{-2x}\sin x\mathrm{d}x$;　(6) $\int_{0}^{e}\ln x\mathrm{d}x$;

(7) $\int_0^1 f(x)\mathrm{d}x$, 设$f(x)=\begin{cases} x, & 0\leqslant x\leqslant t,\\ t\dfrac{1-x}{1-t}, & t<x\leqslant 1.\end{cases}$

4. (8分) 证明：若函数$f(x)$在$[a, b]$上连续，则

$$\int_a^b f(x)\mathrm{d}x = (b-a)\int_0^1 f(a+(b-a)x)\mathrm{d}x.$$

5. (8分) 抛物线$y^2=2x$分圆$x^2+y^2=8$的面积为两部分，求这两部分的面积.

6. (8分) 求由$y=x^2$, $y=2$围成的平面图形绕y轴旋转而成的旋转体的体积.

7. (8分) 利用定积分计算底面为长、短半轴分别是a, b的椭圆，高为H的直椭圆锥体的体积.

8. (8分) 某银行的利息连续计算，利息率是时间t（单位：年）的函数：$r(t)=0.08+0.015\sqrt{t}$，求它在开始2年，即时间间隔$[0, 2]$内的平均利息率.

参考答案

1. (1) 0; (2) e; (3) $\frac{\pi}{4}$; (4) $-2x\mathrm{e}^{-(1-x^2)^2}$; (5) 3.

2. (1) (A); (2) (D); (3) (D); (4) (C); (5) (B).

3. (1) $\frac{1}{6}$; (2) $\frac{4}{3}$; (3) $\frac{1}{4}(\mathrm{e}^2+1)$; (4) $\frac{1}{2}\ln 2$; (5) $\frac{1}{5}$; (6) 0; (7) 0.

4. 提示：令 $x = a + (b - a)t$.

5. $A_{小} = 2\left(\pi + \frac{2}{3}\right)$, $A_{大} = 2\left(3\pi - \frac{2}{3}\right)$.

6. $V = 2\pi$.

7. $V = \frac{1}{2}\pi abH$.

8. 0.094.

第六章　空间解析几何与向量代数

一、预习导引

在这一章中，首先建立空间直角坐标系，以向量的坐标表示为基础，用代数的方法讨论空间的曲面和曲线；介绍一些常用的空间曲面与曲线．培养空间想象能力、向量代数的计算能力，以及推理、演绎的逻辑思维能力，为多元微积分的学习做好准备．

1. 空间直角坐标系

（1）在平面上我们很容易就能画出平面直角坐标系，如何作出空间直角坐标系？各坐标轴之间有什么关系？

（2）在空间中如何表示点的坐标？空间中两点间的距离怎么求？本章第一节主要介绍空间直角坐标系的基本概念.

2. 向量代数

（1）如何表示一个既有方向又有大小的量？

（2）有了向量的概念，如何描述向量的大小和方向？空间中的两个向量有什么样的运算关系？

3. 空间曲面及其方程

（1）平面中的曲线可以一元函数 $y=f(x)$ 表示，如何描述空间中曲面的方程？

（2）常用的二次曲面有哪些？如何得到旋转曲面的方程？

4. 空间曲线及其方程

（1）空间曲线有几种表达形式？如何求空间曲线在坐标平面上的投影曲线方程？

（2）空间直线有几种表达形式？本章第四节重点介绍几种直线方程的求法.

二、知识梳理

1. 向量的概念

向量　既有大小又有方向的量，称为向量，常用有向线段表示，常记作 $\overrightarrow{P_1P_2}$，$\vec{a}$ 或 $\boldsymbol{a}$．

向量的模　向量的大小称为向量的模，常记作 $|\overrightarrow{P_1P_2}|$，$|\vec{a}|$ 或 $|\boldsymbol{a}|$．

单位向量　模为 1 的向量称为单位向量．记作 $\boldsymbol{e}_a$，即 $\boldsymbol{e}_a=\dfrac{1}{|\boldsymbol{a}|}\boldsymbol{a}$．

零向量　模为零的向量称为零向量（方向不定），记作 $\vec{0}$ 或0.

向量相等　向量 $\boldsymbol{a}$ 与向量 $\boldsymbol{b}$ 大小相等、方向相同，称向量 $\boldsymbol{a}$ 与 $\boldsymbol{b}$ 相等，记作 $\boldsymbol{a}=\boldsymbol{b}$.

向量平行　向量 $\boldsymbol{a}$ 与向量 $\boldsymbol{b}$ 方向相同或相反，称向量 $\boldsymbol{a}$ 与 $\boldsymbol{b}$ 平行，记作 $\boldsymbol{a}\,/\!/\,\boldsymbol{b}$. 认为零向量与任何向量平行.

2. 向量的线性运算

向量的加法运算和数与向量的乘法运算统称为向量的线性运算.

(1) 向量的加法

1) 平行四边形法则　将向量 $\boldsymbol{a}$ 与 $\boldsymbol{b}$ 的起点移到一起，并以 $\boldsymbol{a}$ 和 $\boldsymbol{b}$ 为邻边作平行四边形，则从起点到对角顶点的向量，称为向量 $\boldsymbol{a}$ 与 $\boldsymbol{b}$ 的和（图6-1），记为 $\boldsymbol{a}+\boldsymbol{b}$，这种求向量和的方法称为向量加法的平行四边形法则.

2) 三角形法则　将向量 $\boldsymbol{a}$ 与 $\boldsymbol{b}$ 首尾相接，则由起点到终点的向量为向量 $\boldsymbol{a}$ 与 $\boldsymbol{b}$ 的和（图6-2），这种求向量和的方法称为向量加法的三角形法则.

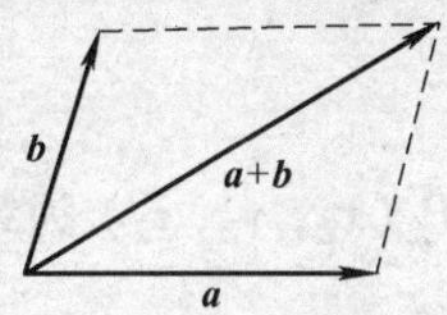

图　6-1

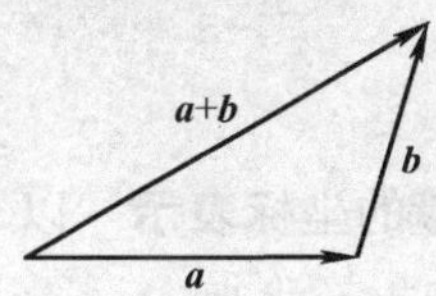

图　6-2

3) 运算规律

① 交换律：$\boldsymbol{a}+\boldsymbol{b}=\boldsymbol{b}+\boldsymbol{a}$;

② 结合律：$(\boldsymbol{a}+\boldsymbol{b})+\boldsymbol{c}=\boldsymbol{a}+(\boldsymbol{b}+\boldsymbol{c})$.

(2) 向量与数的乘法

1) **定义**　向量 $\boldsymbol{a}$ 与实数 λ 的乘积是一个向量，记为 $\lambda\boldsymbol{a}$，并规定：

① $|\lambda\boldsymbol{a}|=|\lambda||\boldsymbol{a}|$;

② 当 $\lambda>0$ 时，$\lambda\boldsymbol{a}$ 与 $\boldsymbol{a}$ 同向；当 $\lambda<0$ 时，$\lambda\boldsymbol{a}$ 与 $\boldsymbol{a}$ 反向；

③ 当 $\lambda=0$ 时，$\lambda\boldsymbol{a}=\boldsymbol{0}$（零向量）.

注：无论 λ 取何值，都有 $\lambda\boldsymbol{a}\,/\!/\,\boldsymbol{a}$. 特别地，当 $\lambda=\pm1$ 时，有 $1\boldsymbol{a}=\boldsymbol{a}$，$(-1)\boldsymbol{a}=-\boldsymbol{a}$（负向量）.

2) 运算规律

① **结合律**：$\lambda(\mu\boldsymbol{a})=\mu(\lambda\boldsymbol{a})=(\lambda\mu)\boldsymbol{a}$;

② **分配律**：$(\lambda+\mu)\boldsymbol{a}=\lambda\boldsymbol{a}+\mu\boldsymbol{a}$；$\lambda(\boldsymbol{a}+\boldsymbol{b})=\lambda\boldsymbol{a}+\lambda\boldsymbol{b}$.

3) 向量单位化　设 $\boldsymbol{a}$ 是一个非零向量，我们把与 $\boldsymbol{a}$ 同向的单位向量记为 $\boldsymbol{a}^0$，则 $\boldsymbol{a}^0=\dfrac{\boldsymbol{a}}{|\boldsymbol{a}|}$.

4) 向量共线、共面的条件

向量 $\boldsymbol{a}$ 与 $\boldsymbol{b}$ 共线 $\Leftrightarrow$ 存在不全为零的数 λ, μ，使得 $\lambda\boldsymbol{a}+\mu\boldsymbol{b}=\boldsymbol{0}$ 成立．

向量 $\boldsymbol{a}, \boldsymbol{b}$ 与 $\boldsymbol{c}$ 共面 $\Leftrightarrow$ 存在不全为零的数 λ, μ, ν，使得 $\lambda\boldsymbol{a}+\mu\boldsymbol{b}+\nu\boldsymbol{c}=\boldsymbol{0}$ 成立．

3. 空间直角坐标系及向量的坐标表示

(1) 空间两点间距离公式

设有点 $M_1(x_1, y_1, z_1)$，$M_2(x_2, y_2, z_2)$，则两点间的距离公式为

$$d=|M_1M_2|=\sqrt{(x_2-x_1)^2+(y_2-y_1)^2+(z_2-z_1)^2}.$$

(2) 空间直角坐标系下的向量

1) 向径及其坐标表示 称以原点 O 为起点、$M(x, y, z)$ 为终点的向量 $\overrightarrow{OM}$ 为点 M 对于原点 O 的向径，通常用 $\boldsymbol{r}$ 表示．我们用 $\boldsymbol{i}, \boldsymbol{j}, \boldsymbol{k}$ 分别表示与 x 轴、y 轴、z 轴正向一致的单位向量，并称它们为这一坐标系的**基本单位向量**，则点 $M(x, y, z)$ 的向径的坐标表示式为

$$\boldsymbol{r}=\overrightarrow{OM}=x\boldsymbol{i}+y\boldsymbol{j}+z\boldsymbol{k},$$

可以简记为

$$\boldsymbol{r}=\overrightarrow{OM}=(x, y, z).$$

2) 向量的坐标表示 以 $P_1(x_1, y_1, z_1)$ 为起点、$P_2(x_2, y_2, z_2)$ 为终点的向量 $\overrightarrow{P_1P_2}$ 的坐标表示式为

$$\overrightarrow{P_1P_2}=(x_2-x_1)\boldsymbol{i}+(y_2-y_1)\boldsymbol{j}+(z_2-z_1)\boldsymbol{k},$$

并可以简记为

$$\overrightarrow{P_1P_2}=(x_2-x_1, y_2-y_1, z_2-z_1).$$

3) 向量线性运算的坐标表示

设向量 $\boldsymbol{a}=a_x\boldsymbol{i}+a_y\boldsymbol{j}+a_z\boldsymbol{k}$，向量 $\boldsymbol{b}=b_x\boldsymbol{i}+b_y\boldsymbol{j}+b_z\boldsymbol{k}$，则有

① $\boldsymbol{a}+\boldsymbol{b}=(a_x+b_x)\boldsymbol{i}+(a_y+b_y)\boldsymbol{j}+(a_z+b_z)\boldsymbol{k}$；

② $\boldsymbol{a}-\boldsymbol{b}=(a_x-b_x)\boldsymbol{i}+(a_y-b_y)\boldsymbol{j}+(a_z-b_z)\boldsymbol{k}$；

③ $\lambda\boldsymbol{a}=(\lambda a_x)\boldsymbol{i}+(\lambda a_y)\boldsymbol{j}+(\lambda a_z)\boldsymbol{k}$（$\lambda$ 为实数）；

④ $\boldsymbol{a}=\boldsymbol{b} \Leftrightarrow a_x=b_x, a_y=b_y, a_z=b_z$；

⑤ 两个非零向量 $\boldsymbol{a}, \boldsymbol{b}$，若 $\boldsymbol{b}\parallel\boldsymbol{a}$，则 $\dfrac{b_x}{a_x}=\dfrac{b_y}{a_y}=\dfrac{b_z}{a_z}$（注：分母不全为零，当分母为零时，分子也必为零）．

4) 向量的模、方向与向量坐标的关系

对于非零向量 $\boldsymbol{a}$，可以用它与三个坐标轴正方向的夹角 α, β, γ（$0\leqslant\alpha\leqslant\pi$, $0\leqslant\beta\leqslant\pi$, $0\leqslant\gamma\leqslant\pi$）表示其方向．称 α, β, γ 为非零向量 $\boldsymbol{a}$ 的方向角．

设向量 $\boldsymbol{a}=(a_x, a_y, a_z)$，则

$$a_x=|\boldsymbol{a}|\cos\alpha,\ a_y=|\boldsymbol{a}|\cos\beta,\ a_z=|\boldsymbol{a}|\cos\gamma,$$

其中 $\cos\alpha$, $\cos\beta$, $\cos\gamma$ 叫做向量 $\boldsymbol{a}$ 的**方向余弦**．通常用向量的方向余弦表示向量

的方向.

向量 $\boldsymbol{a}$ 的模为

$$|\boldsymbol{a}| = \sqrt{a_x^2 + a_y^2 + a_z^2},$$

当 $\sqrt{a_x^2 + a_y^2 + a_z^2} \neq 0$ 时，有

$$\cos\alpha = \frac{a_x}{\sqrt{a_x^2 + a_y^2 + a_z^2}},\ \cos\beta = \frac{a_y}{\sqrt{a_x^2 + a_y^2 + a_z^2}},\ \cos\gamma = \frac{a_z}{\sqrt{a_x^2 + a_y^2 + a_z^2}}.$$

4. 向量的数量积与向量积

(1) 数量积

1) 定义　设向量 $\boldsymbol{a}$ 与 $\boldsymbol{b}$ 间的夹角为 $\theta(0 \leqslant \theta \leqslant \pi)$，则称

$$|\boldsymbol{a}||\boldsymbol{b}|\cos\theta$$

为向量 $\boldsymbol{a}$ 与 $\boldsymbol{b}$ 的数量积，记为 $\boldsymbol{a}\cdot\boldsymbol{b}$，即

$$\boldsymbol{a}\cdot\boldsymbol{b} = |\boldsymbol{a}||\boldsymbol{b}|\cos\theta.$$

2) 运算规律

① 交换律　$\boldsymbol{a}\cdot\boldsymbol{b} = \boldsymbol{b}\cdot\boldsymbol{a}$;

② 分配律　$(\boldsymbol{a}+\boldsymbol{b})\cdot\boldsymbol{c} = \boldsymbol{a}\cdot\boldsymbol{c} + \boldsymbol{b}\cdot\boldsymbol{c}$;

③ 结合律　$(\lambda\boldsymbol{a})\cdot\boldsymbol{b} = \lambda(\boldsymbol{a}\cdot\boldsymbol{b}) = \boldsymbol{a}\cdot(\lambda\boldsymbol{b})$，$\lambda$ 为实数.

3) 数量积的坐标表示

设 $\boldsymbol{a} = a_x\boldsymbol{i} + a_y\boldsymbol{j} + a_z\boldsymbol{k}$，$\boldsymbol{b} = b_x\boldsymbol{i} + b_y\boldsymbol{j} + b_z\boldsymbol{k}$，则

$$\boldsymbol{a}\cdot\boldsymbol{b} = a_xb_x + a_yb_y + a_zb_z.$$

注：两向量夹角余弦的坐标表示式为

$$\cos\theta = \frac{\boldsymbol{a}\cdot\boldsymbol{b}}{|\boldsymbol{a}||\boldsymbol{b}|} = \frac{a_xb_x + a_yb_y + a_zb_z}{\sqrt{a_x^2 + a_y^2 + a_z^2}\ \sqrt{b_x^2 + b_y^2 + b_z^2}}.$$

4) 性质

① $\boldsymbol{a}\cdot\boldsymbol{a} = \boldsymbol{a}^2 = |\boldsymbol{a}|^2$;

② 向量 $\boldsymbol{a}$ 与 $\boldsymbol{b}$ 正交 $\Leftrightarrow \boldsymbol{a}\cdot\boldsymbol{b} = 0 \Leftrightarrow a_xb_x + a_yb_y + a_zb_z = 0$.

(2) 向量积

1) 定义　两个向量 $\boldsymbol{a}$ 与 $\boldsymbol{b}$ 的向量积是一个向量，记作 $\boldsymbol{a}\times\boldsymbol{b}$，并且满足下列规则：

① $|\boldsymbol{a}\times\boldsymbol{b}| = |\boldsymbol{a}||\boldsymbol{b}|\sin(\boldsymbol{a},\hat{\ }\boldsymbol{b})$;

② $\boldsymbol{a}\times\boldsymbol{b}$ 方向规定为：$\boldsymbol{a}\times\boldsymbol{b}$ 既垂直于 $\boldsymbol{a}$ 又垂直于 $\boldsymbol{b}$，并且按照 $\boldsymbol{a}$, $\boldsymbol{b}$, $\boldsymbol{a}\times\boldsymbol{b}$ 顺序符合右手法则.

2) 运算规律

① 反交换律：$\boldsymbol{a}\times\boldsymbol{b} = -\boldsymbol{b}\times\boldsymbol{a}$;

② 分配律：$(\boldsymbol{a}+\boldsymbol{b})\times\boldsymbol{c} = \boldsymbol{a}\times\boldsymbol{c} + \boldsymbol{b}\times\boldsymbol{c}$;

③ 结合律：$(\lambda \boldsymbol{a}) \times \boldsymbol{b} = \boldsymbol{a} \times (\lambda \boldsymbol{b}) = \lambda(\boldsymbol{a} \times \boldsymbol{b})$（$\lambda$ 为实数）.

3）向量积的坐标表示

设向量 $\boldsymbol{a} = a_x \boldsymbol{i} + a_y \boldsymbol{j} + a_z \boldsymbol{k}$，$\boldsymbol{b} = b_x \boldsymbol{i} + b_y \boldsymbol{j} + b_z \boldsymbol{k}$，则

$$\boldsymbol{a} \times \boldsymbol{b} = \begin{vmatrix} \boldsymbol{i} & \boldsymbol{j} & \boldsymbol{k} \\ a_x & a_y & a_z \\ b_x & b_y & b_z \end{vmatrix} = (a_y b_z - a_z b_y)\boldsymbol{i} + (a_z b_x - a_x b_z)\boldsymbol{j} + (a_x b_y - a_y b_x)\boldsymbol{k}.$$

4）性质

① $\boldsymbol{a} \times \boldsymbol{a} = \boldsymbol{0}$；

② 向量 $\boldsymbol{a} \parallel \boldsymbol{b}$ 的充分必要条件为 $\boldsymbol{a} \times \boldsymbol{b} = \boldsymbol{0}$.

5. 曲面及其方程

空间曲面的一般方程　　$F(x, y, z) = 0$.

（1）旋转曲面方程

以一条平面曲线绕其平面上的一条直线旋转一周所成的曲面叫做**旋转曲面**，平面曲线和定直线分别叫做旋转曲面的**母线**和**轴**，见表 6-1.

表 6-1　旋转曲面的方程

旋转曲面的方程	母线	轴
$f(\pm\sqrt{x^2+y^2}, z) = 0$	$C: f(y, z) = 0, x = 0$	z
$f(y, \pm\sqrt{x^2+z^2}) = 0$	$C: f(y, z) = 0, x = 0$	y
$f(\pm\sqrt{x^2+y^2}, z) = 0$	$C: f(x, z) = 0, y = 0$	z
$f(x, \pm\sqrt{y^2+z^2}) = 0$	$C: f(x, z) = 0, y = 0$	x
$f(\pm\sqrt{x^2+z^2}, y) = 0$	$C: f(x, y) = 0, z = 0$	y
$f(x, \pm\sqrt{y^2+z^2}) = 0$	$C: f(x, y) = 0, z = 0$	x

（2）柱面方程

直线 L 沿着定曲线 C 平行移动形成的轨迹叫做柱面，定曲线叫做柱面的准线，动直线叫做柱面的母线，见表 6-2.

表 6-2　柱面方程

柱面方程	准线	母线与坐标轴的关系
$f(x, y) = 0$	$C: f(x, y) = 0, z = 0$	母线平行于 z 轴
$\varphi(x, z) = 0$	$C: \varphi(x, z) = 0, y = 0$	母线平行于 y 轴
$\psi(y, z) = 0$	$C: \psi(y, z) = 0, x = 0$	母线平行于 x 轴

（3）一些特殊的二次曲面

三元二次方程 $F(x, y, z) = 0$ 所表示的曲面称为二次曲面，见表 6-3.

表 6-3　二次曲面

名称		方程	在坐标面上的截痕
椭球面		$\frac{x^2}{a^2}+\frac{y^2}{b^2}+\frac{z^2}{c^2}=1$，当 $a=b=c$ 时为球面	在 xOy、yOz 及 zOx 面上截痕均为椭圆
椭圆锥面		$\frac{x^2}{a^2}+\frac{y^2}{b^2}=z^2$，当 $a=b$ 时为圆锥面	在 xOy 面上截痕为一点，在 yOz 及 zOx 面上截痕均为两条相交的直线
双曲面	单叶双曲面	$\frac{x^2}{a^2}+\frac{y^2}{b^2}-\frac{z^2}{c^2}=1$	在 xOy 面上截痕为椭圆，在 yOz 及 zOx 面上截痕均为双曲线
	双叶双曲面	$\frac{x^2}{a^2}-\frac{y^2}{b^2}-\frac{z^2}{c^2}=1$	在 yOz 面上无截痕，在 xOy 及 zOx 面上截痕都是双曲线
抛物面	椭圆抛物面	$\frac{x^2}{a^2}+\frac{y^2}{b^2}=z$	在 xOy 面上截痕为一点，在 yOz 及 zOx 面上截痕均为开口向上的抛物线
	双曲抛物面（马鞍面）	$\frac{x^2}{a^2}-\frac{y^2}{b^2}=z$	在 xOy 面上截痕为两条相交的直线，在 zOx 面上为开口向上的抛物线，在 yOz 面上为口向下的抛物线

6. 空间曲线

(1) 空间曲线方程

空间曲线的一般方程为 $\Gamma:\begin{cases}F(x,y,z)=0,\\G(x,y,z)=0;\end{cases}$ 其参数方程为 $\Gamma:\begin{cases}x=\varphi(t),\\y=\psi(t),\\z=\omega(t).\end{cases}$

(2) 空间曲线在坐标面上的投影

设空间曲线 $\Gamma:\begin{cases}F(x,y,z)=0,\\G(x,y,z)=0,\end{cases}$ 从联立方程组中消去 z 后所得的方程 $H(x,y)=0$，这是以 Γ 为准线、母线平行于 z 轴的柱面，称为曲线 Γ 关于 xOy 面的**投影柱面**．投影柱面与 xOy 面的交线为 $\begin{cases}H(x,y)=0,\\z=0,\end{cases}$ 称为空间曲线 Γ 在 xOy 面上的**投影曲线**．

7. 空间平面

(1) 平面的方程（见表 6-4）

表 6-4　平面的方程

名称	方程	常数（参数）的几何意义	备注
点法式	$A(x-x_0)+B(y-y_0)+C(z-z_0)=0$	(A,B,C) 是平面的法向量，(x_0,y_0,z_0) 是平面上一点．	A,B,C 不全为零
一般式	$Ax+By+Cz+D=0$	(A,B,C) 是平面的法向量	A,B,C 不全为零
截距式	$\frac{x}{a}+\frac{y}{b}+\frac{z}{c}=1$	a,b,c 分别为平面在 x 轴，y 轴，z 轴上的截距	平面不过原点且不平行于坐标轴

（续）

名称	方程	常数（参数）的几何意义	备注
三点式	$\begin{vmatrix} x-a_1 & y-a_2 & z-a_3 \\ b_1-a_1 & b_2-a_2 & b_3-a_3 \\ c_1-a_1 & c_2-a_2 & c_3-a_3 \end{vmatrix}=0$	(a_1, a_2, a_3)，(b_1, b_2, b_3)，(c_1, c_2, c_3) 为平面上三点	三点不共线

（2）两平面的位置关系（见表6-5）

表 6-5　两平面的位置关系

<table>
<tr><td colspan="3">平面 Π_1: $A_1x+B_1y+C_1z+D_1=0$, $\boldsymbol{n}_1=(A_1, B_1, C_1)$
平面 Π_2: $A_2x+B_2y+C_2z+D_2=0$, $\boldsymbol{n}_2=(A_2, B_2, C_2)$</td></tr>
<tr><td>相交</td><td>$A_1:B_1:C_1 \neq A_2:B_2:C_2$
$(\boldsymbol{n}_1 \not\parallel \boldsymbol{n}_2)$</td><td>① 两平面的夹角公式为
$\cos\theta=\cos(\widehat{\boldsymbol{n}_1, \boldsymbol{n}_2})=\dfrac{|\boldsymbol{n}_1\cdot\boldsymbol{n}_2|}{|\boldsymbol{n}_1||\boldsymbol{n}_2|}$
$=\dfrac{|A_1A_2+B_1B_2+C_1C_2|}{\sqrt{A_1^2+B_1^2+C_1^2}\cdot\sqrt{A_2^2+B_2^2+C_2^2}}$
② 垂直条件满足：
$A_1A_2+B_1B_2+C_1C_2=0\ (\boldsymbol{n}_1 \perp \boldsymbol{n}_2)$</td></tr>
<tr><td>平行</td><td colspan="2">$\dfrac{A_1}{A_2}=\dfrac{B_1}{B_2}=\dfrac{C_1}{C_2}\neq\dfrac{D_1}{D_2}$　$(\boldsymbol{n}_1 /\!/ \boldsymbol{n}_2)$</td></tr>
<tr><td>重合</td><td colspan="2">$\dfrac{A_1}{A_2}=\dfrac{B_1}{B_2}=\dfrac{C_1}{C_2}=\dfrac{D_1}{D_2}$　$(\boldsymbol{n}_1 /\!/ \boldsymbol{n}_2)$</td></tr>
</table>

8. 空间直线及其方程

如果一非零向量平行于一条已知直线，这个向量叫做这条直线的**方向向量**（直线方程见表6-6）.

表 6-6　直线的方程

<table>
<tr><th>名称</th><th>方程</th><th>常数（参数）的几何意义</th><th>备　注</th></tr>
<tr><td>一般式</td><td>$\begin{cases} A_1x+B_1y+C_1z+D_1=0, \\ A_2x+B_2y+C_2z+D_2=0 \end{cases}$</td><td>$(A_1, B_1, C_1)\times(A_2, B_2, C_2)$ 为直线的方向向量</td><td>把直线看做两平面的交线</td></tr>
<tr><td>对称式</td><td>$\dfrac{x-x_0}{m}=\dfrac{y-y_0}{n}=\dfrac{z-z_0}{p}$</td><td rowspan="2">$(x_0, y_0, z_0)$ 是直线上的点，(m, n, p) 是直线的方向向量</td><td rowspan="2">m, n, p 不全为零，$t\in\mathbf{R}$.</td></tr>
<tr><td>参数式</td><td>$\begin{cases} x=x_0+mt, \\ y=y_0+nt, (t \text{ 为参数}) \\ z=z_0+pt \end{cases}$</td></tr>
<tr><td>两点式</td><td>$\dfrac{x-x_1}{x_2-x_1}=\dfrac{y-y_1}{y_2-y_1}=\dfrac{z-z_1}{z_2-z_1}$</td><td>点 $M_1(x_1, y_1, z_1)$ 与 $M_2(x_2, y_2, z_2)$ 在直线上</td><td>$x_2-x_1, y_2-y_1, z_2-z_1$ 不全为零</td></tr>
</table>

9. 距离

已知空间点 $M_0(x_0, y_0, z_0)$，平面 $Ax+By+Cz+D=0$，直线 $\dfrac{x-x_0}{m}=\dfrac{y-y_0}{n}=\dfrac{z-z_0}{p}$，则

点到平面的距离　$d=\dfrac{|Ax_0+By_0+Cz_0+D|}{\sqrt{A^2+B^2+C^2}}$；

点到直线的距离　$d=\dfrac{|\overrightarrow{M_1M_0}\times \boldsymbol{s}|}{|\boldsymbol{s}|}=\dfrac{\begin{vmatrix}\boldsymbol{i} & \boldsymbol{j} & \boldsymbol{k}\\ x_0-x_1 & y_0-y_1 & z_0-z_1\\ m & n & p\end{vmatrix}}{\sqrt{m^2+n^2+p^2}}$，

其中 $M_1(x_1, y_1, z_1)$ 为直线上任一确定的点.

三、释疑解难

1. 数量积、向量积易混淆怎么办?

释疑解难　数量积是一个数量，无方向；向量积是个向量，有方向，算出来的向量垂直于两向量构成的平面，且满足右手法则.

数量积：$\boldsymbol{a}\cdot\boldsymbol{b}=|\boldsymbol{a}||\boldsymbol{b}|\cos\theta=a_xb_x+a_yb_y+a_zb_z$.

向量积：$|\boldsymbol{a}\times\boldsymbol{b}|=|\boldsymbol{a}||\boldsymbol{b}|\sin(\widehat{\boldsymbol{a},\boldsymbol{b}})$，

$$\boldsymbol{a}\times\boldsymbol{b}=\begin{vmatrix}\boldsymbol{i} & \boldsymbol{j} & \boldsymbol{k}\\ a_x & a_y & a_z\\ b_x & b_y & b_z\end{vmatrix}=(a_yb_z-a_zb_y)\boldsymbol{i}+(a_zb_x-a_xb_z)\boldsymbol{j}+(a_xb_y-a_yb_x)\boldsymbol{k}.$$

2. 同一个方程在空间和平面中表示的图形为何不一样?

释疑解难　例如，方程 $x^2+y^2=1$，由于平面上仅有两个坐标，这时方程表示一个圆；但在三维空间中，这个方程只限制坐标 x, y，对坐标 z 没有限制，即若在 xOy 平面上点 (x_0, y_0) 满足上述方程，则对任意的 z，空间上的点 (x_0, y_0, z) 也满足这个方程，因此该方程表示一个圆柱面.

3. 已知平面图形的方程如何求出该图形绕坐标轴旋转后所得旋转体的方程?

释疑解难　求旋转曲面方程的口诀用通俗的语言描述就是：“绕谁（如 x）旋转谁不变，另外一个字母变成 $\pm\sqrt{平方和(如\ y^2+z^2)}$”.

4. 求直线方程有多种方法，具体应用时应如何选择，要注意哪些关键的东西?

释疑解难　直线具有各种形式的方程，如对称式、一般式、参数式、两点式.要熟记各种形式的直线方程中常数的几何意义（见表6-6），具体应用时应根据题目条件灵活处理. 例如，应用对称式方程的关键是找到直线的方向向量和直线上的

一个点；在求直线与平面的交点时，选用参数式直线方程往往计算起来较为简便；若便于找出过直线的两个平面，则可用一般式表示直线．

四、典型题精讲

题型1　向量的基本概念和运算

【方法与技巧】

（1）利用向量的三角形法则、平行四边形法则进行向量的加减运算或证明向量等式．

（2）利用向量的线性运算计算向量表达式．

（3）运用向量的数量积、向量积的概念及相关运算规律进行运算．

例6.1　平行于向量 $\boldsymbol{a}=(4,0,3)$ 的单位向量为________．

解　平行于向量 $\boldsymbol{a}$ 的单位向量有两个，即 $\pm\dfrac{\boldsymbol{a}}{|\boldsymbol{a}|}$，故 $\pm\left(\dfrac{4}{5},0,\dfrac{3}{5}\right)$ 为所求解．

例6.2　从点 $A(2,-1,3)$ 沿向量 $\boldsymbol{a}=(1,2,-2)$ 的方向引线段 $|AB|=6$，求点 B 的坐标．

解　设点 B 的坐标为 (x,y,z)，则 $\overrightarrow{AB}=(x-2,y+1,z-3)$，因为向量 $\overrightarrow{AB}$ 与向量 $\boldsymbol{a}$ 平行且方向相同，所以 $\overrightarrow{AB}=\lambda\boldsymbol{a}(\lambda>0)$，即 $x-2=\lambda$，$y+1=2\lambda$，$z-3=-2\lambda$，故

$$|\overrightarrow{AB}|=\sqrt{(x-2)^2+(y+1)^2+(z-3)^2}$$
$$=\sqrt{(\lambda)^2+(2\lambda)^2+(-2\lambda)^2}=\sqrt{9\lambda^2}=3\lambda=6,$$

解得 $\lambda=2$，因此点 B 的坐标为 $(4,3,-1)$．

例6.3　设已知向量 $\overrightarrow{M_1M_2}=(1,\sqrt{2},-1)$，计算向量 $\overrightarrow{M_1M_2}$ 的方向余弦和方向角.

解　借助公式 $\cos\alpha=\dfrac{a_x}{|\boldsymbol{a}|}$，$\cos\beta=\dfrac{a_y}{|\boldsymbol{a}|}$，$\cos\gamma=\dfrac{a_z}{|\boldsymbol{a}|}$，因为 $|\overrightarrow{M_1M_2}|=2$，所以 $\cos\alpha=\dfrac{1}{2}$，$\cos\beta=\dfrac{\sqrt{2}}{2}$，$\cos\gamma=-\dfrac{1}{2}$，于是 $\alpha=\dfrac{\pi}{3}$，$\beta=\dfrac{\pi}{4}$，$\gamma=\dfrac{2\pi}{3}$．

例6.4　已知三点 $O(0,0,0)$，$A(1,0,3)$，$B(0,1,3)$，求：

（1）与 $\overrightarrow{OA}$，$\overrightarrow{OB}$ 同时垂直的单位向量；

（2）$\triangle OAB$ 的面积．

解　$\overrightarrow{OA}=(1,0,3)$，$\overrightarrow{OB}=(0,1,3)$，则

$$\boldsymbol{a}=\overrightarrow{OA}\times\overrightarrow{OB}=\begin{vmatrix}\boldsymbol{i}&\boldsymbol{j}&\boldsymbol{k}\\1&0&3\\0&1&3\end{vmatrix}=-3\boldsymbol{i}-3\boldsymbol{j}+1\boldsymbol{k},$$

于是 $\pm\dfrac{\boldsymbol{a}}{|\boldsymbol{a}|}=\pm\left(\dfrac{3}{\sqrt{19}},\dfrac{3}{\sqrt{19}},\dfrac{-1}{\sqrt{19}}\right)$

即为所求单位向量，而 $S_{\triangle OAB}=\dfrac{1}{2}|\overrightarrow{OA}\times\overrightarrow{OB}|=\dfrac{\sqrt{19}}{2}$.

题型 2　求空间平面、空间直线的方程

【方法与技巧】

(1) 求解与直线和平面相关的题时，涉及平面的一般找法向量，涉及直线的一般找方向向量．然后再根据具体题来分析该如何求法向量和方向向量．

(2) 求平面方程．若由已知可以找到所求平面上的一点及法向量，用平面的点法式确定平面；若题设条件中平面通过一条直线，且该直线用两个平面的交线表示，则用平面束方程求解较简单．

(3) 求直线方程．若由已知可以找到所求直线上的一点及直线的方向向量，用直线的对称式或参数式方程求解；若从题设条件中可以找到直线所在的两个平面，则用一般式确定直线的方程．

例 6.5　求平行于 x 轴且过两点 $N(2,0,1)$ 和 $M(3,1,3)$ 的平面方程．

解　方法一　因为平面过两点 $N(2,0,1)$ 和 $M(3,1,3)$，所以过向量 $\overrightarrow{NM}=(1,1,2)$．因为所求平面平行于 x 轴，所以平面平行于 x 轴上的单位向量 $\boldsymbol{i}=(1,0,0)$，从而平面的法向量 $\boldsymbol{n}=\overrightarrow{NM}\times\boldsymbol{i}=(0,2,-1)$，再由点法式方程知所求平面方程为 $2y-z+1=0$．

方法二　因为所求平面平行于 x 轴，所以平面的一般方程为 $By+Cz+D=0$，又因为平面过两点 $N(2,0,1)$ 和 $M(3,1,3)$，所以 $\begin{cases}C+D=0,\\B+3C+D=0,\end{cases}$ 知 $B=2$，$C=-1$，$D=1$，故所求平面方程为 $2y-z+1=0$．

例 6.6　求过 z 轴，且与平面 $2x+y-\sqrt{5}z+7=0$ 的夹角为 $\dfrac{\pi}{3}$ 的平面方程．

解　因为平面过 z 轴，所以设平面方程为 $Ax+By=0$，则所求平面的法向量 $\boldsymbol{n}_2=(A,B,0)$，而已知平面的法向量为 $\boldsymbol{n}_1=(2,1,-\sqrt{5})$，根据两平面的夹角为 $\dfrac{\pi}{3}$，有

$$\frac{|\boldsymbol{n}_1\cdot\boldsymbol{n}_2|}{|\boldsymbol{n}_1|\cdot|\boldsymbol{n}_2|}=\frac{|2A+B|}{\sqrt{A^2+B^2}\,\sqrt{10}}=\cos\frac{\pi}{3}=\frac{1}{2}\Rightarrow 3A^2+8AB-3B^2=0,$$

因式分解为

$$(3A-B)(A+3B)\Rightarrow\frac{A}{B}=\frac{1}{3}\text{ 或 }\frac{A}{B}=-3,$$

所以所求的平面方程为 $x+3y=0$ 或 $3x-y=0$．

例 6.7　求过点 $A(3,1,-2)$ 且通过直线 $\dfrac{x-2}{0}=\dfrac{y+1}{2}=\dfrac{z+2}{1}$ 的平面方程．

解　因为所求平面过直线，所以过直线上的点 $B(2, -1, -2)$，又因为所求平面过点 $A(3, 1, -2)$，从而平面平行于向量 $\overrightarrow{BA} = (1, 2, 0)$ 及直线的方向向量 $\boldsymbol{v} = (0, 2, 1)$，由此可得所求平面的法向量为 $\boldsymbol{n} = \overrightarrow{BA} \times \boldsymbol{v} = (2, -1, 2)$，再由平面的点法式方程知所求的平面方程为 $2x - y + 2z - 1 = 0$.

例 6.8　求平行于平面 $2x + y + z - 7 = 0$ 且与三坐标面所构成的四面体体积为 2 单位的平面方程.

解　由题意，取所求平面的法向量 $\boldsymbol{n} = (2, 1, 1)$，故设所求平面方程为 $2x + y + z - D = 0$，化成截距式方程为 $\dfrac{x}{D/2} + \dfrac{y}{D} + \dfrac{z}{D} = 1$，得平面在 x, y, z 上的截距分别为 $\dfrac{D}{2}$, D, D，其与三个坐标轴所成的四面体体积为 $V = \dfrac{1}{6}\left|\dfrac{D}{2} \cdot D \cdot D\right| = 2$，即 $|D^3| = 24$，得 $D = \pm 2\sqrt[3]{3}$，故所求平面方程为　$2x + y + z \pm 2\sqrt[3]{3} = 0$.

例 6.9　求过点 $M_0(-1, 0, 3)$ 且平行于平面 π_0 : $3x - 2y + z - 6 = 0$ 又与直线 l_0 : $\dfrac{x+1}{1} = \dfrac{y-3}{1} = \dfrac{z}{2}$ 相交的直线方程.

解　过点 $M_0(-1, 0, 3)$ 且平行于平面 π_0 的平面 π_1 的点法式方程为 $3(x+1) - 2y + (z-3) = 0$，为了便于求平面 π_1 与直线 l_0 的交点 M_1，化 l_0 为参数方程 $\dfrac{x+1}{1} = \dfrac{y-3}{1} = \dfrac{z}{2} = t$，即 $x = t - 1$, $y = t + 3$, $z = 2t$，代入平面 π_1 的方程，解得 $t = 3$. 由此得平面 π_1 与直线 l_0 的交点 M_1 的坐标 $(2, 6, 6)$. 由题意知，所求直线过点 M_0 与点 M_1，故其对称式方程为 $\dfrac{x+1}{1} = \dfrac{y}{2} = \dfrac{z-3}{1}$.

例 6.10　求直线 $\begin{cases} 2y + 3z - 1 = 0, \\ x - 2y + 3 = 0 \end{cases}$ 在平面 $-x - y + z + 3 = 0$ 上的投影直线方程.

分析　只需求过直线且与已知平面垂直的平面方程，再与已知平面方程联立即可.

解　过直线 $\begin{cases} 2y + 3z - 1 = 0, \\ x - 2y + 3 = 0 \end{cases}$ 的平面束方程为

$$2y + 3z - 1 + \lambda(x - 2y + 3) = 0.$$

即

$$\lambda x + (2 - 2\lambda)y + 3z + (3\lambda - 1) = 0. \tag{1}$$

其法向量为 $\boldsymbol{n}_1 = (\lambda, 2-2\lambda, 3)$，已知平面的法向量为 $\boldsymbol{n} = (-1, -1, 1)$，令 $\boldsymbol{n}_1 \perp \boldsymbol{n}$，即 $-\lambda + (2-2\lambda)(-1) + 3 = 0$，得 $\lambda = -1$. 代入式 (1) 得过直线且与已知平面垂直的平面方程为

$$-x + 4y + 3z - 4 = 0.$$

故所求投影直线方程为 $\begin{cases}-x-y+z+3=0,\\-x+4y+3z-4=0.\end{cases}$

题型3　确定点、线、面之间的关系

【方法与技巧】

（1）平面与平面、直线与直线、平面与直线间的位置关系均是通过平面的法向量与直线的方向向量间的位置关系来讨论．至于直线与直线、平面与平面是否重合，直线是否在平面上，除了要证明它们平行之外还要验证它们是否有公共点，有公共点，则重合或线在平面上；无公共点，则它们平行．

（2）若题设条件中提及直线与直线、直线与平面相交问题，一般将所求直线方程设为参数方程形式较为简便．

（3）求点到直线、平面的距离．

例6.11　（1）判断直线 $\begin{cases}x+2y-z-1=0,\\-2x+y+z=0\end{cases}$ 与直线 $\dfrac{x}{-2}=\dfrac{y-2}{1}=\dfrac{z+3}{1}$ 的位置关系；

（2）判断直线 $\begin{cases}x+y+3z-9=0,\\x-y-z+11=0\end{cases}$ 与平面 $x-y-z+5=0$ 的位置关系；

（3）判断直线 $\dfrac{x-2}{3}=\dfrac{y+2}{1}=\dfrac{z-3}{-4}$ 和平面 $x+y+z-3=0$ 的位置关系．

解　（1）直线 $\begin{cases}x+2y-z-1=0,\\-2x+y+z=0\end{cases}$ 的方向向量为 $\boldsymbol{v}_1=(1,2,-1)\times(-2,1,1)=(3,1,5)$，直线 $\dfrac{x}{-2}=\dfrac{y-2}{1}=\dfrac{z+3}{1}$ 的方向向量为 $\boldsymbol{v}_2=(2,-1,-1)$，因为 $\boldsymbol{v}_1\cdot\boldsymbol{v}_2=0$，所以两直线垂直．

（2）直线 $\begin{cases}x+y+3z-9=0,\\x-y-z+11=0\end{cases}$ 的方向向量为 $\boldsymbol{v}=(1,1,3)\times(1,-1,-1)=(2,4,-2)$，平面 $x-y-z+5=0$ 的法向量 $\boldsymbol{n}=(1,-1,-1)$，$\boldsymbol{v}\cdot\boldsymbol{n}=0$，所以直线与平面的夹角为0，在直线上任取一点 $(1,3,3)$，但该点不满足直线方程，因此直线与平面平行．

（3）直线的方向向量 $(3,1,-4)$ 与平面的法向量 $(1,1,1)$ 垂直，从而得知该直线平行于平面或在平面内，又因为直线上一点 $(2,-2,3)$ 在平面内，所以知直线 $\dfrac{x-2}{3}=\dfrac{y+2}{1}=\dfrac{z-3}{-4}$ 在平面 $x+y+z-3=0$ 内．

例6.12　分别在下列条件下确定 l,m,n 的值：

（1）使 $(l-1)x+(m-1)y+(n-2)z+6=0$ 和 $(m+4)x+(n-6)y+(l+2)z-6=0$ 表示同一平面；

（2）使直线 $\begin{cases}x=t+2,\\y=-2t-5,\\z=3t-1\end{cases}$ 与平面 $lx+my-3z-9=0$ 垂直；

(3) 使 $lx-y-3z+1=0$ 与 $x+2y-3z=0$ 表示两互相垂直的平面．

解 (1) 欲使所给的两方程表示同一平面，则

$$\frac{l-1}{m+4}=\frac{m-1}{n-6}=\frac{n-2}{l+2}=\frac{6}{-6},$$

即

$$\begin{cases}m+l+3=0,\\ m+n-7=0,\\ n+l=0,\end{cases}$$

从而得 $$l=-5,m=2,n=5.$$

(2) 欲使所给直线与平面垂直，只需使直线的方向向量与平面的法向量平行，所以要求向量 $(1,-2,3)$ 与向量 $(l,m,-3)$ 的各分量成比例，即 $\frac{l}{1}=\frac{m}{-2}=\frac{-3}{3}$，得 $l=-1,m=2$．

(3) 欲使所给的两方程表示两垂直平面，只需要求两平面的法向量的数量积为零，即

$$l-2+9=0,$$

所以 $l=-7$．

例 6.13 (1) 求平面 $\Pi_1: x+y-1=0$ 与平面 $\Pi_2: 3x+2=0$ 的夹角；

(2) 求直线 $l_1: \frac{x-1}{1}=\frac{y-5}{-2}=\frac{z+8}{1}$ 及 $l_2: \begin{cases}x-y=6,\\ 2y+z=3\end{cases}$ 的夹角．

分析 关键是求出两平面和两直线的方向向量．

解 (1) 平面 Π_1 的法向量为 $\boldsymbol{n}_1=(1,1,0)$，平面 Π_2 的法向量为 $\boldsymbol{n}_2=(3,0,0)$，则平面 Π_1,Π_2 的夹角 φ 的余弦为

$$\cos\varphi=\frac{|\boldsymbol{n}_1\cdot\boldsymbol{n}_2|}{|\boldsymbol{n}_1||\boldsymbol{n}_2|}=\frac{3}{\sqrt{2}\times 3}=\frac{\sqrt{2}}{2},$$

所以两平面的夹角为 $\varphi=\frac{\pi}{4}$.

(2) 两直线的方向向量分别为

$$\boldsymbol{s}_1=(1,-2,1),\boldsymbol{s}_2=\begin{vmatrix}\boldsymbol{i}&\boldsymbol{j}&\boldsymbol{k}\\1&-1&0\\0&2&1\end{vmatrix}=(-1,-1,2).$$

所以两直线 l_1,l_2 的夹角 φ 的余弦为

$$\cos\varphi=\frac{|\boldsymbol{s}_1\cdot\boldsymbol{s}_2|}{|\boldsymbol{s}_1|\cdot|\boldsymbol{s}_2|}=\frac{3}{\sqrt{6}\sqrt{6}}=\frac{1}{2},$$

所以两直线的夹角 $\varphi=\frac{\pi}{3}$.

例 6.14 (060104) 点 $(2,1,0)$ 与平面 $3x+4y+5z=0$ 的距离 $d=$ ________.

解　应填 $\sqrt{2}$.

根据点到平面的距离公式得 $d=\dfrac{|6+4|}{\sqrt{3^2+4^2+5^2}}=\sqrt{2}$.

题型 4　求曲面、空间曲线及投影曲线的方程

【方法与技巧】

（1）求旋转曲面方程的基本方法是：平面曲线绕某坐标轴旋转，则该坐标轴对应的变量不变，而曲线方程中另一变量改写为该变量与第三个变量平方和的正负平方根．例如，曲线 $\Gamma:f(y,z)=0$ 为 yOz 平面上的曲线，则曲线 Γ 绕 z 轴旋转点到曲面 $f(\pm\sqrt{x^2+y^2},z)=0$．

（2）投影线方程的求解程序：先求出空间曲线 Γ 在给定平面上的投影柱面方程，然后将投影柱面方程与给定平面的方程联立，即得所求投影线方程．

例 6.15　求球面 $x^2+y^2+z^2=4$ 与平面 $x+z=1$ 的交线扎 xOy 面上的投影方程.

解　要求交线，需联立球面与平面方程 $\begin{cases}x^2+y^2+z^2=4,\\x+z=1,\end{cases}$ 要求交线在 xOy 面上的投影方程，需知交线上坐标 x 与坐标 y 的关系，因此消去 z，得 $2x^2-2x+y^2=3$；又因投影在 xOy 面上，故对坐标 z 的要求为 $z=0$，综上可知 $\begin{cases}2x^2-2x+y^2=8,\\z=0\end{cases}$ 为所求交线的投影方程．

例 6.16　（090111）椭球面 S_1 是椭圆 $\dfrac{x^2}{4}+\dfrac{y^2}{3}=1$ 绕 x 轴旋转而成，圆锥面 S_2 是由过点（4，0）且与椭圆 $\dfrac{x^2}{4}+\dfrac{y^2}{3}=1$ 相切的直线绕 x 轴旋转而成．

（1）求 S_1 及 S_2 的方程；

（2）求 S_1 与 S_2 之间的立体体积．

分析　求旋转面 S_1 的方程，直接套用公式即可；求 S_2 的方程时，首先应求出过点（4，0）且与椭圆 $\dfrac{x^2}{4}+\dfrac{y^2}{3}=1$ 相切的直线方程，然后再求旋转面方程．

解　（1）椭球面 S_1 的方程为 $\dfrac{x^2}{4}+\dfrac{y^2+z^2}{3}=1$.

设切点为 (x_0,y_0)，则 $\dfrac{x^2}{4}+\dfrac{y^2}{3}=1$ 在该点的切线方程为 $\dfrac{x_0x}{4}+\dfrac{y_0y}{3}=1$．

将 $x=4$，$y=0$ 代入切线方程得 $x_0=1$，从而 $y_0=\pm\dfrac{\sqrt{3}}{2}\sqrt{4-x_0^2}=\pm\dfrac{3}{2}$．

所以切线方程为 $\dfrac{x}{4}\pm\dfrac{y}{2}=1$，从而圆锥面 S_2 的方程为

$$\left(\frac{x}{4}-1\right)^2=\frac{y^2+z^2}{4}, \text{即 } (x-4)^2-4y^2-4z^2=0.$$

（2）S_1 与 S_2 之间的体积等于一个底面半径为 $\frac{3}{2}$、高为 3 的锥体体积 $\frac{9}{4}\pi$ 与部分椭球体体积 V 之差，其中

$$V=\frac{3}{4}\pi\int_1^2(4-x^2)\mathrm{d}x=\frac{5}{4}\pi.$$

故所求体积为 $\frac{9}{4}\pi-\frac{5}{4}\pi=\pi$.

五、教材习题选解

习题 6.1

1. 点 $A(-1, 2, 3)$, $B(2, 3, -1)$ 各在哪个卦限？求出它们关于下列几种情况的对称点：

（1）三个坐标平面；（2）三个坐标轴；（3）原点.

解 两点分别在第Ⅱ，Ⅴ卦限.

（1）点 A 关于 xOy 面的对称点为 $(-1, 2, -3)$；关于 yOz 面的对称点为 $(1, 2, 3)$；关于 zOx 面的对称点为 $(-1, -2, 3)$.点 B 关于 xOy 面的对称点为 $(2, 3, 1)$；关于 yOz 面的对称点为 $(-2, 3, -1)$；关于 zOx 面的对称点为 $(2, -3, -1)$.

（2）点 A 关于 x 轴的对称点为 $(-1, -2, -3)$；关于 y 轴的对称点为 $(1, 2, -3)$；关于 z 轴的对称点为 $(1, -2, 3)$.点 B 关于 x 轴的对称点为 $(2, -3, 1)$；关于 y 轴的对称点为 $(-2, 3, 1)$；关于 z 轴的对称点为 $(-2, -3, -1)$.

（3）点 A 关于坐标原点的对称点为 $(1, -2, -3)$；点 B 关于坐标原点的对称点为 $(-2, -3, 1)$.

2. 坐标轴上的点和坐标平面上的点的坐标各有什么特征？指出下列各点的位置：

$$A(3, 4, 0)；B(0, 4, 3)；C(3, 0, 0)；D(0, -1, 0).$$

解 点 $A(3, 4, 0)$ 在 xOy 平面内；点 $B(0, 4, 3)$ 在 yOz 平面内；点 $C(3, 0, 0)$ 在 x 轴上；点 $D(0, -1, 0)$ 在 y 轴上.

3. 已知一边长为 a 的立方体放置在 xOy 面上，其底面的中心在坐标原点，底面的顶点在 x 轴和 y 轴上，求立方体各个顶点的坐标.

解 因为底面的对角线的长为 $\sqrt{2}a$，所以立方体各顶点的坐标分别为

$$\left(-\frac{\sqrt{2}}{2}a, 0, 0\right), \left(\frac{\sqrt{2}}{2}a, 0, 0\right), \left(0, -\frac{\sqrt{2}}{2}a, 0\right), \left(0, \frac{\sqrt{2}}{2}a, 0\right),$$

$$\left(-\frac{\sqrt{2}}{2}a, 0, a\right), \left(\frac{\sqrt{2}}{2}a, 0, a\right), \left(0, -\frac{\sqrt{2}}{2}a, a\right), \left(0, \frac{\sqrt{2}}{2}a, a\right).$$

4. 在第Ⅲ卦限求一点 M，使得它到三个坐标轴的距离分别为 $d_x=5$, $d_y=3\sqrt{5}$, $d_z=2\sqrt{13}$.

解 设点 $M(-a, -b, c)$ $a, b, c>0$，则 $d_x=\sqrt{b^2+c^2}=5$, $d_y=\sqrt{a^2+c^2}=3\sqrt{5}$, $d_z=\sqrt{a^2+b^2}=2\sqrt{13}$；解得

$$a=6, b=4, c=3 \quad \Rightarrow M(-6, -4, 3).$$

习题 6.2

1. 设 $\boldsymbol{m}=2\boldsymbol{a}-\boldsymbol{b}+\boldsymbol{c}$，$\boldsymbol{n}=-\boldsymbol{a}+2\boldsymbol{b}-\boldsymbol{c}$，试用 $\boldsymbol{a},\boldsymbol{b},\boldsymbol{c}$ 表示 $3\boldsymbol{m}-4\boldsymbol{n}$.

解　$3\boldsymbol{m}-4\boldsymbol{n}=10\boldsymbol{a}-11\boldsymbol{b}+7\boldsymbol{c}$.

2. 已知点 P 到点 $A(0, 0, 12)$ 的距离是 7，$\overrightarrow{OP}$ 的方向余弦是 $\cos\alpha=\dfrac{2}{7}$，$\cos\beta=\dfrac{3}{7}$，$\cos\gamma=\dfrac{6}{7}$，求点 P 的坐标.

解　设点 $P(x, y, z)$，则有 $\overrightarrow{OP}=\sqrt{x^2+y^2+(z-12)^2}=7$，

$\overrightarrow{OP}\cos\alpha=2=x$，$\overrightarrow{OP}\cos\beta=3=y$，$\overrightarrow{OP}\cos\gamma=6=z$；从而得点 $P(2, 3, 6)$。

5. 设 $\boldsymbol{a}$，$\boldsymbol{b}$，$\boldsymbol{c}$ 为单位向量，且满足 $\boldsymbol{a}+\boldsymbol{b}+\boldsymbol{c}=\boldsymbol{0}$，求 $\boldsymbol{a}\cdot\boldsymbol{b}+\boldsymbol{b}\cdot\boldsymbol{c}+\boldsymbol{c}\cdot\boldsymbol{a}$.

解　因为 $\boldsymbol{a}+\boldsymbol{b}+\boldsymbol{c}=\boldsymbol{0}$，所以 $(\boldsymbol{a}+\boldsymbol{b}+\boldsymbol{c})(\boldsymbol{a}+\boldsymbol{b}+\boldsymbol{c})=0$，即

$$\boldsymbol{a}\cdot\boldsymbol{a}+\boldsymbol{b}\cdot\boldsymbol{b}+\boldsymbol{c}\cdot\boldsymbol{c}+2\boldsymbol{a}\cdot\boldsymbol{b}+2\boldsymbol{a}\cdot\boldsymbol{c}+2\boldsymbol{c}\cdot\boldsymbol{a}=0.$$

于是

$$\boldsymbol{a}\cdot\boldsymbol{b}+\boldsymbol{b}\cdot\boldsymbol{c}+\boldsymbol{c}\cdot\boldsymbol{a}=-\frac{1}{2}(\boldsymbol{a}\cdot\boldsymbol{a}+\boldsymbol{b}\cdot\boldsymbol{b}+\boldsymbol{c}\cdot\boldsymbol{c})=-\frac{1}{2}(1+1+1)=-\frac{3}{2}.$$

6. 设 $\boldsymbol{a}=(3, 5, -4)$，$\boldsymbol{b}=(2, 1, 8)$，试求 m，使 $m\boldsymbol{a}+\boldsymbol{b}$ 与 z 轴垂直.

解　$m\boldsymbol{a}+\boldsymbol{b}=(3m+2, 5m+1, -4m+8)$，$z$ 轴的单位向量为 $\boldsymbol{k}=(0, 0, 1)$，由于 $m\boldsymbol{a}+\boldsymbol{b}$ 与 z 轴垂直，得到

$$(3m+2, 5m+1, -4m+8)\cdot(0, 0, 1)=-4m+8=0,$$

从而得到 $m=2$.

7. 求同时垂直于 $\boldsymbol{a}=2\boldsymbol{i}-\boldsymbol{j}+\boldsymbol{k}$，$\boldsymbol{b}=\boldsymbol{i}+2\boldsymbol{j}-\boldsymbol{k}$ 的单位向量.

解　$\boldsymbol{a}\times\boldsymbol{b}=\begin{vmatrix}\boldsymbol{i} & \boldsymbol{j} & \boldsymbol{k}\\ 2 & -1 & 1\\ 1 & 2 & -1\end{vmatrix}=-\boldsymbol{i}+3\boldsymbol{j}+5\boldsymbol{k}$，则

$$\boldsymbol{e}=\frac{\boldsymbol{a}\times\boldsymbol{b}}{|\boldsymbol{a}\times\boldsymbol{b}|}=\left(-\frac{1}{\sqrt{35}}, \frac{3}{\sqrt{35}}, \frac{5}{\sqrt{35}}\right).$$

习题 6.3

1. 求与两定点（1，2，3）和（4，5，6）距离相等的点的轨迹.

解　设动点为 $M(x, y, z)$，依题意有

$$(x-1)^2+(y-2)^2+(z-3)^2=(x-4)^2+(y-5)^2+(z-6)^2,$$

即

$$2x+2y+2z-21=0.$$

3. 求下列旋转曲面的方程：

（1）xOz 面上的抛物线 $z^2=5x$ 绕 x 轴旋转一周.

解　将方程中的 z 换成 $\pm\sqrt{y^2+z^2}$ 得旋转曲面的方程 $y^2+z^2=5x$.

（3）xOy 面上的双曲线 $4x^2-9y^2=36$ 分别绕 x 轴及 y 轴旋转一周.

解　双曲线绕 x 轴旋转而得的旋转曲面的方程为

$$4x^2-9y^2-9z^2=36.$$

双曲线绕 y 轴旋转而得的旋转曲面的方程为

$$4x^2+4z^2-9y^2=36.$$

4. 指出下列方程中哪些是旋转曲面，如果是旋转曲面，则曲面是怎样生成的？

(1) $\frac{x^2}{4}+\frac{y^2}{9}+\frac{z^2}{9}=1$；　　(2) $x^2+y^2+z^2=1$.

解　方程（1），（2）都是旋转曲面.

方程（1）是 xOy 面上的椭圆 $\frac{x^2}{4}+\frac{y^2}{9}=1$ 绕 x 轴旋转一周而形成的，或是 zOx 面上的椭圆 $\frac{x^2}{4}+\frac{z^2}{9}=1$ 绕 x 轴旋转一周而形成的；

方程（2）是 xOy 面上的圆 $x^2+y^2=1$ 绕 y 轴旋转一周而形成的,或是 yOz 面上的圆 $z^2+y^2=1$ 绕 y 轴旋转一周而形成的.

6. 求过点 $A(3, 0, -2)$ 且与平面 $3x-y+4z+10=0$ 平行的平面方程.

解　所求平面的法向量为 $\boldsymbol{n}=(3,-1,4)$，所求平面的方程为

$$3(x-3)-(y-0)+4(z+2)=0，即 3x-y+4z-1=0.$$

7. 求通过 y 轴且垂直于平面 $2x+y-z+5=0$ 的平面方程.

解　所求平面必过原点 $O(0, 0, 0)$，已知平面的法向量为 $\boldsymbol{n}_1=(2, 1, -1)$，则所求平面的法向量为

$$\boldsymbol{n}=\boldsymbol{j}\times\boldsymbol{n}_1=\begin{vmatrix}\boldsymbol{i} & \boldsymbol{j} & \boldsymbol{k}\\ 0 & 1 & 0\\ 2 & 1 & -1\end{vmatrix}=-\boldsymbol{i}-2\boldsymbol{k},$$

故所求平面的方程为 $x+2z=0$.

习题 6.4

1. 求下列空间曲线在 xOy 面的投影曲线的方程：

(1) $\begin{cases}x^2+y^2=z,\\ z=x+1.\end{cases}$

解　将 $z=x+1$ 代入 $x^2+y^2=z$ 得 $\left(x-\frac{1}{2}\right)^2+y^2=\left(\frac{\sqrt{5}}{2}\right)^2$，故投影曲线的方程为

$$\begin{cases}\left(x-\frac{1}{2}\right)^2+y^2=\left(\frac{\sqrt{5}}{2}\right)^2,\\ z=0.\end{cases}$$

2. 分别求母线平行于 x 轴和 y 轴而且过曲线 $\begin{cases}2x^2+y^2+z^2=16,\\ x^2+z^2-y^2=0\end{cases}$ 的柱面方程.

解　把方程组中的 x 消去得方程 $3y^2-z^2=16$，可得母线平行于 x 轴且通过曲线 $\begin{cases}2x^2+y^2+z^2=16,\\ x^2+z^2-y^2=0\end{cases}$ 的柱面方程.

把方程组中的 y 消去得方程 $3x^2+2z^2=16$，可得母线平行于 y 轴且通过曲线 $\begin{cases}2x^2+y^2+z^2=16,\\ x^2+z^2-y^2=0\end{cases}$ 的柱面方程.

3. 求上半球面 $z=\sqrt{a^2-x^2-y^2}$，柱面 $x^2+y^2-ax=0$ 及 xOy 面所围成的立体在 xOy 面和 zOx 面上的投影.

解　圆柱体 $x^2+y^2\leqslant ax$ 在 xOy 面上的投影为 $x^2+y^2\leqslant ax$，它含在半球 $0\leqslant z\leqslant\sqrt{a^2-x^2-y^2}$ 在 xOy 面上的投影 $x^2+y^2\leqslant a^2$ 内，所以半球与圆柱体的公共部分在 xOy 面上的投影为 $\begin{cases}x^2+y^2\leqslant ax,\\ z=0.\end{cases}$

因为上半球与圆柱体的公共部分是曲顶柱体，顶在球面上，所以在 zOx 面上的投影为 $\begin{cases}x^2+z^2\leqslant a^2\\ y=0,\end{cases}\quad(x\geqslant 0,\ z\geqslant 0)$.

4. 求旋转抛物面 $z=x^2+y^2(0\leqslant z\leqslant 4)$ 在三个坐标面上的投影.

解　令 $z=4$ 得 $x^2+y^2=4$，于是旋转抛物面在 xOy 面上的投影为 $x^2+y^2\leqslant 4$.

令 $x=0$ 得 $z=y^2$，于是旋转抛物面在 yOz 面上的投影为 $y^2\leqslant z\leqslant 4$.

令 $y=0$ 得 $z=x^2$，于是旋转抛物面在 zOx 面上的投影为 $x^2\leqslant z\leqslant 4$.

5. 求满足下列条件的直线方程：

(1) 过点 (4, −1, 3) 且平行于直线 $\frac{x-3}{2}=\frac{y}{1}=\frac{z-1}{5}$.

解　所求直线的方向向量为 $\boldsymbol{s}=(2,1,5)$，所求的直线方程为

$$\frac{x-4}{2}=\frac{y+1}{1}=\frac{z-3}{5}.$$

(2) 平行于 x 轴且过点 (2, 3, 1).

解　所求直线的方向向量为 $\boldsymbol{s}=(1,0,0)$，所求的直线方程为

$$\frac{x-2}{1}=\frac{y-3}{0}=\frac{z-1}{0}.$$

(3) 过两点 (3, −2, 1) 和 (−1, 0, 2).

解　所求直线的方向向量为 $\boldsymbol{s}=(-1,0,2)-(3,-2,1)=(-4,2,1)$，所求的直线方程为

$$\frac{x-3}{-4}=\frac{y+2}{2}=\frac{x-1}{1}.$$

6. 用对称式方程及参数方程表示直线 $\begin{cases}x-y+z=1,\\ 2x+y+z=4.\end{cases}$

解　平面 $x-y+z=1$ 和 $2x+y+z=1$ 的法向量分别为 $\boldsymbol{n}_1=(1,-1,1)$，$\boldsymbol{n}_2=(2,1,1)$，所求直线的方向向量为

$$\boldsymbol{s}=\boldsymbol{n}_1\times\boldsymbol{n}_2=\begin{vmatrix}\boldsymbol{i}&\boldsymbol{j}&\boldsymbol{k}\\1&-1&1\\2&1&1\end{vmatrix}=-2\boldsymbol{i}+\boldsymbol{j}+3\boldsymbol{k}.$$

在方程组 $\begin{cases}x-y+z=1,\\ 2x+y+z=4\end{cases}$ 中，令 $y=0$，得 $\begin{cases}x+z=1,\\ 2x+z=4,\end{cases}$ 解得 $x=3$，$z=-2$. 于是点 (3, 0, −2) 为所求直线上的点.

所求直线的对称式方程为

$$\frac{x-3}{-2}=\frac{y}{1}=\frac{z+2}{3};$$

参数方程为

$$x=3-2t,\ y=t,\ z=-2+3t.$$

总习题六

1. 填空：

(3) 过直线 L_1：$\dfrac{x-1}{1}=\dfrac{y-2}{0}=\dfrac{z-3}{-1}$且平行于直线 L_2：$\dfrac{x+2}{2}=\dfrac{y-1}{1}=\dfrac{z}{1}$的平面方程为________；

(4) 设$|\boldsymbol{a}|=3$，$|\boldsymbol{b}|=4$，$|\boldsymbol{c}|=5$，且满足$\boldsymbol{a}+\boldsymbol{b}+\boldsymbol{c}=\boldsymbol{0}$，则$|\boldsymbol{a}\times\boldsymbol{b}+\boldsymbol{b}\times\boldsymbol{c}+\boldsymbol{c}\times\boldsymbol{a}|=$________.

答 (3)由题意知平面过点（1，2，3），且法向量为

$$\boldsymbol{n}=\begin{vmatrix}\boldsymbol{i} & \boldsymbol{j} & \boldsymbol{k}\\ 1 & 0 & -1\\ 2 & 1 & 1\end{vmatrix}=\boldsymbol{i}-3\boldsymbol{j}+\boldsymbol{k},$$

则平面方程为$(x-1)-3(y-2)+(z-3)=0$，即$x-3y+z+2=0$.

(5) 由题意得$(\boldsymbol{a}+\boldsymbol{b}+\boldsymbol{c})\times\boldsymbol{b}=\boldsymbol{0}$，即$\boldsymbol{a}\times\boldsymbol{b}+\boldsymbol{c}\times\boldsymbol{b}=\boldsymbol{0}$，则有$\boldsymbol{a}\times\boldsymbol{b}=\boldsymbol{b}\times\boldsymbol{c}$；又由$|\boldsymbol{a}|^2+|\boldsymbol{b}|^2=|\boldsymbol{c}|^2$知：以向量$\boldsymbol{a}$，$\boldsymbol{b}$，$\boldsymbol{c}$为边的三角形为直角三角形，且$\boldsymbol{a}\perp\boldsymbol{b}$，所以

$$\begin{aligned}|\boldsymbol{a}\times\boldsymbol{b}+\boldsymbol{b}\times\boldsymbol{c}+\boldsymbol{c}\times\boldsymbol{a}|&=|\boldsymbol{a}\times\boldsymbol{b}-\boldsymbol{b}\times(\boldsymbol{a}+\boldsymbol{b})+\boldsymbol{c}\times\boldsymbol{a}|\\&=|\boldsymbol{a}\times\boldsymbol{b}-\boldsymbol{b}\times\boldsymbol{c}+\boldsymbol{c}\times\boldsymbol{a}|=|2\boldsymbol{a}\times\boldsymbol{b}-\boldsymbol{a}\times\boldsymbol{c}|\\&=|2\boldsymbol{a}\times\boldsymbol{b}-\boldsymbol{a}\times(-\boldsymbol{a}-\boldsymbol{b})|=3|\boldsymbol{a}\times\boldsymbol{b}|\\&=3|\boldsymbol{a}||\boldsymbol{b}|\sin(\boldsymbol{a},\boldsymbol{b})=3\times3\times4\times1=36.\end{aligned}$$

4. 设$|\boldsymbol{a}|=\sqrt{3}$，$|\boldsymbol{b}|=1$，$(\boldsymbol{a},\boldsymbol{b})=\dfrac{\pi}{6}$，求向量$\boldsymbol{a}+\boldsymbol{b}$与$\boldsymbol{a}-\boldsymbol{b}$的夹角.

解 由余弦定理得$|\boldsymbol{a}+\boldsymbol{b}|=\sqrt{(\boldsymbol{a})^2+(\boldsymbol{b})^2+2|\boldsymbol{a}||\boldsymbol{b}|\dfrac{\sqrt{3}}{2}}=\sqrt{7}$，同理可得$|\boldsymbol{a}-\boldsymbol{b}|=1$. 设向量$\boldsymbol{a}+\boldsymbol{b}$与$\boldsymbol{a}-\boldsymbol{b}$的夹角为$\theta$，则$\cos\theta=\dfrac{(\boldsymbol{a}+\boldsymbol{b})\cdot(\boldsymbol{a}-\boldsymbol{b})}{|\boldsymbol{a}+\boldsymbol{b}||\boldsymbol{a}-\boldsymbol{b}|}=\dfrac{|\boldsymbol{a}|^2-|\boldsymbol{b}|^2}{\sqrt{7}}=\dfrac{2}{\sqrt{7}}$，所以$\theta=\arccos\dfrac{2}{\sqrt{7}}$.

7. 点$P_1(2,-1,-1)$关于平面Π的对称点为$P_2(-2,3,11)$，求平面Π的方程.

解 平面法向量为$\overrightarrow{P_1P_2}=(-4,4,12)$，且过点（0，1，5），则平面方程为$-x+(y-1)+3(z-5)=0$，即$x-y-3z+16=0$.

8. 设一平面垂直于平面$z=0$，并过从点（1，-1，1）到直线$\begin{cases}y-z+1=0,\\x=0\end{cases}$的垂线，求此平面的方程.

解 直线的方向向量为$\boldsymbol{n}=\begin{vmatrix}\boldsymbol{i} & \boldsymbol{j} & \boldsymbol{k}\\ 0 & 1 & -1\\ 1 & 0 & 0\end{vmatrix}=-\boldsymbol{j}-\boldsymbol{k}$，且设此直线的参数方程为$\begin{cases}x=0,\\y=t,\\z=t+1,\end{cases}$ 又因为两直线垂直，从而有$(-1)\cdot(t+1)+(-1)\cdot t=0$，则$t=-\dfrac{1}{2}$. 故所求平面的法向量为

$$\begin{vmatrix}\boldsymbol{i} & \boldsymbol{j} & \boldsymbol{k}\\ -1 & \dfrac{1}{2} & -\dfrac{1}{2}\\ 0 & 0 & 1\end{vmatrix}=\frac{1}{2}\boldsymbol{i}+\boldsymbol{j},$$

则平面方程为$\frac{1}{2}(x-1)+(y+1)=0$，即$x+2y+1=0$.

9. 求过点（-1，0，4），且平行于平面$3x-4y+z-10=0$，又与直线$\frac{x+1}{1}=\frac{y-3}{1}=\frac{z}{2}$相交的直线方程.

解　设$\frac{x+1}{1}=\frac{y-3}{1}=\frac{z}{2}=t$，则$x=t-1$，$y=t+3$，$z=2t$. 由于直线与平面平行，则直线的方向向量与平面的法向量垂直，从而有$t\cdot 3-(t+3)\cdot 4+(2t-4)=0$，解得$t=16$，于是直线方程为

$$\frac{x+1}{16}=\frac{y}{19}=\frac{z-4}{28}.$$

六、自测题

（满分100分，时间90分钟）

1. 指出下列二次曲面的名称（每小题4分，共24分）：

（1）$16x^2-9y^2-9z^2=-25$；

（2）$16x^2-9y^2-9z^2=25$；

（3）$\frac{x^2+y^2}{4}+\frac{z^2}{9}=1$；

（4）$x^2-y^2=4x$；

（5）$y^2+z^2=4x$；

（6）$2(x-1)^2+(y-2)^2-(z-3)^2=0$.

2. （8分）求同时垂直于$\vec{a}=\vec{j}+3\vec{k}$，$\vec{b}=2\vec{i}-\vec{j}+\vec{k}$的单位向量.

3. （8分）求过两点（1，2，0）和（-1，3，1）的直线方程.

4. （8分）设向量$\boldsymbol{a}$，$\boldsymbol{b}$不共线，问λ为何值时，向量$\boldsymbol{p}=\lambda\boldsymbol{a}+5\boldsymbol{b}$与$\boldsymbol{q}=3\boldsymbol{a}-\boldsymbol{b}$共线？

5. （8分）已知$\boldsymbol{a}+\boldsymbol{b}+\boldsymbol{c}=\boldsymbol{0}$，证明$\boldsymbol{a}\times\boldsymbol{b}=\boldsymbol{b}\times\boldsymbol{c}=\boldsymbol{c}\times\boldsymbol{a}$.

6. （8分）求由曲线$\begin{cases}3x^2+2y^2=12\\ z=0\end{cases}$分别绕$x$轴，$y$轴旋转所得旋转曲面的方程，并说明曲面的类型.

7. （8分）一条直线过点$M(1,2,1)$，且垂直于直线$\frac{x-1}{3}=\frac{y}{2}=\frac{z+1}{1}$，又和直线$\frac{x}{2}=\frac{y}{1}=\frac{z}{-1}$相交，求该直线方程.

8. （8分）求空间曲线$\begin{cases}x^2+y^2+z^2=4\\ y+z=1\end{cases}$在$xoy$面的投影曲线方程.

9. （10分）试确定下列直线和平面的关系：

$$\frac{x+3}{-2}=\frac{y+4}{-7}=\frac{z}{3}\text{和}4x-2y-2z=3$$

10. （10分）求过点A（-1，0，4），且平行于平面π：$3x-4y+z-10=0$，又与直线L：$\frac{x+1}{1}=\frac{y-3}{1}=\frac{z}{2}$相交的直线方程.

参考答案

1. （1）单叶双曲面；（2）双叶双曲面；（3）旋转椭球面；

   （4）双曲柱面；（5）椭圆抛物面；（6）椭圆锥面.

2. $\left(\dfrac{2}{\sqrt{4}},\ \dfrac{3}{\sqrt{14}},\ -\dfrac{1}{\sqrt{14}}\right)$.

3. $\dfrac{x-1}{2}=\dfrac{y-2}{-1}=\dfrac{z}{-1}$.

4. $\lambda=-15$.

5. 提示：直接验证.

6. 绕 x 轴　$3x^2+2y^2+2z^2=12$，

   绕 y 轴　$3x^2+2y^2+3z^2=12$，

二者皆为椭球面.

7. $\dfrac{x-1}{3}=\dfrac{y-2}{-2}=\dfrac{z-1}{-5}$.

8. $\begin{cases}x^2+2y^2-2y=3\\ z=0\end{cases}$

9. 平行.

10. $\dfrac{x+1}{16}=\dfrac{y}{19}=\dfrac{z-4}{28}$.

第七章　多元函数微分学

一、预习导引

多元函数微分学是在一元函数微分学的基础上，以二元函数为主，讨论多元函数的微分法及其应用.

1. 多元函数

（1）第一章中我们学习了一元函数的定义，当自变量的个数大于等于 2 时，怎么定义函数？其定义域以及值域又该怎么确定？

（2）在求一元函数极限时，我们学习了多种方法，这些方法能不能用来求二元函数的极限呢？

（3）对于二元函数，怎么定义连续性，怎么判断间断点？闭区间上的连续二元函数是不是具备和一元函数类似的性质？

阅读完本章第一节的内容，你会得到合理的解释.

2. 偏导数、微分、高阶偏导数

一元函数微分学中主要介绍了一元函数导数、微分以及高阶导数的求法. 对于多元函数，如何定义偏导数？会求偏导数了，如何求其微分和高阶偏导数？可导、可微、连续之间又有什么样的联系？诸多问题本章第二节会给出详细的介绍.

3. 多元复合函数

对于简单的多元函数，直接利用求导公式就可以求出偏导数、全微分以及高阶导数，多元复合函数该怎么求呢？第三节主要介绍了如何求各种形式的多元复合函数的偏导数，认真学习这一节，掌握求导法则.

4. 隐函数

（1）方程 $F(x, y, z)=0$ 能不能确定隐函数 $z=f(x, y)$？确定了隐函数后又该如何求偏导数及全微分？

（2）如何利用隐函数偏导数的几何意义来求曲面的切平面以及法线方程？

这两个问题在学完本章第四节会得到详细的解答.

5. 多元函数极值、最值

（1）一元函数利用一阶和二阶导数可以求得极值，多元函数如何求极值？是否也可以利用偏导数来求？本章第五节第一部分重点介绍这个问题.

（2）对于一些实际问题，除了自然定义域外，还有其他附加条件，称之为条件极值. 如何构造辅助函数求出条件极值是本章第五节第二部分主要阐述的内容.

二、知识梳理

多元函数微分法是一元函数微分法的推广，有许多相似之处，学习时应注意对比，搞清异同.

1. 多元函数的基本概念

定义 1　设 D 是 $\mathbf{R}^2$ 的一个非空子集，称映射 f: $D\to\mathbf{R}$ 为定义在 D 上的二元函数，记为 $z=f(x,y)$，$(x,y)\in D$. 其中点集 D 称为该函数的定义域.

二元函数 $z=f(x,y)$ 在几何上表示空间一张曲面.

类似地，可定义三元函数 $u=f(x,y,z)$，$(x,y,z)\in D$ 及三元以上的函数. 二元及二元以上的函数称为**多元函数**.

定义 2　设二元函数 $z=f(x,y)$ 的定义域为 D，$P_0(x_0,y_0)$ 是 D 的内点或边界点，若存在常数 A，对 $\forall\varepsilon>0$，$\exists\delta>0$，当

$$0<\rho=\sqrt{(x-x_0)^2+(y-y_0)^2}<\delta$$

时，恒有 $|f(x,y)-A|<\varepsilon$ 成立，则称常数 A 为函数 $f(x,y)$ 当 $(x,y)\to(x_0,y_0)$ 时的极限，记作

$$\lim_{(x,y)\to(x_0,y_0)} f(x,y)=A \quad 或 \quad \lim_{\substack{x\to x_0\\ y\to y_0}} f(x,y)=A.$$

定义 3　设二元函数 $z=f(x,y)$ 的定义域为 D，$P_0(x_0,y_0)$ 是 D 的内点或边界点，且 $P_0(x_0,y_0)\in D$，若

$$\lim_{\substack{x\to x_0\\ y\to y_0}} f(x,y)=f(x_0,y_0),$$

则称函数 $f(x,y)$ 在点 $P_0(x_0,y_0)$ 处连续；否则，称函数 $f(x,y)$ 在点 $P_0(x_0,y_0)$ 处间断，并称 $P_0(x_0,y_0)$ 为函数 $f(x,y)$ 的间断点.

定义 4　设二元函数 $z=f(x,y)$ 在点 (x_0,y_0) 的某一邻域内有定义，固定 $y=y_0$，给 x 一增量 Δx，如果极限

$$\lim_{\Delta x\to 0}\frac{f(x_0+\Delta x,y_0)-f(x_0,y_0)}{\Delta x}$$

存在，则称此极限为函数 $f(x,y)$ 在点 (x_0,y_0) 处对 x 的偏导数，记作 $\left.\frac{\partial z}{\partial x}\right|_{(x_0,y_0)}$，$\left.\frac{\partial f}{\partial x}\right|_{(x_0,y_0)}$，$f_x(x_0,y_0)$ 或 $z_x(x_0,y_0)$，即

$$f_x(x_0,y_0)=\lim_{\Delta x\to 0}\frac{f(x_0+\Delta x,y_0)-f(x_0,y_0)}{\Delta x}.$$

类似地，函数 $f(x,y)$ 在点 (x_0,y_0) 处对 y 的偏导数，记作 $\left.\frac{\partial z}{\partial y}\right|_{(x_0,y_0)}$，$\left.\frac{\partial f}{\partial y}\right|_{(x_0,y_0)}$，$f_y(x_0,y_0)$ 或 $z_y(x_0,y_0)$，即

$$f_y(x_0, y_0)=\lim_{\Delta y\to 0}\frac{f(x_0, y_0+\Delta y)-f(x_0, y_0)}{\Delta y}.$$

如果函数 $f(x, y)$ 在区域 D 内的每一点 (x, y) 处对 x 的偏导数都存在，这个偏导数就是 x，y 的函数，称其为函数 $z=f(x, y)$ 对 x 的偏导数，记作

$$\frac{\partial z}{\partial x},\ \frac{\partial f}{\partial x},\ f_x(x, y)\text{或}\ z_x.$$

类似地，函数 $z=f(x, y)$ 对 y 的偏导数，记作

$$\frac{\partial z}{\partial y},\ \frac{\partial f}{\partial y},\ f_y(x, y)\text{或}\ z_y.$$

定义 5　一阶偏导数 $f_x(x, y)$，$f_y(x, y)$ 的偏导数，称为函数 $z=f(x, y)$ 的二阶偏导数.

$$\frac{\partial^2 z}{\partial x^2}=f_{xx}(x, y)=\frac{\partial}{\partial x}\left(\frac{\partial z}{\partial x}\right),\ \frac{\partial^2 z}{\partial x\partial y}=f_{xy}(x, y)=\frac{\partial}{\partial y}\left(\frac{\partial z}{\partial x}\right),$$

$$\frac{\partial^2 z}{\partial y^2}=f_{yy}(x, y)=\frac{\partial}{\partial y}\left(\frac{\partial z}{\partial y}\right),\ \frac{\partial^2 z}{\partial y\partial x}=f_{yx}(x,y)=\frac{\partial}{\partial x}\left(\frac{\partial z}{\partial y}\right).$$

类似可定义三阶以上的偏导数.

定义 6　设函数 $z=f(x, y)$ 在点 (x, y) 的某一邻域内有定义，如果函数在点 (x, y) 的全增量

$$\Delta z=f(x+\Delta x, y+\Delta y)-f(x, y)$$

可表示为

$$\Delta z=A\Delta x+B\Delta y+o(\rho),$$

其中 A，B 与 Δx，Δy 无关，$\rho=\sqrt{(\Delta x)^2+(\Delta y)^2}$，则称 $z=f(x, y)$ 在点 (x, y) 处可微. 称 $A\Delta x+B\Delta y$ 为函数 $z=f(x, y)$ 在点 (x, y) 的**全微分**，记作 $\mathrm{d}z$，即

$$\mathrm{d}z=A\Delta x+B\Delta y.$$

定理 1　若函数 $z=f(x, y)$ 在点 (x, y) 处的二阶混合偏导数 $f_{xy}(x,y)$，$f_{yx}(x, y)$ 连续，则这两个二阶混合偏导数必相等.

定理 2　若函数 $z=f(x, y)$ 在点 (x, y) 处可微，则必在该点连续.

定理 3　若函数 $z=f(x, y)$ 在点 (x, y) 处可微，则在该点的两个一阶偏导数存在.

定理 4　若函数 $z=f(x, y)$ 在点 (x, y) 处有一阶连续偏导数，则函数在该点处可微，且

$$\mathrm{d}z=f_x(x, y)\mathrm{d}x+f_y(x, y)\mathrm{d}y.$$

说明　多元函数中极限、连续、偏导数的运算法则、全微分形式的不变性、初等函数的连续性、最值定理、介值定理均有与一元函数类似或相应的性质.

2. 多元函数的求导运算

(1) 多元函数的偏导数

多元函数对某一个变量求偏导，只需把其他变量看做常数，根据一元函数的求

导公式及法则求导即可.

(2) 多元复合函数求偏导——链式法则

定理5 若函数 $x=\varphi(t)$, $y=\psi(t)$ 都在点 t 可导, 函数 $z=f(x,y)$ 在对应点 (x,y) 具有连续偏导数, 则复合函数 $z=f(\varphi(t),\psi(t))$ 在点 t 可导, 且有全导数:

$$\frac{dz}{dt}=\frac{\partial z}{\partial x}\cdot\frac{dx}{dt}+\frac{\partial z}{\partial y}\cdot\frac{dy}{dt}.$$

定理6 若函数 $u=\varphi(x,y)$, $v=\psi(x,y)$ 都在点 (x,y) 具有对 x 及对 y 的偏导数, 函数 $z=f(u,v)$ 在对应点 (u,v) 具有连续偏导数, 则复合函数 $z=f(\varphi(x,y),\psi(x,y))$ 在点 (x,y) 的两个偏导数都存在, 且有

$$\frac{\partial z}{\partial x}=\frac{\partial z}{\partial u}\cdot\frac{\partial u}{\partial x}+\frac{\partial z}{\partial v}\cdot\frac{\partial v}{\partial x};$$

$$\frac{\partial z}{\partial y}=\frac{\partial z}{\partial u}\cdot\frac{\partial u}{\partial y}+\frac{\partial z}{\partial v}\cdot\frac{\partial v}{\partial y}.$$

推广 若函数 $u=\varphi(x,y)$, $v=\psi(x,y)$ 都在点 (x,y) 具有对 x 及对 y 的偏导数, 函数 $z=f(x,y,u,v)$ 在对应点具有连续偏导数, 则复合函数 $z=f(x,y,\varphi(x,y),\psi(x,y))$ 在点 (x,y) 的两个偏导数都存在, 且有

$$\frac{\partial z}{\partial x}=\frac{\partial f}{\partial x}+\frac{\partial f}{\partial u}\cdot\frac{\partial u}{\partial x}+\frac{\partial f}{\partial v}\cdot\frac{\partial v}{\partial x},$$

$$\frac{\partial z}{\partial y}=\frac{\partial f}{\partial y}+\frac{\partial f}{\partial u}\cdot\frac{\partial u}{\partial y}+\frac{\partial f}{\partial v}\cdot\frac{\partial v}{\partial y}.$$

高阶偏导数 仿一元函数的情况, 按指定自变量逐阶求导.

(3) 隐函数方程确定的函数求偏导

定理7 设函数 $F(x,y,z)$ 在点 $P(x_0,y_0,z_0)$ 的某一邻域内具有连续偏导数, 且 $F(x_0,y_0,z_0)=0$, $F_z(x_0,y_0,z_0)\neq 0$, 则方程 $F(x,y,z)=0$ 在点 $P(x_0,y_0,z_0)$ 的某一邻域内恒能唯一确定一个连续且具有连续偏导数的函数 $z=z(x,y)$, 并满足 $z_0=z(x_0,y_0)$, 且有

$$\frac{\partial z}{\partial x}=-\frac{F_x}{F_z},\ \frac{\partial z}{\partial y}=-\frac{F_y}{F_z}.$$

3. 多元函数的极值

定理8 (必要条件) 设函数 $z=f(x,y)$ 在点 $M(x_0,y_0)$ 有偏导数并取得极值, 则有 $f_x(x_0,y_0)=0$, $f_y(x_0,y_0)=0$.

定理9 (充分条件) 设函数 $z=f(x,y)$ 在点 $M(x_0,y_0)$ 的某邻域内连续并有一阶及二阶连续偏导数, 且 $f_x(x_0,y_0)=0$, $f_y(x_0,y_0)=0$. 记 $f_{xx}(x_0,y_0)=A$, $f_{xy}(x_0,y_0)=B$, $f_{yy}(x_0,y_0)=C$, 则

当 $AC-B^2>0$ 时, 有极值, 且 $\begin{cases}A<0, \text{有极大值},\\ A>0, \text{有极小值};\end{cases}$

当 $AC-B^2<0$ 时, 无极值;

当 $AC-B^2=0$ 时，情况不定.

多元函数的条件极值

求函数 $u=f(x,y,z)$ 在满足条件：$\varphi(x,y,z)=0,\psi(x,y,z)=0$ 下的条件极值.

构造拉格朗日函数

$$F(x,y,z)=f(x,y,z)+\lambda\varphi(x,y,z),$$

联立方程组 $\begin{cases}F_x(x,y,z)=0,\\F_y(x,y,z)=0,\\F_z(x,y,z)=0,\\\varphi(x,y,z)=0,\end{cases}$ 解得可能极值点 (x,y,z). 再进一步讨论极值点的充分性. 许多情况下可借助于问题的实际意义来判定.

三、释疑解难

疑难知识点：多元函数的概念，偏导数与全微分的概念，多元复合函数偏导数的求法，多元函数最大值、最小值的求法，条件极值的求法. 难点是全微分的概念，多元复合函数尤其是多元复合函数一阶、二阶偏导数的求法，条件极值.

1. 设 f 具有二阶连续偏导数，$z=f\left(xy,\dfrac{x}{y}\right)$，求 $\dfrac{\partial^2 z}{\partial x^2}$，$\dfrac{\partial^2 z}{\partial x\partial y}$，$\dfrac{\partial^2 z}{\partial y^2}$.

释疑解难 求多元函数的高阶偏导数，关键在于牢记多元复合函数的各阶偏导数仍是与原来函数同类型的函数，即以原中间变量为中间变量、原自变量为自变量的多元复合函数. 高阶偏导数可采用简便记法，如 f_1'，f_2' 分别表示 f 对第一、第二中间变量的偏导数，f_{12}'' 表示 f 先对第一、再对第二中间变量的二阶混合偏导数. 当高阶偏导数连续时，应将混合偏导数并项.

解 令 $u=xy$，$v=\dfrac{x}{y}$，则 $z=f(u,v)$.

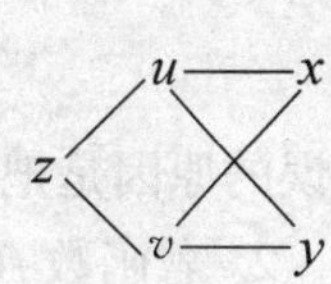

$$\frac{\partial z}{\partial x}=\frac{\partial f}{\partial u}\cdot\frac{\partial u}{\partial x}+\frac{\partial f}{\partial v}\cdot\frac{\partial v}{\partial x}=f_1'\cdot y+f_2'\cdot\frac{1}{y}.$$

$$\frac{\partial z}{\partial y}=\frac{\partial f}{\partial u}\cdot\frac{\partial u}{\partial y}+\frac{\partial f}{\partial v}\cdot\frac{\partial v}{\partial y}=f_1'\cdot x+f_2'\left(-\frac{x}{y^2}\right).$$

$$\begin{aligned}\frac{\partial^2 z}{\partial x^2}&=\frac{\partial}{\partial x}\left(y\cdot f_1'+\frac{1}{y}\cdot f_2'\right)\\&=y\frac{\partial f_1'}{\partial x}+\frac{1}{y}\cdot\frac{\partial f_2'}{\partial x}\\&=y\left(\frac{\partial f_1'}{\partial u}\cdot\frac{\partial u}{\partial x}+\frac{\partial f_1'}{\partial v}\cdot\frac{\partial v}{\partial x}\right)+\frac{1}{y}\left(\frac{\partial f_2'}{\partial u}\cdot\frac{\partial u}{\partial x}+\frac{\partial f_2'}{\partial v}\cdot\frac{\partial v}{\partial x}\right)\\&=y\left(f_{11}''\cdot y+f_{12}''\cdot\frac{1}{y}\right)+\frac{1}{y}\left(f_{21}''\cdot y+f_{22}''\cdot\frac{1}{y}\right)\end{aligned}$$

$$=y^2f''_{11}+2f''_{12}+\frac{1}{y^2}f''_{22}.$$

$$\frac{\partial^2 z}{\partial x\partial y}=\frac{\partial}{\partial y}\left(y\cdot f_1'+\frac{1}{y}\cdot f_2'\right)$$

$$=f_1'+y\frac{\partial f_1'}{\partial y}-\frac{1}{y^2}f_2'+\frac{1}{y}\frac{\partial f_2'}{\partial y}$$

$$=f_1'+y\left(\frac{\partial f_1'}{\partial u}\cdot\frac{\partial u}{\partial y}+\frac{\partial f_1'}{\partial v}\cdot\frac{\partial v}{\partial y}\right)-\frac{1}{y^2}f_2'+\frac{1}{y}\left(\frac{\partial f_2'}{\partial u}\cdot\frac{\partial u}{\partial y}+\frac{\partial f_2'}{\partial v}\frac{\partial v}{\partial y}\right)$$

$$=f_1'+y\left(f''_{11}\cdot x-f''_{12}\cdot\frac{x}{y^2}\right)-\frac{1}{y^2}f_2'+\frac{1}{y}\left(f''_{21}\cdot x-f''_{22}\cdot\frac{x}{y^2}\right)$$

$$=f_1'-\frac{1}{y^2}f_2'+xyf''_{11}-\frac{x}{y^3}f''_{22}.$$

$$\frac{\partial^2 z}{\partial y^2}=\frac{\partial}{\partial y}\left(x\cdot f_1'-\frac{x}{y^2}\cdot f_2'\right)=x\cdot\frac{\partial f_1'}{\partial y}+\frac{2x}{y^3}\cdot f_2'-\frac{x}{y^2}\cdot\frac{\partial f_2'}{\partial y}$$

$$=x\left(\frac{\partial f_1'}{\partial u}\cdot\frac{\partial u}{\partial y}+\frac{\partial f_1'}{\partial v}\cdot\frac{\partial v}{\partial y}\right)+\frac{2x}{y^3}f_2'-\frac{x}{y^2}\left(\frac{\partial f_2'}{\partial u}\cdot\frac{\partial u}{\partial y}+\frac{\partial f_2'}{\partial v}\cdot\frac{\partial v}{\partial y}\right)$$

$$=x\left(f''_{11}\cdot x-\frac{x}{y^2}f''_{12}\right)+\frac{2x}{y^3}f_2'-\frac{x}{y^2}\left(f''_{21}\cdot x-\frac{x}{y^2}f''_{22}\right)$$

$$=x^2f''_{11}-\frac{2x^2}{y^2}\cdot f''_{12}+\frac{x^2}{y^4}\cdot f''_{22}+\frac{2x}{y^3}f_2'.$$

常见错解 $\frac{\partial^2 z}{\partial x^2}=\frac{\partial}{\partial x}\left(y\cdot f_1'+\frac{1}{y}\cdot f_2'\right)=0,$

$$\frac{\partial^2 z}{\partial x\partial y}=\frac{\partial}{\partial y}\left(y\cdot f_1'+\frac{1}{y}\cdot f_2'\right)=f_1'-\frac{1}{y^2}f_2'.$$

$$\frac{\partial^2 z}{\partial y^2}=\frac{\partial}{\partial y}\left(x\cdot f_1'-\frac{x}{y^2}\cdot f_2'\right)=\frac{2x}{y^3}\cdot f_2'.$$

错误的原因是把f_1'，f_2'误认为常量.

2. 若函数$f(x, y)$在点（x_0，y_0）处的两个一阶偏导数都存在，函数在这一点处一定连续吗？

释疑解难 不一定，函数在某一点的偏导数存在不能推出函数在这一点连续.

例如，设$f(x, y)=\begin{cases}\frac{xy}{x^2+y^2}, & x^2+y^2\neq 0,\\ 0, & x^2+y^2=0,\end{cases}$

证明$f(x, y)$在（0，0）处不连续，但两个一阶偏导数都存在.

证 $f(0, 0)=0$，当（x，y）沿直线$y=kx$趋于（0，0）时，

$$\lim_{\substack{x\to 0\\ y=kx}}f(x,y)=\lim_{x\to 0}\frac{kx^2}{x^2+k^2x^2}=\frac{k}{1+k^2},$$

当 k 取不同值时，极限值不同，故 $\lim\limits_{\substack{x\to 0\\ y\to 0}} f(x, y)$ 不存在，亦即 $f(x, y)$ 在（0，0）处不连续. 但根据偏导数的定义知

$$f_x(0, 0) = \lim_{\Delta x\to 0}\frac{f(0+\Delta x, 0)-f(0, 0)}{\Delta x} = \lim_{\Delta x\to 0}\frac{0-0}{\Delta x} = 0,$$

$$f_y(0, 0) = \lim_{\Delta y\to 0}\frac{f(0, 0+\Delta y)-f(0, 0)}{\Delta y} = \lim_{\Delta y\to 0}\frac{0-0}{\Delta y} = 0,$$

所以 $f(x, y)$ 在（0，0）处两个一阶偏导数都存在.

本例说明，对于多元函数，函数的偏导数都存在函数却未必连续.

3. 若函数 $f(x, y)$ 在点 (x_0, y_0) 处两个一阶偏导数都存在并且连续，则函数在这一点处一定可微吗？

释疑解难　不一定，函数在某一点偏导数存在，不能推出函数在这一点可微.

例如，考察函数 $f(x, y) = \begin{cases}\dfrac{xy}{\sqrt{x^2+y^2}}, & x^2+y^2\neq 0,\\ 0, & x^2+y^2=0\end{cases}$ 在（0，0）点的可微性.

解　易知函数 $f(x, y)$ 在（0，0）点连续，并且有 $f_x(0, 0) = f_y(0, 0) = 0$，但

$$\frac{\Delta z-[f_x(0, 0)\Delta x+f_y(0, 0)\Delta y]}{\rho} = \frac{\dfrac{\Delta x\Delta y}{\sqrt{(\Delta x)^2+(\Delta y)^2}}}{\rho} = \frac{\Delta x\Delta y}{(\Delta x)^2+(\Delta y)^2}$$

极限不存在，因此函数 $f(x, y)$ 在（0，0）点不可微.

四、典型题精讲

题型 1　有关多元函数的概念、极限与连续性的题目

【方法与技巧】

（1）求多元函数的定义域时，与一元函数类同，即使式子有意义的那些点的全体；

（2）多元函数的极限运算，有与一元函数类似的运算法则；

（3）若当点 (x, y) 以不同方式趋于点 (x_0, y_0) 时，函数趋于不同值或有的路径极限不存在，则可以断定函数极限不存在；

（4）二元初等函数在其定义域内连续.

例 7.1　求函数 $f(x, y) = \dfrac{\arcsin(3-x^2-y^2)}{\sqrt{x-y^2}}$ 的连续域.

解　二元初等函数的连续域，即其定义域.

由 $\begin{cases}|3-x^2-y^2|\leqslant 1,\\ x-y^2>0,\end{cases}$ 知 $\begin{cases}2\leqslant x^2+y^2\leqslant 4,\\ x>y^2.\end{cases}$ 故函数的连续域为

$$\{(x, y) 2\leqslant x^2+y^2\leqslant 4 \text{ 且 } x>y^2\}.$$

例 7.2　证明极限$\lim\limits_{\substack{x\to 0\\y\to 0}}\dfrac{xy^2}{2x^2+3y^4}$不存在.

证　当点（x，y）沿直线 $y=kx$ 趋于点（0，0）时，有

$$\lim_{\substack{x\to 0\\y\to 0}}\frac{xy^2}{2x^2+3y^4}=\lim_{x\to 0}\frac{k^2x}{2+3k^4x^2}=0;$$

当点（x，y）沿抛物线 $y=\sqrt{x}$趋于点（0，0）时，有

$$\lim_{\substack{x\to 0\\y\to 0}}\frac{xy^2}{2x^2+3y^4}=\lim_{x\to 0}\frac{x^2}{5x^2}=\frac{1}{5}\neq 0.$$

所以极限$\lim\limits_{\substack{x\to 0\\y\to 0}}\dfrac{xy^2}{2x^2+3y^4}$不存在.

例 7.3　求下列各极限：

（1）$\lim\limits_{\substack{x\to 0\\y\to 1}}\dfrac{1-xy}{x^2+y^2}$；（2）$\lim\limits_{\substack{x\to 0\\y\to 0}}\dfrac{2-\sqrt{xy+4}}{xy}$；（3）$\lim\limits_{\substack{x\to 2\\y\to 0}}\dfrac{\sin xy}{y}$.

分析　求多元函数的极限可利用多元函数的连续性及一元函数求极限的一些方法.

解　(1)利用函数的连续性，得

$$\lim_{\substack{x\to 0\\y\to 1}}\frac{1-xy}{x^2+y^2}=\frac{1-0}{0+1}=1.$$

（2）利用一元函数求极限的方法（分子有理化），得

$$\lim_{\substack{x\to 0\\y\to 0}}\frac{2-\sqrt{xy+4}}{xy}=\lim_{\substack{x\to 0\\y\to 0}}\frac{4-(xy+4)}{xy(2+\sqrt{xy+4})}$$

$$=\lim_{\substack{x\to 0\\y\to 0}}\frac{-1}{2+\sqrt{xy+4}}=-\frac{1}{4}.$$

（3）利用一元函数的重要极限，得

$$\lim_{\substack{x\to 2\\y\to 0}}\frac{\sin xy}{y}=\lim_{\substack{x\to 2\\y\to 0}}\frac{\sin xy}{xy}\cdot x=1\times 2=2.$$

题型 2　利用偏导数、全微分的概念解题

【方法与技巧】

（1）利用偏导数的定义求多元函数的偏导数；

（2）利用全微分的定义求多元函数的全微分；

（3）判断多元函数在一点处连续、偏导数存在、可微分.

这三个概念之间的关系是：可微分一定连续，但连续不一定可微分；可微分必有偏导数存在，但偏导数存在不一定可微分；偏导数连续一定可微分.

例 7.4　(080304) 设$f(x, y)=e^{\sqrt{x^2+y^4}}$，则函数在原点处偏导数存在情况是（　　）.

(A) f_x (0, 0) 存在, f_y (0, 0) 存在;
(B) f_x (0, 0) 存在, f_y (0, 0) 不存在;
(C) f_x (0, 0) 不存在, f_y (0, 0) 存在;
(D) f_x (0, 0) 不存在, f_y (0, 0) 不存在.

解 $f_x(0, 0) = \lim\limits_{x \to 0} \dfrac{e^{\sqrt{x^2+0^4}}-1}{x-0} = \lim\limits_{x \to 0} \dfrac{e^{|x|}-1}{x}$,

$$\lim_{x \to 0^+} \frac{e^{|x|}-1}{x} = \lim_{x \to 0^+} \frac{e^x-1}{x} = 1, \quad \lim_{x \to 0^-} \frac{e^{|x|}-1}{x} = \lim_{x \to 0^-} \frac{e^{-x}-1}{x} = -1,$$

所以$f_x(0, 0)$ 不存在.

$$f_y(0, 0) = \lim_{y \to 0} \frac{e^{\sqrt{0^2+y^4}}-1}{y-0} = \lim_{x \to 0} \frac{e^{y^2}-1}{y} = 0, \text{故选(C)}.$$

例 7.5　证明: 函数 $z = \sqrt{x^2+y^2}$ 在 (0, 0) 处连续, 但两个一阶偏导数不存在.

证　因为 (0, 0) 在$f(x, y)$的定义域内, 所以$f(x, y)$在 (0, 0) 处连续. 又因$f(x, 0) = \sqrt{x^2} = |x|$在$x=0$处不可导, 所以$f_x(0, 0)$不存在;

同样$f(0, y) = \sqrt{y^2} = |y|$在$y=0$处不可导, 所以$f_y(0, 0)$不存在.

例 7.6　设$z=f(x, y) = \sqrt{|xy|}$, 证明$f(x, y)$在 (0, 0) 处一阶偏导数存在, 但不可微分.

分析　要证函数$f(x, y)$在 (0, 0) 处是否可微, 只需检验极限

$$\lim_{\rho \to 0} \frac{\Delta z - [f_x(0, 0)\Delta x + f_y(0, 0)\Delta y]}{\rho}$$

是否为0, 其中$\rho = \sqrt{(\Delta x)^2 + (\Delta y)^2}$. 若极限为0, 则函数$f(x, y)$在 (0, 0) 处可微, 否则不可微.

证　因为$f(x, 0) = 0$, $f(0, y) = 0$, 由定义知

$$f_x(0, 0) = \lim_{x \to 0} \frac{f(x, 0) - f(0, 0)}{x} = \lim_{x \to 0} \frac{0}{x} = 0,$$

同理$f_y(0, 0) = 0$. 因为

$$\frac{\Delta z - [f_x(0, 0)\Delta x + f_y(0, 0)\Delta y]}{\rho} = \frac{\sqrt{|\Delta x \cdot \Delta y|}}{\sqrt{(\Delta x)^2 + (\Delta y)^2}} = \sqrt{\frac{|\Delta x \cdot \Delta y|}{(\Delta x)^2 + (\Delta y)^2}},$$

当 $(\Delta x, \Delta y)$ 沿直线 $\Delta y = k\Delta x$ 趋于 (0, 0) 时, 有

$$\lim_{\substack{\Delta x \to 0 \\ \Delta y \to 0}} \frac{\Delta z - [f_x(0, 0)\Delta x + f_y(0, 0)\Delta y]}{\rho} = \lim_{\Delta x \to 0} \frac{\sqrt{|k(\Delta x)^2|}}{\sqrt{(\Delta x^2)(1+k^2)}} = \frac{\sqrt{|k|}}{\sqrt{1+k^2}},$$

上式极限随k取不同的值而不同, 所以极限不存在. 因此$f(x, y)$在 (0, 0) 处不可微.

题型 3　求多元函数的偏导数及全微分

【方法与技巧】

(1) 利用偏导数与全微分的公式、法则求偏导数及全微分. 多元函数对某个变量求偏导，只需视其余变量为常数，根据一元函数的求导公式、求导法则求导即可. 对于多元复合函数求偏导数时，要搞清楚函数的结构，适当引入中间变量，再根据链式法则求偏导数.

(2) 求抽象复合函数的偏导数，一般需要设出中间变量，求高阶偏导数时，为简便起见，用 1，2，3 等分别表示第一、二、三个同级中间变量. 例如，$u=f(x+y,xy,xyz)$，用 f'_1，f'_2，f'_3 分别表示 f 对中间变量 $x+y$，xy，xyz 求偏导数. 而且，在求高阶偏导数时，还需注意 f'_1，f'_2，f'_3 仍然是以原来的中间变量为中间变量的复合函数.

例 7.7　求下列函数的一阶偏导数：

(1) $z=(1+xy)^y$；(2) $u=x^{\frac{z}{y}}$.

分析　多元函数对其中一个变量求偏导时，只需将其余变量视为常量，利用一元函数的求导公式或求导法则求导即可.

解　(1) $\dfrac{\partial z}{\partial x}=y\,(1+xy)^{y-1}y=y^2\,(1+xy)^{y-1}$.

$$\frac{\partial z}{\partial y}=\frac{\partial}{\partial y}e^{y\ln(1+xy)}=e^{y\ln(1+xy)}\left[\ln(1+xy)+y\frac{x}{1+xy}\right]$$

$$=(1+xy)^y\left[\ln(1+xy)+\frac{xy}{1+xy}\right].$$

(2) $\dfrac{\partial u}{\partial x}=\dfrac{z}{y}x^{\frac{z}{y}-1}$，　$\dfrac{\partial u}{\partial y}=x^{\frac{z}{y}}\cdot\ln x\cdot\left(-\dfrac{z}{y^2}\right)=-\dfrac{z}{y^2}x^{\frac{z}{y}}\ln x$ ，

$$\frac{\partial u}{\partial z}=x^{\frac{z}{y}}\ln x\cdot\frac{1}{y}=\frac{1}{y}x^{\frac{z}{y}}\ln x.$$

例 7.8　(090304) 设 $z=(x+e^y)^x$，则 $\left.\dfrac{\partial z}{\partial x}\right|_{(1,0)}=$________.

解　方法一　先求偏导函数 $\dfrac{\partial z}{\partial x}$，再将点 (1，0) 代入. 由于 $z=(x+e^y)^x=e^{x\ln(x+e^y)}$，所以

$$\frac{\partial z}{\partial x}=e^{x\ln(x+e^y)}\left[\ln(x+e^y)+\frac{x}{x+e^y}\right],$$

$$\left.\frac{\partial z}{\partial x}\right|_{(1,0)}=e^{\ln(1+e^0)}\left[\ln(1+e^0)+\frac{1}{1+e^0}\right]=2\left(\ln 2+\frac{1}{2}\right)=2\ln 2+1.$$

方法二　求点 (1，0) 处，关于 x 的偏导数，可以先固定 $y=0$.

由于 $z(x,0)=(x+1)^x=e^{x\ln(x+1)}$，所以

$$\frac{dz(x,0)}{dx}=e^{x\ln(x+1)}\left[\ln(x+1)+\frac{x}{x+1}\right],$$

故 $$\left.\frac{\partial z}{\partial x}\right|_{(1,0)}=e^{\ln(1+1)}\left[\ln(1+1)+\frac{1}{1+1}\right]=2\ln 2+1.$$

例 7.9　（110104）设函数 $F(x,y)=\int_0^{xy}\frac{\sin t}{1+t^2}dt$，则$\left.\frac{\partial^2 F}{\partial x^2}\right|_{\substack{x=0\\y=2}}=$________.

解　$\frac{\partial F}{\partial x}=\frac{\sin(xy)}{1+(xy)^2}\cdot y$,

$$\frac{\partial^2 F}{\partial x^2}=\frac{\partial}{\partial x}\left(\frac{\partial F}{\partial x}\right)=y\frac{y\cos(xy)[1+(xy)^2]-\sin(xy)\cdot 2xy^2}{[1+(xy)^2]^2}.$$

所以 $$\left.\frac{\partial^2 F}{\partial x^2}\right|_{\substack{x=0\\y=2}}=2\times\frac{2}{1}=4.$$

例 7.10　（060304）设函数$f(u)$可微，且$f'(0)=\frac{1}{2}$,则 $z=f(4x^2-y^2)$在点（1，2）处的全微分$dz|_{(1,2)}=$________.

解　令 $z=f(u)$，$u=4x^2-y^2$，则

$$\frac{\partial z}{\partial x}=f'(u)\cdot 8x,\ \frac{\partial z}{\partial y}=f'(u)\cdot(-2y),$$

$$\left.\frac{\partial z}{\partial x}\right|_{(1,2)}=f'(0)\times 8=4,\ \left.\frac{\partial z}{\partial y}\right|_{(1,2)}=f'(0)\times(-4)=-2.$$

所以 $$dz|_{(1,2)}=4dx-2dy.$$

例 7.11　（070104）设 $f(u,v)$为二元可微函数，$z=f(x^y,y^x)$，则$\frac{\partial z}{\partial x}=$________.

解　令 $u=x^y$，$v=y^x$，则 $z=f(u,v)$.

$$\frac{\partial z}{\partial x}=\frac{\partial f}{\partial u}\frac{\partial u}{\partial x}+\frac{\partial f}{\partial v}\cdot\frac{\partial v}{\partial x}=yx^{y-1}f'_1+y^x\ln yf'_2.$$

例 7.12　设 $z=f(x+y,x-y,xy)$，其中 f 具有二阶连续偏导数，求 dz.

分析　对抽象的多元复合函数求二阶偏导，首先要搞清楚函数的结构，适当引入中间变量. 多元复合函数的各阶偏导数仍然是以原有中间变量为中间变量、原有自变量为自变量的多元复合函数.

解　令 $u=x+y$，$v=x-y$，$w=xy$，则 $z=f(u,v,w)$.

$$\frac{\partial z}{\partial x}=\frac{\partial f}{\partial u}\frac{\partial u}{\partial x}+\frac{\partial f}{\partial v}\cdot\frac{\partial v}{\partial x}+\frac{\partial f}{\partial w}\cdot\frac{\partial w}{\partial x}=f'_1+f'_2+yf'_3,$$

$$\frac{\partial z}{\partial y}=\frac{\partial f}{\partial u}\frac{\partial u}{\partial y}+\frac{\partial f}{\partial v}\cdot\frac{\partial v}{\partial y}+\frac{\partial f}{\partial w}\cdot\frac{\partial w}{\partial y}=f'_1-f'_2+xf'_3,$$

$$\begin{aligned}dz&=\frac{\partial z}{\partial x}dx+\frac{\partial z}{\partial y}dy\\&=(f'_1+f'_2+yf'_3)dx+(f'_1-f'_2+xf'_3)dy.\end{aligned}$$

例 7.13　求下列函数的偏导数或全导数：

（1）$z=u^2\ln v$，$u=\dfrac{x}{y}$，$v=3x-2y$，求$\dfrac{\partial z}{\partial x}$，$\dfrac{\partial z}{\partial y}$；

（2）$z=\arcsin(x-y)$，$x=3t$，$y=4t^3$，求$\dfrac{\mathrm{d}z}{\mathrm{d}t}$.

解　（1）$\dfrac{\partial z}{\partial x}=\dfrac{\partial z}{\partial u}\cdot\dfrac{\partial u}{\partial x}+\dfrac{\partial z}{\partial v}\cdot\dfrac{\partial v}{\partial x}$

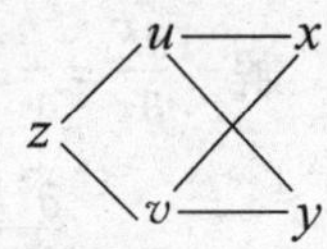

$$=2u\ln v\cdot\frac{1}{y}+\frac{u^2}{v}\cdot 3$$

$$=\frac{2x}{y^2}\ln(3x-2y)+\frac{3x^2}{(3x-2y)y^2}.$$

$$\frac{\partial z}{\partial y}=\frac{\partial z}{\partial u}\cdot\frac{\partial u}{\partial y}+\frac{\partial z}{\partial v}\cdot\frac{\partial v}{\partial y}=2u\ln v\cdot\left(-\frac{x}{y^2}\right)+\frac{u^2}{v}\cdot(-2)$$

$$=-\frac{2x^2}{y^3}\ln(3x-2y)-\frac{2x^2}{(3x-2y)y^2}.$$

（2）$\dfrac{\mathrm{d}z}{\mathrm{d}t}=\dfrac{\partial z}{\partial x}\cdot\dfrac{\mathrm{d}x}{\mathrm{d}t}+\dfrac{\partial z}{\partial y}\cdot\dfrac{\mathrm{d}y}{\mathrm{d}t}$

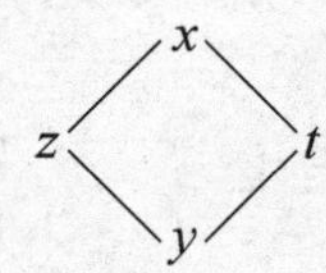

$$=\frac{1}{\sqrt{1-(x-y)^2}}\cdot 3+\frac{-1}{\sqrt{1-(x-y)^2}}\cdot 12t^2$$

$$=\frac{3(1-4t^2)}{\sqrt{1-(3t-4t^3)^2}}.$$

注　多元复合函数求导时，先画出复合线路图，再按图写出求导公式. 这种方法对复杂的复合情形尤为有利.

例 7.14　设f具有一阶连续偏导数，$u=f(x^2-y^2,\mathrm{e}^{xy})$，求$\dfrac{\partial u}{\partial x}$，$\dfrac{\partial u}{\partial y}$.

说明　抽象函数求偏导时一定要设中间变量.

解　令$s=x^2-y^2$，$t=\mathrm{e}^{xy}$，则$u=f(s,t)$.

$$\frac{\partial u}{\partial x}=\frac{\partial f}{\partial s}\cdot\frac{\partial s}{\partial x}+\frac{\partial f}{\partial t}\cdot\frac{\partial t}{\partial x}=\frac{\partial f}{\partial s}\cdot 2x+\frac{\partial f}{\partial t}\cdot\mathrm{e}^{xy}\cdot y$$

$$=2xf_1'+y\mathrm{e}^{xy}f_2',$$

$$\frac{\partial u}{\partial y}=\frac{\partial f}{\partial s}\cdot\frac{\partial s}{\partial y}+\frac{\partial f}{\partial t}\cdot\frac{\partial t}{\partial y}=\frac{\partial f}{\partial s}\cdot(-2y)+\frac{\partial f}{\partial t}\cdot\mathrm{e}^{xy}\cdot x$$

$$=-2yf_1'+x\mathrm{e}^{xy}f_2'.$$

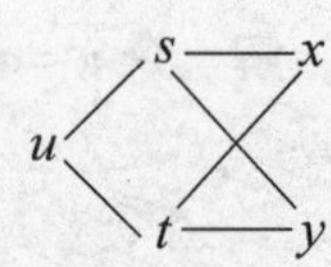

题型 4　求多元隐函数的偏导数及全微分

【方法与技巧】

求由一个方程所确定的多元隐函数的偏导数．首先将方程变形为$F(x,y,z)=0$，再利用公式（见知识梳理 2（3））求偏导数.

例 7.15　设$\dfrac{x}{z}=\ln\dfrac{z}{y}$，求$\dfrac{\partial z}{\partial x}$，$\dfrac{\partial z}{\partial y}$.

解　方法一　设 $F(x,y,z)=\frac{x}{z}-\ln\frac{z}{y}$.

则
$$F_x=\frac{1}{z},\ F_y=-\frac{y}{z}\cdot\left(-\frac{z}{y^2}\right)=\frac{1}{y},\ F_z=-\frac{x}{z^2}-\frac{1}{z}=-\frac{x+z}{z^2}.$$

所以

$$\frac{\partial z}{\partial x}=-\frac{F_x}{F_z}=-\frac{\frac{1}{z}}{-\frac{x+z}{z^2}}=\frac{z}{x+z},\ \frac{\partial z}{\partial y}=-\frac{F_y}{F_z}=-\frac{\frac{1}{y}}{-\frac{x+z}{z^2}}=\frac{z^2}{y(x+z)}.$$

方法二　等式两边对 x 求偏导，得

$$\frac{z-x\cdot\frac{\partial z}{\partial x}}{z^2}=\frac{y}{z}\cdot\frac{\frac{\partial z}{\partial x}}{y},\ 则\frac{\partial z}{\partial x}=\frac{z}{x+z},$$

等式两边对 y 求偏导，得

$$-\frac{x}{z^2}\cdot\frac{\partial z}{\partial y}=\frac{y}{z}\cdot\frac{\frac{\partial z}{\partial y}\cdot y-z}{y^2},\ 则\frac{\partial z}{\partial y}=\frac{z^2}{y(x+z)}.$$

方法三　原方程化为 $x=z(\ln-\ln y)$，令

$$F(x,y,z)=x-z(\ln z-\ln y).$$

则

$$\frac{\partial z}{\partial x}=-\frac{F_x}{F_z}=-\frac{1}{-\ln\frac{z}{y}-1}=\frac{1}{1+\ln\frac{z}{y}}=\frac{1}{1+\frac{x}{z}}=\frac{z}{x+z},$$

$$\frac{\partial z}{\partial y}=-\frac{F_y}{F_z}=-\frac{\frac{z}{y}}{-\ln\frac{z}{y}-1}=\frac{\frac{z}{y}}{1+\ln\frac{z}{y}}=\frac{z^2}{y(x+z)}.$$

注　用隐函数求导公式求 F_x 时，要视 y，z 为常数，同样求 F_y，F_z 时，要分别把 x，z 及 x，y 看成常数. 而在等式两边对 x 或 y 求偏导时（方法二），应视 z 为 x，y 的函数，不能把 z 看成常数.

例 7.16　设有三元方程 $xy-z\ln y+e^{xz}=1$，根据隐函数存在定理，存在点 $(0,1,1)$ 的一个邻域，在此邻域内该方程（　　）.

（A）只能确定一个具有连续偏导数的隐函数 $z=z(x,y)$；

（B）可确定两个具有连续偏导数的隐函数 $x=x(y,z)$，$z=z(x,y)$；

（C）可确定两个具有连续偏导数的隐函数 $y=y(x,z)$，$z=z(x,y)$；

（D）可确定两个具有连续偏导数的隐函数 $x=x(y,z)$，$y=y(x,z)$.

分析　本题考查隐函数存在定理. 只需令 $F(x,y,z)=xy-z\ln y+e^{xz}-1$，分别求出 F_x，F_y，F_z，再考虑在点（0，1，1）处哪个偏导数不为零，则可确定相应

的隐函数.

解　令 $F(x, y, z) = xy - z\ln y + e^{xz} - 1$，则

$$F_x = y + ze^{xz},\ F_y = x - \frac{z}{y},\ F_z = -\ln y + xe^{xz},$$

于是　$F_x(0, 1, 1) = 2$，$F_y(0, 1, 1) = -1$，$F_z(0, 1, 1) = 0$，所以可确定两个具有连续偏导数的隐函数 $x = x(y, z)$，$y = y(x, z)$. 故选（D）.

例 7.17　设函数 $z = z(x, y)$ 由方程 $z = e^{2x-3z} + 2y$ 确定，则 $3\frac{\partial z}{\partial x} + \frac{\partial z}{\partial y} =$ ________.

解　令 $F(x, y, z) = e^{2x-3z} + 2y - z = 0$，则

$$F_x = 2e^{2x-3z},\ F_y = 2,\ F_z = -3e^{2x-3z} - 1.$$

$$\frac{\partial z}{\partial x} = -\frac{F_x}{F_z} = -\frac{2e^{2x-3z}}{-3e^{2x-3z}-1} = \frac{2e^{2x-3z}}{3e^{2x-3z}+1},$$

$$\frac{\partial z}{\partial y} = -\frac{F_y}{F_z} = -\frac{2}{-3e^{2x-3z}-1} = \frac{2}{3e^{2x-3z}+1},$$

所以，

$$3\frac{\partial z}{\partial x} + \frac{\partial z}{\partial y} = \frac{6e^{2x-3z}+2}{3e^{2x-3z}+1} = 2.$$

题型 5　求曲面的切平面

【方法与技巧】

求空间曲面上某点的切平面方程的关键点是求切点坐标，主要步骤是：

（1）将曲面方程改写为 $F(x, y, z) = 0$ 的形式；

（2）求 F_x，F_y，F_z；

（3）取切平面的法向量为

$$\boldsymbol{n} = (F_x(x_0, y_0, z_0), F_y(x_0, y_0, z_0), F_z(x_0, y_0, z_0)),$$

其中（x_0，y_0，z_0）为切点，写出切平面方程.

例 7.18　在曲面 $z = xy$ 上求一点，使这点处的法线垂直于平面 $x + 3y + z + 9 = 0$，并写出这法线的方程.

解　令 $F(x, y, z) = xy - z = 0$. 法向量为 $\boldsymbol{n} = (y, x, -1)$. 已知平面法向量为 $\boldsymbol{n}_1 = (1, 3, 1)$，由题意知，$\boldsymbol{n} /\!/ \boldsymbol{n}_1$，即 $\frac{y}{1} = \frac{x}{3} = \frac{-1}{1}$，$x = -3$，$y = -1$，$z = 3$.

即所求点为（-3，-1，3），法线方程为 $\frac{x+3}{1} = \frac{y+1}{3} = \frac{z-3}{1}$.

例 7.19　试证曲面 $\sqrt{x} + \sqrt{y} + \sqrt{z} = \sqrt{a}$（$a > 0$）上任何点处的切平面在各坐标轴上的截距之和等于 a.

证　$F(x, y, z) = \sqrt{x} + \sqrt{y} + \sqrt{z} - \sqrt{a} = 0$，则法向量为

$$\boldsymbol{n} = \left(\frac{1}{2\sqrt{x}}, \frac{1}{2\sqrt{y}}, \frac{1}{2\sqrt{z}}\right).$$

曲面上任一点 $M(x_0, y_0, z_0)$ 处的切平面方程为

$$\frac{1}{\sqrt{x_0}}(x-x_0)+\frac{1}{\sqrt{y_0}}(y-y_0)+\frac{1}{\sqrt{z_0}}(z-z_0)=0,$$

即

$$\frac{x}{\sqrt{x_0}}+\frac{y}{\sqrt{y_0}}+\frac{z}{\sqrt{z_0}}=\sqrt{x_0}+\sqrt{y_0}+\sqrt{z_0}=\sqrt{a}.$$

化为截距式得

$$\frac{x}{\sqrt{ax_0}}+\frac{y}{\sqrt{ay_0}}+\frac{z}{\sqrt{az_0}}=1.$$

所以，截距之和为

$$\sqrt{ax_0}+\sqrt{ay_0}+\sqrt{az_0}=\sqrt{a}\cdot\sqrt{a}=a.$$

题型 6　求多元函数的极值、最值

【方法与技巧】

（1）求多元函数的无条件极值（最值）．先求出使得各一阶偏导数都等于零的点（驻点），然后求二阶偏导数并计算它们在驻点处的函数值，根据极值的充分条件判断求出即可．必须注意，多元函数可能的极值点应包括驻点和偏导数不存在的点．

（2）求多元函数的条件极值（最值）．先构造拉格朗日函数，然后联立方程组，求出驻点，再判断并求出极值或最值．

例 7.20　设函数 $z=f(x, y)$ 的全微分为

$$dz=xdx+ydy,$$

则点（0，0）（　　）．

（A）不是 $f(x, y)$ 的连续点；　　（B）不是 $f(x, y)$ 的极值点；

（C）是 $f(x, y)$ 的极大值点；　　（D）是 $f(x, y)$ 的极小值点．

解　由 $dz=xdx+ydy$，知

$$\frac{\partial z}{\partial x}=x,\ \frac{\partial z}{\partial y}=y,\ \frac{\partial^2 z}{\partial x^2}=1,\ \frac{\partial^2 z}{\partial x\partial y}=0,\ \frac{\partial^2 z}{\partial y^2}=1.$$

在驻点（0，0）处，$AC-B^2=1>0$，且 $A>0$，所以 $f(0,0)$ 是极小值．故选（D）．

例 7.21　设函数 $f(x)$ 具有二阶连续导数，且 $f(x)>0$，$f'(0)=0$，则函数 $z=f(x)\ln f(y)$ 在点（0，0）处取得极小值的一个充分条件是（　　）．

（A）$f(0)>1$，$f''(0)>0$；　　（B）$f(0)>1$，$f''(0)<0$；

（C）$f(0)<1$，$f''(0)>0$；　　（D）$f(0)<1$，$f''(0)<0$．

分析　本题考查二元函数极值的充分条件．

解　$\frac{\partial z}{\partial x}=f'(x)\ln f(y)$，　$\frac{\partial z}{\partial y}=f(x)\frac{f'(y)}{f(y)}$，

$$\frac{\partial^2 z}{\partial x^2}=f''(x)\ln f(y),\ \frac{\partial^2 z}{\partial x\partial y}=f'(x)\frac{f'(y)}{f(y)},$$

$$\frac{\partial^2 z}{\partial y^2}=f(x)\frac{f''(y)f(y)-f'(y)f'(y)}{f^2(y)}.$$

在点（0，0）处，$\frac{\partial z}{\partial x}=f'(0)\ln f(0)=0$，$\frac{\partial z}{\partial y}=f(0)\frac{f'(0)}{f(0)}=0.$

$$A=\left.\frac{\partial^2 z}{\partial x^2}\right|_{(0,0)}=f''(0)\ln f(0),$$

$$B=\left.\frac{\partial^2 z}{\partial x\partial y}\right|_{(0,0)}=f'(0)\frac{f'(0)}{f(0)}=0,$$

$$C=\left.\frac{\partial^2 z}{\partial y^2}\right|_{(0,0)}=f(0)\frac{f''(0)f(0)-f'(0)f'(0)}{f^2(0)}=f''(0),$$

由 $AC-B^2=f''(0)\ln f(0)\cdot f''(0)>0$ 知 $\ln f(0)>0$，得 $f(0)>1$，再由 $A=f''(0)\cdot\ln f(0)>0$ 知 $f''(0)>0$，故选（A）.

例 7.22 求函数 $f(x,y)=x^2(2+y^2)+y\ln y$ 的极值.

解 求解方程组 $\begin{cases}f_x=2x(2+y^2)=0,\\ f_y=2x^2y+\ln y+1=0,\end{cases}$ 得驻点 $\left(0,\frac{1}{\mathrm{e}}\right)$.

又 $f_{xx}=2(2+y^2)$，$f_{xy}=4xy$，$f_{yy}=2x^2+\frac{1}{y}$，故

$$A=f_{xx}\left(0,\frac{1}{\mathrm{e}}\right)=2\left(2+\frac{1}{\mathrm{e}^2}\right),\ B=f_{xy}\left(0,\frac{1}{\mathrm{e}}\right)=0,\ C=f_{yy}\left(0,\frac{1}{\mathrm{e}}\right)=\mathrm{e}.$$

因为 $AC-B^2=2\mathrm{e}\left(2+\frac{1}{\mathrm{e}^2}\right)>0$，且 $A>0$，则函数有极小值 $f\left(0,\frac{1}{\mathrm{e}}\right)=-\frac{1}{\mathrm{e}}$.

例 7.23 求函数 $f(x,y)=x^2+2y^2-x^2y^2$ 在区域 $D=\{(x,y)\mid x^2+y^2\leqslant 4,y\geqslant 0\}$ 上的最大值和最小值.

解 由 $\begin{cases}f_x=2x-2xy^2=0,\\ f_y=4y-2x^2y=0,\end{cases}$ 得 D 内驻点 $(\pm\sqrt{2},1)$，$f(\pm\sqrt{2},1)=2$.

在边界 $L_1:y=0(-2\leqslant x\leqslant 2)$ 上，记 $g(x)=f(x,0)=x^2$，显然在 L_1 上 $f(x,y)$ 的最大值为 4，最小值为 0；

在边界 $L_2:x^2+y^2=4(y\geqslant 0)$ 上，记 $h(x)=f(x,\sqrt{4-x^2})$，则

$$h(x)=x^4-5x^2+8(-2\leqslant x\leqslant 2),$$

令 $h'(x)=4x^3-10x=0$，得驻点 0，$\pm\sqrt{\frac{5}{2}}$，从而有

$$h(0)=8,\ h\left(\pm\sqrt{\frac{5}{2}}\right)=f\left(\pm\sqrt{\frac{5}{2}},\sqrt{\frac{3}{2}}\right)=\frac{7}{4}.$$

综上可知，$f(x,y)$ 在 D 上的最大值为 8，最小值为 0.

题型 7　多元函数中的实际应用题

【方法与技巧】

对于实际应用题，首先建立数学模型，如果只求得一个驻点，而根据实际问题的实际意义的确存在最大值（或最小值），则可直接断定所求点即是最值点.

例 7.24　要挖一条灌溉渠道，其横截面是等腰梯形（图 7-1）. 由于事先对流量有要求，所以横截面积是一定的，应当怎样选择两岸边倾斜角 θ 以及高度 h，使得湿周最小？（所谓湿周，是指断面上与水接触的各边总长. 一般湿周越小，所用材料和修建工作量越省.）

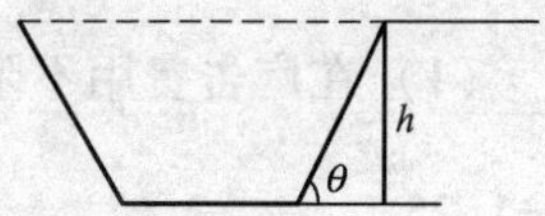

图　7-1

解　设水渠横截面积为 S，湿周长为 L，底边长为 a，则

$$S=\frac{1}{2}h(a+a+2h\cot\theta)=(a+h\cot\theta)h,$$

$$L=a+2h\csc\theta.$$

令
$$F(a,h,\theta)=a+2h\csc\theta+\lambda[(a+h\cot\theta)h-S],$$

联立方程组
$$\begin{cases}F_a=1+\lambda h=0,\\ F_h=2\csc\theta+\lambda(a+2h\cot\theta)=0,\\ F_\theta=-2h\csc\theta\cot\theta-\lambda h^2\csc^2\theta=0,\\ (a+h\cot\theta)h-S=0,\end{cases}$$
得 $\theta=\frac{\pi}{3}$，$h=\frac{\sqrt{S}}{\sqrt[4]{3}}$.

根据问题本身的实际意义及驻点的唯一性知，当 $\theta=\frac{\pi}{3}$，$h=\frac{\sqrt{S}}{\sqrt[4]{3}}$时，湿周最小.

例 7.25　要造一个表面积为 108m^2 的长方形敞口水池，应如何选择水池的尺寸，才能使容积最大？

解　设水池的长、宽、高分别为 xm，ym，zm，则容积为 $V=xyz$，并满足条件

$$108=xy+2(x+y)z.$$

作拉格朗日函数 $F(x,y,z)=xyz+\lambda(xy+2xz+2yz-108)$，

联立方程组
$$\begin{cases}F_x=yz+\lambda(y+2z)=0,\\ F_y=xz+\lambda(x+2z)=0,\\ F_z=xy+2\lambda(x+y)=0,\\ xy+2xz+2yz-108=0,\end{cases}$$
得 $x=y=6$，$z=3$.

由题意知，当水池的尺寸为长 6m、宽 6m、高 3m 时，容积最大.

例 7.26　某公司可通过电台及报纸两种方式做销售某商品的广告. 根据统计资料，销售收入 R（万元）与电台广告费用 x（万元）及报纸广告费用 y（万元）之间的关系有如下的经验公式：

$$R=15+14x+32y-8xy-2x^2-10y^2.$$

（1）在广告费用不限的情况下，求最优广告策略；

（2）若提供的广告费用为 1.5 万元，求相应的最优广告策略.

解 利润函数为

$$\begin{aligned}L(x, y) &= R - x - y = 15 + 14x + 32y - 8xy - 2x^2 - 10y^2 - x - y \\ &= 15 + 13x + 31y - 8xy - 2x^2 - 10y^2.\end{aligned}$$

（1）在广告费用不限的情况下，联立方程组 $\begin{cases} L_x = 13 - 8y - 4x = 0, \\ L_y = 31 - 8x - 20y = 0, \end{cases}$ 得 $x = 0.75$，$y = 1.25$.

即 0.75 万元做电台广告，1.25 万元做报纸广告为最优策略.

（2）若提供的广告费用为 1.5 万元. 即 $x + y = 1.5$. 令

$$F(x, y) = 15 + 13x + 31y - 8xy - 2x^2 - 10y^2 + \lambda(x + y - 1.5),$$

联立方程组 $\begin{cases} F_x = 13 - 8y - 4x + \lambda = 0, \\ F_y = 31 - 8x - 20y + \lambda = 0, \\ x + y - 1.5 = 0, \end{cases}$ 得 $x = 0$，$y = 1.5$，即将 1.5 万元广告费用全部用于做报纸广告为最优策略.

五、教材习题选解

习题 7.1

2. 已知函数 $f(u, v, w) = u^w + w^{u+v}$，试求 $f(x+y, x-y, xy)$.

解 $$\begin{aligned}f(x+y, x-y, xy) &= (x+y)^{xy} + (xy)^{(x+y)+(x-y)} \\ &= (x+y)^{xy} + (xy)^{2x}.\end{aligned}$$

3. 求下列各函数的定义域:

（1）$y = \ln(x^2 - y + 1)$；（2）$z = \dfrac{1}{\sqrt{x+y}} + \dfrac{1}{\sqrt{x-y}}$；

（3）$z = \ln(y - x) + \dfrac{\sqrt{x}}{\sqrt{1 - x^2 - y^2}}$；（4）$u = \arccos \dfrac{z}{\sqrt{x^2 + y^2}}$.

解 （1）$D = \{(x, y) \mid y < x^2 + 1\}$；

（2）$D = \{(x, y) \mid x + y > 0, x - y > 0\}$；

（3）由 $\begin{cases} y - x > 0, \\ x \geqslant 0, \\ 1 - x^2 - y^2 > 0, \end{cases}$ 得 $D = \{(x, y) \mid y > x, x \geqslant 0, x^2 + y^2 < 1\}$；

（4）由 $x^2 + y^2 \neq 0$ 且 $\left|\dfrac{z}{\sqrt{x^2 + y^2}}\right| \leqslant 1$，得

$$D = \{(x, y) \mid z^2 \leqslant x^2 + y^2, x^2 + y^2 \neq 0\}.$$

4. 求下列各极限:

（1）$\lim\limits_{(x, y) \to (0, 1)} \dfrac{1 - xy}{x^2 + y^2}$；（2）$\lim\limits_{(x, y) \to (1, 0)} \dfrac{\ln(x + e^y)}{\sqrt{x^2 + y^2}}$；

(3) $\lim\limits_{(x,y)\to(2,0)}\dfrac{\sin(2xy)}{y}$；　(4) $\lim\limits_{(x,y)\to(0,0)}\dfrac{xy}{\sqrt{xy+1}-1}$.

解　(1) $\lim\limits_{(x,y)\to(0,1)}\dfrac{1-xy}{x^2+y^2}=\dfrac{1-0\times1}{0^2+1^2}=1$；

(2) $\lim\limits_{(x,y)\to(1,0)}\dfrac{\ln(x+e^y)}{\sqrt{x^2+y^2}}=\dfrac{\ln 2}{1}=\ln 2$；

(3) $\lim\limits_{(x,y)\to(2,0)}\dfrac{\sin(2xy)}{y}=\lim\limits_{(x,y)\to(2,0)}\dfrac{2xy}{y}=\lim\limits_{(x,y)\to(2,0)}2x=4$；

(4) $\lim\limits_{(x,y)\to(0,0)}\dfrac{xy}{\sqrt{xy+1}-1}=\lim\limits_{(x,y)\to(0,0)}\dfrac{xy(\sqrt{xy+1}+1)}{xy+1-1}=2$.

5. 证明极限 $\lim\limits_{(x,y)\to(0,0)}\dfrac{xy^2}{x^3-y^3}$不存在.

证　(1) 沿 $x=-y$ 路径，$\lim\limits_{(x,y)\to(0,0)}\dfrac{xy^2}{x^3-y^3}=\dfrac{1}{2}$；

沿 $x=2y$ 路径，$\lim\limits_{(x,y)\to(0,0)}\dfrac{xy^2}{x^3-y^3}=\dfrac{2}{7}$. 两条路径极限不同，故 $\lim\limits_{(x,y)\to(0,0)}\dfrac{xy^2}{x^3-y^3}$不存在.

注　通过比较不同路径的极限相等与否，是证明函数极限不存在的常用方法.

6. 问函数 $z=\dfrac{y^2+2x}{y^2-2x}$在何处间断?

解　以解析式表示的函数，其定义域就是使解析式有意义的点的集合. 初等函数在其定义域内都是连续的，故这个函数的间断点为曲线 $y^2=2x$.

习题 7.2

1. 求下列函数的偏导数:

(3) $z=\sqrt{\ln(xy)}$；(4) $z=\sin(xy)+\cos^2(xy)$；(5) $z=\ln\tan\dfrac{x}{y}$；

(7) $u=x^{\frac{y}{z}}$；(8) $u=\arctan(x-y)^z$.

解　(3) $\dfrac{\partial z}{\partial x}=\dfrac{1}{2\sqrt{\ln(xy)}}\cdot\dfrac{1}{x}=\dfrac{1}{2x\sqrt{\ln(xy)}}$,

$$\frac{\partial z}{\partial y}=\frac{1}{2\sqrt{\ln(xy)}}\cdot\frac{1}{y}=\frac{1}{2y\sqrt{\ln(xy)}}.$$

(4) $\dfrac{\partial z}{\partial x}=y\cos(xy)-2y\sin(xy)\cos(xy)$

$=y[\cos(xy)-\sin(2xy)]$,

$$\frac{\partial z}{\partial y}=x\cos(xy)-2x\sin(xy)\cos(xy)]=x[\cos(xy)-\sin(2xy)].$$

(5) $\dfrac{\partial z}{\partial x}=\dfrac{1}{\tan\frac{x}{y}}\cdot\dfrac{1}{\cos^2\frac{x}{y}}\cdot\dfrac{1}{y}=\dfrac{2}{y\sin\frac{2x}{y}}=\dfrac{2}{y}\csc\dfrac{2x}{y}$,

$$\frac{\partial z}{\partial y}=\frac{1}{\tan\frac{x}{y}}\cdot\frac{1}{\cos^2\frac{x}{y}}\cdot\left(-\frac{x}{y^2}\right)=-\frac{2x}{y^2\sin\frac{2x}{y}}=-\frac{2x}{y^2}\csc\frac{2x}{y}.$$

(7) $\frac{\partial u}{\partial x}=\frac{y}{z}x^{\frac{y}{z}-1}$,

$\frac{\partial u}{\partial y}=x^{\frac{y}{z}}\cdot\ln x\cdot\frac{1}{z}=\frac{1}{z}x^{\frac{y}{z}}\ln x$,

$\frac{\partial u}{\partial z}=x^{\frac{y}{z}}\cdot\ln x\cdot\left(-\frac{y}{z^2}\right)=-\frac{y}{z^2}x^{\frac{y}{z}}\ln x$.

(8) $\frac{\partial u}{\partial x}=\frac{z(x-y)^{z-1}}{1+(x-y)^{2z}}$，$\frac{\partial u}{\partial y}=-\frac{z(x-y)^{z-1}}{1+(x-y)^{2z}}$,

$\frac{\partial u}{\partial z}=\frac{(x-y)^z\ln(x-y)}{1+(x-y)^{2z}}$.

3. 曲线$\begin{cases}z=\sqrt{1+x^2+y^2}\\x=1\end{cases}$在点（1，1，$\sqrt{3}$）处的切线与 y 轴正向所成的倾角是多少？

解 因为$\frac{\partial z}{\partial x}=\frac{x}{\sqrt{1+x^2+y^2}}$, $\tan\alpha=\left.\frac{\partial z}{\partial x}\right|_{(1,1,\sqrt{3})}=\frac{1}{\sqrt{3}}$,

所以 $$\alpha=\frac{\pi}{6}.$$

4. 求下列函数的$\frac{\partial^2 z}{\partial x^2}$，$\frac{\partial^2 z}{\partial y^2}$，$\frac{\partial^2 z}{\partial x\partial y}$：

(1) $z=\arctan\frac{y}{x}$； (2) $z=y^x$.

解 (1) $\frac{\partial z}{\partial x}=\frac{1}{1+\left(\frac{y}{x}\right)^2}\cdot\left(-\frac{y}{x^2}\right)=-\frac{y}{x^2+y^2}$,

$\frac{\partial z}{\partial y}=\frac{1}{1+\left(\frac{y}{x}\right)^2}\cdot\frac{1}{x}=\frac{x}{x^2+y^2}$,

$\frac{\partial^2 z}{\partial x^2}=\frac{\partial}{\partial x}\left(\frac{\partial z}{\partial x}\right)=\frac{2xy}{(x^2+y^2)^2}$，$\frac{\partial^2 z}{\partial y^2}=\frac{\partial}{\partial y}\left(\frac{\partial z}{\partial y}\right)=-\frac{2xy}{(x^2+y^2)^2}$,

$\frac{\partial^2 z}{\partial x\partial y}=\frac{\partial}{\partial y}\left(\frac{\partial z}{\partial x}\right)=-\frac{(x^2+y^2)-2y^2}{(x^2+y^2)^2}=\frac{y^2-x^2}{(x^2+y^2)^2}$;

(2) $\frac{\partial z}{\partial x}=y^x\ln y$，$\frac{\partial z}{\partial y}=xy^{x-1}$,

$\frac{\partial^2 z}{\partial x^2}=\frac{\partial}{\partial x}\left(\frac{\partial z}{\partial x}\right)=y^x\ln^2 y$，$\frac{\partial^2 z}{\partial y^2}=\frac{\partial}{\partial y}\left(\frac{\partial z}{\partial y}\right)=x(x-1)y^{x-2}$,

$\frac{\partial^2 z}{\partial x\partial y}=\frac{\partial}{\partial y}\left(\frac{\partial z}{\partial x}\right)=xy^{x-1}\ln y+y^x\frac{1}{y}=y^{x-1}(x\ln y+1)$.

5. 设 $z=x\ln(xy)$，求$\frac{\partial^3 z}{\partial x^2\partial y}$及$\frac{\partial^3 z}{\partial x\partial y^2}$.

解 $\frac{\partial z}{\partial x}=\ln(xy)+x\frac{y}{xy}=\ln(xy)+1$,

$\frac{\partial^2 z}{\partial x^2}=\frac{y}{xy}=\frac{1}{x}$，所以$\frac{\partial^3 z}{\partial x^2\partial y}=0$,

$\frac{\partial^2 z}{\partial x\partial y}=\frac{x}{xy}=\frac{1}{y}$，所以$\frac{\partial^3 z}{\partial x\partial y^2}=-\frac{1}{y^2}$.

6. 求下列函数的全微分:

(1) $z=xy+\dfrac{x}{y}$;　　(2) $z=\dfrac{y}{\sqrt{x^2+y^2}}$;

(3) $u=e^x(x^2+y^2+z^2)$;　　(4) $u=x^{yz}$.

解 (1) $dz=(y+\dfrac{1}{y})dx+(x-\dfrac{x}{y^2})dy$;

(2) $\dfrac{\partial z}{\partial x}=-\dfrac{xy}{(x^2+y^2)^{\frac{3}{2}}}$,

$$\frac{\partial z}{\partial y}=\frac{\sqrt{x^2+y^2}-\frac{y^2}{\sqrt{x^2+y^2}}}{x^2+y^2}=\frac{x^2}{(x^2+y^2)^{\frac{3}{2}}},$$

所以
$$dz=\frac{\partial z}{\partial x}dx+\frac{\partial z}{\partial y}dy=\frac{x(xdy-ydx)}{(x^2+y^2)^{\frac{3}{2}}};$$

(3)
$$\begin{aligned}du&=e^x(x^2+y^2+z^2)dx+2xe^xdx+2ye^xdy+2ze^xdz\\&=e^x(x^2+y^2+z^2+2x)dx+2ye^xdy+2ze^xdz;\end{aligned}$$

(4)
$$\begin{aligned}du&=\frac{\partial u}{\partial x}dx+\frac{\partial u}{\partial y}dy+\frac{\partial u}{\partial z}dz\\&=yzx^{yz-1}dx+zx^{yz}\ln x dy+yx^{yz}\ln x dz.\end{aligned}$$

7. 设 $f(x,y,z)=\sqrt[z]{\dfrac{x}{y}}$, 求 $df(1,1,1)$.

解 $f(x,y,z)=\sqrt[z]{\dfrac{x}{y}}=\left(\dfrac{x}{y}\right)^{\frac{1}{z}}$.

因为 $df(x,y,z)=\dfrac{1}{z}\left(\dfrac{x}{y}\right)^{\frac{1-z}{z}}\cdot\dfrac{1}{y}dx+\dfrac{1}{z}\left(\dfrac{x}{y}\right)^{\frac{1-z}{z}}\cdot\dfrac{-x}{y^2}dy+\left(\dfrac{x}{y}\right)^{\frac{1}{z}}\ln\left(\dfrac{x}{y}\right)\cdot\dfrac{-1}{z^2}dz$,

所以 $df(1,1,1)=dx-dy$.

8. 求函数 $z=\dfrac{y}{x}$ 当 $x=2$, $y=1$, $\Delta x=0.1$, $\Delta y=-0.2$ 时的全增量和全微分.

解
$$\Delta z=\frac{1-0.2}{2+0.1}-\frac{1}{2}=-\frac{5}{42},$$

$$dz=\frac{\partial z}{\partial x}dx+\frac{\partial z}{\partial y}dy=-\frac{y}{x^2}dx+\frac{1}{x}dy,$$

$$dz\big|_{(2,1)}=-\frac{1}{4}\times0.1+\frac{1}{2}\times(-0.2)=-\frac{1}{8}.$$

9. 设 $z=e^{-(\frac{1}{x}+\frac{1}{y})}$, 求证 $x^2\dfrac{\partial z}{\partial x}+y^2\dfrac{\partial z}{\partial y}=2z$.

解 因为
$$\frac{\partial z}{\partial x}=\frac{e^{-(\frac{1}{x}+\frac{1}{y})}}{x^2},\quad\frac{\partial z}{\partial y}=\frac{e^{-(\frac{1}{x}+\frac{1}{y})}}{y^2},$$

所以
$$x^2\frac{\partial z}{\partial x}+y^2\frac{\partial z}{\partial y}=x^2\cdot\frac{e^{-(\frac{1}{x}+\frac{1}{y})}}{x^2}+y^2\cdot\frac{e^{-(\frac{1}{x}+\frac{1}{y})}}{y^2}=2e^{-(\frac{1}{x}+\frac{1}{y})}$$

即
$$x^2\frac{\partial z}{\partial x}+y^2\frac{\partial z}{\partial y}=2z.$$

习题 7.3

1. 设 $z=e^{x-2y}$，$x=\sin t$，$y=t^3$，求$\frac{dz}{dt}$.

解 $$\frac{dz}{dt}=\frac{\partial z}{\partial x}\frac{dx}{dt}+\frac{\partial z}{\partial y}\frac{dy}{dt}=e^{x-2y}\cos t-2e^{x-2y}\cdot 3t^2$$
$$=e^{\sin t-2t^3}(\cos t-6t^2).$$

2. 设 $z=u^2v-uv^2$，$u=x\cos y$，$v=x\sin y$，求$\frac{\partial z}{\partial x}$，$\frac{\partial z}{\partial y}$.

解 $$\frac{\partial z}{\partial x}=(2uv-v^2)\cos y+(u^2-2uv)\sin y$$
$$=3x^2\sin y\cos y(\cos y-\sin y),$$
$$\frac{\partial z}{\partial y}=-2x^3\sin y\cos y(\sin y+\cos y)+x^3(\sin^3 y+\cos^3 y).$$

3. 设 $z=u^2\ln v$，而 $u=\frac{x}{y}$，$v=3x-2y$，求$\frac{\partial z}{\partial x}$，$\frac{\partial z}{\partial y}$.

解 $$\frac{\partial z}{\partial x}=\frac{\partial z}{\partial u}\cdot\frac{\partial u}{\partial x}+\frac{\partial z}{\partial v}\cdot\frac{\partial v}{\partial x}=2u\ln v\cdot\frac{1}{y}+\frac{u^2}{v}\cdot 3$$
$$=\frac{2x}{y^2}\ln(3x-2y)+\frac{3x^2}{(3x-2y)y^2},$$
$$\frac{\partial z}{\partial y}=\frac{\partial z}{\partial u}\cdot\frac{\partial u}{\partial y}+\frac{\partial z}{\partial v}\cdot\frac{\partial v}{\partial y}=2u\ln v\cdot\left(-\frac{x}{y^2}\right)+\frac{u^2}{v}\cdot(-2)$$
$$=-\frac{2x^2}{y^3}\ln(3x-2y)-\frac{2x^2}{(3x-2y)y^2}.$$

4. 设 $z=(x+y)^{(x+y)}$，求$\frac{\partial z}{\partial x},\frac{\partial z}{\partial y}$.

解 由$(x^x)'=x^x(1+\ln x)$，得
$$\frac{\partial z}{\partial x}=(x+y)^{(x+y)}[\ln(x+y)+1]\cdot\frac{\partial}{\partial x}(x+y)$$
$$=(x+y)^{(x+y)}[\ln(x+y)+1],$$
$$\frac{\partial z}{\partial y}=(x+y)^{(x+y)}[\ln(x+y)+1]\cdot\frac{\partial}{\partial y}(x+y)$$
$$=(x+y)^{(x+y)}[\ln(x+y)+1].$$

5. 设 $z=\arctan(xy)$，而 $y=e^x$，求$\frac{dz}{dx}$.

解 $$\frac{dz}{dx}=\frac{\partial z}{\partial x}+\frac{\partial z}{\partial y}\cdot\frac{dy}{dx}=\frac{y}{1+(xy)^2}+\frac{xe^x}{1+(xy)^2}$$
$$=\frac{y+xe^x}{1+(xy)^2}=\frac{(1+x)e^x}{1+x^2e^{2x}}.$$

6. 设 $u=\frac{e^{ax}(y-z)}{a^2+1}$，而 $y=a\sin x$，$z=\cos x$，求$\frac{du}{dx}$.

解 $$\frac{du}{dx}=\frac{\partial u}{\partial x}+\frac{\partial u}{\partial y}\frac{dy}{dx}+\frac{\partial u}{\partial z}\frac{dz}{dx}$$

$$=\frac{ae^{ax}(y-z)}{a^2+1}+\frac{e^{ax}}{a^2+1}a\cos x+\frac{-e^{ax}}{a^2+1}(-\sin x)$$

$$=\frac{e^{ax}[a(y-z)+a\cos x+\sin x]}{a^2+1}$$

$$=\frac{e^{ax}[a(a\sin x-\cos x)+a\cos x+\sin x]}{a^2+1}$$

$$=\frac{e^{ax}(a^2+1)\sin x}{a^2+1}=e^{ax}\sin x.$$

7. 设 $z=\arctan\frac{x}{y}$，而 $x=u+v$，$y=u-v$，验证

$$\frac{\partial z}{\partial u}+\frac{\partial z}{\partial v}=\frac{u-v}{u^2+v^2}.$$

证　因为
$$\frac{\partial z}{\partial u}=\frac{\partial z}{\partial x}\frac{\partial x}{\partial u}+\frac{\partial z}{\partial y}\frac{\partial y}{\partial u}=\frac{1}{1+\frac{x^2}{y^2}}\cdot\frac{1}{y}+\frac{1}{1+\frac{x^2}{y^2}}\cdot\frac{-x}{y^2}=\frac{y-x}{x^2+y^2},$$

$$\frac{\partial z}{\partial v}=\frac{\partial z}{\partial x}\frac{\partial x}{\partial v}+\frac{\partial z}{\partial y}\frac{\partial y}{\partial v}=\frac{1}{1+\frac{x^2}{y^2}}\cdot\frac{1}{y}+\frac{1}{1+\frac{x^2}{y^2}}\cdot\frac{-x}{y^2}\cdot(-1)$$

$$=\frac{y+x}{x^2+y^2},$$

所以
$$\frac{\partial z}{\partial u}+\frac{\partial z}{\partial v}=\frac{y-x}{x^2+y^2}+\frac{y+x}{x^2+y^2}=\frac{-2v+2u}{2(u^2+v^2)}=\frac{u-v}{u^2+v^2}.$$

8. 求下列函数的一阶偏导数（其中 f 具有一阶连续偏导数）：

（1）$u=f(x^2-y^2,\ e^{xy})$；（2）$u=f\left(\frac{x}{y},\ \frac{y}{z}\right)$；(3) $u=f(x,\ xy,\ xyz)$.

解　（1）令 $s=x^2-y^2$，$t=e^{xy}$，则 $u=f(s,\ t)$，故

$$\frac{\partial u}{\partial x}=\frac{\partial f}{\partial s}\cdot\frac{\partial s}{\partial x}+\frac{\partial f}{\partial t}\cdot\frac{\partial t}{\partial x}=\frac{\partial f}{\partial s}\cdot 2x+\frac{\partial f}{\partial t}\cdot e^{xy}\cdot y$$

$$=2xf'_1+ye^{xy}f'_2,$$

$$\frac{\partial u}{\partial y}=\frac{\partial f}{\partial s}\cdot\frac{\partial s}{\partial y}+\frac{\partial f}{\partial t}\cdot\frac{\partial t}{\partial y}=\frac{\partial f}{\partial s}\cdot(-2y)+\frac{\partial f}{\partial t}\cdot e^{xy}\cdot x$$

$$=-2yf'_1+xe^{xy}f'_2;$$

(2) $\frac{\partial u}{\partial x}=\frac{1}{y}f'_1$，$\frac{\partial u}{\partial y}=-\frac{x}{y^2}f'_1+\frac{1}{z}f'_2$，$\frac{\partial u}{\partial z}=-\frac{y}{z^2}f'_2$；

(3) $\frac{\partial u}{\partial x}=f'_1+yf'_2+yzf'_3$，$\frac{\partial u}{\partial y}=xf'_2+xzf'_3$，$\frac{\partial u}{\partial z}=xyf'_3$.

9. 设 $z=\frac{y}{f(x^2-y^2)}$，其中 $f(u)$ 为可导函数，验证

$$\frac{1}{x}\frac{\partial z}{\partial x}+\frac{1}{y}\frac{\partial z}{\partial y}=\frac{z}{y^2}.$$

证　因为 $\frac{\partial z}{\partial x}=-\frac{2xyf'}{f^2}$，$\frac{\partial z}{\partial y}=\frac{f-yf'\cdot(-2y)}{f^2}=\frac{f+2y^2f'}{f^2}$，

所以 $\frac{1}{x}\frac{\partial z}{\partial x}+\frac{1}{y}\frac{\partial z}{\partial y}=-\frac{2yf'}{f^2}+\frac{1}{y}\frac{f+2y^2f'}{f^2}=\frac{1}{yf}=\frac{z}{y^2}.$

习题 7.4

1. 设 $\sin y + e^x - xy^2 = 0$，求$\frac{dy}{dx}$.

解 因为 $\cos y dy + e^x dx - y^2 dx - 2xy dy = 0$，

所以 $$\frac{dy}{dx} = \frac{y^2 - e^x}{\cos y - 2xy}.$$

2. 设 $\ln\sqrt{x^2+y^2} = \arctan\frac{y}{x}$，求$\frac{dy}{dx}$.

解 因为$\frac{xdx + ydy}{x^2+y^2} = \frac{1}{1+\frac{y^2}{x^2}} d\left(\frac{y}{x}\right) = \frac{x^2}{x^2+y^2}\cdot\frac{xdy - ydx}{x^2}$，

所以 $$\frac{dy}{dx} = \frac{x+y}{x-y}.$$

3. 设 $x + 2y + z - 2\sqrt{xyz} = 0$，求$\frac{\partial z}{\partial x}$及$\frac{\partial z}{\partial y}$.

解 因为 $dx + 2dy + dz - \frac{yzdx + xzdy + xydz}{\sqrt{xyz}} = 0$，

所以 $$dz = \frac{yz - \sqrt{xyz}}{\sqrt{xyz} - xy}dx + \frac{xz - 2\sqrt{xyz}}{\sqrt{xyz} - xy}dy,$$

故 $$\frac{\partial z}{\partial x} = \frac{yz - \sqrt{xyz}}{\sqrt{xyz} - xy},\ \frac{\partial z}{\partial y} = \frac{xz - 2\sqrt{xyz}}{\sqrt{xyz} - xy}.$$

4. 设$\frac{x}{z} = \ln\frac{z}{y}$，求$\frac{\partial z}{\partial x}$及$\frac{\partial z}{\partial y}$.

解 因为$\frac{zdx - xdz}{z^2} = \frac{dz}{z} - \frac{dy}{y}$，

所以 $$\frac{\partial z}{\partial x} = \frac{z}{x+z},\ \frac{\partial z}{\partial y} = \frac{z^2}{y(x+z)}.$$

5. 设 $2\sin(x+2y-3z) = x+2y-3z$，证明$\frac{\partial z}{\partial x} + \frac{\partial z}{\partial y} = 1$.

证 因为 $2\cos(x+2y-3z)(dx+2dy-3dz) = dx+2dy-3dz$，

所以 $$dz = \frac{2\cos(x+2y-3z)-1}{-3+6\cos(x+2y-3z)}dx + \frac{4\cos(x+2y-3z)-2}{-3+6\cos(x+2y-3z)}dy,$$

所以 $$\frac{\partial z}{\partial x} + \frac{\partial z}{\partial y} = \frac{2\cos(x+2y-3z)-1}{-3+6\cos(x+2y-3z)} + \frac{4\cos(x+2y-3z)-2}{-3+6\cos(x+2y-3z)}$$
$$= \frac{6\cos(x+2y-3z)-3}{-3+6\cos(x+2y-3z)} = 1.$$

7. 设 $\varphi(u, v)$具有连续偏导数，证明由方程 $\varphi(cx-az, cy-bz) = 0$ 所确定的函数 $z = f(x, y)$ 满足

$$a\frac{\partial z}{\partial x} + b\frac{\partial z}{\partial y} = c.$$

证 $\varphi(u, v) = 0$，$u = cx - az$，$v = cy - bz$.

$$\varphi_x=\frac{\partial\varphi}{\partial u}\cdot\frac{\partial u}{\partial x}=c\cdot\varphi'_1,\ \varphi_y=\frac{\partial\varphi}{\partial v}\cdot\frac{\partial v}{\partial y}=c\cdot\varphi'_2,$$

$$\varphi_z=\frac{\partial\varphi}{\partial u}\cdot\frac{\partial u}{\partial z}+\frac{\partial\varphi}{\partial v}\cdot\frac{\partial v}{\partial z}=-a\varphi'_1-b\varphi'_2$$

$$\frac{\partial z}{\partial x}=-\frac{\varphi_x}{\varphi_z}=-\frac{c\varphi'_1}{-a\varphi'_1-b\varphi'_2}=\frac{c\varphi'_1}{a\varphi'_1+b\varphi'_2},$$

$$\frac{\partial z}{\partial y}=-\frac{\varphi_y}{\varphi_z}=\frac{c\varphi'_2}{a\varphi'_1+b\varphi'_2}.$$

所以

$$a\frac{\partial z}{\partial x}+b\frac{\partial z}{\partial y}=\frac{ac\varphi'_1+bc\varphi'_2}{a\varphi'_1+b\varphi'_2}=c.$$

8. 设 $e^z-xyz=0$，求$\frac{\partial^2 z}{\partial x^2}$.

解　设 $F(x,\ y,\ z)=e^z-xyz$，

$$F_x=-yz,\ F_y=-xz,\ F_z=e^z-xy,$$

$$\frac{\partial z}{\partial x}=-\frac{F_x}{F_z}=-\frac{-yz}{e^z-xy}=\frac{yz}{e^z-xy},$$

$$\frac{\partial^2 z}{\partial x^2}=\frac{\partial}{\partial x}\left(\frac{\partial z}{\partial x}\right)=\frac{\partial}{\partial x}\left(\frac{yz}{e^z-xy}\right)=\frac{(e^z-xy)y\frac{\partial z}{\partial x}-yz\left(e^z\frac{\partial z}{\partial x}-y\right)}{(e^z-xy)^2}$$

$$=\frac{(e^z-xy)y\frac{yz}{e^z-xy}-yz\left(e^z\frac{yz}{e^z-xy}-y\right)}{(e^z-xy)^2}$$

$$=\frac{2y^2ze^z-2xy^3z-y^2z^2e^z}{(e^z-xy)^3}.$$

常见错解　$\frac{\partial^2 z}{\partial x^2}=\frac{\partial}{\partial x}\left(\frac{\partial z}{\partial x}\right)=\frac{\partial}{\partial x}\left(\frac{yz}{e^z-xy}\right)=-\frac{yz(-y)}{(e^z-xy)^2}$.

错误原因　忽略了 z 是 x 的函数.

9. 设 $z^3-3xyz=a^3$，求$\frac{\partial^2 z}{\partial x\partial y}$.

解　设 $F(x,\ y,\ z)=z^3-3xyz-a^3$，则有

$$F_x=-3yz,\ F_y=-3xz,\ F_z=3z^2-3xy.$$

$$\frac{\partial z}{\partial x}=-\frac{F_x}{F_z}=-\frac{-3yz}{3z^2-3xy}=\frac{yz}{z^2-xy},$$

$$\frac{\partial z}{\partial y}=-\frac{F_y}{F_z}=\frac{xz}{z^2-xy}.$$

$$\frac{\partial^2 z}{\partial x\partial y}=\frac{\partial}{\partial y}\left(\frac{yz}{z^2-xy}\right)=\frac{\left(z+y\cdot\frac{\partial z}{\partial y}\right)(z^2-xy)-yz\left(2z\cdot\frac{\partial z}{\partial y}-x\right)}{(z^2-xy)^2}$$

$$=\frac{\left(z+y\cdot\frac{xz}{z^2-xy}\right)(z^2-xy)-yz\left(2z\cdot\frac{xz}{z^2-xy}-x\right)}{(z^2-xy)^2}$$

$$=\frac{z(z^4-2xyz^2-x^2y^2)}{(z^2-xy)^3}.$$

10. 设 $u=f(x, y, z)$ 有连续偏导数，$y=y(x)$，$z=z(x)$ 分别由方程 $e^{xy}-y=0$ 和 $e^{z}-xz=0$ 所确定，求 $\frac{du}{dx}$.

解　方程 $e^{xy}-y=0$，$e^{z}-xz=0$ 两边分别对 x 求导，得

$$e^{xy}(y+xy')-y'=0,\ e^{z}z'-z-xz'=0,$$

所以
$$\frac{dy}{dx}=\frac{y^2}{1-xy},\ \frac{dz}{dx}=\frac{z}{xz-x},$$

于是
$$\frac{du}{dx}=f_x+\frac{y^2}{1-xy}f_y+\frac{z}{xz-x}f_z.$$

习题 7.5

1. 求函数 $f(x, y)=x^4+y^4-x^2-2xy-y^2$ 的极值.

解　令 $\frac{\partial}{\partial x}f(x, y)=4x^3-2x-2y=0$,

$\frac{\partial}{\partial y}f(x, y)=4y^3-2x-2y=0$,

解得驻点 (0, 0), (1, 1), (−1, −1).

$$A=\frac{\partial^2}{\partial x^2}f(x, y)=12x^2-2,\ B=\frac{\partial^2}{\partial x\partial y}f(x, y)=-2,$$

$$C=\frac{\partial^2}{\partial y^2}f(x, y)=12y^2-2.$$

经检验 $AC-B^2$ 在上面三个点处的符号，可得极小值 $f(-1, -1)=-2$，极小值 $f(1, 1)=-2$.

2. 求函数 $f(x, y)=(6x-x^2)(4y-y^2)$ 的极值.

解　联立方程组 $\begin{cases} f_x=(6-2x)(4y-y^2)=0, \\ f_y=(6x-x^2)(4-2y)=0, \end{cases}$ 得驻点 (0, 0), (6, 0), (0, 4), (6, 4), (3, 2). 又

$$A=f_{xx}=-2y(4-y),\ B=f_{xy}=(6-2x)(4-2y),$$
$$C=f_{yy}=-2x(6-x),$$

列表讨论如下：

点	A	C	B	$AC-B^2$	极值
(0, 0)	0	0	24	$-576<0$	无极值
(6, 0)	0	0	−24	$-576<0$	无极值
(0, 4)	0	0	−24	$-576<0$	无极值
(6, 4)	0	0	24	$-576<0$	无极值
(3, 2)	−8	−18	0	$144>0$	有极值

函数在点 (3, 2) 取得极大值 $f(3, 2)=36$.

3. 求函数 $f(x, y)=e^{2x}(x+y^2+2y)$ 的极值.

解　解方程组 $\begin{cases} f_x=e^{2x}(2x+2y^2+4y+1)=0, \\ f_y=e^{2x}(2y+2)=0, \end{cases}$ 得驻点 $\left(\frac{1}{2}, -1\right)$.

又
$$f_{xx}=e^{2x}(4x+4y^2+8y+4),\ A=f_{xx}\left(\frac{1}{2},-1\right)=2e;$$

$f_{xy}=e^{2x}(4y+4)$，$B=f_{xy}\left(\frac{1}{2},\ -1\right)=0$；$f_{yy}=2e^{2x}$，$C=f_{yy}\left(\frac{1}{2},\ -1\right)=2e$，$AC-B^2=4e^2>0$，且 $A=2e>0$，故有极小值 $f\left(\frac{1}{2},\ -1\right)=-\frac{e}{2}$.

4. 求函数 $z=xy$ 在适合附加条件 $x+y=1$ 下的极大值.

解　作拉格朗日函数 $F(x,\ y)=xy+\lambda(x+y-1)$，

联立方程组 $\begin{cases}F_x=y+\lambda=0,\\F_y=x+\lambda=0,\\x+y-1=0,\end{cases}$ 得驻点 $\left(\frac{1}{2},\ \frac{1}{2}\right)$. 由 $z=x(1-x)$，$z''|_{x=\frac{1}{2}}=-2<0$，知所求极大值为 $z|_{\left(\frac{1}{2},\frac{1}{2}\right)}=\frac{1}{4}$.

5. 求函数 $f(x,\ y)=x^2y(4-x-y)$ 在直线 $x+y=6$，x 轴和 y 轴所围成区域 D 上的最大值.

解　令
$$f_x=2xy(4-x-y)-x^2y=0,$$
$$f_y=x^2(4-x-y)-x^2y=0,$$
得 D 内唯一驻点（2，1），且 $f(2,\ 1)=4$.

在 D 的边界上有：在 $x=0(0\leqslant y\leqslant 6)$ 段和 $y=0(0\leqslant x\leqslant 6)$ 段上，$f(x,\ y)=0$；在 $x+y=6$（$0\leqslant x\leqslant 6$ 且 $0\leqslant y\leqslant 6$）段上，$y=6-x$，此时
$$f(x,\ y)=x^2(6-x)(-2)=2x^2(x-6),$$
令
$$f_x=6x^2-24x=0\Rightarrow x_1=0,\ x_2=4,$$
当 $x=0$ 时 $y=6$，$f(0,\ 6)=0$；当 $x=4$ 时 $y=2$，$f(4,\ 2)=-64$.
经比较，最大值 $f(2,\ 1)=4$，最小值 $f(4,\ 2)=-64$.

6. 从斜边之长为 l 的一切直角三角形中，求有最大周长的直角三角形.

解　设直角三角形的两直角边分别为 x，y，则周长为 $z=x+y+l$，并满足条件 $x^2+y^2=l^2$，作拉格朗日函数
$$F(x,\ y)=x+y+l+\lambda(x^2+y^2-l^2),$$
联立方程组 $\begin{cases}F_x=1+2\lambda x=0,\\F_y=1+2\lambda y=0,\\x^2+y^2-l^2=0,\end{cases}$ 得驻点 $\left(\frac{\sqrt{2}}{2}l,\ \frac{\sqrt{2}}{2}l\right)$.

由题意知，直角边为 $\frac{\sqrt{2}}{2}l$ 的等腰直角三角形周长最大.

7. 在平面 xOy 上求一点，使它到 $x=0$，$y=0$ 及 $x+2y-16=0$ 三直线距离平方之和为最小.

解　设点为（x，y），它到 $x=0$，$y=0$，$x+2y-16=0$ 三直线的距离平方和为
$$z=x^2+y^2+\frac{1}{5}(x+2y-16)^2,$$
联立方程组 $\begin{cases}\frac{\partial z}{\partial x}=2x+\frac{2}{5}(x+2y-16)=0,\\\frac{\partial z}{\partial y}=2y+\frac{4}{5}(x+2y-16)=0,\end{cases}$ 得 $x=\frac{8}{5}$，$y=\frac{16}{5}$.

$$A=\frac{\partial^2 z}{\partial x^2}=\frac{12}{5},\ B=\frac{\partial^2 z}{\partial x\partial y}=\frac{4}{5},\ C=\frac{\partial^2 z}{\partial y^2}=\frac{18}{5}.$$

得到 $AC-B^2=8>0$，且 $A>0$.

故点 $\left(\frac{8}{5},\ \frac{16}{5}\right)$ 到 $x=0$，$y=0$，$x+2y-16=0$ 三直线的距离平方和最小.

8. 将周长为 $2p$ 的矩形绕它的一边旋转而构成一个圆柱体，问矩形的边长各为多少时，才可使圆柱体的体积为最大?

解 设矩形的长、宽分别为 x，y，则旋转而成的圆柱体体积为 $V=\pi x^2 y$，并满足条件 $2(x+y)=2p$，作拉格朗日函数

$$F(x,\ y)=\pi x^2 y+\lambda(x+y-p),$$

联立方程组 $\begin{cases}F_x=2\pi xy+\lambda=0,\\ F_y=\pi x^2+\lambda=0,\\ x+y-p=0,\end{cases}$ 得 $x=\frac{2p}{3}$，$y=\frac{p}{3}$. 由题意知，当矩形的长、宽分别为 $x=\frac{2p}{3}$，$y=\frac{p}{3}$，并绕短边旋转时所得圆柱体体积最大.

总习题七

3. 求下列极限：

(1) $\lim\limits_{(x,\ y)\to(1,\ 0)}\frac{\ln(x+e^y)}{\sqrt{x^2+y^2}}$；　　(2) $\lim\limits_{(x,\ y)\to(0,\ 0)}\frac{e^x+e^y}{\cos x+\sin y}$.

解 (1) $\lim\limits_{(x,\ y)\to(1,\ 0)}\frac{\ln(x+e^y)}{\sqrt{x^2+y^2}}=\frac{\ln(1+e^0)}{\sqrt{1^2+0^2}}=\ln 2$；

(2) $\lim\limits_{(x,y)\to(0,0)}\frac{e^x+e^y}{\cos x+\sin y}=\frac{e^0+e^0}{\cos 0+\sin 0}=2.$

4. 证明极限 $\lim\limits_{(x,y)\to(0,0)}\frac{xy^2}{x^2+y^4}$ 不存在.

证 若点 $P(x,\ y)$ 沿抛物线 $x=ky^2$ 趋于 $(0,\ 0)$，则

$$\lim_{\substack{y\to 0\\ x=ky^2}}\frac{xy^2}{x^2+y^4}=\lim_{y\to 0}\frac{ky^4}{k^2y^4+y^4}=\frac{k}{k^2+1}.$$

由此可见，极限值与 k 有关，所以极限不存在.

5. 设 $z=(x^2+y^2)e^{-\arctan\frac{y}{x}}$，求 dz，$\frac{\partial^2 z}{\partial x\partial y}$.

解
$$\begin{aligned}dz&=e^{-\arctan\frac{y}{x}}d(x^2+y^2)+(x^2+y^2)d(e^{-\arctan\frac{y}{x}})\\&=(2x+y)e^{-\arctan\frac{y}{x}}dx+(2y-x)e^{-\arctan\frac{y}{x}}dy,\end{aligned}$$

所以

$$\frac{\partial z}{\partial x}=(2x+y)e^{-\arctan\frac{y}{x}},$$

$$\frac{\partial^2 z}{\partial x\partial y}=\frac{y^2-x^2-xy}{x^2+y^2}e^{-\arctan\frac{y}{x}}.$$

6. 设 $f(x,\ y)=\begin{cases}\frac{x^2 y}{x^2+y^2}, & x^2+y^2\neq 0,\\ 0, & x^2+y^2=0,\end{cases}$ 求 $f_x(x,\ y)$，$f_y(x,\ y)$.

解　当 $x^2+y^2\neq0$ 时，

$$f_x(x,\ y)=\frac{2xy(x^2+y^2)-x^2y\cdot 2x}{(x^2+y^2)^2}=\frac{2xy^3}{(x^2+y^2)^2},$$

$$f_y(x,\ y)=\frac{x^2(x^2+y^2)-x^2y\cdot 2y}{(x^2+y^2)^2}=\frac{x^2(x^2-y^2)}{(x^2+y^2)^2},$$

当 $x^2+y^2=0$ 时，

$$f_x(0,\ 0)=\lim_{\Delta x\to0}\frac{f(\Delta x,\ 0)-f(0,\ 0)}{\Delta x}=\lim_{\Delta x\to0}\frac{0-0}{\Delta x}=0,$$

$$f_y(0,\ 0)=\lim_{\Delta y\to0}\frac{f(0,\ \Delta y)-f(0,\ 0)}{\Delta y}=\lim_{\Delta y\to0}\frac{0-0}{\Delta y}=0,$$

则
$$f_x(x,\ y)=\begin{cases}\dfrac{2xy^3}{(x^2+y^2)^2}, & x^2+y^2\neq0,\\ 0, & x^2+y^2=0,\end{cases}$$

$$f_y(x,\ y)=\begin{cases}\dfrac{x^2(x^2-y^2)}{(x^2+y^2)^2}, & x^2+y^2\neq0,\\ 0, & x^2+y^2=0.\end{cases}$$

7. 设 $f(x,\ y)=\begin{cases}\dfrac{x^2y^2}{(x^2+y^2)^{3/2}}, & x^2+y^2\neq0,\\ 0, & x^2+y^2=0,\end{cases}$ 证明 $f(x,\ y)$ 在点（0，0）处连续且偏导数存在，但不可微分.

证　因为 $0<\dfrac{x^2y^2}{(x^2+y^2)^{\frac{3}{2}}}<\dfrac{1}{4}(x^2+y^2)^{\frac{1}{2}}$，所以

$$\lim_{\substack{x\to0\\ y\to0}}\frac{x^2y^2}{(x^2+y^2)^{\frac{3}{2}}}=0=f(0,\ 0),$$

即 $f(x,\ y)$ 在（0，0）处连续；

$$f_x(0,\ 0)=\lim_{\Delta x\to0}\frac{f(\Delta x,\ 0)-f(0,\ 0)}{\Delta x}=\lim_{\Delta x\to0}\frac{0-0}{\Delta x}=0,$$

$$f_y(0,\ 0)=\lim_{\Delta y\to0}\frac{f(0,\ \Delta y)-f(0,0)}{\Delta y}=\lim_{\Delta y\to0}\frac{0-0}{\Delta y}=0;$$

但 $\dfrac{\Delta z-[f'_x(0,\ 0)\Delta x+f'_y(0,\ 0)\Delta y]}{\rho}=\dfrac{\dfrac{(\Delta x^2)\cdot(\Delta y)^2}{[(\Delta x)^2+(\Delta y)^2]^{\frac{3}{2}}}}{\sqrt{(\Delta x)^2+(\Delta y)^2}}=\dfrac{(\Delta x)^2\cdot(\Delta y)^2}{[(\Delta x)^2+(\Delta y)^2]^2}$，当 $(\Delta x,\ \Delta y)\to(0,\ 0)$ 时，上式极限不存在（取路径 $\Delta y=k\Delta x$）. 因此，$f(x,\ y)$ 在（0，0）处不可微.

8. 设 $u=x^y$，而 $x=\varphi(t)$，$y=\psi(t)$ 都是可微函数，求 $\dfrac{\mathrm{d}u}{\mathrm{d}t}$.

解　$\dfrac{\mathrm{d}u}{\mathrm{d}t}=\dfrac{\partial u}{\partial x}\cdot\dfrac{\mathrm{d}x}{\mathrm{d}t}+\dfrac{\partial u}{\partial y}\cdot\dfrac{\mathrm{d}y}{\mathrm{d}t}=yx^{y-1}\varphi'(t)+x^y\ln x\cdot\psi'(t)$.

9.（1）求 $z=1-x^2-y^2$ 的极值；

（2）求 $z=1-x^2-y^2$ 在条件 $y=2$ 下的极值.

解　（1）由 $\begin{cases}\dfrac{\partial z}{\partial x}=-2x=0,\\ \dfrac{\partial z}{\partial y}=-2y=0,\end{cases}$ 得驻点（0，0），又

$$A=\frac{\partial^2 z}{\partial x^2}=-2,\ B=\frac{\partial^2 z}{\partial x\partial y}=0,\ C=\frac{\partial^2 z}{\partial y^2}=-2,$$

所以 $B^2-AC=-4<0$，且 $A=-2<0$，

故（0，0）为函数的极大值点，函数的极大值为 $z(0,0)=1$.

（2）$z=1-x^2-y^2$ 在条件 $y=2$ 下的极值，即为 $z=1-x^2-2^2=-x^2-3$ 的极值，显然 $z=-x^2-3$在 $x=0$ 处取得极大值 -3，故 $z=1-x^2-y^2$ 在条件 $y=2$ 下，在（0，2）处取得极大值 -3.

10. 某工厂要用钢板制作一个容积为 100m^3 的有盖长方体容器，若不计钢板的厚度，怎样制作材料最省?

解 设容器的长、宽、高分别为 x，y，z(m)，则 $xyz=100$. 此题即要求函数$S=2xy+2yz+2xz$ 在条件 $xyz=100$ 下的最小值，其中 $x>0$，$y>0$，$z>0$，

令 $L(x,y,z,\lambda)=2xy+2yz+2xz+\lambda(xyz-100)$，

则
$$\begin{cases}\dfrac{\partial L}{\partial x}=2y+2z+\lambda yz=0,\\ \dfrac{\partial L}{\partial y}=2x+2z+\lambda xz=0,\\ \dfrac{\partial L}{\partial z}=2y+2x+\lambda xy=0,\\ \dfrac{\partial L}{\partial \lambda}=xyz-100=0,\end{cases}$$

解得 $x=y=z=\sqrt[3]{100}$，故唯一驻点（$\sqrt[3]{100}$，$\sqrt[3]{100}$，$\sqrt[3]{100}$）也是最小值点，即当容器的长、宽、高均为 $\sqrt[3]{100}$ m 时所用材料最省.

六、自测题

（满分 100 分，时间 120 分钟）

1. 填空题（每小题 3 分，共 15 分）：

（1）函数 $z=\arccos(x+y)+\ln(1-x^2-y^2)$的定义域是________.

（2）设 $u=\arctan\dfrac{x}{y}$，则 $\mathrm{d}u=$________.

（3）设$f\left(x+y,\dfrac{y}{x}\right)=x^2-y^2$，则$f(x,y)=$________.

（4）$\lim\limits_{\substack{x\to 0\\ y\to 1}}\dfrac{\ln(y+\mathrm{e}^y)}{\sqrt{x^2+y^2}}=$________.

（5）函数 $z=x^3-4x^2+2xy-y^2$ 的驻点为________，极值点为________.

2. 选择题（每小题 3 分，共 15 分）：

（1）函数$f(x,y)$在点（x_0，y_0）处可微，是$f(x,y)$在（x_0，y_0）处偏导数存在的(　　).

（A）充要条件；　　（B）充分条件；

（C）必要条件；　　（D）以上都不对.

（2）极限$\lim\limits_{\substack{x\to 0\\ y\to 0}}\dfrac{x^2y^2}{x^2y^2+(x-y)^2}=$（　　）.

(A) 0;　　(B) 1;　　(C) 2;　　(D) 不存在.

(3) 设$f(x,y)=\begin{cases}(x^2+y^2)\sin\dfrac{1}{\sqrt{x^2+y^2}}, & (x,y)\neq(0,0),\\ 0, & (x,y)=(0,0),\end{cases}$

则$f_y(0,0)=($　　$)$.

(A) 0;　　(B) 1;　　(C) 2;　　(D) -1.

(4) 符号$\dfrac{\partial^3 z}{\partial x^2\partial y}$的含义是 (　　).

(A) $(\partial z)^3\div(\partial x^2\partial y)$;　　(B) $\left(\dfrac{\partial z}{\partial x}\right)^2\cdot\dfrac{\partial z}{\partial y}$;

(C) $\dfrac{\partial}{\partial x}\left[\dfrac{\partial}{\partial x}\left(\dfrac{\partial z}{\partial y}\right)\right]$;　　(D) $\dfrac{\partial}{\partial y}\left[\dfrac{\partial}{\partial x}\left(\dfrac{\partial z}{\partial x}\right)\right]$.

(5) 函数$f(x,y)=1-x^2y^2$在点 (0, 0) 处 (　　).

(A) 无极值;　　(B) 无最值;　　(C) 有最大值1;(D) 有最小值1.

3. 计算下列各题 (每小题12分, 共48分):

(1) 设$u=x^{y^z}$, 求$\dfrac{\partial u}{\partial x}$, $\dfrac{\partial u}{\partial y}$, $\dfrac{\partial u}{\partial z}$.

(2) 设$u=\arctan(x-y)^z+e^{xy}\sin(x+z)$, 求$du$.

(3) 设方程$xy+yz+zx=1$确定隐函数$z=z(x,y)$, 求$\dfrac{\partial^2 z}{\partial y^2}$.

(4) 设$z=f(x^2-y^2,e^{xy})$, 求$\dfrac{\partial z}{\partial x}$ (f具有二阶连续偏导数).

4. (10分) 设$\begin{cases}z=x^2+y^2,\\ x^2+2y^2+3z^2=20,\end{cases}$求$\dfrac{dy}{dx}$, $\dfrac{dz}{dx}$.

5. (12分) 在xOy面上求一点, 使它到$x=1$, $y=0$及$x+y-5=0$三直线的距离平方之和为最小.

参考答案

1. (1) $\{(x,y)\mid -1\leqslant x+y\leqslant 1\text{ 且 }x^2+y^2<1\}$; (2) $\dfrac{ydx-xdy}{x^2+y^2}$;

(3) $f(x,y)=\dfrac{x^2(1-y)}{1+y}(y\neq 1)$; (4) $\ln 2$; (5) (0, 0), (2, 2); (0, 0).

2. (1) (B); (2) (D); (3) (A); (4) (D); (5) (C).

3. (1) $\dfrac{\partial u}{\partial x}=y^zx^{y^z-1}$; $\dfrac{\partial u}{\partial y}=y^{z-1}x^{y^z}z\ln x$; $\dfrac{\partial u}{\partial z}=y^zx^{y^z}\ln x\ln y$.

(2) $$du=\left[\frac{z(x-y)^{z-1}}{1+(x-y)^{2z}}+e^{xy}y\sin(x+z)+e^{xy}\cos(x+z)\right]dx+\left[\frac{-z(x-y)^{z-1}}{1+(x-y)^{2z}}+e^{xy}x\sin(x+z)\right]dy+\left[\frac{(x-y)^z\ln(x-y)}{1+(x-y)^{2z}}+e^{xy}\cos(x+z)\right]dz.$$

(3) $\dfrac{\partial^2 z}{\partial y^2}=\dfrac{2(x+z)}{(x+y)^2}$.　　(4) $\dfrac{\partial z}{\partial x}=2xf'_1+ye^{xy}f'_2$.

4. 提示：此方程组可确定两个一元隐函数 $y=y(x)$，$z=z(x)$．方程组两边对 x 求导，可得

$$\frac{\mathrm{d}y}{\mathrm{d}x}=\frac{-x(6z+1)}{2y(3z+1)};\frac{\mathrm{d}z}{\mathrm{d}x}=\frac{x}{3z+1}.$$

5. 提示：设所求点的坐标为（x，y），则此点到 $x=1$，$y=0$ 及 $x+y-5=0$ 的距离分别为 $|x-1|$，$|y|$及$\frac{|x+y-5|}{\sqrt{2}}$，把距离平方和

$$z=(x-1)^2+y^2+\frac{(x+y-5)^2}{2}$$

作为函数，求得极值点为（2，1）．

第八章 二 重 积 分

一、预习导引

本章的内容是在第五章定积分及其应用和第七章多元函数微分学的基础上，学习二重积分的概念及性质 .

1. 二重积分的概念

（1）在第五章中通过求解曲边梯形的面积引入了定积分的概念. 如果遇到求曲顶柱体体积的问题，你该怎么解决？本章第一节中的引例会详细介绍曲顶柱体体积的求解过程，从而引入二重积分的概念.

（2）比较简单的定积分可以通过性质求解，二重积分具有什么样的性质？是否也可以借助性质求解？

2. 二重积分的计算

本章第一节学习了二重积分的概念和性质，可以借助其来求解二重积分，但求解过程相当复杂. 有没有更简单有效的方法来求解二重积分？本章第二节将从直角坐标系和极坐标系入手介绍二重积分的求法.

3. 二重积分的应用

（1）通过二重积分可以求解曲顶柱体的体积，而普通的由曲面围成的立体的体积该怎么求？

（2）已知曲面的表达式，怎么得到该曲面的面积？本章第三节主要介绍二重积分在几何方面的应用.

二、知识梳理

1. 二重积分的基本概念与性质

定义 $\iint\limits_D f(x, y)\mathrm{d}\sigma = \lim\limits_{\lambda \to 0}\sum\limits_{i=1}^{n} f(\xi_i, \eta_i)\Delta\sigma_i$（极限存在时），其中（$\xi_i, \eta_i$）是任意分割 D 成 n 个小区域后所得的第 i 个小区域上的任一点，$\Delta\sigma_i$ 表示第 i 个小区域及其面积，$\lambda = \max\limits_{1 \leqslant i \leqslant n}\{\Delta\sigma_i \text{ 的直径}\}$.

二重积分是一个数，它的大小取决于被积函数和积分区域，与积分变量的字母无关.

几何意义 当 $f(x, y) \geqslant 0$，$(x, y) \in D$ 时，$\iint\limits_D f(x, y)\mathrm{d}\sigma$ 表示以曲面 $z = f(x, y)$

为顶、以 D 为底的曲顶柱体的体积.

当 $f(x, y) \leqslant 0$，$(x, y) \in D$ 时，$\iint\limits_D f(x, y)\mathrm{d}\sigma$ 表示以曲面 $z=f(x, y)$ 为顶、以 D 为底的曲顶柱体体积的相反数.

当 $f(x, y) \geqslant 0$ 或 $f(x, y) \leqslant 0$，$(x, y) \in D$ 时，$\iint\limits_D f(x, y)\mathrm{d}\sigma$ 表示 xOy 面上方的柱体体积减去 xOy 面下方柱体体积之差.

当在 D 上 $f(x, y) \equiv 1$ 时，$\iint\limits_D \mathrm{d}\sigma = D$ 的面积.

性质 1　（线性性质）设 α，β 为常数，则

$$\iint\limits_D [\alpha f(x, y) + \beta g(x, y)]\mathrm{d}\sigma = \alpha\iint\limits_D f(x, y)\mathrm{d}\sigma + \beta\iint\limits_D g(x, y)\mathrm{d}\sigma.$$

性质 2　（对积分区域的可加性）

$$\iint\limits_D f(x, y)\mathrm{d}\sigma = \iint\limits_{D_1} f(x, y)\mathrm{d}\sigma + \iint\limits_{D_2} f(x, y)\mathrm{d}\sigma (D = D_1 + D_2).$$

性质 3　$\iint\limits_D 1 \cdot \mathrm{d}\sigma = \iint\limits_D \mathrm{d}\sigma = \sigma$，其中 σ 是积分区域 D 的面积.

性质 4　（不等性）若在 D 上，恒有 $f(x, y) \leqslant g(x, y)$，则

$$\iint\limits_D f(x, y)\mathrm{d}\sigma \leqslant \iint\limits_D g(x, y)\mathrm{d}\sigma.$$

特殊地，由于 $-|f(x, y)| \leqslant f(x, y) \leqslant |f(x, y)|$，又有

$$\left|\iint\limits_D f(x, y)\mathrm{d}\sigma\right| \leqslant \iint\limits_D |f(x, y)|\mathrm{d}\sigma.$$

性质 5　（估值不等式）设 M，m 分别为 $f(x, y)$ 在闭区域 D 上的最大值与最小值，σ 为 D 的面积，则

$$m\sigma \leqslant \iint\limits_D f(x, y)\mathrm{d}\sigma \leqslant M\sigma.$$

性质 6　（积分中值定理）若 $f(x, y)$ 在闭区域 D 上连续，σ 为 D 的面积，则在 D 上至少存在一点（ξ，η），使

$$\iint\limits_D f(x, y)\mathrm{d}\sigma = f(\xi, \eta) \cdot \sigma.$$

对称区域上奇偶函数的积分性质

设 $z=f(x, y)$ 在区域 D 上可积.

（1）设 D 关于 x 轴对称，则有

$$\iint\limits_D f(x, y)\mathrm{d}\sigma = \begin{cases} 2\iint\limits_{D_1} f(x, y)\mathrm{d}\sigma, f(x, -y) = f(x, y), (x, y) \in D, \\ 0, \quad f(x, -y) = -f(x, y), (x, y) \in D, \end{cases}$$

其中 $D_1 = \{(x, y) \mid (x, y) \in D, y \geqslant 0\}$.

（2）设 D 关于 y 轴对称，则有

$$\iint_D f(x, y)\mathrm{d}\sigma = \begin{cases} 2\iint_{D_2} f(x, y)\mathrm{d}\sigma, & f(-x, y) = f(x, y), (x, y) \in D, \\ 0, & f(-x, y) = -f(x, y), (x, y) \in D, \end{cases}$$

其中 $D_2 = \{(x, y) \mid (x, y) \in D, x \geqslant 0\}$.

（3）设 D 关于 x 轴和 y 轴都对称，则有

$$\iint_D f(x, y)\mathrm{d}\sigma = \begin{cases} 4\iint_{D_3} f(x, y)\mathrm{d}\sigma, f(-x, y) = f(x, -y) = f(x, y), (x, y) \in D, \\ 0, f(-x, y) = -f(x, y) \text{ 或 } f(x, -y) = -f(x, y), (x, y) \in D, \end{cases}$$

其中 $D_3 = \{(x, y)\ (x, y) \in D, x \geqslant 0, y \geqslant 0\}$.

注　二重积分的性质和定积分的性质完全类似，只不过把定积分改为二重积分，把 $f(x)$ 改为 $f(x, y)$，把积分区间 $[a, b]$ 改为积分区域 D 即可.

2. 二重积分的计算方法

设 $f(x, y)$ 在有界闭区域 D 上连续.

（1）利用直角坐标计算二重积分

1）若 D: $\begin{cases} \varphi_1(x) \leqslant y \leqslant \varphi_2(x), \\ a \leqslant x \leqslant b, \end{cases}$

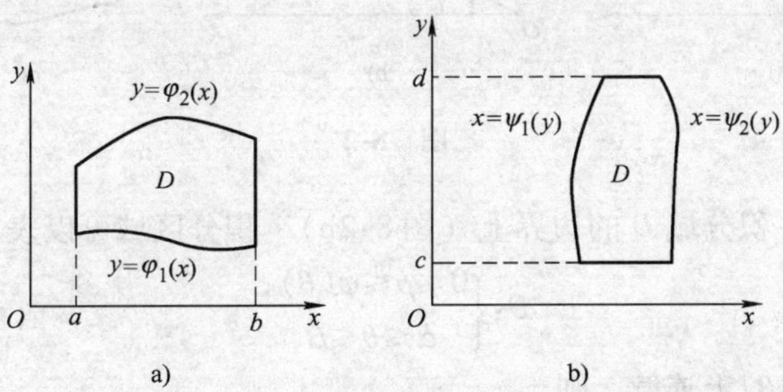

图　8-1

其中 $\varphi_1(x)$，$\varphi_2(x)$ 在 $[a, b]$ 上连续（图 8-1a），则

$$\iint_D f(x, y)\mathrm{d}x\mathrm{d}y = \int_a^b \mathrm{d}x \int_{\varphi_1(x)}^{\varphi_2(x)} f(x, y)\mathrm{d}y.$$

2）若 D: $\begin{cases} \psi_1(y) \leqslant x \leqslant \psi_2(y), \\ c \leqslant y \leqslant d, \end{cases}$

其中 $\psi_1(y)$，$\psi_2(y)$ 在 $[c, d]$ 上连续（图 8-1b），则

$$\iint_D f(x, y)\mathrm{d}x\mathrm{d}y = \int_c^d \mathrm{d}y \int_{\psi_1(y)}^{\psi_2(y)} f(x, y)\mathrm{d}x.$$

（2）利用极坐标计算二重积分

极坐标与直角坐标的关系为

$$x=\rho\cos\theta,\ y=\rho\sin\theta.$$

极坐标系下面积元素为

$$\mathrm{d}\sigma=\rho\mathrm{d}\rho\mathrm{d}\theta.$$

在极坐标系下二重积分化为

$$\iint_D f(x,y)\mathrm{d}\sigma=\iint_D f(\rho\cos\theta,\rho\sin\theta)\rho\mathrm{d}\rho\mathrm{d}\theta.$$

1）若极点在积分域 D 外部（图 8-2a），则积分区域可以表示为

$$D:\begin{cases}\varphi_1(\theta)\leqslant\rho\leqslant\varphi_2(\theta),\\ \alpha\leqslant\theta\leqslant\beta,\end{cases}$$

其中 $\varphi_1(\theta)$，$\varphi_2(\theta)$ 在 $[\alpha,\beta]$ 上连续，则

$$\iint_D f(x,y)\mathrm{d}\sigma=\int_\alpha^\beta\mathrm{d}\theta\int_{\varphi_1(\theta)}^{\varphi_2(\theta)}f(\rho\cos\theta,\rho\sin\theta)\rho\mathrm{d}\rho.$$

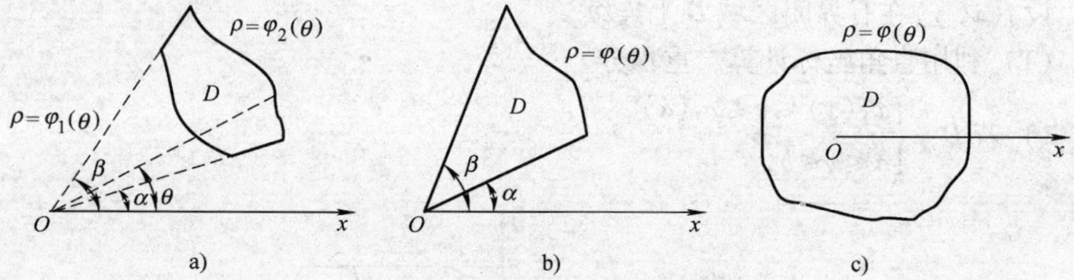

图　8-2

2）若极点在积分域 D 的边界上（图 8-2b）．积分区域可以表示为

$$D:\begin{cases}0\leqslant\rho\leqslant\varphi(\theta),\\ \alpha\leqslant\theta\leqslant\beta,\end{cases}$$

其中 $\varphi(\theta)$ 在 $[\alpha,\beta]$ 上连续，则

$$\iint_D f(x,y)\mathrm{d}\sigma=\int_\alpha^\beta\mathrm{d}\theta\int_0^{\varphi(\theta)}f(\rho\cos\theta,\rho\sin\theta)\rho\mathrm{d}\rho.$$

3）若极点在积分域 D 的内部（图 8-2c）．积分区域可以表示为

$$D:\begin{cases}0\leqslant\rho\leqslant\varphi(\theta),\\ 0\leqslant\theta\leqslant 2\pi,\end{cases}$$

其中 $\varphi(\theta)$ 在 $[0,2\pi]$ 上连续，则

$$\iint_D f(x,y)\mathrm{d}\sigma=\int_0^{2\pi}\mathrm{d}\theta\int_0^{\varphi(\theta)}f(\rho\cos\theta,\rho\sin\theta)\rho\mathrm{d}\rho.$$

3. 二重积分的应用

平面图形的面积　二重积分中 $f(x, y)=1$ 时，$\iint\limits_D \mathrm{d}\sigma$ 表示积分平面的面积.

曲顶柱体的体积　如果 $f(x, y) \geqslant 0$，二重积分 $\iint\limits_D f(x, y)\mathrm{d}\sigma$ 就是以 $z=f(x, y)$ 为曲顶、以 D 为底面的曲顶柱体的体积．即

$$V=\iint\limits_D f(x, y)\mathrm{d}\sigma.$$

曲面的面积　设曲面 Σ 的方程为 $z=f(x, y)$，它在 xOy 面上的投影区域记为 D_{xy}，则曲面 Σ 的面积为

$$S=\iint\limits_{D_{xy}} \sqrt{1+f_x^2(x, y)+f_y^2(x, y)}\mathrm{d}\sigma.$$

三、释疑解难

计算二重积分 $\iint\limits_D \mathrm{e}^{x+y}\mathrm{d}\sigma$，其中 $D=\{(x, y) \mid |x|+|y| \leqslant 1\}$. 下列作法正确吗？

错解　D_1：$x+y \leqslant 1$，$x \geqslant 0$，$y \geqslant 0$，则

$$\iint\limits_D \mathrm{e}^{x+y}\mathrm{d}\sigma=4\iint\limits_{D_1} \mathrm{e}^{x+y}\mathrm{d}\sigma=4\int_0^1 \mathrm{e}^x \mathrm{d}x\int_0^{1-x} \mathrm{e}^y \mathrm{d}y=4\int_0^1(\mathrm{e}-\mathrm{e}^x)\mathrm{d}x=4.$$

释疑解难　利用对称性计算二重积分时，只考虑了积分区域的对称性，而忽略了被积函数的奇偶性.

正确解法

$$\begin{aligned}\iint\limits_D \mathrm{e}^{x+y}\mathrm{d}\sigma &=\iint\limits_{D_1} \mathrm{e}^{x+y}\mathrm{d}\sigma+\iint\limits_{D_2} \mathrm{e}^{x+y}\mathrm{d}\sigma \\ &=\int_{-1}^0 \mathrm{e}^x \mathrm{d}x\int_{-x-1}^{1+x} \mathrm{e}^y \mathrm{d}y+\int_0^1 \mathrm{e}^x \mathrm{d}x\int_{x-1}^{-x+1} \mathrm{e}^y \mathrm{d}y=\mathrm{e}-\mathrm{e}^{-1}.\end{aligned}$$

四、典型题精讲

题型 1　利用二重积分的概念、性质解题

【方法与技巧】

（1）利用二重积分的概念求和式的极限.

（2）利用二重积分的性质比较积分的大小、估计积分值、证明关于二重积分的命题等．求解这类问题首先要熟练掌握二重积分的性质，再借助于函数的大小比较、函数的最值等得出结论.

例 8.1　（100104）$\lim\limits_{n\to\infty}\sum\limits_{i=1}^n\sum\limits_{j=1}^n \dfrac{n}{(n+i)(n^2+j^2)}=(\qquad)$.

(A) $\int_0^1 dx \int_0^x \frac{1}{(1+x)(1+y^2)} dy$;　(B) $\int_0^1 dx \int_0^x \frac{1}{(1+x)(1+y)} dy$;

(C) $\int_0^1 dx \int_0^1 \frac{1}{(1+x)(1+y)} dy$;　(D) $\int_0^1 dx \int_0^1 \frac{1}{(1+x)(1+y^2)} dy$.

解　因为 $\lim\limits_{n\to\infty}\sum\limits_{i=1}^{n}\sum\limits_{j=1}^{n}\frac{n}{(n+i)(n^2+j^2)} = \lim\limits_{n\to\infty}\sum\limits_{i=1}^{n}\frac{1}{n+i}\cdot\sum\limits_{j=1}^{n}\frac{n}{n^2+j^2}$,

而
$$\lim_{n\to\infty}\sum_{i=1}^{n}\frac{1}{n+i} = \lim_{n\to\infty}\frac{1}{n}\sum_{i=1}^{n}\frac{1}{1+\frac{i}{n}} = \int_0^1\frac{1}{1+x}dx,$$

$$\lim_{n\to\infty}\sum_{j=1}^{n}\frac{n}{n^2+j^2} = \lim_{n\to\infty}\frac{1}{n}\sum_{j=1}^{n}\frac{1}{1+\left(\frac{j}{n}\right)^2} = \int_0^1\frac{1}{1+y^2}dy.$$

所以　$\lim\limits_{n\to\infty}\sum\limits_{i=1}^{n}\sum\limits_{j=1}^{n}\frac{n}{(n+i)(n^2+j^2)} = \int_0^1 dx\int_0^1\frac{1}{(1+x)(1+y^2)}dy$,

应选（D）.

例 8.2　(050304) 设

$$I_1 = \iint_D \cos\sqrt{x^2+y^2}\,d\sigma,\ I_2 = \iint_D \cos(x^2+y^2)\,d\sigma,\ I_3 = \iint_D \cos(x^2+y^2)^2\,d\sigma,$$

其中 $D=\{(x,y)\mid x^2+y^2\leqslant 1\}$，则（　　）.

(A) $I_3>I_2>I_1$；　(B) $I_1>I_2>I_3$；　(C) $I_2>I_1>I_3$；(D) $I_3>I_1>I_2$.

解　在区域 $D=\{(x,y)\mid x^2+y^2\leqslant 1\}$ 上，有

$$\frac{\pi}{2}>1\geqslant\sqrt{x^2+y^2}\geqslant x^2+y^2\geqslant(x^2+y^2)^2\geqslant 0,$$

由于 $\cos x$ 在 $\left(0,\frac{\pi}{2}\right)$ 上为单调减少函数，于是

$$0<\cos\sqrt{x^2+y^2}\leqslant\cos(x^2+y^2)\leqslant\cos(x^2+y^2)^2,$$

因此

$$\iint_D\cos\sqrt{x^2+y^2}\,d\sigma<\iint_D\cos(x^2+y^2)\,d\sigma<\iint_D\cos(x^2+y^2)^2\,d\sigma.$$

故应选（A）.

例 8.3　(050204) 设区域 $D=\{(x,y)\mid x^2+y^2\leqslant 4, x\geqslant 0, y\geqslant 0\}$，$f(x)$ 为 D 上的正值连续函数，a，b 为常数，则 $\iint_D\frac{a\sqrt{f(x)}+b\sqrt{f(y)}}{\sqrt{f(x)}+\sqrt{f(y)}}d\sigma=$（　　）.

(A) $ab\pi$；　(B) $\frac{1}{2}ab\pi$；　(C) $(a+b)\pi$；　(D) $\frac{1}{2}(a+b)\pi$.

解　由于 D 关于 $y=x$ 对称，所以

$$\iint_D \sqrt{f(x)}\,d\sigma = \iint_D \sqrt{f(y)}\,d\sigma.$$

故
$$\iint_D \frac{a\sqrt{f(x)}+b\sqrt{f(y)}}{\sqrt{f(x)}+\sqrt{f(y)}}d\sigma$$
$$=\frac{1}{2}\iint_D \frac{a(\sqrt{f(x)}+\sqrt{f(y)})+b(\sqrt{f(x)}+\sqrt{f(y)})}{\sqrt{f(x)}+\sqrt{f(y)}}d\sigma$$
$$=\frac{1}{2}\iint_D (a+b)\,d\sigma=\frac{1}{2}(a+b)\pi,$$ 故选(D).

注意　本题使用积分区域的对称性简化了积分的计算.

题型 2　交换二次积分的次序

【方法与技巧】

交换二次积分次序的一般步骤是：①根据已知的二次积分的上下限，用不等式组表示积分区域；②画出积分区域的图形（这是交换积分次序的关键步骤）；③按要求重新确定积分的上下限，写出新的二次积分.

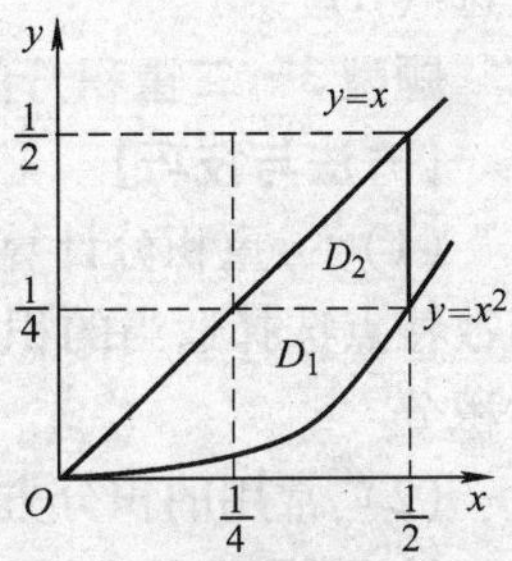

图　8-3

例 8.4　交换下列积分次序

$$\int_0^{\frac{1}{4}}dy\int_y^{\sqrt{y}}f(x,y)\,dx+\int_{\frac{1}{4}}^{\frac{1}{2}}dy\int_y^{\frac{1}{2}}f(x,y)\,dx.$$

解　如图 8-3 所示，积分区域 $D=D_1+D_2$，

其中，$D_1:\begin{cases}y\leqslant x\leqslant\sqrt{y},\\0\leqslant y\leqslant\frac{1}{4},\end{cases}$　$D_2:\begin{cases}y\leqslant x\leqslant\frac{1}{2},\\\frac{1}{4}\leqslant y\leqslant\frac{1}{2}.\end{cases}$

于是　$D:\begin{cases}x^2\leqslant y\leqslant x,\\0\leqslant x\leqslant\frac{1}{2},\end{cases}$ 故

$$\int_0^{\frac{1}{4}}dy\int_y^{\sqrt{y}}f(x,y)\,dx+\int_{\frac{1}{4}}^{\frac{1}{2}}dy\int_y^{\frac{1}{2}}f(x,y)\,dx=\int_0^{\frac{1}{2}}dx\int_{x^2}^{x}f(x,y)\,dy.$$

例 8.5　(060104) 设 $f(x,y)$ 是连续函数，则 $\int_0^{\frac{\pi}{4}}d\theta\int_0^1 f(\rho\cos\theta,\rho\sin\theta)\rho\,d\rho$ 等于(　　).

(A) $\int_0^{\frac{\sqrt{2}}{2}}dx\int_x^{\sqrt{1-x^2}}f(x,y)\,dy$;　　(B) $\int_0^{\frac{\sqrt{2}}{2}}dx\int_0^{\sqrt{1-x^2}}f(x,y)\,dy$;

(C) $\int_0^{\frac{\sqrt{2}}{2}}dy\int_y^{\sqrt{1-y^2}}f(x,y)\,dx$;　　(D) $\int_0^{\frac{\sqrt{2}}{2}}dy\int_0^{\sqrt{1-y^2}}f(x,y)\,dx$.

解　由所给二次积分知 D：$\begin{cases}0\leqslant\rho\leqslant 1\\0\leqslant\theta\leqslant\dfrac{\pi}{4}\end{cases}$. 积分区域如图 8-4 所示.

在直角坐标系下，先对 y 后对 x 积分，积分区域需要划分成两部分，显然（A），（B）是错的.

先对 x 后对 y 积分，积分区域可以表示为

$$D:\begin{cases}y\leqslant x\leqslant\sqrt{1-y^2},\\0\leqslant y\leqslant\dfrac{\sqrt{2}}{2}.\end{cases}$$

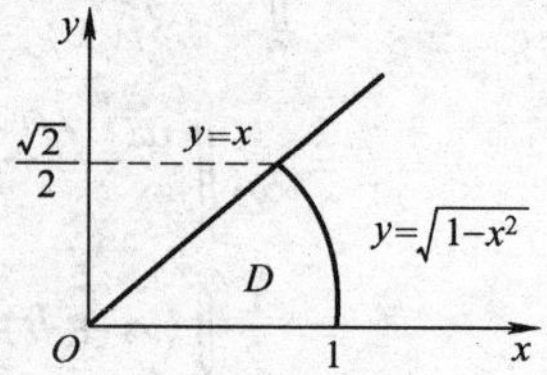

图　8-4

$$原式=\int_0^{\frac{\sqrt{2}}{2}}\mathrm{d}y\int_y^{\sqrt{1-y^2}}f(x,\ y)\,\mathrm{d}x\,.$$

应选（C）.

题型 3　二重积分的计算

【方法与技巧】

（1）二重积分计算的一般步骤是：①画出积分区域草图；②根据积分区域与函数特点选择适当的积分方法（直角坐标、极坐标）；③适当选取积分次序化成二次积分.

（2）常用的积分方法有：

1）利用直角坐标计算二重积分. 当积分区域是由直线、抛物线、双曲线等围成时，一般选用直角坐标计算.

2）利用极坐标计算二重积分. 当积分区域为圆域、环形域或扇形域，而被积函数为 $f(x^2+y^2)$ 或 $f\left(\dfrac{y}{x}\right)$ 等形式时，选用极坐标计算二重积分比较简单.

3）利用对称性计算二重积分. 涉及对称区域上的积分时，应尽可能利用被积函数的奇偶性简化计算.

例 8.6　（080304）$\iint\limits_D(x^2-y)\,\mathrm{d}x\mathrm{d}y=$ ____，其中 D：$x^2+y^2\leqslant 1$.

解　积分区域关于 x 轴对称，所以 $\iint\limits_D y\mathrm{d}x\mathrm{d}y=0$. 所以

$$\iint\limits_D(x^2-y)\,\mathrm{d}x\mathrm{d}y=\iint\limits_D x^2\mathrm{d}x\mathrm{d}y$$
$$=\frac{1}{2}\iint\limits_D(x^2+y^2)\,\mathrm{d}x\mathrm{d}y=\frac{1}{2}\int_0^{2\pi}\mathrm{d}\theta\int_0^1 r^2 r\mathrm{d}r=\frac{\pi}{4}.$$

例 8.7　（090310）计算二重积分 $\iint\limits_D(x-y)\,\mathrm{d}x\mathrm{d}y$，其中

$D=\{(x,y)\mid(x-1)^2+(y-1)^2\leqslant 2,\ y\geqslant x\}$.

解　如图 8-5 所示，积分区域是半圆形，选用极坐标计算积分. 在极坐标系下，积分区域

$$D:\begin{cases}0\leqslant\rho\leqslant 2(\sin\theta+\cos\theta),\\ \dfrac{\pi}{4}\leqslant\theta\leqslant\dfrac{3\pi}{4}.\end{cases}$$

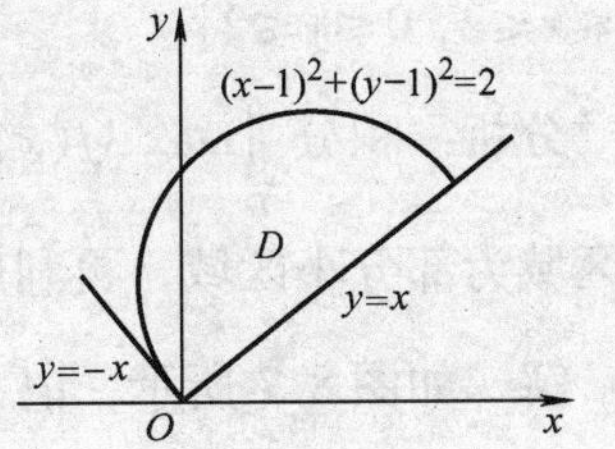

图　8-5

$$\begin{aligned}\iint_D(x-y)\,\mathrm{d}x\mathrm{d}y&=\int_{\frac{\pi}{4}}^{\frac{3\pi}{4}}\mathrm{d}\theta\int_0^{2(\cos\theta+\sin\theta)}(\rho\cos\theta-\rho\sin\theta)\rho\,\mathrm{d}\rho\\&=\frac{1}{3}\int_{\frac{\pi}{4}}^{\frac{3\pi}{4}}\left[(\cos\theta-\sin\theta)\rho^3\right]_0^{2(\cos\theta+\sin\theta)}\mathrm{d}\theta\\&=\frac{8}{3}\int_{\frac{\pi}{4}}^{\frac{3\pi}{4}}(\cos\theta-\sin\theta)(\cos\theta+\sin\theta)^3\mathrm{d}\theta\\&=\frac{8}{3}\int_{\frac{\pi}{4}}^{\frac{3\pi}{4}}(\cos\theta+\sin\theta)^3\mathrm{d}(\cos\theta+\sin\theta)\\&=\frac{2}{3}(\cos\theta+\sin\theta)^4\Big|_{\frac{\pi}{4}}^{\frac{3\pi}{4}}=-\frac{8}{3}.\end{aligned}$$

例 8.8　（050209）计算二重积分 $\iint_D|x^2+y^2-1|\mathrm{d}\sigma$，其中 $D=\{(x,y)\mid 0\leqslant x\leqslant 1,0\leqslant y\leqslant 1\}$.

分析　被积函数含有绝对值，分割积分区域为部分小区域之和，使被积函数在每一小区域上符号恒定. 再利用积分的可加性计算积分.

解　如图 8-6 所示，记

$$D_1=\{(x,y)\mid x^2+y^2\leqslant 1,(x,y)\in D\},$$
$$D_2=\{(x,y)\mid x^2+y^2>1,(x,y)\in D\}.$$

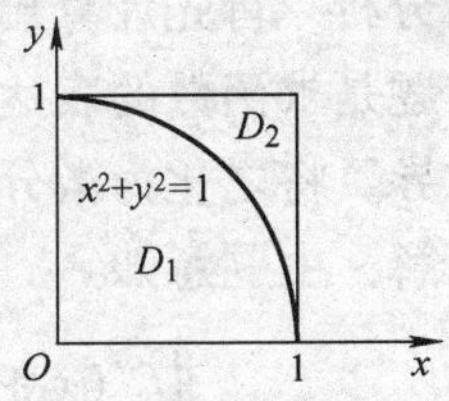

图　8-6

于是　$\iint_D|x^2+y^2-1|\mathrm{d}\sigma$

$$\begin{aligned}&=-\iint_{D_1}(x^2+y^2-1)\mathrm{d}x\mathrm{d}y+\iint_{D_2}(x^2+y^2-1)\mathrm{d}x\mathrm{d}y\\&=-\iint_{D_1}(x^2+y^2-1)\mathrm{d}x\mathrm{d}y+\left(\iint_D(x^2+y^2-1)\mathrm{d}x\mathrm{d}y-\iint_{D_1}(x^2+y^2-1)\mathrm{d}x\mathrm{d}y\right)\\&=-2\iint_{D_1}(x^2+y^2-1)\mathrm{d}x\mathrm{d}y+\iint_D(x^2+y^2-1)\mathrm{d}x\mathrm{d}y\\&=-2\int_0^{\frac{\pi}{2}}\mathrm{d}\theta\int_0^1(\rho^2-1)\rho\,\mathrm{d}\rho+\int_0^1\mathrm{d}x\int_0^1(x^2+y^2-1)\mathrm{d}y=\frac{\pi}{4}-\frac{1}{3}.\end{aligned}$$

例 8.9　（080211）求二重积分：$\iint_D\max\{xy,1\}\mathrm{d}x\mathrm{d}y$，其中 $D=\{(x,y)$

$|0\leqslant x\leqslant 2,\ 0\leqslant y\leqslant 2\}$.

分析　积分 $\iint\limits_D \max\{f(x,y),\ g(x,y)\}\mathrm{d}\sigma$ 是可化为分段函数的二重积分，先分割区域为部分小区域，再利用积分对区域的可加性计算积分.

解　如图 8-7 所示，记 $D_1=\left\{(x,y)\left|0\leqslant x\leqslant \frac{1}{2},\ 0\leqslant y\leqslant 2\right.\right\}$，$D_2=\left\{(x,y)\left|xy\leqslant 1,\ \frac{1}{2}\leqslant x\leqslant 2\right.\right\}$，$D_3=\{(x,y)\,|\,xy>1,\ (x,y)\in D\}$，于是

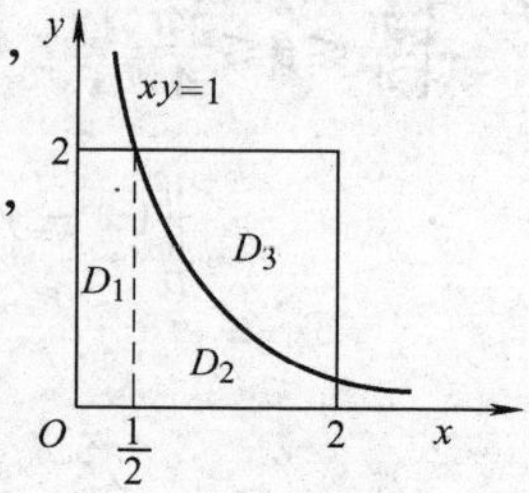

图　8-7

$$\begin{aligned}
&\iint\limits_D \max\{xy,\ 1\}\mathrm{d}x\mathrm{d}y\\
&=\iint\limits_{D_1}1\cdot \mathrm{d}x\mathrm{d}y+\iint\limits_{D_2}1\cdot \mathrm{d}x\mathrm{d}y+\iint\limits_{D_3}xy\cdot \mathrm{d}x\mathrm{d}y\\
&=\int_0^{\frac{1}{2}}\mathrm{d}x\int_0^2 1\mathrm{d}y+\int_{\frac{1}{2}}^2\mathrm{d}x\int_0^{\frac{1}{x}}1\mathrm{d}y+\int_{\frac{1}{2}}^2\mathrm{d}x\int_{\frac{1}{x}}^2 xy\mathrm{d}y\\
&=1+2\ln 2+\frac{15}{4}-\ln 2=\frac{19}{4}+\ln 2.
\end{aligned}$$

例 8.10　(110319) $f(x)$ 在 $[0,1]$ 内有连续的导数，$f(0)=1$，且

$$\iint\limits_{D_t}f'(x+y)\mathrm{d}x\mathrm{d}y=\iint\limits_{D_t}f(t)\mathrm{d}x\mathrm{d}y,$$

其中 $D_t=\{(x,y)\,|\,0\leqslant x\leqslant t,\ 0\leqslant y\leqslant t,\ x+y\leqslant t\}\ (0<t\leqslant 1)$. 求 $f(x)$ 的表达式.

分析　首先计算出条件中的积分表达式并化简，得到关于 $f(x)$ 的积分等式. 因本题是求函数的表达式，而求解函数只有微分方程. 因此，将得到的积分等式两边求导，将之化为微分方程，然后用分离变量法求出 $f(x)$.

解　由题意知

$$\begin{aligned}
\iint\limits_{D_t}f'(x+y)\mathrm{d}x\mathrm{d}y&=\int_0^t\mathrm{d}x\int_0^{t-x}f'(x+y)\mathrm{d}y\\
&=\int_0^t[f(t)-f(x)]\mathrm{d}x=tf(t)-\int_0^t f(x)\mathrm{d}x,
\end{aligned}$$

$$\iint\limits_{D_t}f(t)\mathrm{d}x\mathrm{d}y=\frac{1}{2}t^2f(t).$$

所以有 $tf(t)-\int_0^t f(x)\mathrm{d}x=\frac{1}{2}t^2f(t)$，两边关于 t 求导得

$$f'(t)\left(t-\frac{1}{2}t^2\right)=tf(t),\ \frac{f'(t)}{f(t)}=\frac{2}{2-t}(t\neq 0),$$

解之得 $f(t)=\frac{C}{(2-t)^2}$（C 为任意常数）. 将 $f(0)=1$ 代入，得 $C=4$，所以 $f(t)=$

$\dfrac{4}{(2-t)^2}$. 故$f(x)=\dfrac{4}{(x-2)^2}$.

例 8.11 （120306）设区域 D 由曲线 $y=\sin x$，$x=\pm\dfrac{\pi}{2}$，$y=1$ 围成，则 $\iint(x^5y-1)\mathrm{d}x\mathrm{d}y=($　　$)$.

（A）π；（B）2；（C）-2；（D）$-\pi$.

解　由二重积分的区域对称性得

$$\iint(x^5y-1)\mathrm{d}x\mathrm{d}y=\int_{-\frac{\pi}{2}}^{\frac{\pi}{2}}\mathrm{d}x\int_{\sin x}^{1}(x^5y-1)\mathrm{d}y=\int_{-\frac{\pi}{2}}^{\frac{\pi}{2}}\left(\frac{1}{2}x^5y^2-y\right)\Big|_{\sin x}^{1}\mathrm{d}x$$

$$=\int_{-\frac{\pi}{2}}^{\frac{\pi}{2}}\frac{1}{2}x^5y^2\Big|_{\sin x}^{1}\mathrm{d}x-\int_{-\frac{\pi}{2}}^{\frac{\pi}{2}}y\big|_{\sin x}^{1}\mathrm{d}x=-\int_{-\frac{\pi}{2}}^{\frac{\pi}{2}}1\mathrm{d}x=-\pi.$$

例 8.12 （130217）设平面区域 D 由直线 $x=3y$，$y=3x$ 及 $x+y=8$ 围成，计算 $\iint\limits_D x^2\mathrm{d}x\mathrm{d}y$.

解

$$\iint\limits_D x^2\mathrm{d}x\mathrm{d}y=\int_0^2\mathrm{d}x\int_{\frac{x}{3}}^{3x}x^2\mathrm{d}y+\int_2^6\mathrm{d}x\int_{\frac{x}{3}}^{8-x}x^2\mathrm{d}y$$

$$=\frac{8}{3}\int_0^2x^3\mathrm{d}x+\int_2^6\left(8x^2-\frac{4}{3}x^3\right)\mathrm{d}x$$

$$=\frac{2}{3}x^4\Big|_0^2+\left(\frac{8}{3}x^3-\frac{1}{3}x^4\right)\Big|_2^6=\frac{416}{3}.$$

五、教材习题选解

习题 8.1

1. 根据二重积分的性质，比较下列积分的大小：

(1) $\iint\limits_D(x+y)^2\mathrm{d}\sigma$ 和 $\iint\limits_D(x+y)^3\mathrm{d}\sigma$，其中积分区域 D 是由圆周 $(x-2)^2+(y-1)^2=2$ 所围成；

(2) $\iint\limits_D\ln(x+y)\mathrm{d}\sigma$ 和 $\iint\limits_D[\ln(x+y)]^2\mathrm{d}\sigma$，其中积分区域 D 是三顶点坐标分别为（1，0），（1，1），（2，0）的三角形闭区域；

(3) $\iint\limits_D\ln(x+y)\mathrm{d}\sigma$ 和 $\iint\limits_D[\ln(x+y)]^2\mathrm{d}\sigma$，其中积分区域 D 是矩形闭区域：$3\leqslant x\leqslant5$，$0\leqslant y\leqslant1$.

解　(1) 如图 8-8 所示，D 位于半平面 $x+y\geqslant1$ 内，从而 $(x+y)^2\leqslant(x+y)^3$，所以 $\iint\limits_D(x+y)^2\mathrm{d}\sigma\leqslant\iint\limits_D(x+y)^3\mathrm{d}\sigma$.

（2）在三角形区域内恒有$1\leqslant x+y\leqslant 2<\mathrm{e}$，即$\ln(x+y)<1$，从而 $\ln(x+y)\geqslant[\ln(x+y)]^2$，故 $\iint\limits_D \ln(x+y)\mathrm{d}\sigma \geqslant \iint\limits_D [\ln(x+y)]^2\mathrm{d}\sigma$.

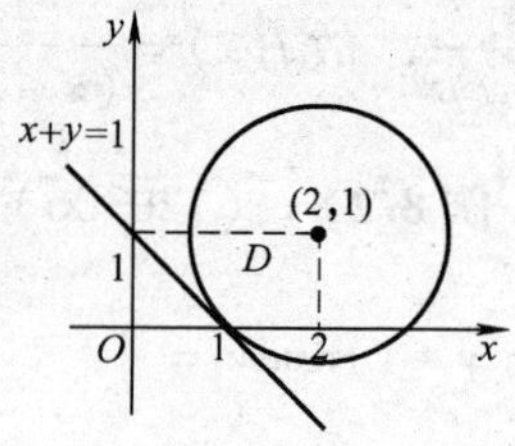

图　8-8

（3）在矩形区域内恒有$x+y\geqslant 3>\mathrm{e}$，即$\ln(x+y)>1$，从而$\ln(x+y)<[\ln(x+y)]^2$，故

$$\iint\limits_D \ln(x+y)\mathrm{d}\sigma < \iint\limits_D [\ln(x+y)]^2\mathrm{d}\sigma.$$

2. 不求二重积分的值，根据其性质，估计下列积分的值：

（2）$I=\iint\limits_D (x+y+1)\mathrm{d}\sigma$，其中积分区域$D$是矩形闭区域：$0\leqslant x\leqslant 1$，$0\leqslant y\leqslant 2$；

（3）$I=\iint\limits_D (x^2+4y^2+9)\mathrm{d}\sigma$，其中积分区域$D$是圆形闭区域：$x^2+y^2\leqslant 4$.

解　（2）由于$1\leqslant x+y+1\leqslant 4$，且积分区域面积为2，从而有

$$2=1\times 2\leqslant \iint\limits_D (x+y+1)\mathrm{d}\sigma \leqslant 4\times 2=8.$$

（3）因为$0\leqslant x^2+y^2\leqslant 4$，所以

$$9\leqslant x^2+4y^4+9\leqslant 4(x^2+y^2)+9\leqslant 25,$$

于是
$$9\pi\times 2^2\leqslant \iint\limits_D (x^2+4y^2+9)\mathrm{d}\sigma \leqslant 25\times\pi\times 2^2,$$

即
$$36\pi\leqslant \iint\limits_D (x^2+4y^2+9)\mathrm{d}\sigma \leqslant 100\pi.$$

3. 设$I_1=\iint\limits_{D_1} (x^2+y^2)^3\mathrm{d}\sigma$，且$D_1=\{(x,y)\mid -1\leqslant x\leqslant 1,-2\leqslant y\leqslant 2\}$，又$I_2=\iint\limits_{D_2} (x^2+y^2)^3\mathrm{d}\sigma$，且$D_2=\{(x,y)\mid 0\leqslant x\leqslant 1,0\leqslant y\leqslant 2\}$，试利用二重积分的几何意义说明$I_1$和$I_2$之间的关系.

解　由二重积分的几何意义可知：I_1表示底为D_1、顶为曲面$z=(x^2+y^2)^3$的曲顶柱体Ω_1的体积；I_2表示底为D_2、顶为曲面$z=(x^2+y^2)^3$的曲顶柱体Ω_2的体积，由于位于D_1上方的$z=(x^2+y^2)^3$关于yOz面和zOx面对称，所以这两个平面将Ω_1分成四个等体积的部分，第一卦限内的就是Ω_2. 由此可知

$$I_1=4I_2.$$

习题 8.2

1. 计算下列二重积分：

（1）$\iint\limits_D \left(1-\frac{x}{3}-\frac{y}{4}\right)\mathrm{d}\sigma$，其中$D$为矩形区域：

$$D=\{(x,y)\mid -2\leqslant y\leqslant 2,-1\leqslant x\leqslant 1\}.$$

解　原式$=\iint\limits_D 1\mathrm{d}\sigma-\frac{1}{3}\iint\limits_D x\mathrm{d}\sigma-\frac{1}{4}\iint\limits_D y\mathrm{d}\sigma$.

由于积分区域既关于x轴对称，又关于y轴对称，所以

原式 $=\iint\limits_D 1\mathrm{d}\sigma-0-0=8.$

(2) $\iint\limits_D(3x+2y)\mathrm{d}\sigma$，其中 D 是由两坐标轴及直线 $x+y=2$ 所围成的闭区域．

解　原式 $=\int_0^2\mathrm{d}x\int_0^{2-x}(3x+2y)\mathrm{d}y$

$$=\int_0^2(4+2x-2x^2)\mathrm{d}x=\frac{20}{3}.$$

(5) $\iint\limits_D xy^2\mathrm{d}\sigma$，其中积分区域 D 为半圆形闭区域：$x^2+y^2\leqslant4$，$x\geqslant0$；

解　原式 $=\int_{-\frac{\pi}{2}}^{\frac{\pi}{2}}\mathrm{d}\theta\int_0^2(r\cos\theta\cdot r^2\sin^2\theta\cdot r)\mathrm{d}r$

$$=\frac{32}{5}\int_{-\frac{\pi}{2}}^{\frac{\pi}{2}}\sin^2\theta\mathrm{d}(\sin\theta)=\frac{64}{15}.$$

(6) $\iint\limits_D(2y-x)\mathrm{d}\sigma$，其中 D 由抛物线 $y=x^2$ 和直线 $y=x+2$ 所围成．

解　原式 $=\int_{-1}^2\mathrm{d}x\int_{x^2}^{x+2}(2y-x)\mathrm{d}y=\int_{-1}^2(y^2-xy)\Big|_{x^2}^{x+2}\mathrm{d}x=\frac{243}{20}.$

2. 改变下列二次积分的积分次序：

(1) $\int_0^2\mathrm{d}y\int_{y^2}^{2y}f(x,y)\mathrm{d}x$.

解　积分区域为 $D=\{(x,y)\mid y^2\leqslant x\leqslant2y,0\leqslant y\leqslant2\}$，将其改写为

$$D=\left\{(x,y)\,\middle|\,\frac{x}{2}\leqslant y\leqslant\sqrt{x},0\leqslant x\leqslant4\right\}，于是$$

$$原式=\int_0^4\mathrm{d}x\int_{\frac{x}{2}}^{\sqrt{x}}f(x,y)\mathrm{d}y.$$

(2) $\int_1^2\mathrm{d}x\int_{2-x}^{\sqrt{2x-x^2}}f(x,y)\mathrm{d}y$.

解　积分区域为 $D=\{(x,y)\mid 2-x\leqslant y\leqslant\sqrt{2x-x^2},1\leqslant x\leqslant2\}$，将其改写为 $D=\{(x,y)\mid 2-y\leqslant x\leqslant1+\sqrt{1-y^2},0\leqslant y\leqslant1\}$，于是

$$原式=\int_0^1\mathrm{d}y\int_{2-y}^{1+\sqrt{1-y^2}}f(x,y)\mathrm{d}x.$$

(3) $\int_1^{\mathrm{e}}\mathrm{d}x\int_0^{\ln x}f(x,y)\mathrm{d}y$.

解　积分区域为 $D=\{(x,y)\mid1\leqslant x\leqslant\mathrm{e},0\leqslant y\leqslant\ln x\}$，将其改写为

$$D=\{(x,y)\mid0\leqslant y\leqslant1,\mathrm{e}^y\leqslant x\leqslant\mathrm{e}\}，于是$$

$$原式=\int_0^1\mathrm{d}y\int_{\mathrm{e}^y}^{\mathrm{e}}f(x,y)\mathrm{d}x.$$

(4) $\int_0^{\pi}\mathrm{d}x\int_{-\sin\frac{x}{2}}^{\sin x}f(x,y)\mathrm{d}y$.

解　积分区域为 $D=\left\{(x,y)\mid1\leqslant x\leqslant\pi,-\sin\frac{x}{2}\leqslant y\leqslant\sin x\right\}$，将其改写为

$$D=\{(x,y)\mid-1\leqslant y\leqslant0,\ -2\arcsin y\leqslant x\leqslant\pi\}\cup$$

$$\{(x, y) | 0 \leqslant y \leqslant 1, \arcsin y \leqslant x \leqslant \pi - \arcsin y\},$$

于是，原式 $= \int_{-1}^{0} dy \int_{-2\arcsin y}^{\pi} f(x,y) dx + \int_{0}^{1} dy \int_{\arcsin y}^{\pi-\arcsin y} f(x, y) dx$.

3. 将 $I = \iint\limits_{D} f(x, y) dxdy$ 按两种不同的顺序化为二次积分：

(1) D 是由直线 $y=x$ 与抛物线 $y^2=4x$ 所围成的平面闭区域；

(2) D 是由直线 $y=x$，$x=2$ 及 $y=\dfrac{1}{x}(x>0)$ 所围成的平面闭区域.

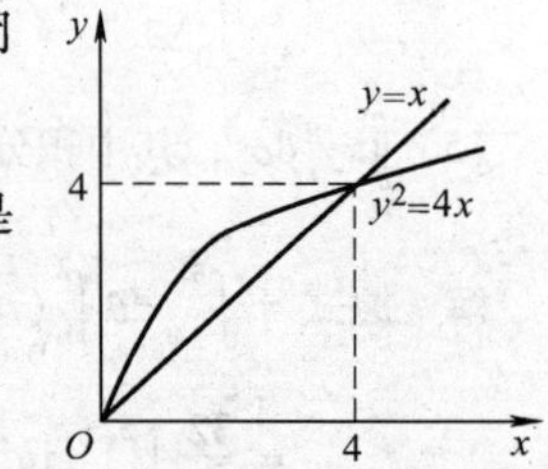

图　8-9

解　(1) 如图 8-9 所示，直线 $y=x$ 与抛物线 $y^2=4x$ 的交点是 $(0, 0)$，$(4, 4)$，于是

$$I = \int_{0}^{4} dx \int_{x}^{2\sqrt{x}} f(x, y) dy,$$

或

$$I = \int_{0}^{4} dy \int_{\frac{y^2}{4}}^{y} f(x, y) dx.$$

(2) 如图 8-10 所示，画出积分区域 D. 若选择先对 y 积分，积分区域为

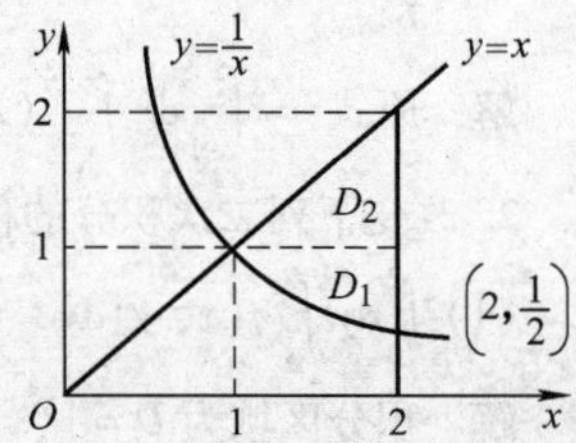

图　8-10

$$D:\begin{cases}\dfrac{1}{x} \leqslant y \leqslant x,\\ 1 \leqslant x \leqslant 2,\end{cases}$$

则 $\iint\limits_{D} f(x, y) dxdy = \int_{1}^{2} dx \int_{\frac{1}{x}}^{x} f(x, y) dy$.

若选择先对 x 积分，积分区域为

$$D = D_1 + D_2，其中\ D_1:\begin{cases}\dfrac{1}{y} \leqslant x \leqslant 2,\\ \dfrac{1}{2} \leqslant y \leqslant 1,\end{cases}\quad D_2:\begin{cases}y \leqslant x \leqslant 2,\\ 1 \leqslant y \leqslant 2.\end{cases}$$

则

$$\begin{aligned}\iint\limits_{D} f(x, y) dxdy &= \iint\limits_{D_1} f(x, y) dxdy + \iint\limits_{D_2} f(x, y) dxdy\\ &= \int_{\frac{1}{2}}^{1} dy \int_{\frac{1}{y}}^{2} f(x, y) dx + \int_{1}^{2} dy \int_{y}^{2} f(x, y) dx.\end{aligned}$$

4. 把二重积分 $\iint\limits_{D} f(x, y) d\sigma$ 化为极坐标形式，其中积分区域 D 是：

(1) $D = \{(x, y) | x^2 + y^2 \leqslant a^2\} (a>0)$；

(2) $D = \{(x, y) | x^2 + y^2 \leqslant 2x\}$.

解　(1) 在极坐标系中，$D = \{(\rho, \theta) | 0 \leqslant \theta \leqslant 2\pi, 0 \leqslant \rho \leqslant a\}$，故

$$\begin{aligned}\iint\limits_{D} f(x, y) d\sigma &= \iint\limits_{D} f(\rho\cos\theta, \rho\sin\theta) \rho d\rho d\theta\\ &= \int_{0}^{2\pi} d\theta \int_{0}^{a} f(\rho\cos\theta, \rho\sin\theta) \rho d\rho.\end{aligned}$$

(2) 在极坐标系中，$D = \left\{(\rho, \theta) \mid -\dfrac{\pi}{2} \leqslant \theta \leqslant \dfrac{\pi}{2}, 0 \leqslant \rho \leqslant 2\cos\theta\right\}$，故

$$\iint_D f(x, y)\mathrm{d}\sigma = \iint_D f(\rho\cos\theta, \rho\sin\theta)\rho\mathrm{d}\rho\mathrm{d}\theta$$

$$= \int_{-\frac{\pi}{2}}^{\frac{\pi}{2}}\mathrm{d}\theta\int_0^{2\cos\theta} f(\rho\cos\theta, \rho\sin\theta)\rho\mathrm{d}\rho.$$

5. 利用极坐标计算下列二重积分：

(1) $\iint_D \mathrm{e}^{x^2+y^2}\mathrm{d}\sigma$，其中积分区域 D 是圆形闭区域：$x^2+y^2=4$；

(2) $\iint_D \ln(1+x^2+y^2)\mathrm{d}\sigma$，其中积分区域 D 是由圆周 $x^2+y^2=1$ 以及坐标轴所围成的在第一象限内的闭区域；

(3) $\iint_D \arctan\frac{y}{x}\mathrm{d}\sigma$，其中积分区域 D 是由圆周 $x^2+y^2=4$，$x^2+y^2=1$ 以及直线 $y=0$ 和 $y=x$ 所围成的在第一象限内的闭区域.

解　(1) 在极坐标系下，$D=\{(\rho, \theta)\mid 0\leqslant\theta\leqslant 2\pi, 0\leqslant\rho\leqslant 2\}$，所以

$$\iint_D \mathrm{e}^{x^2+y^2}\mathrm{d}\sigma = \iint_D \mathrm{e}^{\rho^2}\rho\mathrm{d}\rho\mathrm{d}\theta = \int_0^{2\pi}\mathrm{d}\theta\int_0^2 \mathrm{e}^{\rho^2}\rho\mathrm{d}\rho$$

$$= 2\pi\cdot\frac{1}{2}(\mathrm{e}^4-1) = \pi(\mathrm{e}^4-1).$$

(2) 在极坐标系下，$D=\left\{(\rho, \theta)\,\middle|\, 0\leqslant\theta\leqslant\frac{\pi}{2}, 0\leqslant\rho\leqslant 1\right\}$，所以

$$\iint_D \ln(1+x^2+y^2)\mathrm{d}\sigma = \iint_D \ln(1+\rho^2)\rho\mathrm{d}\rho\mathrm{d}\theta$$

$$= \int_0^{\frac{\pi}{2}}\mathrm{d}\theta\int_0^1 \ln(1+\rho^2)\rho\mathrm{d}\rho = \frac{\pi}{2}\cdot\frac{1}{2}(2\ln 2-1) = \frac{\pi}{4}(2\ln 2-1).$$

(3) 在极坐标系下，$D=\left\{(\rho, \theta)\,\middle|\, 0\leqslant\theta\leqslant\frac{\pi}{4}, 1\leqslant\rho\leqslant 2\right\}$，所以

$$\iint_D \arctan\frac{y}{x}\mathrm{d}\sigma = \iint_D \arctan(\tan\theta)\cdot\rho\mathrm{d}\rho\mathrm{d}\theta = \iint_D \theta\cdot\rho\mathrm{d}\rho\mathrm{d}\theta$$

$$= \int_0^{\frac{\pi}{4}}\mathrm{d}\theta\int_1^2 \theta\cdot\rho\mathrm{d}\rho = \int_0^{\frac{\pi}{4}}\theta\mathrm{d}\theta\int_1^2 \rho\mathrm{d}\rho = \frac{3\pi^2}{64}.$$

6. 用适当的坐标计算下列二重积分：

(1) $\iint_D \frac{\sin x}{x}\mathrm{d}x\mathrm{d}y$，其中 D 是由直线 $y=x$ 及抛物线 $y=x^2$ 所围成的区域；

(2) $\iint_D \sin\sqrt{x^2+y^2}\mathrm{d}\sigma$，其中 D 是由 $x^2+y^2\leqslant 4\pi^2$，$x^2+y^2\geqslant\pi^2$ 所围成的闭区域；

(3) $\iint_D \sqrt{x^2+y^2}\mathrm{d}\sigma$，其中 D 是圆环形闭区域：$a^2\leqslant x^2+y^2\leqslant b^2$；

(4) $\iint_D (|x|+|y|)\mathrm{d}x\mathrm{d}y$，其中 D 为 $|x|+|y|\leqslant 1$.

解　(1) $\iint_D \frac{\sin x}{x}\mathrm{d}x\mathrm{d}y = \int_0^1 \frac{\sin x}{x}\mathrm{d}x\int_{x^2}^x \mathrm{d}y = \int_0^1 \frac{\sin x}{x}(x-x^2)\mathrm{d}x$

$$= \int_0^1 (\sin x - x\sin x)\mathrm{d}x = 2\cos 1 - \sin 1 - 1.$$

(2) 原式 $=\int_0^{2\pi}\mathrm{d}\theta\int_\pi^{2\pi}\sin r\cdot r\mathrm{d}r=-\int_0^{2\pi}3\pi\mathrm{d}\theta=-6\pi^2$.

(3) 原式 $=\iint\limits_D\sqrt{x^2+y^2}\mathrm{d}x\mathrm{d}y=\iint\limits_D\rho^2\mathrm{d}\rho\mathrm{d}\theta=\int_0^{2\pi}\mathrm{d}\theta\int_a^b\rho^2\mathrm{d}\rho$.

$$=2\pi\cdot\frac{1}{3}(b^3-a^3)=\frac{2\pi}{3}(b^3-a^3).$$

(4) 原式 $=4\iint\limits_{D_1}(x+y)\mathrm{d}x\mathrm{d}y=4\int_0^1\mathrm{d}x\int_0^{1-x}(x+y)\mathrm{d}y$

$$=\frac{4}{2}\int_0^1(1-x^2)\mathrm{d}x=\frac{4}{3}.$$

7. 把下列积分化为极坐标形式，并计算积分值：

(1) $\int_0^a\mathrm{d}x\int_0^x\sqrt{x^2+y^2}\mathrm{d}y$；　　(2) $\int_0^1\mathrm{d}x\int_{x^2}^x\frac{1}{\sqrt{x^2+y^2}}\mathrm{d}y$；

(3) $\int_0^a\mathrm{d}y\int_0^{\sqrt{a^2-y^2}}(x^2+y^2)\mathrm{d}x$.

解　(1) $D=\left\{(\rho,\theta)\middle|0\leqslant\theta\leqslant\frac{\pi}{4},0\leqslant\rho\leqslant a\sec\theta\right\}$,

于是

$$原式=\int_0^{\frac{\pi}{4}}\mathrm{d}\theta\int_0^{a\sec\theta}\rho\cdot\rho\mathrm{d}\rho$$

$$=\frac{a^3}{3}\int_0^{\frac{\pi}{4}}\sec^3\theta\mathrm{d}\theta=\frac{a^3}{6}[\sqrt{2}+\ln(\sqrt{2}+1)].$$

(2) $D=\left\{(\rho,\theta)\middle|0\leqslant\theta\leqslant\frac{\pi}{4},0\leqslant\rho\leqslant\sec\theta\tan\theta\right\}$，所以

$$原式=\int_0^{\frac{\pi}{4}}\mathrm{d}\theta\int_0^{\sec\theta\tan\theta}\rho^{-1}\cdot\rho\mathrm{d}\rho=\int_0^{\frac{\pi}{4}}\sec\theta\tan\theta\mathrm{d}\theta=\sqrt{2}-1.$$

(3) $D=\left\{(\rho,\theta)\middle|0\leqslant\theta\leqslant\frac{\pi}{2},0\leqslant\rho\leqslant a\right\}$，所以

$$原式=\int_0^{\frac{\pi}{2}}\mathrm{d}\theta\int_0^a\rho^2\cdot\rho\mathrm{d}\rho=\frac{\pi}{2}\cdot\frac{a^4}{4}=\frac{\pi a^4}{8}.$$

8. 化下列二次积分为极坐标形式的二次积分：

(1) $\int_0^1\mathrm{d}x\int_0^1f(x,y)\mathrm{d}y$；　　(2) $\int_0^2\mathrm{d}x\int_x^{\sqrt{3}x}f(\sqrt{x^2+y^2})\mathrm{d}y$；

(3) $\int_0^1\mathrm{d}x\int_{1-x}^{\sqrt{1-x^2}}f(x,y)\mathrm{d}y$；　(4) $\int_0^1\mathrm{d}x\int_0^{x^2}f(x,y)\mathrm{d}y$.

解　(1) 如图 8-11 所示，直线 $y=x$ 将积分区域 D 分成以下两部分：

$$D_1=\left\{(\rho,\theta)\middle|0\leqslant\theta\leqslant\frac{\pi}{4},0\leqslant\rho\leqslant\sec\theta\right\},$$

$$D_2=\left\{(\rho,\theta)\middle|\frac{\pi}{4}\leqslant\theta\leqslant\frac{\pi}{2},0\leqslant\rho\leqslant\csc\theta\right\}$$

$$原式=\int_0^{\frac{\pi}{4}}\mathrm{d}\theta\int_0^{\sec\theta}f(\rho\cos\theta,\rho\sin\theta)\rho\mathrm{d}\rho+$$

$$\int_{\frac{\pi}{4}}^{\frac{\pi}{2}} d\theta \int_0^{\csc\theta} f(\rho\cos\theta, \rho\sin\theta)\rho d\rho.$$

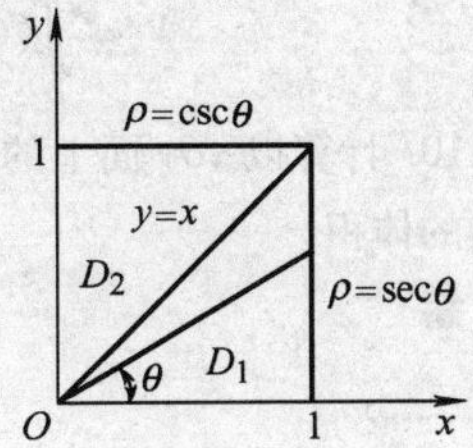

图　8-11

(2) 积分区域 D 如图 8-12 所示，且

$$D=\left\{(\rho, \theta) \middle| \frac{\pi}{4} \leqslant \theta \leqslant \frac{\pi}{3}, 0 \leqslant \rho \leqslant 2\sec\theta\right\},$$

所以

$$\int_0^2 dx \int_x^{\sqrt{3}x} f(\sqrt{x^2+y^2}) dy = \int_{\frac{\pi}{4}}^{\frac{\pi}{3}} d\theta \int_0^{2\sec\theta} f(\rho)\rho d\rho.$$

(3) 积分区域 D 如图 8-13 所示，且

$$D = \left\{(\rho, \theta) \middle| 0 \leqslant \theta \leqslant \frac{\pi}{2}, \frac{1}{\cos\theta+\sin\theta} \leqslant \rho \leqslant 1\right\},$$

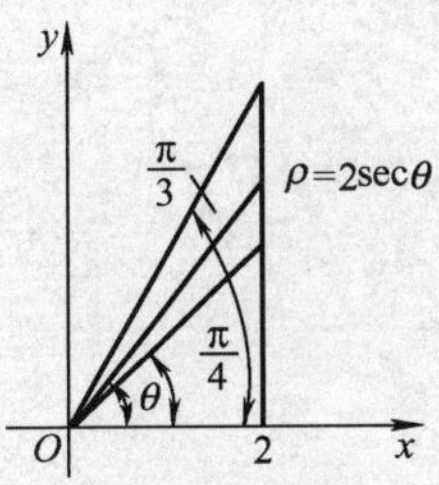

图　8-12

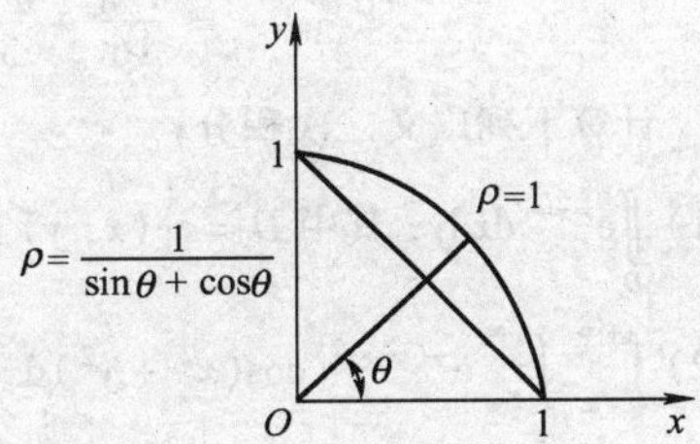

图　8-13

所以

$$\int_0^1 dx \int_{1-x}^{\sqrt{1-x^2}} f(x, y) dy = \int_0^{\frac{\pi}{2}} d\theta \int_{\frac{1}{\cos\theta+\sin\theta}}^1 f(\rho\cos\theta, \rho\sin\theta)\rho d\rho.$$

(4) 在直角坐标系下，D: $\begin{cases}0\leqslant y\leqslant x^2, \\ 0\leqslant x\leqslant 1,\end{cases}$ 如图 8-14 所示.

令 $x=\rho\cos\theta$，$y=\rho\sin\theta$，则

$$y=x^2 \Rightarrow \rho\sin\theta=\rho^2\cos^2\theta$$
$$\Rightarrow \rho=\sec\theta\tan\theta,$$
$$x=1\Rightarrow\rho\cos\theta=1\Rightarrow\rho=\sec\theta.$$

$$D: \begin{cases}\sec\theta\tan\theta\leqslant\rho\leqslant\sec\theta, \\ 0\leqslant\theta\leqslant\dfrac{\pi}{4},\end{cases}$$

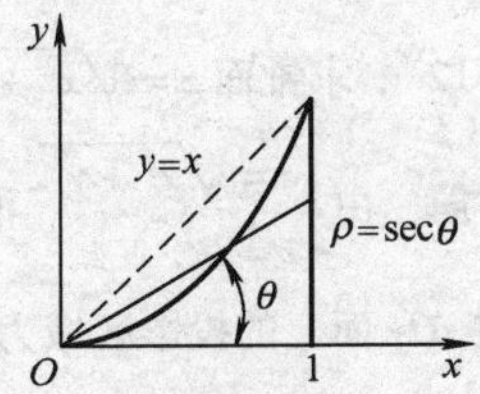

图　8-14

$$\int_0^1 dx \int_0^{x^2} f(x, y) dy = \int_0^{\frac{\pi}{4}} d\theta \int_{\sec\theta\tan\theta}^{\sec\theta} f(\rho\cos\theta, \rho\sin\theta)\rho d\rho.$$

9. 求由平面 $x=0$，$y=0$，$x+y=1$ 所围成的柱体被平面 $z=0$ 以及抛物面 $x^2+y^2=6-z$ 截得的立体的体积.

解　此立体为一曲顶柱体，它的底是 xOy 面上的闭区域 $D=\{(x, y) | 0\leqslant y\leqslant 1-x, 0\leqslant x\leqslant 1\}$，顶是曲面 $z=6-(x^2+y^2)$，体积是

$$V=\iint_D(6-x^2-y^2)\mathrm{d}x\mathrm{d}y=\int_0^1\mathrm{d}x\int_0^{1-x}(6-x^2-y^2)\mathrm{d}y=\frac{17}{6}.$$

10. 计算以 xOy 面上的圆周 $x^2+y^2=ax$ 围成的闭区域为底，以曲面 $z=x^2+y^2$ 为曲顶的曲顶柱体的体积.

解

$$\begin{aligned}V&=\iint_D(x^2+y^2)\mathrm{d}x\mathrm{d}y=\int_{-\frac{\pi}{2}}^{\frac{\pi}{2}}\mathrm{d}\theta\int_0^{a\cos\theta}r^2r\mathrm{d}r\\&=\frac{a^4}{2}\int_0^{\frac{\pi}{2}}\cos^4\theta\mathrm{d}\theta=\frac{a^4}{2}\int_0^{\frac{\pi}{2}}\frac{(1+\cos 2\theta)^2}{4}\mathrm{d}\theta\\&=\frac{a^4}{8}\int_0^{\frac{\pi}{2}}(1+2\cos2\theta)\mathrm{d}\theta+\frac{a^4}{8}\int_0^{\frac{\pi}{2}}\frac{1+\cos 4\theta}{2}\mathrm{d}\theta\\&=\frac{a^4\pi}{16}+\frac{a^4\pi}{32}=\frac{3a^4\pi}{32}.\end{aligned}$$

11. 计算下列广义二次积分：

(1) $\iint_D \mathrm{e}^{-x-y}\mathrm{d}x\mathrm{d}y$，其中 $D=\{(x,y)\mid 0\leqslant y<2x,x\geqslant 0\}$；

(2) $\int_{-\infty}^{+\infty}\int_{-\infty}^{+\infty}\mathrm{e}^{-(x^2+y^2)}\cos(x^2+y^2)\mathrm{d}x\mathrm{d}y$.

解　(1) 原式 $=\int_0^{+\infty}\mathrm{e}^{-x}\mathrm{d}x\int_0^{2x}\mathrm{e}^{-y}\mathrm{d}y$

$$=\int_0^{+\infty}\mathrm{e}^{-x}(-\mathrm{e}^{-2x}+1)\mathrm{d}x=\frac{1}{3}\mathrm{e}^{-3x}\Big|_0^{+\infty}-\mathrm{e}^{-x}\Big|_0^{+\infty}=\frac{2}{3};$$

(2) 原式 $=\int_0^{2\pi}\mathrm{d}\theta\int_0^{+\infty}\mathrm{e}^{-r^2}\cos r^2\cdot r\mathrm{d}r$

$$=-\frac{1}{2}\int_0^{2\pi}\mathrm{d}\theta\int_0^{+\infty}\mathrm{e}^{-r^2}\cos r^2\mathrm{d}(-r^2)$$

$$=\frac{1}{2}\int_0^{2\pi}\frac{1}{2}\mathrm{d}\theta=\frac{\pi}{2}.$$

12*. 求锥面 $z=\sqrt{x^2+y^2}$ 被柱面 $z^2=2x$ 所割下部分的面积.

解　由 $\begin{cases}z=\sqrt{x^2+y^2},\\z=2x,\end{cases}$ 消去 z 得两曲面的交线关于 xOy 面的投影柱面 $x^2+y^2=2x$，故所求曲面在 xOy 面上的投影区域为

$$D=\{(x,y)\mid x^2+y^2\leqslant 2x\},$$

锥面被割下部分的方程为　$z=\sqrt{x^2+y^2}$，

面积元素

$$\mathrm{d}A=\sqrt{1+\left(\frac{\partial z}{\partial x}\right)^2+\left(\frac{\partial z}{\partial y}\right)^2}\mathrm{d}x\mathrm{d}y=\sqrt{1+\frac{x^2+y^2}{x^2+y^2}}\mathrm{d}x\mathrm{d}y=\sqrt{2}\mathrm{d}x\mathrm{d}y.$$

于是所求曲面的面积是

$$A=\iint_D\sqrt{2}\mathrm{d}x\mathrm{d}y=\sqrt{2}\iint_D\mathrm{d}x\mathrm{d}y=\sqrt{2}\pi.$$

13*. 求球面 $x^2+y^2+z^2=a^2(a>0)$ 被平面 $z=\dfrac{a}{2}$，$z=\dfrac{a}{4}$ 所夹部分的面积.

解 由球面方程解得 $z=\sqrt{a^2-x^2-y^2}$，面积元素为

$$\mathrm{d}A=\sqrt{1+\left(\frac{\partial z}{\partial x}\right)^2+\left(\frac{\partial z}{\partial y}\right)^2}\mathrm{d}x\mathrm{d}y=\frac{a}{\sqrt{a^2-x^2-y^2}}\mathrm{d}x\mathrm{d}y,$$

所以

$$A=\iint_{D_1}\frac{a}{\sqrt{a^2-x^2-y^2}}\mathrm{d}x\mathrm{d}y-\iint_{D_2}\frac{a}{\sqrt{a^2-x^2-y^2}}\mathrm{d}x\mathrm{d}y$$

$$=\int_0^{2\pi}\mathrm{d}\theta\int_0^{\frac{\sqrt{15}a}{4}}\frac{a}{\sqrt{a^2-r^2}}r\mathrm{d}r-\int_0^{2\pi}\mathrm{d}\theta\int_0^{\frac{\sqrt{3}a}{2}}\frac{a}{\sqrt{a^2-r^2}}r\mathrm{d}r$$

$$=-\frac{a}{2}\int_0^{2\pi}2\sqrt{a^2-r^2}\Big|_0^{\frac{\sqrt{15}a}{4}}\mathrm{d}\theta+\frac{a}{2}\int_0^{2\pi}2\sqrt{a^2-r^2}\Big|_0^{\frac{\sqrt{3}a}{2}}\mathrm{d}\theta$$

$$=\frac{a}{2}(3a\pi-2a\pi)=\frac{a^2\pi}{2}$$

总习题八

1. 选择以下各题中给出的四个结论中正确的一个:

(1) 设有平面闭区域

$$D=\{(x,y)\mid -a\leqslant x\leqslant a,\ x\leqslant y\leqslant a\},$$
$$D_1=\{(x,y)\mid 0\leqslant x\leqslant a,\ x\leqslant y\leqslant a\},$$

则 $\iint\limits_D(xy+\cos x\sin y)\mathrm{d}x\mathrm{d}y=(\quad)$.

(A) $2\iint\limits_{D_1}\cos x\sin y\mathrm{d}x\mathrm{d}y$;　　(B) $2\iint\limits_{D_1}xy\mathrm{d}x\mathrm{d}y$;

(C) $4\iint\limits_{D_1}(xy+\cos x\sin y)\mathrm{d}x\mathrm{d}y$;　(D) 0.

(2) 设 $f(x)$ 为连续函数，$F(t)=\int_1^t\mathrm{d}y\int_y^t f(x)\mathrm{d}x$，则 $F'(2)=(\quad)$.

(A) $2f(2)$;　　(B) $f(2)$;　　(C) $-f(2)$;　　(D) 0.

(3) 若 $I_1=\iint\limits_{D_1}(1+x)\mathrm{d}\sigma$，其中 D_1 是 $|x|\leqslant1$，$|y|\leqslant1$，$I_2=\iint\limits_{D_2}xy\mathrm{d}\sigma$，其中 D_2 是 $x^2+y^2\leqslant1$，则 I_1 与 I_2 的值分别为 ( ).

(A) $I_1<0$，$I_2=0$;　　(B) $I_1>0$，$I_2=0$;

(C) $I_1=0$，$I_2>0$;　　(D) $I_1>0$，$I_2<0$.

解 (1) 函数 xy 关于 x 是奇函数，关于 y 也是奇函数，从而

$$\iint_D(xy)\mathrm{d}x\mathrm{d}y=0,$$

$\cos x\sin y$ 关于 y 是奇函数，关于 x 是偶函数，从而

$$\iint_D(\cos x\sin y)\mathrm{d}x\mathrm{d}y=2\iint_{D_1}\cos x\sin y\mathrm{d}x\mathrm{d}y.$$

故选（A）.

（2）交换积分次序，得 $F(t)=\int_1^t f(x)\mathrm{d}x\int_1^x \mathrm{d}y=\int_1^t (x-1)f(x)\mathrm{d}x$，于是 $F'(t)=(t-1)f(t)$，从而 $F'(2)=f(2)$．故选（B）.

（3）由于函数 x 是关于 x 的奇函数，积分区域 D_1 关于 y 轴对称，故 $I_1=\iint\limits_{D_1}\mathrm{d}\sigma>0$；又函数 xy 是关于 x 的奇函数，而积分区域 D_2 关于 y 轴对称，$I_2=0$，故选（B）.

2. 填空：

（1）设 D 是由 $x+y=1$，$x-y=1$，$x=0$ 所围成的三角形闭区域，则 $\iint\limits_D \sin^3 y\mathrm{d}\sigma=$ ________.

解 （1）被积函数关于 y 是奇函数，而积分区域关于 x 轴对称，故原式 $=0$.

3. 计算下列二重积分：

（1）$\iint\limits_D (1+x)\sin y\mathrm{d}\sigma$，其中 D 是顶点分别为（0，0），（1，0），（1，2）和（0，1）的梯形闭区域；

（2）$\iint\limits_D (x^2-y^2)\mathrm{d}\sigma$，其中 D 是闭区域：$0\leqslant y\leqslant\sin x$，$0\leqslant x\leqslant\pi$；

（3）$\iint\limits_D \sqrt{R^2-x^2-y^2}\mathrm{d}\sigma$，其中 D 是闭区域：$x^2+y^2\leqslant Rx$；

（4）$\iint\limits_D (y^2+3x-6y+9)\mathrm{d}\sigma$，其中 D 是闭区域：$x^2+y^2\leqslant R^2$.

解 （1）$D=\{(x,y)\mid 0\leqslant y\leqslant 1+x,0\leqslant x\leqslant 1\}$，于是

$$\begin{aligned}\iint\limits_D (1+x)\sin y\mathrm{d}\sigma &=\int_0^1\mathrm{d}x\int_0^{1+x}(1+x)\sin y\mathrm{d}y\\&=\int_0^1[(1+x)-(1+x)\cos(1+x)]\mathrm{d}x\\&=\int_1^2(t-t\cos t)\mathrm{d}t=\left(\frac{t^2}{2}-t\sin t-\cos t\right)\Bigg|_1^2\\&=\frac{3}{2}+\sin 1+\cos 1-2\sin 2-\cos 2.\end{aligned}$$

（2）由于 $\iint\limits_D x^2\mathrm{d}\sigma=\int_0^\pi x^2\mathrm{d}x\int_0^{\sin x}\mathrm{d}y$

$$=\int_0^\pi x^2\sin x\mathrm{d}x=-(x^2\cos x)\Big|_0^\pi+2\int_0^\pi x\cos x\mathrm{d}x=\pi^2-4,$$

$$\iint\limits_D y^2\mathrm{d}\sigma=\int_0^\pi\mathrm{d}x\int_0^{\sin x}y^2\mathrm{d}y=\int_0^\pi\frac{1}{3}\sin^3 x\mathrm{d}x=\frac{2}{3}\int_0^{\frac{\pi}{2}}\sin^3 x\mathrm{d}x=\frac{4}{9}.$$

故
$$\iint\limits_D (x^2-y^2)\mathrm{d}\sigma=\pi^2-\frac{40}{9}.$$

（3）利用极坐标计算，在极坐标系中，

$$\begin{aligned}\iint\limits_D \sqrt{R^2-x^2-y^2}\mathrm{d}\sigma&=\iint\limits_D\sqrt{R^2-\rho^2}\,\rho\mathrm{d}\rho\mathrm{d}\theta\\&=\int_{-\frac{\pi}{2}}^{\frac{\pi}{2}}\mathrm{d}\theta\int_0^{R\cos\theta}\sqrt{R^2-\rho^2}\,\rho\mathrm{d}\rho\end{aligned}$$

$$= \int_{-\frac{\pi}{2}}^{\frac{\pi}{2}} \left(-\frac{1}{2}\right) \cdot \frac{2}{3} \left[(R^2 - \rho^2)^{\frac{3}{2}} \right]_0^{R\cos\theta} \mathrm{d}\theta$$

$$= \frac{2}{3} R^3 \int_0^{\frac{\pi}{2}} (1 - \sin^3\theta) \mathrm{d}\theta = \frac{R^3}{3}\left(\pi - \frac{4}{3}\right).$$

(4) 利用对称性可知 $\iint\limits_D 3x\mathrm{d}\sigma = 0$，$\iint\limits_D 6y\mathrm{d}\sigma = 0$，又

$$\iint\limits_D 9\mathrm{d}\sigma = 9\pi R^2, \iint\limits_D y^2\mathrm{d}\sigma = \int_0^{2\pi}\mathrm{d}\theta \int_0^R \rho^2 \sin^2\theta \cdot \rho\mathrm{d}\rho = \frac{\pi}{4}R^4.$$

因此，原式 $= 9\pi R^2 + \frac{\pi}{4}R^4$.

4. 交换下列二次积分的次序：

(1) $\int_0^4 \mathrm{d}y \int_{-\sqrt{4-y}}^{\frac{1}{2}(y-4)} f(x, y)\mathrm{d}x$；

(2) $\int_0^1 \mathrm{d}y \int_0^{2y} f(x, y)\mathrm{d}x + \int_1^3 \mathrm{d}y \int_0^{3-y} f(x, y)\mathrm{d}x$；

(3) $\int_0^1 \mathrm{d}x \int_{\sqrt{x}}^{1+\sqrt{1-x^2}} f(x, y)\,\mathrm{d}y$.

解 (1) 积分区域 $D = \left\{(x, y) \middle| -\sqrt{4-y} \leqslant x \leqslant \frac{1}{2}(y-4),\ 0 \leqslant y \leqslant 4\right\}$，将 D 表示为 $\{(x, y) \mid -2 \leqslant x \leqslant 0,\ 2x+4 \leqslant y \leqslant 4 - x^2\}$，则得

$$\int_0^4 \mathrm{d}y \int_{-\sqrt{4-y}}^{\frac{1}{2}(y-4)} f(x, y)\mathrm{d}x = \int_{-2}^0 \mathrm{d}x \int_{2x+4}^{4-x^2} f(x, y)\mathrm{d}y.$$

(2) 所给二次积分等于二重积分 $\iint\limits_D f(x, y)\mathrm{d}x\mathrm{d}y$，将 D 表达为 $D_1 \cup D_2$，其中 $D_1 = \{(x, y) \mid 0 \leqslant y \leqslant 1,\ 0 \leqslant x \leqslant 2y\}$，$D_2 = \{(x, y) \mid 0 \leqslant x \leqslant 3 - y,\ 1 \leqslant y \leqslant 3\}$，

于是，D 可以表示为 $D = \left\{(x, y) \middle| \frac{x}{2} \leqslant y \leqslant 3 - x,\ 0 \leqslant x \leqslant 2\right\}$，

所以，原式 $= \int_0^2 \mathrm{d}x \int_{\frac{x}{2}}^{3-x} f(x, y)\mathrm{d}y$.

(3) 原式 $= \int_0^1 \mathrm{d}y \int_0^{y^2} f(x, y)\mathrm{d}x + \int_1^2 \mathrm{d}y \int_0^{\sqrt{2y-y^2}} f(x, y)\mathrm{d}x$.

5. 证明：

(1) $\int_0^a \mathrm{d}y \int_0^y \mathrm{e}^{m(a-x)} f(x)\mathrm{d}x = \int_0^a (a-x)\mathrm{e}^{m(a-x)} f(x)\mathrm{d}x$；

(2) $\int_a^b \mathrm{d}x \int_a^x f(y)\mathrm{d}y = \int_a^b f(x)(b-x)\mathrm{d}x$.

证 (1) 上式左端的二次积分等于二重积分，交换积分次序即得

$$\iint\limits_D \mathrm{e}^{m(a-x)} f(x)\mathrm{d}x\mathrm{d}y = \int_0^a \mathrm{d}x \int_x^a \mathrm{e}^{m(a-x)} f(x)\mathrm{d}y$$

$$= \int_0^a (a-x)\mathrm{e}^{m(a-x)} f(x)\mathrm{d}x.$$

(2) 交换积分顺序可得

$$\int_a^b dx\int_a^x f(y)dy=\int_a^b f(y)dy\int_y^b dx=\int_a^b f(y)(b-y)dy=\int_a^b f(x)(b-x)dx.$$

6. 设$f(x,y)$在闭区域$D=\{(x,y)\mid x^2+y^2\leqslant y,\ x\geqslant 0\}$上连续，且$f(x,y)=\sqrt{1-x^2-y^2}-\frac{8}{\pi}\iint\limits_D f(x,y)dxdy$，求$f(x,y)$.

解 令$\iint\limits_D f(x,y)dxdy=A$，于是

$$\iint\limits_D f(x,y)dxdy=\iint\limits_D\sqrt{1-x^2-y^2}dxdy-\frac{8}{\pi}A\iint\limits_D dxdy,$$

故
$$A=\frac{1}{2}\iint\limits_D\sqrt{1-x^2-y^2}dxdy.$$

在极坐标系中，$D=\left\{(\rho,\theta)\,\middle|\,0\leqslant\rho\leqslant\sin\theta,\ 0\leqslant\theta\leqslant\frac{\pi}{2}\right\}$，因此

$$\iint\limits_D\sqrt{1-x^2-y^2}dxdy=\frac{\pi}{6}-\frac{2}{9},\ A=\frac{1}{2}\iint\limits_D\sqrt{1-x^2-y^2}dxdy=\frac{\pi}{12}-\frac{1}{9}.$$

故
$$f(x,y)=\sqrt{1-x^2-y^2}+\frac{8}{9\pi}-\frac{2}{3}.$$

六、自测题

（满分100分，时间120分钟）

1. 选择题（每小题3分，共15分）：

（1）设$f(x,y)$在区域$D=\{(x,y)\mid 0\leqslant y\leqslant x,\ 0\leqslant x\leqslant a\}$上连续，则$\int_0^a dx\int_0^x f(x,y)dy=$（ ）.

(A) $\int_0^a dy\int_0^y f(x,y)dx$； (B) $\int_0^a dy\int_y^a f(x,y)dx$；

(C) $\int_0^x dy\int_0^a f(x,y)dx$ ； (D) $\int_0^x dy\int_a^y f(x,y)dx$.

（2）设平面区域D由$x=0$，$y=0$，$x+y=\frac{1}{2}$，$x+y=1$围成，若$I_1=\iint\limits_D\ln^7(x+y)dxdy$，$I_2=\iint\limits_D(x+y)^7dxdy$，$I_3=\iint\limits_D\sin^7(x+y)dxdy$，则$I_1$，$I_2$，$I_3$之间大小的顺序为（ ）.

(A) $I_1<I_2<I_3$； (B) $I_1<I_3<I_2$；

(C) $I_3<I_2<I_1$； (D) $I_2<I_1<I_3$.

（3）不用计算，根据二重积分的几何意义选择正确答案填入括号，$\iint\limits_D(1-x-y)dxdy=$（ ），其中$D$由$x+y=1$，$x=0$及$y=0$所围成.

(A) $\frac{1}{4}$； (B) $\frac{1}{6}$；

(C) $\frac{1}{8}$； (D) $\frac{1}{10}$.

（4）更换积分$I=\int_0^1 dx\int_0^{\sqrt{2x-x^2}}f(x,y)dy$的次序，则$I=$（ ）.

(A) $\int_1^0 dy\int_0^{\sqrt{2y-y^2}} f(x, y)dx$；　　(B) $\int_0^1 dy\int_{1-\sqrt{1-y^2}}^1 f(x, y)dx$；

(C) $\int_1^0 dy\int_{1-\sqrt{1-y^2}}^1 f(x, y)dx$；　　(D) $\int_0^1 dy\int_{1-\sqrt{2y-y^2}}^1 f(x, y)dx$.

(5) 二次积分 $I = \int_0^{\frac{\pi}{2}} d\theta\int_0^{\cos\theta} f(\rho\cos\theta, \rho\sin\theta)\rho d\rho$ 可以写成为(　　).

(A) $\int_0^1 dy\int_0^{\sqrt{y-y^2}} f(x, y)dx$；　　(B) $\int_0^1 dy\int_0^{\sqrt{1-y^2}} f(x, y)dx$；

(C) $\int_0^1 dx\int_0^1 f(x, y)dy$；　　(D) $\int_0^1 dx\int_0^{\sqrt{x-x^2}} f(x, y)dy$.

2. 填空（每小题3分，共15分）：

(1) 直角标系下的面积元素 $d\sigma =$ ________，极坐标系下的面积元素 $d\sigma =$ ________.

(2) 若区域 $D = \{(x, y)|0\leqslant x\leqslant 1, 0\leqslant y\leqslant 2\}$，则 $\iint\limits_D |y^2 - 4x|dxdy$ 的二次积分表达式为________.

(3) 估计积分值________ $\leqslant \iint\limits_D (x + xy - x^2 - y^2)d\sigma \leqslant$ ________，其中 $D = \{(x, y)|0\leqslant x\leqslant 1, 0\leqslant y\leqslant 2\}$.

(4) 将二重积分 $\iint\limits_D f(x, y)dxdy$ 化为极坐标系下的二次积分，其中 $D = \{(x, y)|x^2 + y^2\leqslant x + y\}$，它是________.

(5) 函数 $f(x, y)$ 连续，则 $\int_1^2 dx\int_x^2 f(x, y)dy + \int_1^2 dy\int_y^{4-y} f(x, y)dx =$ ________.

3. 计算下列各题（每小题10分，共30分）：

(1) $\int_0^1 dy\int_y^1 e^{x^2}dx$；

(2) 计算 $\iint\limits_D f(x, y)dxdy$，其中 $D = \{(x, y)\mid |x| + |y|\leqslant 2\}$，

$$f(x, y) = \begin{cases} x^2, & |x| + |y|\leqslant 1, \\ \dfrac{1}{\sqrt{x^2 + y^2}}, & 1 < |x| + |y|\leqslant 2; \end{cases}$$

(3) $\iint\limits_D (x^2 + y^2)dxdy$，其中 $D = \{(x, y)\mid |x| + |y|\leqslant 1\}$。

4. (10分) 改变积分次序 $\int_0^{2a} dx\int_{\sqrt{2ax-x^2}}^{\sqrt{2ax}} f(x, y)dy$.

5. (10分) 设 $f(x)\in C[0, 1]$，且 $\int_0^1 f(x)dx = A$，求 $I = \int_0^1 dx\int_x^1 f(x)f(y)dy$.

6. (10分) 计算 $\iint\limits_D e^{-x^2-y^2}dxdy$，其中

$D: x^2 + y^2 \leqslant a^2 (x\geqslant 0, y\geqslant 0)$.

7. (10分) 求锥面 $z = \sqrt{x^2 + y^2}$ 被圆柱面 $x^2 + y^2 = 2x$ 所截下的部分的面积.

参考答案

1. (1) (B); (2) (B); (3) (B); (4) (B); (5) (D).

2. (1) $d\sigma = dxdy$, $d\sigma = \rho d\rho d\theta$;

(2) $\int_0^1 dx \int_0^{\sqrt{4x}} (4x - y^2) dy + \int_0^1 dx \int_{\sqrt{4x}}^2 (y^2 - 4x) dy$;

(3) -8, $\frac{2}{3}$;

(4) $\int_{-\frac{\pi}{4}}^{\frac{3\pi}{4}} d\theta \int_0^{\cos\theta+\sin\theta} f(\rho\cos\theta, \rho\sin\theta)\rho d\rho$;

(5) $\int_1^2 dy \int_1^{4-y} f(x, y) dx$.

3. (1) $\frac{1}{2}(e-1)$;　　(2) $\frac{1}{3} + 4\sqrt{2}\ln(\sqrt{2}+1)$;　　(3) $\frac{2}{3}$.

4. $\int_0^a dy \int_{\frac{y^2}{2a}}^{a-\sqrt{a^2-y^2}} f(x, y) dx + \int_0^a dy \int_{a+\sqrt{a^2-y^2}}^{2a} f(x, y) dx + \int_a^{2a} dy \int_{\frac{y^2}{2a}}^{2a} f(x, y) dx$.

5. $\frac{A^2}{2}$.　6. $\frac{\pi}{4}(1 - e^{-a^2})$.　7. $\sqrt{2}\pi$.

第九章　无穷级数

一、预习导引

本章是在已学习的数列的基础上，引入了常数项级数的定义，讨论了它的性质，然后讨论常数项级数敛散性的判别法、幂级数的收敛域、性质、和函数及和函数的幂级数展开式．

1. 常数项级数的概念和性质

（1）我们用算数的方法可以对有限个数求和，如 $1+\frac{1}{2}+\frac{1}{3}+\frac{1}{4}$，$-\frac{1}{2}+\frac{1}{4}-\frac{1}{8}+\frac{1}{16}$，$1+\frac{1}{2}+\frac{1}{4}+\frac{1}{8}+\frac{1}{16}+\frac{1}{32}$，但无法对无限个数求和，如 $1+\frac{1}{2}+\frac{1}{4}+\frac{1}{8}+\frac{1}{16}+\frac{1}{32}+\cdots+\frac{1}{2^n}+\cdots$．很自然地，我们要问，这种“无限个数相加”是否一定有意义？如果不一定的话，那么怎么来判断？有限个数相加时的一些运算法则是否继续有效？通过阅读教材本节内容你可以得到答案．

（2）阅读“级数的性质”部分，注意级数有哪些性质？证明这些性质的方法有什么异同？这样做有助于我们加深理解级数的性质，对于今后利用级数的定义和性质解决相关问题也有所帮助．

（3）通过阅读本章第一节例 1 ~ 例 3，我们知道如何用定义讨论级数的敛散性．

2. 正项级数及敛散性判别定理

对于一个级数，总有两个非常重要的问题：级数收敛吗？如果它收敛，那么它的部分和是什么？

本节将集中全力讨论只包含正项（或者至少是非负项）的级数．在这种限制条件下，给出一些简单、明了的级数收敛的判断准则．请仔细阅读教材，把判断准则一一列出来．

比较教材中各正项级数收敛准则的异同，你会发现：要讨论正项级数的敛散性，就要认真审视 u_n，注意以下几点：

（1）如果 $\lim\limits_{n\to\infty}u_n\neq 0$，用什么简便的方法判定级数是发散的？

（2）如果 u_n 项含有 $n!$ r^n、n^n，用哪种方法判断比较简单？

（3）如果 u_n 项只含有 n 的常数幂或是一个 n 的有理表达式，可尝试用比较审敛法的极限形式．

（4）如果以上方法都不奏效，则可尝试用一般比较法或级数敛散性的定义．

（5）比较审敛法、比值审敛法是重点．

3. 任意项级数

（1）通过阅读教材该部分内容，你能找到哪些基本概念？要知道这些基本概念是所有运算与理解的基础！

（2）莱布尼兹定理是用来判别哪种级数的敛散性的？注意此定理的两个条件缺一不可，对于第二个条件的反例，可以举调和级数的反例来加强印象！

（3）对于任意项级数，引入了两个收敛的概念，即绝对收敛和条件收敛，它们是利用任意项级数的绝对值项，即一个正项级数来定义的，把握这一点，对于理解和解决此类习题大有帮助！关于判断方法，绝对收敛性的判别实际上就是正项级数的敛散性判定，可用正项级数的敛散性判别法来判断.

4. 幂级数

（1）本节有几个重要概念：函数项级数、幂级数、和函数、收敛半径、收敛域及收敛区间．比较教材中函数项级数与数项级数的异同，收敛域与收敛区间的异同．通过阅读教材本节内容，你会发现：如果函数项级数中的函数项是基本的幂函数，则构成幂级数！

（2）你会求幂级数的收敛半径吗？通过阅读教材你会得到收敛半径公式. 经过思考领会，你会发现此公式有条件限制，在求收敛半径的时候，一定注意一些特殊情况的处理方法，例如，如果幂级数的前后两项不连续，而是间隔的，那么此公式不再适用，必须通过前后两项的比值来确定级数的收敛区域！

（3）通过阅读教材你会知道幂级数的运算，它包括逐项相加减、逐项积分、逐项求导. 注意这几种运算的不同特点，逐项加减时，收敛半径取交集，而逐项求导和逐项积分，则不改变收敛半径，在级数的运算中，逐项求导、逐项积分是最常见的运算技巧，务必熟悉这些技巧！

（4）你知道常见函数的麦克劳林展开式吗？仔细阅读教材，你会得到答案. 运用这些展开式，可通过变量代换、代数运算、逐项积分及逐项求导等来处理各种类型的幂级数问题.

二、知识梳理

1. 常数项级数的概念与基本性质

（1）定义

由数列 u_1，u_2，…，u_n，…构成的表达式

$$u_1+u_2+\cdots+u_n+\cdots \tag{9.1}$$

称为**无穷级数（简称级数）**，记作 $\sum_{n=1}^{\infty} u_n$，即

$$\sum_{n=1}^{\infty} u_n = u_1 + u_2 + \cdots u_n + \cdots.$$

其中，u_n 叫做一般项（通项）. 称式（9.1）的前 n 项和

$$s_n = \sum_{k=1}^{n} u_k = u_1 + u_2 + \cdots + u_n (n = 1,2,\cdots)$$

为级数表达式（9.1）的部分和. 若部分和数列 $\{s_n\}$ 收敛，则称级数 $\sum_{n=1}^{\infty} u_n$ 收敛；否则，称级数 $\sum_{n=1}^{\infty} u_n$ 发散. 当级数收敛时，其和 $\sum_{n=1}^{\infty} u_n = \lim_{n\to\infty} s_n = s$，此时

$$r_n = s - s_n = u_{n+1} + u_{n+2} + \cdots$$

称为级数的**余项**.

（2）收敛级数的基本性质

性质 1 如果级数 $\sum_{n=1}^{\infty} u_n$ 收敛于和 s，则级数 $\sum_{n=1}^{\infty} ku_n$ 也收敛，且其和为 ks.

性质 2 如果级数 $\sum_{n=1}^{\infty} u_n$，$\sum_{n=1}^{\infty} v_n$ 分别收敛于和 s，σ 则级数 $\sum_{n=1}^{\infty} (u_n \pm v_n)$ 也收敛，且其和为 $s \pm \sigma$.

性质 3 在级数中添加或去掉有限项不影响级数的敛散性.

性质 4 若级数 $\sum_{n=1}^{\infty} u_n$ 收敛，则对这级数的项任意加括号所得到的新级数仍收敛，且其和不变.

性质 5 若 $\sum_{n=1}^{\infty} u_n$ 收敛，则 $\lim_{n\to\infty} u_n = 0$. 这是级数收敛的必要条件.

注 1）性质 5 的逆否命题常用来判断级数发散. 即若 $\lim_{n\to\infty} u_n \neq 0$，则级数 $\sum_{n=1}^{\infty} u_n$ 发散. 但 $\lim_{n\to\infty} u_n = 0$ 并不能确定级数收敛，如 $\sum_{n=1}^{\infty} \frac{1}{n}$.

2）若 $\sum_{n=1}^{\infty} u_n$ 收敛，$\sum_{n=1}^{\infty} v_n$ 发散，则 $\sum_{n=1}^{\infty} (u_n + v_n)$ 必发散；若 $\sum_{n=1}^{\infty} u_n$ 和 $\sum_{n=1}^{\infty} v_n$ 都发散，则 $\sum_{n=1}^{\infty} (u_n + v_n)$ 不一定发散.

3）若级数加括号后所成的新级数发散，则原级数必定发散，而加括号后所成的新级数收敛，则无法判定原级数的敛散性. 例如，

$$1 - 1 + 1 - 1 + \cdots + 1 - 1 + \cdots \quad \text{发散，}$$
$$(1 - 1) + (1 - 1) + \cdots + (1 - 1) + \cdots \quad \text{收敛.}$$

（3）几个重要级数

1）几何级数 $\sum_{n=0}^{\infty} aq^n$，当 $|q|<1$ 时收敛，当 $|q|\geqslant 1$ 时发散.

2）p - 级数 $\sum_{n=1}^{\infty} \frac{1}{n^p}$，当 $p>1$ 时收敛，当 $p\leqslant 1$ 时发散.

3）调和级数 $\sum_{n=1}^{\infty} \frac{1}{n}$ 发散.

4）常用的还有 $\sum_{n=2}^{\infty} \frac{1}{n(\ln n)^p}$，当 $p>1$ 时，级数收敛；当 $p\leqslant 1$ 时，级数发散.

2. 正项级数审敛法

（1）定义

$$\text{若 } u_n\geqslant 0\ (n\in \mathbf{N}_+)\text{，则称 } \sum_{n=1}^{\infty} u_n \text{ 为正项级数.}$$

（2）正项级数审敛法

$$\text{设 } \sum_{n=1}^{\infty} u_n \text{ 和 } \sum_{n=1}^{\infty} v_n \text{ 都是正项级数.}$$

定理 1　$\sum_{n=1}^{\infty} u_n$ 收敛⇔部分和数列 $\{s_n\}$ 有界.

定理 2（比较审敛法）　设 $u_n\leqslant v_n$ $(n\in \mathbf{N}_+)$，若 $\sum_{n=1}^{\infty} v_n$ 收敛，则 $\sum_{n=1}^{\infty} u_n$ 也收敛；若 $\sum_{n=1}^{\infty} u_n$ 发散，则 $\sum_{n=1}^{\infty} v_n$ 也发散.

推论　若 $\sum_{n=1}^{\infty} v_n$ 收敛，且存在正整数 N，使当 $n\geqslant N$ 时有 $u_n\leqslant kv_n$ $(k>0)$，则 $\sum_{n=1}^{\infty} u_n$ 也收敛；若 $\sum_{n=1}^{\infty} v_n$ 发散，且当 $n\geqslant N$ 时有 $u_n\geqslant kv_n$ $(k>0)$，则 $\sum_{n=1}^{\infty} u_n$ 也发散.

定理 3　比较审敛法的极限形式

$$\lim_{n\to\infty}\frac{v_n}{u_n}=l,\ u_n>0,$$

1）若 $0<l<+\infty$，则 $\sum_{n=1}^{\infty} u_n$，$\sum_{n=1}^{\infty} v_n$ 敛散性相同；

2）若 $l=0$ 且 $\sum_{n=1}^{\infty} u_n$ 收敛，则 $\sum_{n=1}^{\infty} v_n$ 收敛；

3）若 $l=+\infty$ 且 $\sum_{n=1}^{\infty} u_n$ 发散，则 $\sum_{n=1}^{\infty} v_n$ 发散.

定理 4　比值审敛法（达朗贝尔判别法）

$$\lim_{n\to\infty}\frac{u_{n+1}}{u_n}=\rho,$$

则 $\rho<1$ 时级数收敛；$\rho>1$（含 $\rho=+\infty$）时级数发散；$\rho=1$ 时级数可能收敛也可能发散.

定理 5　根值审敛法（柯西判别法）

$$\lim_{n\to\infty}\sqrt[n]{u_n}=\rho,$$

则 $\rho<1$ 时级数收敛；$\rho>1$（含 $\rho=+\infty$）时级数发散；$\rho=1$ 时级数可能收敛也可能发散.

3. 交错级数审敛法

（1）定义

设 $u_n>0$（$n\in\mathbf{N}_+$），则

$$\sum_{n=1}^{\infty}(-1)^{n-1}u_n=u_1-u_2+u_3-u_4+\cdots$$

为交错级数.

（2）交错级数审敛法

定理 6　交错级数审敛法（莱布尼兹判别法）

若交错级数 $\sum\limits_{n=1}^{\infty}(-1)^{n-1}u_n$ 满足两个条件：

1）$u_n\geqslant u_{n+1}$（$n\in\mathbf{N}_+$）；

2）$\lim\limits_{n\to\infty}u_n=0$，则级数 $\sum\limits_{n=1}^{\infty}(-1)^{n-1}u_n$ 收敛，且其和 $s\leqslant u_1$，余项 $|r_n|\leqslant u_{n+1}$.

4. 任意项级数审敛法

若级数 $\sum\limits_{n=1}^{\infty}|u_n|$ 收敛，则称级数 $\sum\limits_{n=1}^{\infty}u_n$ **绝对收敛**；若 $\sum\limits_{n=1}^{\infty}u_n$ 收敛，而 $\sum\limits_{n=1}^{\infty}|u_n|$ 发散，则称级数 $\sum\limits_{n=1}^{\infty}u_n$ **条件收敛**.

定理 7　绝对收敛的级数一定收敛，即若 $\sum\limits_{n=1}^{\infty}|u_n|$ 收敛，则 $\sum\limits_{n=1}^{\infty}u_n$ 收敛.

注　（1）条件收敛级数的正项（或负项）构成的级数一定发散，即级数 $\sum\limits_{n=1}^{\infty}\frac{1}{2}(|u_n|+u_n)$ 与 $\sum\limits_{n=1}^{\infty}\frac{1}{2}(u_n-|u_n|)$ 均发散.

（2）若级数 $\sum\limits_{n=1}^{\infty}|u_n|$ 发散，不能断定级数 $\sum\limits_{n=1}^{\infty}u_n$ 也发散.

（3）若用比值审敛法或根值审敛法判定级数 $\sum\limits_{n=1}^{\infty}|u_n|$ 发散，则可以断定级数 $\sum\limits_{n=1}^{\infty}u_n$ 一定发散.

5. 函数项级数

设 $u_1(x)$, $u_2(x)$, …, $u_n(x)$, …为定义在区间 I 上的函数列，表达式

$$\sum_{n=1}^{\infty} u_n(x) = u_1(x) + u_2(x) + \cdots + u_n(x) + \cdots$$

称为定义在区间 I 上的**函数项级数**.

若 $x_0 \in I$，常数项级数 $\sum\limits_{n=1}^{\infty} u_n(x_0)$ 收敛，则称 x_0 为 $\sum\limits_{n=1}^{\infty} u_n(x)$ 的**收敛点**，否则就是**发散点**. 所有收敛点构成的集合就是**收敛域**，所有发散点构成的集合就是**发散域**. 函数项级数在其收敛域内有和，其值与收敛点 x 有关，记作 $s(x)$，$s(x)$ 称为级数 $\sum\limits_{n=1}^{\infty} u_n(x)$ 的和函数，即 $s(x) = \sum\limits_{n=1}^{\infty} u_n(x)$（$x$ 属于收敛域）.

6. 幂级数及其收敛性

(1) 幂级数的概念

形如 $\sum\limits_{n=0}^{\infty} a_n(x - x_0)^n$ 的级数称为 $x-x_0$ 的**幂级数**，其中 a_n（$n=0, 1, 2, \cdots$）为常数，称为幂级数的系数. 当 $x_0=0$ 时，$\sum\limits_{n=0}^{\infty} a_n x^n$ 称为 x 的幂级数.

(2) 幂级数的收敛性

定理 8（阿贝尔定理）　若级数 $\sum\limits_{n=0}^{\infty} a_n x^n$ 当 $x=x_0$（$x_0 \neq 0$）时收敛，则适合不等式 $|x| < |x_0|$ 的一切 x 使这幂级数绝对收敛. 反之，若级数 $\sum\limits_{n=0}^{\infty} a_n x^n$ 当 $x=x_0$ 时发散，则适合不等式 $|x| > |x_0|$ 的一切 x 使这幂级数发散.

推论　若幂级数 $\sum\limits_{n=0}^{\infty} a_n x^n$ 不是仅在 $x=0$ 一点收敛，也不是在整个数轴上都收敛，则必有一个确定的正数 R 存在，使得

当 $|x| < R$ 时，幂级数绝对收敛；当 $|x| > R$ 时，幂级数发散；当 $|x| = R$ 时，幂级数敛散性不定.

正数 R 称为幂级数 $\sum\limits_{n=0}^{\infty} a_n x^n$ 的收敛半径. 收敛区间为 $(-R, R)$，由幂级数在 $x=\pm R$ 处的敛散性确定其收敛域为 $(-R, R)$，$[-R, R)$，$(-R, R]$ 或 $[-R, R]$ 其中之一.

(3) 收敛半径、收敛域的求法

第一步　求收敛半径. 使用比值审敛法或根值审敛法，如果 $\lim\limits_{n\to\infty}\left|\dfrac{a_{n+1}}{a_n}\right| = \rho$（或 $\lim\limits_{n\to\infty}\sqrt[n]{|a_n|}=\rho$），则

$$R=\begin{cases}\dfrac{1}{\rho}, & 0<\rho<+\infty,\\ 0, & \rho=+\infty,\\ +\infty, & \rho=0.\end{cases}\tag{9.2}$$

第二步　讨论端点的敛散性. 如果$0<R<+\infty$，讨论$\sum_{n=0}^{\infty}a_nx^n$在$x=\pm R$处的敛散性.

第三步　写出幂级数的收敛域.

注　对幂级数$\sum_{n=0}^{\infty}a_n(x-x_0)^n$，可代换成$\sum_{n=0}^{\infty}a_nx^n$的形式求.

(4) 幂级数的运算性质　设幂级数$\sum_{n=0}^{\infty}a_nx^n$与$\sum_{n=0}^{\infty}b_nx^n$，则在它们的公共收敛域内有：

1)
$$\sum_{n=0}^{\infty}a_nx^n\pm\sum_{n=0}^{\infty}b_nx^n=\sum_{n=0}^{\infty}(a_n\pm b_n)x^n;\tag{9.3}$$

2)
$$\sum_{n=0}^{\infty}a_nx^n\cdot\sum_{n=0}^{\infty}b_nx^n=\sum_{n=0}^{\infty}c_nx^n,\tag{9.4}$$

其中$c_n=a_0b_n+a_1b_{n-1}+\cdots+a_nb_0$；

3)
$$\sum_{n=0}^{\infty}a_nx^n\Big/\sum_{n=0}^{\infty}b_nx^n=\sum_{n=0}^{\infty}c_nx^n\quad(b_0\neq0\text{，并且}|x|\text{足够小})\tag{9.5}$$

其中c_n可由以下若干个方程逐步解出：

$$a_0=b_0c_0,\ a_1=b_1c_0+b_0c_1,\ a_2=b_2c_0+b_1c_1+b_0c_2,\ \cdots.$$

(5) 幂级数和函数的性质

设$\sum_{n=0}^{\infty}a_nx^n$的和函数为$s(x)$，收敛域为$I$.

性质1　和函数$s(x)$在收敛域I上连续.

性质2　和函数$s(x)$在收敛域I上可积，并且有逐项积分公式

$$\int_0^x s(t)\,\mathrm{d}t=\sum_{n=0}^{\infty}\int_0^x a_nt^n\,\mathrm{d}t=\sum_{n=0}^{\infty}\frac{a_n}{n+1}x^{n+1}\quad(x\in I),\tag{9.6}$$

逐项积分后所得到的幂级数和原级数有相同的收敛半径.

性质3　和函数$s(x)$在其收敛区间$(-R,R)$内可导，并且有逐项求导公式

$$s'(x)=\Big(\sum_{n=0}^{\infty}a_nx^n\Big)'=\sum_{n=0}^{\infty}(a_nx^n)'=\sum_{n=1}^{\infty}na_nx^{n-1}\quad(|x|<R),\tag{9.7}$$

逐项求导后所得到的幂级数和原级数有相同的收敛半径.

7. 把函数展开成幂级数与幂级数求和

(1) 定义

设$f(x)=\sum_{n=0}^{\infty}a_n(x-x_0)^n$, $|x-x_0|<R$. 已知右端求左端，这是**幂级数的求和**. 反之，则是**函数展开成幂级数**.

设函数$f(x)$在点x_0的某一邻域内具有任意阶导数，则级数

$$\sum_{n=0}^{\infty}\frac{f^{(n)}(x_0)}{n!}(x-x_0)^n=f(x_0)+\frac{f'(x_0)}{1!}(x-x_0)+\cdots+\frac{f^{(n)}(x_0)}{n!}(x-x_0)^n+\cdots \tag{9.8}$$

称为$f(x)$在$x=x_0$点的**泰勒（Taylor）级数**. 展开式（9.8）叫做函数$f(x)$在点x_0处的**泰勒展开式**.

特别地，若$x_0=0$，则级数

$$\sum_{n=0}^{\infty}\frac{f^{(n)}(0)}{n!}x^n=f(0)+\frac{f'(0)}{1!}x+\frac{f''(0)}{2!}x^2+\cdots+\frac{f^{(n)}(0)}{n!}x^n+\cdots \tag{9.9}$$

为$f(x)$的**麦克劳林（Maclaurin）级数**.

（2）函数$f(x)$展成泰勒级数的充要条件

设函数$f(x)$在点x_0的某一邻域$U(x_0)$内具有各阶导数，则$f(x)$在该邻域内能展开成泰勒级数的充分必要条件是在该邻域内$f(x)$的泰勒公式中的余项$R_n(x)$满足$\lim\limits_{n\to\infty}R_n(x)=0$.

（3）常用函数的幂级数展开式

$$e^x=1+x+\frac{x^2}{2!}+\cdots+\frac{x^n}{n!}+\cdots\quad(-\infty<x<+\infty), \tag{9.10}$$

$$\sin x=x-\frac{x^3}{3!}+\cdots+(-1)^n\frac{x^{2n+1}}{(2n+1)!}+\cdots\quad(-\infty<x<+\infty), \tag{9.11}$$

$$\cos x=1-\frac{x^2}{2!}+\cdots+(-1)^n\frac{x^{2n}}{(2n)!}+\cdots\quad(-\infty<x<+\infty), \tag{9.12}$$

$$\ln(1+x)=x-\frac{x^2}{2}+\frac{x^3}{3}-\cdots+(-1)^{n-1}\frac{x^n}{n}+\cdots\quad(-1<x\leqslant 1), \tag{9.13}$$

$$(1+x)^{\alpha}=1+\alpha x+\frac{\alpha(\alpha-1)}{2!}x^2+\cdots+\frac{\alpha(\alpha-1)\cdots(\alpha-n+1)}{n!}x^n+\cdots(-1<x<1), \tag{9.14}$$

该级数在端点$x=\pm 1$处的收敛性，视α而定. 特别地，当$\alpha=-1$时，有

$$\frac{1}{1+x}=1-x+x^2+\cdots+(-1)^nx^n+\cdots\quad(-1<x<1); \tag{9.15}$$

$$\frac{1}{1-x}=1+x+x^2+x^3+\cdots+x^n+\cdots\quad(-1<x<1). \tag{9.16}$$

（4）函数展开成幂级数的方法

直接展开法 求出函数$f(x)$的n阶导数，然后计算$f(x)$的泰勒级数的系数

$$a_n=\frac{f^{(n)}(x_0)}{n!} \quad (n=0,\ 1,\ 2\cdots),$$

由此写出 $f(x)$ 的泰勒级数表达式（9.8）. 按照要求还应证明 $\lim\limits_{n\to\infty}R_n(x)=0$，只有这样才能说明式（9.8）确实是 $f(x)$ 的泰勒展开式.

间接展开法 直接展开法通常比较复杂，一般常用间接展开法. 间接展开法是根据已知的函数展开式，特别是式（9.10）~式（9.16），利用四则运算（即分解法）或逐项求导、逐项积分以及变量代换等方法，把所给函数展开成幂级数.

（5）幂级数求和的方法

求给定幂级数的和函数，一般先求该级数的收敛域，然后通过逐项积分或微分将给定幂级数转化为常见函数展开式的形式，由此得出新级数的和函数，再将和函数进行上述运算的逆运算，便得原级数的和函数.

三、释疑解难

1. 数列 $\{u_n\}$ 与级数 $\sum\limits_{n=1}^{\infty}u_n$ 的敛散性有何关系？

释疑解难 对于数列 $\{u_n\}$，当 $\lim\limits_{n\to\infty}u_n=a$ 时，称数列 $\{u_n\}$ 收敛，否则发散. 由级数收敛的必要条件知，若 $\sum\limits_{n=1}^{\infty}u_n$ 收敛，则 $\lim\limits_{n\to\infty}u_n=0$，此时数列 $\{u_n\}$ 一定收敛. 反之，当数列 $\{u_n\}$ 收敛时，$\sum\limits_{n=1}^{\infty}u_n$ 却不一定收敛. 例如，调和级数 $\sum\limits_{n=1}^{\infty}\frac{1}{n}$，虽然 $\lim\limits_{n\to\infty}\frac{1}{n}=0$，$\{u_n\}=\left\{\frac{1}{n}\right\}$ 收敛，但 $\sum\limits_{n=1}^{\infty}\frac{1}{n}$ 发散. 因此，数列 $\{u_n\}$ 与级数 $\sum\limits_{n=1}^{\infty}u_n$ 的敛散性的关系是：当 $\sum\limits_{n=1}^{\infty}u_n$ 收敛时，数列 $\{u_n\}$ 必收敛；当 $\{u_n\}$ 收敛时，$\sum\limits_{n=1}^{\infty}u_n$ 不一定收敛.

2. 设两个级数 $\sum\limits_{n=1}^{\infty}u_n$ 与 $\sum\limits_{n=1}^{\infty}v_n$，若有 $\lim\limits_{n\to\infty}\frac{u_n}{v_n}=l\neq0$，则它们是否有相同的敛散性？

释疑解难 本题的条件与比较审敛法的条件类似，而比较审敛法只适用于正项级数，此问题中的两个级数没有指明是正项级数，所以不能得到具有相同敛散性的结论.

3. 交错级数 $\sum\limits_{n=1}^{\infty}(-1)^{n-1}u_n$ 满足莱布尼兹定理中的条件时一定收敛，如果它不满足条件 $u_n\geqslant u_{n+1}$，那么是否一定发散呢？

释疑解难 不一定，因为莱布尼兹判别法中的条件 $u_n\geqslant u_{n+1}$ 不是级数收敛的必要条件，而是与另一条件共同构成级数收敛的充分条件.

4. 若 $\sum_{n=0}^{\infty} u_n x^n$ 的收敛半径为 R，是否必有 $\rho = \lim_{n\to\infty}\left|\frac{u_{n+1}}{u_n}\right|$，$R=\frac{1}{\rho}$?

释疑解难 不一定. 例如 $\sum_{n=0}^{\infty}\frac{2+(-1)^n}{2^n}x^n$，

$$\rho = \lim_{n\to\infty}\sqrt[n]{|a_n|} = \lim_{n\to\infty}\frac{[2+(-1)^n]^{\frac{1}{n}}}{2} = \frac{1}{2},$$

所以收敛半径为 $R=\frac{1}{\rho}=2$.

5. 幂级数 $\sum_{n=0}^{\infty} u_n x^n$ 的收敛域具有什么特点？

释疑解难 幂级数 $\sum_{n=0}^{\infty} u_n x^n$ 的收敛域不是空集. 收敛域是以 $x=\pm R$（R 为收敛半径）为端点的区间 $(-R, R)$，$(-R, R]$，$[-R, R)$ 或 $[-R, R]$. 如果 $\sum_{n=0}^{\infty} u_n x^n$ 只在 $x=0$ 处收敛，这时收敛域只有一点 $\{0\}$，可认为收敛半径 $R=0$. 如果幂级数对一切 x 都收敛，则规定收敛半径 $R=+\infty$，收敛域为 $(-\infty, +\infty)$.

四、典型题精讲

题型 1 判定常数项级数的敛散性

【方法与技巧】

（1）正项级数敛散性的判别. 常用的判别方法有：用级数收敛的必要性判别级数发散；比较审敛法及其极限形式；比值审敛法；根值审敛法；极限审敛法等. 对级数敛散性的判定要熟练掌握性质、结论及各种判别法.

（2）任意项级数敛散性的判别，其步骤为：①判别级数的一般项是否为零；②判别级数的绝对收敛性；③若级数不是绝对收敛的，且是交错级数，判别级数是否条件收敛.

（3）数项级数的综合题.

（4）判定常数项级数的敛散性应特别注意：①比较审敛法、比值审敛法只适用于正项级数，一般先采用比值审敛法；②在比较审敛法中常用的比较级数是几何级数和 p-级数，要熟练记住这两种级数的敛散性；③对交错级数由 $\{u_n\}$ 单调增加可推知 $\sum_{n=1}^{\infty}(-1)^{n-1}u_n$ 发散（这时 $\lim_{n\to\infty}u_n\neq 0$）. ④对任意项级数 $\sum_{n=1}^{\infty}u_n$，若 $\sum_{n=1}^{\infty}|u_n|$ 收敛，则 $\sum_{n=1}^{\infty}u_n$ 绝对收敛，从而必定收敛. 但由 $\sum_{n=1}^{\infty}|u_n|$ 发散推不出 $\sum_{n=1}^{\infty}u_n$ 发散，当 $\lim_{n\to\infty}\left|\frac{u_{n+1}}{u_n}\right|=\rho>1$ 或 $\lim_{n\to\infty}|u_n|\neq 0$ 时，则可以由 $\sum_{n=1}^{\infty}|u_n|$ 发散推

出 $\sum_{n=1}^{\infty} u_n$ 发散.

例 9.1 （130304）设 $\{a_n\}$ 为正项数列，下列选项正确的是（ ）.

（A）若 $a_n > a_{n+1}$，则 $\sum_{n=1}^{\infty}(-1)^{n-1}a_n$ 收敛；

（B）若 $\sum_{n=1}^{\infty}(-1)^{n-1}a_n$ 收敛，则 $a_n > a_{n+1}$；

（C）若 $\sum_{n=1}^{\infty} a_n$ 收敛，则存在常数 $p>1$，使 $\lim\limits_{n\to\infty} n^p a_n$ 存在；

（D）若存在常数 $p>1$，使 $\lim\limits_{n\to\infty} n^p a_n$ 存在，则 $\sum_{n=1}^{\infty} a_n$ 收敛.

解 由比较审敛法的极限形式可直接选出（D），对于其他三个选项，可以通过举反例而排除掉.

例如，如果 $a_n = 1+\frac{1}{n}$，满足 $a_n > a_{n+1}$，但

$$\sum_{n=1}^{\infty}(-1)^{n-1}\left(1+\frac{1}{n}\right) = \sum_{n=1}^{\infty}(-1)^{n-1} + \sum_{n=1}^{\infty}(-1)^{n-1}\frac{1}{n}$$

是发散的，因此，选项（A）是错误的.

如果 $a_n = \frac{1}{2^{n+(-1)^n}}$，满足 $\sum_{n=1}^{\infty}(-1)^{n-1}\frac{1}{2^{n+(-1)^n}}$ 收敛，$a_1=1$，$a_2=\frac{1}{2^3}$，$a_3=\frac{1}{2^2}$，…，显然不满足 $a_n > a_{n+1}$，因此，选项（B）是错误的.

如果 $a_n = \frac{1}{n^2}$，满足 $\sum_{n=1}^{\infty}\frac{1}{n^2}$ 收敛，可令 $p=3$，则 $\lim\limits_{n\to\infty} n^3\frac{1}{n^2} = \lim\limits_{n\to\infty} n$ 不存在，故选项（C）是错误的.

例 9.2 （120304）已知级数

$$\sum_{n=1}^{\infty}(-1)^n\sqrt{n}\sin\frac{1}{n^{\alpha}}$$

绝对收敛，级数 $\sum_{n=1}^{\infty}\frac{(-1)^n}{n^{2-\alpha}}$ 条件收敛，则（ ）.

（A）$0<\alpha\leqslant\frac{1}{2}$　　（B）$\frac{1}{2}<\alpha\leqslant 1$；

（C）$1<\alpha\leqslant\frac{3}{2}$；　　（D）$\frac{3}{2}<\alpha<2$.

分析 此题考查绝对收敛与条件收敛级数的性质.

解 设 $u_n = (-1)^n\sqrt{n}\sin\frac{1}{n^{\alpha}}$，则当 $n\to\infty$ 时，$|u_n| \sim \frac{1}{n^{\alpha-\frac{1}{2}}}$. 所以 $\sum_{n=1}^{\infty}|u_n|$

与$\sum\limits_{n=1}^{\infty}\frac{1}{n^{\alpha-\frac{1}{2}}}$的收敛性相同，故$\alpha-\frac{1}{2}>1$，即$\alpha>\frac{3}{2}$. 而由$\sum\limits_{n=1}^{\infty}\frac{(-1)^n}{n^{2-\alpha}}$条件收敛可知$0<2-\alpha\leqslant 1$或$1\leqslant\alpha<2$. 若使这两个结论都成立，只有$\frac{3}{2}<\alpha<2$，故选（D）.

例 9.3 （110303）设$\{u_n\}$是数列，则下列命题正确的是（　　）.

（A）若$\sum\limits_{n=1}^{\infty}u_n$收敛，则$\sum\limits_{n=1}^{\infty}(u_{2n-1}+u_{2n})$收敛；

（B）若$\sum\limits_{n=1}^{\infty}(u_{2n-1}+u_{2n})$收敛，则$\sum\limits_{n=1}^{\infty}u_n$收敛；

（C）若$\sum\limits_{n=1}^{\infty}u_n$收敛，则$\sum\limits_{n=1}^{\infty}(u_{2n-1}-u_{2n})$收敛；

（D）若$\sum\limits_{n=1}^{\infty}(u_{2n-1}-u_{2n})$收敛，则$\sum\limits_{n=1}^{\infty}u_n$收敛.

分析 此题考查收敛级数的性质.

解 根据收敛级数的性质：收敛级数任意添加括号后仍收敛，故（A）正确.

例 9.4 （060104）若级数$\sum\limits_{n=1}^{\infty}a_n$收敛，则下列（　　）成立.

（A）$\sum\limits_{n=1}^{\infty}|a_n|$收敛；　　（B）$\sum\limits_{n=1}^{\infty}(-1)^n a_n$收敛；

（C）$\sum\limits_{n=1}^{\infty}a_n a_{n+1}$收敛；　　（D）$\sum\limits_{n=1}^{\infty}\frac{a_n+a_{n+1}}{2}$收敛.

分析 此题考查收敛级数的性质.

解 （A），（B），（C）均不成立. 例如：

$$\sum_{n=1}^{\infty}(-1)^n\frac{1}{\sqrt{n}}.$$

因为级数$\sum\limits_{n=1}^{\infty}a_n$收敛，由收敛级数的性质，级数$\sum\limits_{n=1}^{\infty}\frac{a_n}{2}$及$\sum\limits_{n=1}^{\infty}\frac{a_{n+1}}{2}$收敛，所以级数$\sum\limits_{n=1}^{\infty}\frac{a_n+a_{n+1}}{2}$收敛. 故选（D）.

例 9.5 （090104）设有两个数列$\{a_n\}$，$\{b_n\}$. 若$\lim\limits_{n\to\infty}a_n=0$，则（　　）.

（A）当$\sum\limits_{n=1}^{\infty}b_n$收敛时，$\sum\limits_{n=1}^{\infty}a_n b_n$收敛；

（B）当$\sum\limits_{n=1}^{\infty}b_n$发散时，$\sum\limits_{n=1}^{\infty}a_n b_n$发散；

（C）当$\sum\limits_{n=1}^{\infty}|b_n|$收敛时，$\sum\limits_{n=1}^{\infty}a_n^2 b_n^2$收敛；

(D) 当 $\sum_{n=1}^{\infty}|b_n|$ 发散时，$\sum_{n=1}^{\infty}a_n^2b_n^2$ 发散.

分析　此题考查级数敛散性的判断，举出反例是解决该题的有效方法.

解　对于选项 (A)，设

$$a_n=(-1)^{n-1}\frac{1}{\sqrt{n}},\ b_n=a_n,$$

显然 $\lim\limits_{n\to\infty}a_n=0$，$\sum_{n=1}^{\infty}b_n$ 收敛，但 $\sum_{n=1}^{\infty}a_nb_n=\sum_{n=1}^{\infty}\frac{1}{n}$ 是发散的.

对于选项 (B)，设

$$a_n=\frac{1}{n},\ b_n=a_n,$$

显然 $\lim\limits_{n\to\infty}a_n=0$，$\sum_{n=1}^{\infty}b_n$ 是发散的，但 $\sum_{n=1}^{\infty}a_nb_n=\sum_{n=1}^{\infty}\frac{1}{n^2}$ 是收敛的.

对于选项 (D)：设

$$a_n=\frac{1}{\sqrt{n}},\ b_n=a_n,$$

显然 $\lim\limits_{n\to\infty}a_n=0$，$\sum_{n=1}^{\infty}|b_n|$ 是发散的，但 $\sum_{n=1}^{\infty}a_n^2b_n^2=\sum_{n=1}^{\infty}\frac{1}{n^2}$ 是收敛的.

故由排除法应选 (C).

事实上，对于选项 (C)，因为 $\lim\limits_{n\to\infty}a_n=0$，所以存在 $M>0$，使得 $|a_n|\leqslant M$. 因为 $\sum_{n=1}^{\infty}|b_n|$ 收敛，所以 $\sum_{n=1}^{\infty}b_n^2$ 收敛. 由 $0\leqslant a_n^2b_n^2\leqslant M^2b_n^2$，且 $\sum_{n=1}^{\infty}M^2b_n^2=M^2\sum_{n=1}^{\infty}b_n^2$ 收敛，故由正项级数比较判别法知 $\sum_{n=1}^{\infty}a_n^2b_n^2$ 收敛.

例 9.6　判断级数 $\sum_{n=2}^{\infty}\sin\left(n\pi+\frac{1}{\ln n}\right)$ 的敛散性.

分析　先去掉 $n\pi$ 的影响，考虑级数是否绝对收敛.

解　$\sum_{n=2}^{\infty}\left|\sin\left(n\pi+\frac{1}{\ln n}\right)\right|=\sum_{n=2}^{\infty}\sin\frac{1}{\ln n}$，由于 $\frac{1}{\ln n}>\frac{1}{n}$ ($n\geqslant2$ 时)，级数 $\sum_{n=2}^{\infty}\frac{1}{\ln n}$ 发散，而 $\lim\limits_{n\to\infty}\frac{\sin\frac{1}{\ln n}}{\frac{1}{\ln n}}=1$，所以级数 $\sum_{n=2}^{\infty}\sin\frac{1}{\ln n}$ 发散. 故所给级数不是绝对收敛的.

而级数 $\sum_{n=2}^{\infty}\sin\left(n\pi+\frac{1}{\ln n}\right)=\sum_{n=2}^{\infty}(-1)^n\sin\frac{1}{\ln n}$ 满足 $\lim\limits_{n\to\infty}\sin\frac{1}{\ln n}=0$. 又设

$f(x)=\sin\dfrac{1}{\ln x}$，由 $f'(x)=-\dfrac{1}{x(\ln x)^2}\cos\dfrac{1}{\ln x}<0$（当 $x\geqslant 2$）知，$f(x)$ 在 $(2,+\infty)$ 内单调减少，因而 $u_n=\sin\dfrac{1}{\ln n}$ 单调减少，根据莱布尼兹判别法知

$$\sum_{n=2}^{\infty}\sin\left(n\pi+\frac{1}{\ln n}\right)$$

是条件收敛的.

注意 利用导数判定函数的单调性是一种基本方法，在学习中应注意这种技巧的运用.

例 9.7 设

$$a_1=2,\ a_{n+1}=\frac{1}{2}\left(a_n+\frac{1}{a_n}\right)\ (n=1,\ 2,\ \cdots),$$

证明：

（1）$\lim\limits_{n\to\infty}a_n$ 存在；

（2）级数 $\sum\limits_{n=1}^{\infty}\left(\dfrac{a_n}{a_{n+1}}-1\right)$ 收敛.

分析 由于 $\{a_n\}$ 为正项数列，希望证明 $\{a_n\}$ 单调减少有下界，从而极限存在. 级数的收敛可通过放大不等式，由比较判别法来证明.

证（1）因为 $a_{n+1}=\dfrac{1}{2}\left(a_n+\dfrac{1}{a_n}\right)\geqslant\sqrt{a_n\cdot\dfrac{1}{a_n}}=1$，

$$a_{n+1}-a_n=\frac{1}{2}\left(a_n+\frac{1}{a_n}\right)-a_n=\frac{1-a_n^2}{2a_n}\leqslant 0.$$

故数列 $\{a_n\}$ 是单调递减且有下界的数列，所以极限 $\lim\limits_{n\to\infty}a_n$ 存在.

（2）由（1）知 $0\leqslant\dfrac{a_n}{a_{n+1}}-1=\dfrac{a_n-a_{n+1}}{a_{n+1}}\leqslant a_n-a_{n+1}$，记

$$s_n=\sum_{k=1}^{n}(a_k-a_{k+1})=a_1-a_{n+1},$$

因为 $\lim\limits_{n\to\infty}a_{n+1}$ 存在. 所以级数 $\sum\limits_{n=1}^{\infty}(a_n-a_{n+1})$ 收敛，由比较审敛法知，级数 $\sum\limits_{n=1}^{\infty}\left(\dfrac{a_n}{a_{n+1}}-1\right)$ 收敛.

例 9.8 （040111）设方程 $x^n+nx-1=0$，其中 n 为正整数. 证明此方程存在唯一正实根 x_n，并证明当 $\alpha>1$，级数 $\sum\limits_{n=1}^{\infty}x_n^{\alpha}$ 收敛.

分析 本题是一道综合题，主要考查方程根的个数的确定，以及正项级数的比较审敛法.

证 设$f_n(x)=x^n+nx-1$. 当$x>0$时,$f'_n(x)=nx^{n-1}+n>0$，故$f_n(x)$在$[0,+\infty)$上单调增加. 而$f_n(0)=-1<0, f_n(1)=n>0$，由连续函数的零点定理知$x^n+nx-1=0$存在唯一正实根x_n，由$x_n^n+nx_n-1=0$与$x_n>0$知

$$0<x_n=\frac{1-x_n^n}{n}<\frac{1}{n},$$

故当$\alpha>1$, $0<x_n^\alpha<\left(\frac{1}{n}\right)^\alpha$. 而正项级数$\sum\limits_{n=1}^{\infty}\left(\frac{1}{n}\right)^\alpha$收敛，所以当$\alpha>1$，级数$\sum\limits_{n=1}^{\infty}x_n^\alpha$收敛.

例9.9 设$f(x)$在点$x=0$的某邻域内具有二阶连续导数，且$\lim\limits_{x\to0}\frac{f(x)}{x}=0$，证明级数$\sum\limits_{n=1}^{\infty}f\left(\frac{1}{n}\right)$绝对收敛.

证 由$\lim\limits_{x\to0}\frac{f(x)}{x}=0$，根据无穷小的比较及函数的连续性知,$f(0)=0$，$f'(0)=0$. $f(x)$在点$x=0$的某邻域内的一阶泰勒展开式为

$$f(x)=f(0)+f'(0)x+\frac{f''(\theta x)}{2!}x^2=\frac{1}{2}f''(\theta x)x^2 \quad (0<\theta<1).$$

又$f''(x)$在$x=0$的某邻域内连续，故必存在$M>0$，在该领域内使$|f''(x)|\leqslant M$.

于是
$$|f(x)|\leqslant\frac{M}{2}x^2.$$

令$x=\frac{1}{n}$，当n充分大时有$\left|f\left(\frac{1}{n}\right)\right|\leqslant\frac{M}{2}\cdot\frac{1}{n^2}$. 因级数$\sum\limits_{n=1}^{\infty}\frac{1}{n^2}$收敛，所以级数$\sum\limits_{n=1}^{\infty}f\left(\frac{1}{n}\right)$绝对收敛.

注意 由$\lim\limits_{x\to0}\frac{f(x)}{x}=0\Rightarrow f(0)=f'(0)=0$是证明该题的关键，再通过泰勒展开式建立起$|f(x)|\leqslant\frac{M}{2}x^2$这一“桥梁”.

题型2 求幂级数的收敛半径及收敛域

【方法与技巧】

(1) 求幂级数的收敛半径. 常用的方法有：

① 若$\lim\limits_{n\to\infty}\left|\frac{a_{n+1}}{a_n}\right|=\rho$，则$R=\frac{1}{\rho}$; ②若$\lim\limits_{n\to\infty}\sqrt[n]{|a_n|}=\rho$，则$R=\frac{1}{\rho}$.

(2) 求幂级数的收敛区域. 先求出收敛半径，再考察级数在两个端点处的敛散性，从而求得收敛区域.

(3) 求缺项的幂级数的收敛域. 对这类幂级数，不能直接利用公式 $\lim\limits_{n\to\infty}\left|\dfrac{a_{n+1}}{a_n}\right|=\rho$ 来确定收敛半径，可经过 $x^2=t$ 换元或根据比值判别法 $\lim\limits_{n\to\infty}\left|\dfrac{u_{n+1}(x)}{u_n(x)}\right|$ 进行判定.

例 9.10　(110102) 设数列 $\{a_n\}$ 单调减少，$\lim\limits_{n\to\infty}a_n=0$，$s_n=\sum\limits_{k=1}^{n}a_k$ $(n=1,2,\cdots)$ 无界，则幂级数 $\sum\limits_{n=1}^{\infty}a_n(x-1)^n$ 的收敛域为（　　）.

(A) $(-1, 1]$；　(B) $[-1, 1)$；　(C) $[0, 2)$；　(D) $(0, 2]$.

分析　此题考查幂级数的收敛半径与收敛域的概念.

解　首先由于该幂级数的中心点在 $x=1$，其收敛区间关于点 $x=1$ 对称，故只能在 (C)，(D) 中作出选择.

事实上，当 $x=0$ 时，级数为 $\sum\limits_{n=1}^{\infty}(-1)^n a_n$，由莱布尼兹判别法知它是收敛的，而当 $x=2$ 时，级数为 $\sum\limits_{n=1}^{\infty}a_n$，由 $\{s_n\}$ 无界可知，部分和数列 $\{s_n\}$ 发散，即级数 $\sum\limits_{n=1}^{\infty}a_n$ 发散. 这两个结论表明，该幂级数的收敛半径为 $R=1$，收敛域为 $[0, 2)$，故选 (C).

例 9.11　(080111) 已知幂级数 $\sum\limits_{n=0}^{\infty}a_n(x+2)^n$ 在 $x=0$ 处收敛，在 $x=-4$ 处发散，则幂级数 $\sum\limits_{n=0}^{\infty}a_n(x-3)^n$ 的收敛域为________.

分析　$\sum\limits_{n=0}^{\infty}a_n(x+2)^n$ 是关于 $x=-2$ 为中心的幂级数，而 $x=0$ 与 $x=-4$ 到 $x=-2$ 等距离. 故应用幂级数的阿贝尔定理求解此题.

解　因为 $\sum\limits_{n=0}^{\infty}a_n(x+2)^n$ 是中心点在 $x_0=-2$ 处的幂级数，且在 $x=0$ 处收敛，在 $x=-4$ 处发散，所以其收敛半径 $R=2$，收敛域为 $(-4, 0]$，即 $\sum\limits_{n=0}^{\infty}a_n(x+2)^n$ 只在 $-2<x+2\leqslant 2$ 收敛，从而幂级数 $\sum\limits_{n=0}^{\infty}a_n(x-3)^n$ 也只在 $-2<x-3\leqslant 2$ 收敛，故 $\sum\limits_{n=0}^{\infty}a_n(x-3)^n$ 的收敛域为 $(1, 5]$.

例 9.12　求幂级数 $\sum\limits_{n=1}^{\infty}\dfrac{(x-2)^{2n}}{n\cdot 4^n}$ 的收敛域.

分析 该幂级数是缺项的幂级数.

解
$$\lim_{n\to\infty}\left|\frac{u_{n+1}(x)}{u_n(x)}\right| = \lim_{n\to\infty}\left|\frac{(x-2)^{2n+2}}{(n+1)\cdot 4^{n+1}}\cdot\frac{n\cdot 4^n}{(x-2)^{2n}}\right|$$
$$=\frac{1}{4}(x-2)^2,$$

当$\frac{1}{4}(x-2)^2<1$，即$0<x<4$时，原级数收敛；当$\frac{1}{4}(x-2)^2>1$，即$x<0$或$x>4$时，原级数发散；又当$x=0$和$x=4$时，原级数均化为$\sum\limits_{n=1}^{\infty}\frac{1}{n}$，显然发散；所以原级数的收敛域为（0，4）.

注 本题还可作代换令$(x-2)^2=t$，将原级数化为$\sum\limits_{n=1}^{\infty}\frac{t^n}{n\cdot 4^n}$.

题型3 求常数项级数的和及幂级数的和函数

【方法与技巧】

（1）幂级数求和通常利用幂级数的逐项求导、逐项积分等方法，将原级数化为已知和函数的级数，利用几何级数的结果求得和函数.

（2）求常数项级数$\sum\limits_{n=1}^{\infty}u_n$的和常用的方法有：①利用幂级数及其和函数，关键是恰当地构造幂级数$\sum\limits_{n=1}^{\infty}u_nx^n$，然后求出收敛区间$(-R,R)$，$x_0\in(-R,R)$，再求和函数$s(x)$，则$\sum\limits_{n=1}^{\infty}u_n=s(x_0)$；②直接对$u_n$进行化简，利用级数收敛的定义，其部分和数列有极限，可求出收敛级数的和.

（3）幂级数的综合题.

例9.13 （100110）求幂级数$\sum\limits_{n=1}^{\infty}\frac{(-1)^{n-1}}{2n-1}x^{2n}$的收敛域及和函数$s(x)$.

分析 幂级数求和，一般采用逐项求导或逐项积分，转化为几何级数或已知函数的幂级数展开式，从而达到求和的目的. 本题幂级数求和应尽量将其转化为形如$\sum\limits_{n=1}^{\infty}\frac{x^n}{n}$或$\sum\limits_{n=1}^{\infty}nx^{n-1}$的幂级数.

解 因为
$$\lim_{n\to\infty}\frac{\left|\frac{(-1)^n}{2n+1}x^{2n+2}\right|}{\left|\frac{(-1)^{n-1}}{2n-1}x^{2n}\right|}=\lim_{n\to\infty}\frac{(2n-1)}{2n+1}x^2=x^2,$$

由阿贝尔定理，当$|x|<1$时级数收敛；当$|x|>1$时级数发散；当$x=\pm1$时，级

数 $\sum_{n=1}^{\infty}\frac{(-1)^{n-1}}{2n-1}$ 收敛，所以级数 $\sum_{n=1}^{\infty}\frac{(-1)^{n-1}}{2n-1}x^{2n}$ 的收敛域为 $[-1,1]$. 设

$$s(x)=\sum_{n=1}^{\infty}\frac{(-1)^{n-1}}{2n-1}x^{2n},\ s_1(x)=\sum_{n=1}^{\infty}\frac{(-1)^{n-1}}{2n-1}x^{2n-1}，则$$

$$s(x)=xs_1(x),\ s_1(0)=0,\ s'_1(x)=\sum_{n=1}^{\infty}(-x^2)^{n-1}=\frac{1}{1+x^2}.$$

由于 $s_1(x)-s_1(0)=\int_0^x s_1'(x)\mathrm{d}x=\int_0^x\frac{1}{1+x^2}\mathrm{d}x=\arctan x$，因此

$$s(x)=xs_1(x)=x\arctan x.$$

例 9.14　（120117）求幂级数

$$\sum_{n=0}^{\infty}\frac{4n^2+4n+3}{2n+1}x^{2n}$$

的收敛域及和函数 $s(x)$.

解　设 $u_n(x)=\frac{4n^2+4n+3}{2n+1}x^{2n}$，则有

$$\lim_{n\to\infty}\left|\frac{u_{n+1}(x)}{u_n(x)}\right|=x^2.$$

于是，当 $x^2<1$ 即 $|x|<1$ 时，级数收敛；而当 $|x|>1$ 时，级数发散．故 $R=1$.

当 $x=\pm1$ 时，级数为 $\sum_{n=0}^{\infty}\frac{4n^2+4n+3}{2n+1}$，一般项不趋于零（而是无穷大），级数发散．故收敛域为 $(-1,1)$.

当 $-1<x<1$ 时，设级数的和函数为 $s(x)$，则

$$\begin{aligned}s(x)&=\sum_{n=0}^{\infty}\frac{4n^2+4n+3}{2n+1}x^{2n}=\sum_{n=0}^{\infty}\frac{(2n+1)^2+2}{2n+1}x^{2n}\\&=\sum_{n=0}^{\infty}(2n+1)x^{2n}+\sum_{n=0}^{\infty}\frac{2}{2n+1}x^{2n}=s_1(x)+s_2(x),\end{aligned}$$

$$s_1(x)=\left(\sum_{n=0}^{\infty}x^{2n+1}\right)'=\left(\frac{x}{1-x^2}\right)'=\frac{1+x^2}{(1-x^2)^2},$$

当 $x\neq0$ 时，

$$xs_2(x)=2\sum_{n=0}^{\infty}\frac{x^{2n+1}}{2n+1},$$

$$[xs_2(x)]'=2\sum_{n=0}^{\infty}x^{2n}=\frac{2}{1-x^2},$$

积分得 $xs_2(x)=\ln\frac{1+x}{1-x}$，故 $s_2(x)=\frac{1}{x}\ln\frac{1+x}{1-x}$.

当 $x=0$ 时，$s_2(0)=2$，$s_1(0)=1$．综上可得

$$s(x)=\begin{cases}\dfrac{1+x^2}{(1-x^2)^2}+\dfrac{1}{x}\ln\dfrac{1+x}{1-x}, & 0<|x|<1,\\ 3, & x=0.\end{cases}$$

典型错误　不讨论 $x=0$ 的情形.

例 9.15　(130116) 设数列 $\{a_n\}$ 满足条件：$a_0=3$，$a_1=1$，$a_{n-2}-n(n-1)a_n=0$ $(n\geqslant2)$，$s(x)$ 是幂级数 $\sum\limits_{n=0}^{\infty}a_nx^n$ 的和函数.

(1) 证明：$s''(x)-s(x)=0$；

(2) 求 $s(x)$ 的表达式.

分析　本题考查幂级数的和函数的性质和二阶常系数齐次线性微分方程的初值问题.

解　(1) 由题设得 $a_{2n}=\dfrac{3}{(2n)!}$，$a_{2n+1}=\dfrac{1}{(2n+1)!}$，所以 $\sum\limits_{n=0}^{\infty}a_nx^n$ 的收敛半径为 $+\infty$. 由 $s(x)=\sum\limits_{n=0}^{\infty}a_nx^n$，得

$$s'(x)=\sum_{n=1}^{\infty}na_nx^{n-1},\ s''(x)=\sum_{n=2}^{\infty}n(n-1)a_nx^{n-2}.$$

又 $a_{n-2}-n(n-1)a_n=0$，所以

$$s''(x)=\sum_{n=2}^{\infty}n(n-1)a_nx^{n-2}=\sum_{n=0}^{\infty}a_nx^n=s(x),$$

故 $s''(x)-s(x)=0$.

(2) 特征方程为 $r^2-1=0$，得特征根为 $r_1=1$，$r_2=-1$，通解为

$$s(x)=C_1\mathrm{e}^x+C_2\mathrm{e}^{-x}.$$

又 $s(0)=a_0=3$，$s'(0)=a_1=1$，得 $C_1=2$，$C_2=1$，所以

$$s(x)=2\mathrm{e}^x+\mathrm{e}^{-x}.$$

例 9.16　(090109) 设 a_n 为曲线 $y=x^n$ 与 $y=x^{n+1}$ $(n=1,2,\cdots)$ 所围区域的面积，记 $s_1=\sum\limits_{n=1}^{\infty}a_n$，$s_2=\sum\limits_{n=1}^{\infty}a_{2n-1}$，求 s_1 与 s_2 的值.

分析　这是一道考查定积分的应用与级数的综合题，重点考查级数收敛的定义以及数项级数求和的问题.

解　曲线 $y=x^n$ 与 $y=x^{n+1}$ 的交点为 (0，0) 和 (1，1)，所求区域的面积

$$a_n=\int_0^1(x^n-x^{n+1})\mathrm{d}x=\frac{1}{n+1}-\frac{1}{n+2}.$$

所以

$$s_1=\sum_{n=1}^{\infty}a_n=\sum_{n=1}^{\infty}\left(\frac{1}{n+1}-\frac{1}{n+2}\right)$$

$$= \lim_{N\to\infty}\sum_{n=1}^{N}\left(\frac{1}{n+1}-\frac{1}{n+2}\right)$$

$$= \lim_{N\to\infty}\left(\frac{1}{2}-\frac{1}{N+2}\right)=\frac{1}{2},$$

$$s_2 = \sum_{n=1}^{\infty}a_{2n-1} = \sum_{n=1}^{\infty}\left(\frac{1}{2n}-\frac{1}{2n+1}\right)$$

$$= \lim_{N\to\infty}\sum_{n=1}^{N}\left(\frac{1}{2n}-\frac{1}{2n+1}\right)$$

$$= \lim_{N\to\infty}\left[\left(\frac{1}{2}-\frac{1}{3}\right)+\left(\frac{1}{4}-\frac{1}{5}\right)+\left(\frac{1}{8}-\frac{1}{7}\right)+\cdots+\left(\frac{1}{2N}-\frac{1}{2N+1}\right)\right]$$

$$= \lim_{N\to\infty}\left(\frac{1}{2}-\frac{1}{3}+\frac{1}{4}-\frac{1}{5}+\frac{1}{8}-\frac{1}{7}+\cdots+\frac{1}{2N}-\frac{1}{2N+1}\right)$$

$$= \sum_{n=2}^{\infty}\frac{(-1)^n}{n}.$$

考察幂级数 $\sum_{n=1}^{\infty}\frac{(-1)^n}{n}x^n$ 知，其收敛域为 $(-1,1]$，和函数为 $-\ln(1+x)$. 所以

$$s(x) = \sum_{n=2}^{\infty}\frac{(-1)^n}{n}x^n = x-\ln(1+x),$$

令 $x=1$，得 $s_2 = \sum_{n=1}^{\infty}a_{2n-1} = s(1) = 1-\ln 2$.

题型 4　求函数的幂级数展开式

【方法与技巧】

将函数展开为幂级数常用方法有两种：

（1）直接法. 先求 $f^{(n)}(x_0)$，写出泰勒级数，然后考察 $\lim\limits_{n\to\infty}R_n(x)$.

（2）间接法. 利用幂级数的逐项求导和逐项求积及基本初等函数的展开式将函数展开成幂级数.

例 9.17　（060112）将函数 $f(x)=\dfrac{x}{2+x-x^2}$ 展开成 x 的幂级数.

解　因为

$$f(x) = \frac{x}{2+x-x^2} = \frac{1}{3}\left(\frac{2}{2-x}-\frac{1}{1+x}\right),$$

$$\frac{1}{1+x} = \sum_{n=0}^{\infty}(-1)^n x^n,\ x\in(-1,1),$$

$$\frac{2}{2-x} = \frac{1}{1-\frac{x}{2}} = \sum_{n=0}^{\infty}\frac{x^n}{2^n},\ x\in(-2,2),$$

所以

$$f(x)=\frac{x}{2+x-x^2}=\frac{1}{3}\sum_{n=0}^{\infty}\left[\frac{1}{2^n}-(-1)^n\right]x^n,\ x\in(-1,1).$$

五、教材习题选解

习题 9.1

3. 根据级数收敛与发散的定义判定下列级数的收敛性:

(1) $\frac{1}{2\cdot 3}+\frac{1}{3\cdot 4}+\frac{1}{4\cdot 5}+\cdots+\frac{1}{(n+1)(n+2)}+\cdots$;

(2) $\sum\limits_{n=1}^{\infty}(\sqrt{n}-\sqrt{n+1})\quad(n=1,2,\cdots)$;

(3) $\sum\limits_{n=1}^{\infty}\ln\frac{n}{n+1}\quad(n=1,2,\cdots)$.

解 (1) $s_n=\frac{1}{2}-\frac{1}{3}+\frac{1}{3}-\frac{1}{4}+\cdots+\frac{1}{n+1}-\frac{1}{n+2}=\frac{1}{2}-\frac{1}{n+2}$,

所以 $\lim\limits_{n\to\infty}s_n=\lim\limits_{n\to\infty}\left(\frac{1}{2}-\frac{1}{n+2}\right)=\frac{1}{2}$. 此级数收敛.

(2) $s_n=\sqrt{1}-\sqrt{2}+\sqrt{2}-\sqrt{3}+\cdots+\sqrt{n}-\sqrt{n+1}=1-\sqrt{n+1}$，所以

$$\lim_{n\to\infty}s_n=\lim_{n\to\infty}(1-\sqrt{n+1})=\infty.$$

此级数发散.

(3) $s_n=\ln 1-\ln 2+\ln 2-\ln 3+\cdots+\ln n-\ln(n+1)=-\ln(n+1)$，所以

$$\lim_{n\to\infty}s_n=-\lim_{n\to\infty}\ln(n+1)=\infty.$$

此级数发散.

4. 判定下列级数的收敛性:

(1) $-\frac{2}{3}+\frac{2^2}{3^2}-\frac{2^3}{3^3}+\cdots+(-1)^n\frac{2^n}{3^n}+\cdots$;

(2) $\frac{1}{3}+\frac{1}{6}+\frac{1}{9}+\cdots+\frac{1}{3n}+\cdots$;

(3) $\cos\frac{\pi}{5}+\cos\frac{2\pi}{5}+\cos\frac{3\pi}{5}+\cdots+\cos\frac{n\pi}{5}+\cdots$;

(4) $\frac{1}{5}+\frac{1}{\sqrt{5}}+\frac{1}{\sqrt[3]{5}}+\cdots+\frac{1}{\sqrt[n]{5}}+\cdots$.

解 (1) 此级数为等比级数，且 $|q|=\frac{2}{3}<1$，所以该级数收敛.

(2) 因 $\sum\limits_{n=1}^{\infty}\frac{1}{n}$ 发散，由收敛级数的性质 1 可知 $\sum\limits_{n=1}^{\infty}\frac{1}{3n}$ 发散.

(3) 因为 $\lim\limits_{n\to\infty}\cos\frac{n\pi}{5}$ 不存在，所以 $\lim\limits_{n\to\infty}\cos\frac{n\pi}{5}\neq 0$，由收敛级数的性质 5 可知此级数发散.

(4) 因为 $\lim\limits_{n\to\infty}\frac{1}{\sqrt[n]{5}}=1\neq 0$，此级数发散.

习题 9.2

1. 用比较审敛法或极限形式的比较审敛法判定下列级数的敛散性：

(2) $\sum_{n=1}^{\infty}\frac{1}{\sqrt{n+n^2}}$；　(3) $\sum_{n=1}^{\infty}\frac{\sin\frac{1}{2^n}}{2^n}$；　(4) $\sum_{n=1}^{\infty}\left(1-\cos\frac{1}{n}\right)$；

(5) $\sum_{n=1}^{\infty}\frac{n+1}{2n^2+1}$；　(6) $\sum_{n=1}^{\infty}\ln\frac{n+1}{n}$；

(7) $\sin\frac{\pi}{3}+\sin\frac{\pi}{3^2}+\sin\frac{\pi}{3^3}+\cdots+\sin\frac{\pi}{3^n}+\cdots$；

(8) $\sum_{n=1}^{\infty}\frac{1}{1+a^n}(a>0)$.

解 (2) 因为 $\lim\limits_{n\to\infty}\frac{\frac{1}{\sqrt{n+n^2}}}{\frac{1}{n}}=\lim\limits_{n\to\infty}\frac{1}{\sqrt{1+\frac{1}{n}}}=1$，又因 $\sum_{n=1}^{\infty}\frac{1}{n}$ 发散，由极限形式的比较方法知 $\sum_{n=1}^{\infty}\frac{1}{\sqrt{n+n^2}}$ 发散.

(3) 因为 $\frac{\sin\frac{1}{2^n}}{2^n}\leqslant\frac{1}{2^n}$，而 $\sum_{n=1}^{\infty}\frac{1}{2^n}$ 收敛，所以 $\sum_{n=1}^{\infty}\frac{\sin 2^n}{2^n}$ 收敛.

(4) 因为 $1-\cos\frac{1}{n}=2\sin^2\frac{1}{2n}$，而 $\lim\limits_{n\to\infty}\frac{2\sin^2\frac{1}{2n}}{\frac{1}{(2n)^2}}=2$，所以 $\sum_{n=1}^{\infty}\left(1-\cos\frac{1}{n}\right)$ 收敛.

(5) 因为 $\lim\limits_{n\to\infty}\frac{\frac{n+1}{2n^2+1}}{\frac{1}{n}}=\frac{1}{2}$，又 $\sum_{n=1}^{\infty}\frac{1}{n}$ 发散，所以 $\sum_{n=1}^{\infty}\frac{n+1}{2n^2+1}$ 发散.

(6) 因为 $\lim\limits_{n\to\infty}\frac{\ln\left(\frac{n+1}{n}\right)}{\frac{1}{n}}=\lim\limits_{n\to\infty}\frac{\ln\left(1+\frac{1}{n}\right)}{\frac{1}{n}}=1$，又 $\sum_{n=1}^{\infty}\frac{1}{n}$ 发散，所以 $\sum_{n=1}^{\infty}\ln\left(\frac{n+1}{n}\right)$ 发散.

(7) 因为 $\lim\limits_{n\to\infty}\frac{\sin\frac{\pi}{3^n}}{\frac{1}{3^n}}=\pi$，又 $\sum_{n=1}^{\infty}\frac{1}{3^n}$ 收敛，所以 $\sum_{n=1}^{\infty}\sin\frac{\pi}{3^n}$ 收敛.

(8) 当 $0<a<1$ 时，因为 $\frac{1}{1+a^n}<\frac{1}{a^n}$，又 $\sum_{n=1}^{\infty}\frac{1}{a^n}$ 收敛，所以 $\sum_{n=1}^{\infty}\frac{1}{1+a^n}$ 收敛. 当 $a\geqslant1$ 时，因为 $\frac{1}{1+a^n}\geqslant\frac{1}{2}\neq0$，所以 $\sum_{n=1}^{\infty}\frac{1}{1+a^n}$ 发散.

2. 用比值审敛法判定下列级数的敛散性：

(1) $1+\frac{1}{1\cdot 2}+\frac{1}{1\cdot 2\cdot 3}+\cdots+\frac{1}{1\cdot 2\cdot 3\cdot\cdots\cdot n}+\cdots$;

(2) $\frac{1}{10}+\frac{1\cdot 2}{10^2}+\frac{1\cdot 2\cdot 3}{10^3}+\cdots+\frac{n!}{10^n}+\cdots$;

(3) $\sum\limits_{n=1}^{\infty}\frac{n^2}{2^n}$;　　(4) $\sum\limits_{n=1}^{\infty}\frac{3^n\cdot n!}{n^n}$;　　(5) $\sum\limits_{n=1}^{\infty}2^n\sin\frac{\pi}{3^n}$.

解 (1) 因为 $\lim\limits_{n\to\infty}\frac{u_{n+1}}{u_n}=\lim\limits_{n\to\infty}\frac{1\cdot 2\cdot 3\cdot\cdots\cdot n}{1\cdot 2\cdot 3\cdot\cdots\cdot n\ (n+1)}=\lim\limits_{n\to\infty}\frac{1}{n+1}=0<1$，所以 $\sum\limits_{n=1}^{\infty}\frac{1}{1\cdot 2\cdot 3\cdot\cdots\cdot n}$ 收敛.

(2) 因为 $\lim\limits_{n\to\infty}\frac{u_{n+1}}{u_n}=\lim\limits_{n\to\infty}\frac{(n+1)!}{n!}\cdot\frac{10^n}{10^{n+1}}=\lim\limits_{n\to\infty}\frac{1\cdot 2\cdot 3\cdot\cdots\cdot n(n+1)}{1\cdot 2\cdot 3\cdot\cdots\cdot n}\cdot\frac{10^n}{10^{n+1}}=\lim\limits_{n\to\infty}\frac{n+1}{10}=+\infty$，所以 $\sum\limits_{n=1}^{\infty}\frac{n!}{10^n}$ 发散.

(3) 因为 $\lim\limits_{n\to\infty}\frac{u_{n+1}}{u_n}=\lim\limits_{n\to\infty}\frac{(n+1)^2}{2^{n+1}}\cdot\frac{2^n}{n^2}=\frac{1}{2}<1$，所以 $\sum\limits_{n=1}^{\infty}\frac{n^2}{2^n}$ 收敛.

(4) 因为 $\lim\limits_{n\to\infty}\frac{u_{n+1}}{u_n}=\lim\limits_{n\to\infty}\frac{3^{n+1}(n+1)!}{(n+1)^{n+1}}\frac{n^n}{3^n n\ !}=3\lim\limits_{n\to\infty}\left(\frac{n}{n+1}\right)^n=\frac{3}{\mathrm{e}}>1$，所以 $\sum\limits_{n=1}^{\infty}\frac{3^n\cdot n!}{n^n}$ 发散.

(5) 因为 $\lim\limits_{n\to\infty}\frac{u_{n+1}}{u_n}=\lim\limits_{n\to\infty}\frac{2^{n+1}\sin\frac{\pi}{3^{n+1}}}{2^n\sin\frac{\pi}{3^n}}=2\lim\limits_{n\to\infty}\frac{\frac{\pi}{3^{n+1}}}{\frac{\pi}{3^n}}=\frac{2}{3}<1$，所以 $\sum\limits_{n=1}^{\infty}2^n\sin\frac{\pi}{3^n}$ 收敛.

3. 用根值审敛法判定下列级数的敛散性：

(1) $\sum\limits_{n=1}^{\infty}\left(\frac{n}{2n+1}\right)^n$;

(3) $\frac{4}{3}+2\left(\frac{4}{3}\right)^2+3\left(\frac{4}{3}\right)^3+\cdots+n\left(\frac{4}{3}\right)^n+\cdots$.

解 (1) 因为 $\lim\limits_{n\to\infty}\sqrt[n]{\left(\frac{n}{2n+1}\right)^n}=\lim\limits_{n\to\infty}\frac{n}{2n+1}=\frac{1}{2}<1$，所以 $\sum\limits_{n=1}^{\infty}\left(\frac{n}{2n+1}\right)^n$ 收敛.

(3) 因为 $\lim\limits_{n\to\infty}\sqrt[n]{n\left(\frac{4}{3}\right)^n}=\frac{4}{3}\lim\limits_{n\to\infty}\sqrt[n]{n}=\frac{4}{3}>1$，所以 $\sum\limits_{n=1}^{\infty}n\left(\frac{4}{3}\right)^n$ 发散.

习题 9.3

2. 判定下列级数是否收敛？如果是收敛的，是绝对收敛还是条件收敛？

(1) $1-\frac{1}{\sqrt{2}}+\frac{1}{\sqrt{3}}-\frac{1}{\sqrt{4}}+\cdots$;　　(2) $\sum\limits_{n=1}^{\infty}\frac{(-1)^n}{\pi^n}\sin\frac{\pi}{n}$;

(3) $\sum\limits_{n=1}^{\infty}(-1)^n\frac{3n+1}{2^n}$;　　(4) $\sum\limits_{n=1}^{\infty}\frac{n}{2^n}\cos\frac{n\pi}{3}$;

(5) $\sum\limits_{n=1}^{\infty}(-1)^n\frac{\ln n}{n}$.

解 （1）因为 $\left|(-1)^{n-1}\frac{1}{\sqrt{n}}\right|=\frac{1}{\sqrt{n}}$，而级数 $\sum_{n=1}^{\infty}\frac{1}{\sqrt{n}}$ 发散，所以 $\sum_{n=1}^{\infty}(-1)^{n-1}\frac{1}{\sqrt{n}}$ 条件收敛.

（2）因为 $\left|\frac{(-1)^n}{\pi^n}\sin\frac{\pi}{n}\right|=\frac{\left|\sin\frac{\pi}{n}\right|}{\pi^n}\leqslant\frac{1}{\pi^n}$，而 $\sum_{n=1}^{\infty}\frac{1}{\pi^n}$ 收敛，所以级数 $\sum_{n=1}^{\infty}\frac{(-1)^n}{\pi^n}\sin\frac{\pi}{n}$ 绝对收敛.

（3）因为 $\lim_{n\to\infty}\frac{u_{n+1}}{u_n}=\lim_{n\to\infty}\frac{\frac{3n+4}{2^{n+1}}}{\frac{3n+1}{2^n}}=\frac{1}{2}<1$，所以级数 $\sum_{n=1}^{\infty}\frac{3n+1}{2^n}$ 收敛. 因此级数 $\sum_{n=1}^{\infty}(-1)^n\frac{3n+1}{2^n}$ 绝对收敛.

（4）因为 $\lim_{n\to\infty}\frac{u_{n+1}}{u_n}=\lim_{n\to\infty}\frac{\frac{n+1}{2^{n+1}}}{\frac{n}{2^n}}=\frac{1}{2}<1$，所以级数 $\sum_{n=1}^{\infty}\frac{n}{2^n}$ 收敛. 因此级数 $\sum_{n=1}^{\infty}\frac{n}{2^n}\cos\frac{n\pi}{3}$ 绝对收敛.

（5）当 $n>\mathrm{e}$ 时，$\frac{\ln n}{n}>\frac{1}{n}$，所以 $\sum_{n=1}^{\infty}\frac{\ln n}{n}$ 发散，又由交错级数的莱布尼兹定理条件，故级数 $\sum_{n=1}^{\infty}(-1)^n\frac{\ln n}{n}$ 条件收敛.

习题 9.4

1. 求下列幂级数的收敛半径及收敛域：

（1）$-x+\frac{x^2}{2}-\frac{x^3}{3}+\cdots+(-1)^n\frac{x^n}{n}+\cdots$；

（2）$\frac{x-3}{1\cdot 3}+\frac{(x-3)^2}{2\cdot 3^2}+\frac{(x-3)^3}{3\cdot 3^3}+\cdots+\frac{(x-3)^n}{n\cdot 3^n}+\cdots$；

（3）$2x+\frac{2^2}{4}x^2+\frac{2^3}{9}x^3+\cdots+\frac{2^n}{n^2}x^n+\cdots$；

（4）$\sum_{n=1}^{\infty}(-1)^n\frac{x^{2n-1}}{2n-1}$；　　（5）$\sum_{n=1}^{\infty}\frac{2n+1}{2^n}x^{2n}$.

解 （1）因为 $\lim_{n\to\infty}\left|\frac{a_{n+1}}{a_n}\right|=\lim_{n\to\infty}\frac{\frac{1}{n+1}}{\frac{1}{n}}=\lim_{n\to\infty}\frac{n}{n+1}=1$，所以，$R=1$. 当 $x=1$ 时，级数 $\sum_{n=1}^{\infty}(-1)^n\frac{1}{n}$ 收敛；当 $x=-1$ 时，级数 $\sum_{n=1}^{\infty}\frac{1}{n}$ 发散. 因此，收敛域为 $(-1,1]$.

（2）令 $t=x-3$，则原级数变为 $\sum_{n=1}^{\infty}\frac{t^n}{n\cdot 3^n}$，因为

$$\lim_{n\to\infty}\left|\frac{a_{n+1}}{a_n}\right|=\lim_{n\to\infty}\frac{\frac{1}{(n+1)\cdot 3^{n+1}}}{\frac{1}{n\cdot 3^n}}=\frac{1}{3}\lim_{n\to\infty}\frac{n}{n+1}=\frac{1}{3},$$

所以，$R=3$. 当 $t=3$ 时，级数 $\sum_{n=1}^{\infty}\frac{1}{n}$ 发散；当 $t=-3$ 时，级数 $\sum_{n=1}^{\infty}\frac{(-1)^n}{n}$ 收敛.

故 $-3\leqslant x-3<3$，$0\leqslant x<6$，因此，收敛域为 $[0,6)$.

(3) 因为 $\lim\limits_{n\to\infty}\left|\frac{a_{n+1}}{a_n}\right|=\lim\limits_{n\to\infty}\frac{2^{n+1}}{(n+1)^2}\cdot\frac{n^2}{2^n}=2$，所以，$R=\frac{1}{2}$. 当 $x=\frac{1}{2}$ 时，级数 $\sum_{n=1}^{\infty}\frac{1}{n^2}$ 收敛；当 $x=-\frac{1}{2}$ 时，级数 $\sum_{n=1}^{\infty}(-1)^n\frac{1}{n^2}$ 收敛. 因此，收敛域为 $\left[-\frac{1}{2},\frac{1}{2}\right]$.

(4) 因为

$$\lim_{n\to\infty}\left|\frac{u_{n+1}}{u_n}\right|=\lim_{n\to\infty}\left|\frac{2n-1}{2n+1}\right||x|^2=|x|^2,$$

当 $|x|^2<1$，即 $|x|<1$ 时，级数 $\sum_{n=1}^{\infty}(-1)^n\frac{x^{2n-1}}{2n-1}$ 收敛；当 $|x|^2>1$，即 $|x|>1$ 时，级数 $\sum_{n=1}^{\infty}(-1)^n\frac{x^{2n-1}}{2n-1}$ 发散. 所以 $R=1$. 而当 $x=1$ 时，级数 $\sum_{n=1}^{\infty}\frac{(-1)^n}{2n-1}$ 收敛；当 $x=-1$ 时，级数 $\sum_{n=1}^{\infty}\frac{(-1)^{n-1}}{2n-1}$ 收敛. 因此，收敛域为 $[-1,1]$.

(5) 因为

$$\lim_{n\to\infty}\left|\frac{u_{n+1}}{u_n}\right|=\lim_{n\to\infty}\left|\frac{2n+3}{2^{n+1}}\cdot\frac{2^n}{2n+1}\right||x|^2=\frac{1}{2}|x|^2,$$

当 $\frac{1}{2}|x|^2<1$，即 $|x|<\sqrt{2}$ 时，级数 $\sum_{n=1}^{\infty}\frac{2n+1}{2^n}x^{2n}$ 收敛；

当 $\frac{1}{2}|x|^2>1$，即 $|x|>\sqrt{2}$ 时，级数 $\sum_{n=1}^{\infty}\frac{2n+1}{2^n}x^{2n}$ 发散. 所以 $R=\sqrt{2}$.

而 $x=-\sqrt{2}$ 时，级数 $\sum_{n=1}^{\infty}(2n+1)$ 发散；当 $x=\sqrt{2}$ 时，级数 $\sum_{n=1}^{\infty}(2n+1)$ 发散. 因此，收敛域为 $(-\sqrt{2},\sqrt{2})$.

2. 利用逐项求导或逐项积分，求下列级数的和函数：

(1) $\sum_{n=1}^{\infty}nx^{n-1}$；(2) $\sum_{n=1}^{\infty}(-1)^{n-1}\frac{x^{2n-1}}{2n-1}$；

(3) $\sum_{n=1}^{\infty}\frac{x^{2n}}{2n-1}$，并求级数 $\sum_{n=1}^{\infty}\frac{1}{(2n-1)\cdot 2^n}$ 的和.

解 (1) 级数 $\sum_{n=1}^{\infty}nx^{n-1}$ 的收敛域为 $(-1,1)$，

设 $s(x)=\sum_{n=1}^{\infty}nx^{n-1}$，则

$$\int_0^x s(x)\mathrm{d}x=\int_0^x\left(\sum_{n=1}^{\infty}nx^{n-1}\right)\mathrm{d}x=\sum_{n=1}^{\infty}\int_0^x nx^{n-1}\mathrm{d}x=\sum_{n=1}^{\infty}x^n=\frac{x}{1-x},$$

所以，$s(x)=\left(\frac{x}{1-x}\right)'=\frac{1}{(1-x)^2},x\in(-1,1)$.

(2) 级数 $\sum_{n=1}^{\infty}(-1)^{n-1}\frac{x^{2n-1}}{2n-1}$ 的收敛域为 $[-1,1]$，设

$$s(x)=\sum_{n=1}^{\infty}(-1)^{n-1}\frac{x^{2n-1}}{2n-1},$$

则 $$s'(x)=\left(\sum_{n=1}^{\infty}(-1)^{n-1}\frac{x^{2n-1}}{2n-1}\right)'=\sum_{n=1}^{\infty}(-1)^{n-1}x^{2n-2}=\frac{1}{1+x^2},$$

两边积分得 $$\int_0^x s'(x)\mathrm{d}x=s(x)-s(0)=\int_0^x\frac{1}{1+x^2}\mathrm{d}x=\arctan x,$$

因为 $s(0)=0$，所以有 $s(x)=\arctan x,\ x\in[-1,1]$.

(3) 级数 $\sum_{n=1}^{\infty}\frac{x^{2n}}{2n-1}$ 的收敛域为 $(-1,\ 1)$，设 $s(x)=\sum_{n=1}^{\infty}\frac{x^{2n}}{2n-1}$，则

$$s(x)=x\sum_{n=1}^{\infty}\frac{x^{2n-1}}{2n-1}=x\int_0^x\left[\sum_{n=1}^{\infty}\frac{x^{2n-1}}{2n-1}\right]'\mathrm{d}x=x\int_0^x\sum_{n=1}^{\infty}\left[\frac{x^{2n-1}}{2n-1}\right]'\mathrm{d}x$$

$$=x\int_0^x\left(\sum_{n=1}^{\infty}x^{2n-2}\right)\mathrm{d}x=x\int_0^x\frac{1}{1-x^2}\mathrm{d}x=\frac{x}{2}\ln\frac{1+x}{1-x}.$$

当 $x=\frac{1}{\sqrt{2}}$ 时，$\sum_{n=1}^{\infty}\frac{1}{(2n-1)\cdot 2^n}=\frac{1}{\sqrt{2}}\ln(\sqrt{2}+1)$.

3. 将下列函数展开成 x 的幂级数：

(1) $(1+x)\ln(1+x)$；　　(2) $x^2\mathrm{e}^{-x}$；

(3) $\frac{1}{(1+x)^2}$；　　(4) $\arctan x$.

解 (1) 因为 $\ln(1+x)=\sum_{n=1}^{\infty}(-1)^{n-1}\frac{x^n}{n}(-1<x\leqslant 1)$，所以

$$(1+x)\ln(1+x)=(1+x)\sum_{n=0}^{\infty}(-1)^n\frac{x^{n+1}}{n+1}$$

$$=\sum_{n=0}^{\infty}(-1)^n\frac{x^{n+1}}{n+1}+\sum_{n=0}^{\infty}(-1)^n\frac{x^{n+2}}{n+1}$$

$$=x+\sum_{n=1}^{\infty}(-1)^n\frac{x^{n+1}}{n+1}+\sum_{n=1}^{\infty}(-1)^{n+1}\frac{x^{n+1}}{n}$$

$$=x+\sum_{n=1}^{\infty}\left[\frac{(-1)^n}{n+1}+\frac{(-1)^{n+1}}{n}\right]x^{n+1}$$

$$=x+\sum_{n=1}^{\infty}\frac{(-1)^{n-1}}{n(n+1)}x^{n+1}(-1<x\leqslant 1).$$

(2) 由 $\mathrm{e}^x=\sum_{n=0}^{\infty}\frac{x^n}{n!}$，$x\in(-\infty,\ +\infty)$，知 $\mathrm{e}^{-x}=\sum_{n=0}^{\infty}\frac{(-1)^n x^n}{n!}$，所以，

$$x^2\mathrm{e}^{-x}=\sum_{n=0}^{\infty}\frac{(-1)^n x^{n+2}}{n!},x\in(-\infty,+\infty).$$

(3) 由于

$$\frac{1}{(1+x)^2}=\left(-\frac{1}{1+x}\right)'=\left[-\sum_{n=0}^{\infty}(-1)^n x^n\right]'=-\left[\sum_{n=0}^{\infty}(-1)^n x^n\right]'$$

$$= \sum_{n=1}^{\infty} (-1)^{n+1} n x^{n-1}, x \in (-1,1).$$

当 $x = \pm 1$ 时，$\sum\limits_{n=1}^{\infty} (-1)^{n+1} n x^{n-1}$ 发散，所以

$$\frac{1}{(1+x)^2} = \sum_{n=1}^{\infty} (-1)^{n+1} n x^{n-1},\ x \in (-1,1).$$

(4) 因为 $(\arctan x)' = \frac{1}{1+x^2} = \sum\limits_{n=0}^{\infty} (-1)^n x^{2n}, x \in (-1,1)$，两边积分得

$$\arctan x = \int_0^x (\arctan x)' \mathrm{d}x = \int_0^x \sum_{n=0}^{\infty} (-1)^n x^{2n} \mathrm{d}x = \sum_{n=0}^{\infty} \int_0^x (-1)^n x^{2n} \mathrm{d}x$$

$$= \sum_{n=0}^{\infty} \frac{(-1)^n}{2n+1} x^{2n+1} \quad x \in (-1,1).$$

当 $x = \pm 1$ 时，级数 $\sum\limits_{n=0}^{\infty} \frac{(-1)^n}{2n+1} x^{2n+1}$ 皆收敛，函数 $\arctan x$ 在 $x = \pm 1$ 处连续，所以 $\arctan x = \sum\limits_{n=0}^{\infty} \frac{(-1)^n}{2n+1} x^{2n+1}, x \in [-1,1]$.

4. 将函数 $f(x) = \sin x$ 在 $x = \frac{\pi}{4}$ 处展开成幂级数.

解 $\sin x = \sin\left(x - \frac{\pi}{4} + \frac{\pi}{4}\right) = \frac{\sqrt{2}}{2}\left[\sin\left(x - \frac{\pi}{4}\right) + \cos\left(x - \frac{\pi}{4}\right)\right]$，由于 $\sin x = \sum\limits_{n=0}^{\infty} (-1)^n \frac{x^{2n+1}}{(2n+1)!}$，$\cos x = \sum\limits_{n=0}^{\infty} (-1)^n \frac{x^{2n}}{(2n)!}$，所以

$$\sin x = \frac{\sqrt{2}}{2}\left[1 + \left(x - \frac{\pi}{4}\right) - \frac{\left(x - \frac{\pi}{4}\right)^2}{2!} - \frac{\left(x - \frac{\pi}{4}\right)^3}{3!} + \cdots\right], x \in (-\infty, +\infty).$$

5. 将函数 $f(x) = \ln x$ 展开成 $(x-2)$ 的幂级数.

解 因为 $\ln x = \ln(2 + x - 2) = \ln 2 + \ln\left(1 + \frac{x-2}{2}\right)$，

$$\ln(1+x) = \sum_{n=1}^{\infty} (-1)^{n-1} \frac{x^n}{n} (-1 < x \leqslant 1),$$

所以 $\ln x = \ln 2 + \sum\limits_{n=1}^{\infty} (-1)^{n-1} \frac{(x-2)^n}{n \cdot 2^n} \quad (0 < x \leqslant 4)$.

6. 将函数 $f(x) = \frac{1}{x^2 + 4x + 3}$ 展开成 $(x-1)$ 的幂级数.

解 因为 $\frac{1}{x^2 + 4x + 3} = \frac{1}{(x+1)(x+3)} = \frac{1}{2}\left(\frac{1}{x+1} - \frac{1}{x+3}\right)$

$$= \frac{1}{2}\left(\frac{1}{x-1+2} - \frac{1}{x-1+4}\right)$$

$$= \frac{1}{4} \frac{1}{1 + \frac{x-1}{2}} - \frac{1}{8} \frac{1}{1 + \frac{x-1}{4}},$$

而
$$\frac{1}{1+x}=\sum_{n=0}^{\infty}(-1)^n x^n \quad (-1<x<1),$$

所以
$$f(x)=\frac{1}{4}\sum_{n=0}^{\infty}(-1)^n\frac{(x-1)^n}{2^n}-\frac{1}{8}\sum_{n=0}^{\infty}(-1)^n\frac{(x-1)^n}{4^n},\ x\in(-1,3).$$

总习题九

2. 判定下列级数的收敛性：

(2) $\sum\limits_{n=1}^{\infty}\frac{n!}{2^n}$；　(3) $\sum\limits_{n=1}^{\infty}\frac{(2n)^{n+1}}{n!}$；　(5) $\sum\limits_{n=1}^{\infty}\frac{a^n}{n^s}$ $(a>0,s>0)$.

解 (2) 因为 $\lim\limits_{n\to\infty}\frac{u_{n+1}}{u_n}=\lim\limits_{n\to\infty}\frac{(n+1)!}{2^{n+1}}\cdot\frac{2^n}{n!}=\lim\limits_{n\to\infty}\frac{n+1}{2}=+\infty$，所以级数 $\sum\limits_{n=1}^{\infty}\frac{n!}{2^n}$ 发散.

(3) 因为
$$\lim_{n\to\infty}\frac{u_{n+1}}{u_n}=\lim_{n\to\infty}\frac{(2n+2)^{n+2}}{(n+1)!}\frac{n!}{(2n)^{n+1}}=2\lim_{n\to\infty}\left(1+\frac{1}{n}\right)^n=2\mathrm{e}>1,$$
所以此级数发散.

(5) 因为 $\lim\limits_{n\to\infty}\sqrt[n]{u_n}=a\lim\limits_{n\to\infty}\frac{1}{\sqrt[n]{n^s}}=a$，所以当 $a<1$ 时，级数收敛；当 $a>1$ 时，级数发散；当 $a=1$ 时，原级数变为 $\sum\limits_{n=1}^{\infty}\frac{1}{n^s}$，当 $s>1$ 时，级数收敛；当 $s\leqslant 1$ 时，级数发散.

3. 讨论下列级数的绝对收敛性与条件收敛性：

(2) $\sum\limits_{n=1}^{\infty}(-1)^{n+1}\sin\frac{\pi}{n}$；　(3) $\sum\limits_{n=1}^{\infty}(-1)^n\frac{n^{n+2}}{(n^2+1)^n}$.

解 (2) 由于 $\lim\limits_{n\to\infty}n\cdot\sin\frac{\pi}{n}=\pi>1$，所以 $\sum\limits_{n=1}^{\infty}\sin\frac{\pi}{n}$ 发散，故原级数条件收敛.

(3) 由于 $\lim\limits_{n\to\infty}\sqrt[n]{\frac{n^{n+2}}{(n^2+1)^n}}=\lim\limits_{n\to\infty}n^{\frac{2}{n}}\cdot\frac{n}{n^2+1}=0$，所以原级数绝对收敛.

6. 求下列幂级数的收敛半径及收敛域：

(1) $\sum\limits_{n=1}^{\infty}\frac{3^n+5^n}{n}x^n$；　(2) $\sum\limits_{n=1}^{\infty}\frac{(x-1)^n}{2^n}$；　(3) $\sum\limits_{n=1}^{\infty}\frac{n^2}{2^n}x^{2n}$.

解 (1) 因为
$$\lim_{n\to\infty}\left|\frac{a_{n+1}}{a_n}\right|=\lim_{n\to\infty}\frac{3^{n+1}+5^{n+1}}{n+1}\cdot\frac{n}{3^n+5^n}$$
$$=\lim_{n\to\infty}\frac{3^{n+1}+5^{n+1}}{3^n+5^n}=5\lim_{n\to\infty}\frac{\left(\frac{3}{5}\right)^{n+1}+1}{\left(\frac{3}{5}\right)^n+1}=5,$$

所以 $R=\frac{1}{5}$；当 $x=-\frac{1}{5}$ 时，级数 $\sum\limits_{n=1}^{\infty}(-1)^n\frac{\left(\frac{3}{5}\right)^n+1}{n}$ 收敛；当 $x=\frac{1}{5}$ 时，级数 $\sum\limits_{n=1}^{\infty}\frac{\left(\frac{3}{5}\right)^n+1}{n}$ 发散. 所以收敛域为 $\left[-\frac{1}{5},\ \frac{1}{5}\right)$.

（2）令 $t=x-1$，因为 $\lim\limits_{n\to\infty}\left|\dfrac{a_{n+1}}{a_n}\right|=\lim\limits_{n\to\infty}\dfrac{2^n}{2^{n+1}}=\dfrac{1}{2}$，所以 $R=2$；当 $t=-2$ 时，级数 $\sum\limits_{n=1}^{\infty}(-1)^n$ 发散；当 $t=2$ 时，级数 $\sum\limits_{n=1}^{\infty}1$ 发散. 所以 $-2<x-1<2$，因而收敛域为 $(-1, 3)$.

（3）因为 $\lim\limits_{n\to\infty}\left|\dfrac{u_{n+1}}{u_n}\right|=\lim\limits_{n\to\infty}\left|\dfrac{(n+1)^2}{2^{n+1}}\cdot\dfrac{2^n}{n^2}\right||x|^2=\dfrac{1}{2}|x|^2$，

当 $\dfrac{1}{2}|x|^2<1$，即 $|x|<\sqrt{2}$ 时，级数 $\sum\limits_{n=1}^{\infty}\dfrac{n^2}{2^n}x^{2n}$ 收敛；当 $\dfrac{1}{2}|x|^2>1$，即 $|x|>\sqrt{2}$ 时，级数 $\sum\limits_{n=1}^{\infty}\dfrac{n^2}{2^n}x^{2n}$ 发散. 所以 $R=\sqrt{2}$. 而当 $x=-\sqrt{2}$ 时，级数 $\sum\limits_{n=1}^{\infty}n^2$ 发散；当 $x=\sqrt{2}$ 时，级数 $\sum\limits_{n=1}^{\infty}n^2$ 发散. 因此，收敛域为 $(-\sqrt{2}, \sqrt{2})$.

7. 求下列幂级数的和函数：

（1）$\sum\limits_{n=1}^{\infty}\dfrac{n}{n+1}x^n$；　　（2）$\sum\limits_{n=0}^{\infty}(2n+1)x^n$；　　（3）$\sum\limits_{n=1}^{\infty}\dfrac{n^2}{n!}x^n$.

解　（1）级数 $\sum\limits_{n=1}^{\infty}\dfrac{n}{n+1}x^n$ 的收敛域为 $(-1, 1)$，设 $s(x)=\sum\limits_{n=1}^{\infty}\dfrac{n}{n+1}x^n$，则

$$xs(x)=\sum_{n=1}^{\infty}\frac{n}{n+1}x^{n+1},\ [xs(x)]'=\sum_{n=1}^{\infty}nx^n$$

当 $x\neq 0$ 时，$\int_0^x\dfrac{[xs(x)]'}{x}\mathrm{d}x=\sum\limits_{n=1}^{\infty}x^n=\dfrac{x}{1-x}$，两边求导得 $[xs(x)]'=\dfrac{x}{(1-x)^2}$，再两边积分得

$$s(x)=\begin{cases}\dfrac{1}{x(1-x)}+\dfrac{\ln(1-x)}{x}, & -1<x<0\text{或}0<x<1,\\ 0, & x=0.\end{cases}$$

（2）级数 $\sum\limits_{n=0}^{\infty}(2n+1)x^n$ 的收敛域为 $(-1, 1)$，设 $s(x)=\sum\limits_{n=0}^{\infty}(2n+1)x^n$，则

$$\begin{aligned}s(x)&=2\sum_{n=0}^{\infty}nx^n+\sum_{n=0}^{\infty}x^n=2x\sum_{n=1}^{\infty}(x^n)'+\sum_{n=0}^{\infty}x^n\\&=2x\left(\sum_{n=1}^{\infty}x^n\right)'+\sum_{n=0}^{\infty}x^n=2x\left(\frac{1}{1-x}\right)'+\frac{1}{1-x}=\frac{1+x}{(1-x)^2},\ x\in(-1, 1).\end{aligned}$$

（3）级数 $s(x)=\sum\limits_{n=1}^{\infty}\dfrac{n^2}{n!}x^n$ 的收敛域为 $(-\infty, +\infty)$. 因 $\mathrm{e}^x=\sum\limits_{n=0}^{\infty}\dfrac{x^n}{n!}$，则 $\sum\limits_{n=1}^{\infty}\dfrac{x^n}{n!}=\mathrm{e}^x-1$，逐项求导得 $\sum\limits_{n=1}^{\infty}\dfrac{nx^{n-1}}{n!}=\mathrm{e}^x$，两边乘以 x 再逐项求导得 $\sum\limits_{n=1}^{\infty}\dfrac{n^2x^{n-1}}{n!}=(x\mathrm{e}^x)'=(1+x)\mathrm{e}^x$，两边乘以 x 得 $\sum\limits_{n=1}^{\infty}\dfrac{n^2x^n}{n!}=x(1+x)\mathrm{e}^x$.

8. 将下列函数展开成 x 的幂级数：

（2）$\cos^2 x$.

解　（2）因为 $\cos^2 x=\dfrac{1}{2}(\cos 2x+1)=\dfrac{1}{2}+\dfrac{1}{2}\cos 2x$ 及 $\cos x=\sum\limits_{n=0}^{\infty}(-1)^n\dfrac{x^{2n}}{(2n)!}$，$x\in$

$(-\infty,+\infty)$，
所以

$$\cos^2 x=\frac{1}{2}+\frac{1}{2}\sum_{n=0}^{\infty}(-1)^n\frac{2^{2n}x^{2n}}{(2n)!}=1+\sum_{n=1}^{\infty}(-1)^n\frac{2^{2n-1}}{(2n)!}x^{2n},\ x\in\mathbf{R}.$$

9. 将下列级数展开成 $(x-1)$ 的幂级数：

(1) $\frac{1}{3-x}$;　　(2) $\ln\frac{x}{1+x}$.

解 (1) 因为 $\frac{1}{1-x}=\sum_{n=0}^{\infty}x^n\quad(-1<x<1)$，所以

$$\frac{1}{3-x}=\frac{1}{2}\frac{1}{1-\frac{x-1}{2}}=\frac{1}{2}\sum_{n=0}^{\infty}\left(\frac{x-1}{2}\right)^n=\sum_{n=0}^{\infty}\frac{(x-1)^n}{2^{n+1}},\quad x\in(-1,3).$$

(2) $\ln\frac{x}{1+x}=\ln x-\ln(1+x)=\ln(1+x-1)-\ln 2\left(1+\frac{x-1}{2}\right)$，由于 $\ln(1+x)=\sum_{n=1}^{\infty}(-1)^{n-1}\frac{x^n}{n}(-1<x\leqslant 1)$，所以

$$\ln\frac{x}{1+x}=\sum_{n=1}^{\infty}(-1)^{n-1}\frac{(x-1)^n}{n}-\sum_{n=1}^{\infty}(-1)^{n-1}\frac{(x-1)^n}{n\cdot 2^n}-\ln 2$$
$$=\sum_{n=1}^{\infty}(-1)^{n-1}\frac{2^n-1}{n\cdot 2^n}(x-1)^n-\ln 2,\quad x\in(0,2].$$

六、自测题

(满分 100 分，时间 120 分钟)

1. 判断下列级数的敛散性（每小题 6 分，共 12 分）：

(1) $\sum_{n=1}^{\infty}\frac{n-1}{4^n+(-2)^n}$;　　(2) $\sum_{n=1}^{\infty}\frac{1}{n+a^n}(a>0)$.

2. 判断下列级数是条件收敛还是绝对收敛（每小题 6 分，共 12 分）：

(1) $\sum_{n=1}^{\infty}\frac{(-1)^{n-1}}{n^{\frac{1}{2}}+1}$; (2) $\sum_{n=1}^{\infty}(-1)^n\sin^p\frac{1}{n}(p>0)$.

3. (8 分) 设正项级数 $\sum_{n=1}^{\infty}u_n$ 和 $\sum_{n=1}^{\infty}v_n$ 都收敛，证明 $\sum_{n=1}^{\infty}(u_n+v_n)^2$ 也收敛.

4. (8 分) 设 $\{a_n\}$ $(a_n\geqslant 0)$ 单调减少，且 $\sum_{n=1}^{\infty}(-1)^n a_n$ 发散，试证 $\sum_{n=1}^{\infty}\frac{1}{(1+a_n)^n}$ 收敛.

5. (10 分) 求级数 $\sum_{n=1}^{\infty}\frac{x^n}{2\cdot 4\cdot\cdots\cdot(2n)\cdot\cdots}$ 的收敛域.

6. (10 分) 求级数 $\sum_{n=1}^{\infty}\frac{(x-5)^n}{\sqrt{n}}$ 的收敛域.

7. (10 分) 求级数 $\sum_{n=1}^{\infty}\frac{x^{4n+1}}{4n+1}$ 的和函数.

8. (15 分) 设函数

$$f(x)=\begin{cases}\dfrac{1+x^2}{x}\arctan x, & x\neq 0,\\ 1, & x=0,\end{cases}$$

将函数 $f(x)$ 展开成 x 的幂级数，并求级数 $\sum\limits_{n=1}^{\infty}\dfrac{(-1)^n}{1-4n^2}$ 的和.

9. （15 分）将函数 $f(x)=\dfrac{1}{x^2-3x+2}$ 展开成（$x-3$）的幂级数.

参考答案

1. （1）收敛；（2）当 $0<a\leqslant 1$ 时发散；当 $a>1$ 时收敛.
2. （1）条件收敛；（2）当 $0<p\leqslant 1$ 时条件收敛；当 $p>1$ 时绝对收敛.
3. 提示：由比较审敛法证明结论.
4. 提示：$\{a_n\}$ 单调减少有下界，所以 $\lim\limits_{n\to\infty}a_n=a$，则 $a>0$（否则 $a=0$，由题设必有 $\sum\limits_{n=1}^{\infty}(-1)^n a_n$ 收敛，矛盾）. 故 $\lim\limits_{n\to\infty}\sqrt[n]{\dfrac{1}{(1+a_n)^n}}=\dfrac{1}{1+a}<1$，原级数收敛.
5. $(-\infty,+\infty)$.
6. $[4,6)$.
7. $\dfrac{1}{4}\ln\dfrac{1+x}{1-x}+\dfrac{1}{2}\arctan x-x\ (-1<x<1)$.
8. $f(x)=1+2\sum\limits_{n=1}^{\infty}\dfrac{(-1)^n}{1-4n^2}x^{2n}$，$x\in[-1,1]$；$\dfrac{\pi}{4}-\dfrac{1}{2}$.
9. $\sum\limits_{n=0}^{\infty}(x-3)^n-\dfrac{1}{2}\sum\limits_{n=0}^{\infty}(-1)^n\left(\dfrac{x-3}{2}\right)^n(2<x<4)$.

第十章　微分方程与差分方程

一、预习导引

微分方程是描述客观事物的数量关系的一种重要数学模型．在经济、管理等许多实际应用问题中，由于统计数据的获取是按等时间间隔进行的，从而导致变量是以定义在整数集上的数列形式变化的，即离散型变量．此时要应用差分方程描述这些离散型变量．本章主要介绍微分方程和差分方程的一些基本概念和几种常见的微分方程和差分方程的解法，并结合实际问题介绍微分方程和差分方程在经济学及管理学中的简单应用．

1. 微分方程的基本概念

（1）我们在前面的学习过程中，实际上已经遇到了一些简单的微分方程．你会建立微分方程形式的数学模型描述实际问题吗？

（2）常微分方程和偏微分方程的区别是什么？如何定义微分方程？

（3）微分方程的解有什么特点？通解中的任意常数是如何得到的？

2. 一阶微分方程及其解法

（1）实际问题中，遇到的微分方程是多种多样的，它们的解法也是多种多样的，这就要求我们去探讨微分方程的类型和解法问题．

（2）本章第二节中介绍了几类可求解的一阶微分方程，它们的表达形式是什么？如何求解？

（3）通解中的任意常数如何确定？

3. 一阶微分方程在经济中的应用

（1）在经济管理中经常需要研究各经济变量之间的联系及其变化的内在规律．为此就需要通过建立数学模型，特别是微分方程模型，并求解微分方程模型，从数量方面刻画经济变量之间的联系及其变化的内在规律，通过本章第三节的例题，你会对微分方程在经济管理中的应用有所体会．

（2）你会求解例题中所建立的模型吗？它们是什么类型的微分方程？

4. 可降阶的高阶微分方程

（1）前面几节中我们讨论了几种常见的一阶微分方程．对于有些简单的高阶微分方程，我们可以通过代换将它化为较低阶的微分方程来求解．

（2）对 y' 作变量代换后，y'' 也要发生相应的改变．这是因为方程中的自变量发生了变化，而 y'' 表示 y' 对自变量 x 求导．$y''=f(x, y')$ 型和 $y''=f(y, y')$ 型微分方程求解中，p 的自变量是不一样的，在学习本章第四节时需要特别注意．

5. 二阶常系数线性微分方程

（1）$y''+\cos 2x\cdot y=e^x$ 是线性微分方程吗？$y''+2xy^2=e^x$ 呢？

（2）函数 1，$\cos^2x$，$\sin^2x$ 在整个数轴上是线性相关的还是线性无关的？如何判断？

（3）在本章第二节中，我们看到一阶非齐次线性微分方程的通解由两部分构成：一部分为对应的齐次方程的通解，另一部分是所给非齐次方程自身的一个特解. 对于二阶以及更高阶的非齐次线性微分方程，是否也有同样的结论呢？本章第五节中的定理给了我们答案.

（4）你能写出微分方程 $y''+5y'+6y=0$ 的特征方程吗？

6. 一阶差分方程

（1）一阶差分、二阶差分、三阶差分及 n 阶差分是如何定义的？一阶差分的运算性质有哪些？

（2）对于常系数线性差分方程解的结构有哪些结论？

（3）齐次及非齐次线性差分方程如何求解？阅读完第六节后你能总结出来吗？

7. 一阶差分方程的简单经济应用

（1）在经济与管理及其他实际问题中，许多数据都是以等间隔时间周期统计的. 例如，银行中的定期存款是按所设定的时间等间隔计息，国民收入按年统计等. 因此差分方程在经济领域的应用十分广泛. 结合专业所学，你能举出一个用差分方程描述实际问题的例子吗？

（2）差分方程是研究离散型数学问题的有力工具，学习完第六节后你会求解哪些类型的差分方程呢？

二、知识梳理

1. 微分方程

定义 1　表示未知函数、未知函数的导数与自变量之间关系的方程叫做微分方程. 未知函数是一元函数的，叫做常微分方程，一般形式为

$$F(x, f(x), f'(x), \cdots, f^{(n)}(x))\equiv 0. \tag{10.1}$$

未知函数是多元函数的，叫做**偏微分方程**.

微分方程的阶　微分方程中出现的未知函数的最高阶导数的阶数，叫做微分方程的阶.

微分方程的解　如果函数 $y=f(x)$ 代入微分方程后能使方程两端恒等，则称函数 $y=f(x)$ 是微分方程的解.

微分方程的通解　微分方程的解中含有任意常数，且独立的任意常数的个数与微分方程的阶数相同，称这样的解为微分方程的通解.

微分方程的特解　不含任意常数的解为微分方程的特解. 这样的解，是满足某些附加条件的解.

微分方程的积分曲线 微分方程的解的图形是一条曲线，叫做微分方程的积分曲线. 微分方程的通解中含有任意常数，所以其积分曲线是含有参数（通解中的任意常数）的积分曲线族.

初始条件 使微分方程得到某一特解的附加条件，可以确定微分方程的通解中所含的 n 个任意常数.

一般地，n 阶微分方程 $F(x, y, y', \cdots, y^{(n)})=0$ 给定 n 个条件：

$$y\big|_{x=x_0}=y_0,\ y^{(i)}\big|_{x=x_0}=y_0^{(i)}\ (i=1, 2, \cdots, n-1).$$

2. 一阶的微分方程

（1）可分离变量的微分方程

一般地，如果一阶的微分方程能表示成

$$g(y)\mathrm{d}y=f(x)\mathrm{d}x \tag{10.2}$$

的形式，称其为可分离变量的微分方程.

解法 先分离变量再积分求解.

（2）齐次方程

如果一阶微分方程能表示成$\frac{\mathrm{d}y}{\mathrm{d}x}=\varphi\left(\frac{y}{x}\right)$的形式，则称这样的方程为齐次方程.

解法 作变量代换 $u=\frac{y}{x}$，则 $y=ux$，$\frac{\mathrm{d}y}{\mathrm{d}x}=x\frac{\mathrm{d}u}{\mathrm{d}x}+u$，代入原方程得

$$x\frac{\mathrm{d}u}{\mathrm{d}x}+u=\varphi(u)，即\ x\frac{\mathrm{d}u}{\mathrm{d}x}=\varphi(u)-u.$$

然后利用分离变量法求解方程.

（3）一阶线性微分方程

形如

$$\frac{\mathrm{d}y}{\mathrm{d}x}+P(x)y=Q(x) \tag{10.3}$$

的方程称为一阶线性微分方程，它对于未知函数 y 及其导数是一次线性的. 如果 $Q(x)\equiv 0$，则称方程（10.3）为齐次的；如果 $Q(x)$ 不恒等于零，则称方程（10.3）为非齐次的.

齐次线性微分方程的解法

对于齐次方程

$$\frac{\mathrm{d}y}{\mathrm{d}x}+P(x)y=0 \tag{10.4}$$

分离变量得$\frac{\mathrm{d}y}{y}=-P(x)\mathrm{d}x$，两端积分求解得 $y=C\mathrm{e}^{-\int P(x)\mathrm{d}x}$.

非齐次线性微分方程的解法

对于非齐次方程（10.3）有如下两种求解方法：

常数变易法

1）求对应的齐次方程（10.4）的通解；

2）设 $y=u(x)\mathrm{e}^{-\int P(x)\mathrm{d}x}$，代入方程（10.3）解出

$$u(x)=\int Q(x)\mathrm{e}^{\int P(x)\mathrm{d}x}\mathrm{d}x+C;$$

3）写出微分方程的通解：

$$y=\mathrm{e}^{-\int P(x)\mathrm{d}x}\left(\int Q(x)\mathrm{e}^{\int P(x)\mathrm{d}x}\mathrm{d}x+C\right).$$

公式法

1）写出一阶非齐次线性方程对应的 $P(x)$，$Q(x)$；

2）代入公式 $y=\mathrm{e}^{-\int P(x)\mathrm{d}x}\left(\int Q(x)\mathrm{e}^{\int P(x)\mathrm{d}x}\mathrm{d}x+C\right)$ 直接求出通解.

需要注意的是：一阶非齐次线性方程也可以表示为

$$\frac{\mathrm{d}x}{\mathrm{d}y}+P(y)x=Q(y),$$

其求解方法及步骤同上，只不过 x 和 y 交换位置而已，即通解为

$$x=\mathrm{e}^{-\int P(y)\mathrm{d}y}\left(\int Q(y)\mathrm{e}^{\int P(y)\mathrm{d}y}\mathrm{d}y+C\right).$$

（4）伯努利（Bernoulli）方程

形如

$$\frac{\mathrm{d}y}{\mathrm{d}x}+P(x)y=Q(x)y^{n}\quad(n\neq0,\ 1)$$

的方程称为伯努利方程.

解法 首先将方程变形为 $y^{-n}\frac{\mathrm{d}y}{\mathrm{d}x}+P(x)y^{1-n}=Q(x)$，令 $u=y^{1-n}$，则 $\frac{1}{1-n}\frac{\mathrm{d}u}{\mathrm{d}x}+P(x)u=Q(x)$ 或 $\frac{\mathrm{d}u}{\mathrm{d}x}+(1-n)P(x)u=(1-n)Q(x)$. 这是一个关于 u 的一阶非齐次线性方程，套用公式即可求得通解.

3. 高阶微分方程的求法

（1）可降阶的高阶微分方程

表 10-1

方程类型	求通解的方法
$y^{(n)}=f(x)$	$y=\int\cdots\int f(x)\mathrm{d}^{n}x+C_1x^{n-1}+C_2x^{n-2}+\cdots+C_{n-1}x+C_n$
$y''=f(x,\ y')$	令 $y'=p(x)$，则 $y''=p'$，原方程化为 $p'=f(x,\ p)$，设求得的解为 $p=\varphi(x,\ C_1)$，则 $y=\int\varphi(x,\ C_1)\mathrm{d}x+C_2$.

（续）

方程类型	求通解的方法
$y''=f(y, y')$	令 $y'=p(y)$，则 $y''=p\dfrac{dp}{dy}$，原方程化为 $$\frac{dp}{dy}=\frac{1}{p}f(y, p),$$ 设求得的解为 $p=\psi(y, C_1)$，则 $\dfrac{dy}{dx}=\psi(y, C_1)$，这是一个可分离变量的微分方程，通解为 $$\int\frac{dy}{\psi(y, C_1)}=x+C_2.$$

（2）二阶线性微分方程解的性质及结构

形如

$$\frac{d^2y}{dx^2}+P(x)\frac{dy}{dx}+Q(x)y=0 \tag{10.5}$$

的方程称为二阶齐次线性微分方程. 形如

$$\frac{d^2y}{dx^2}+P(x)\frac{dy}{dx}+Q(x)y=f(x) \tag{10.6}$$

的方程称为二阶非齐次线性微分方程.

定理1（齐次方程解的叠加原理）　如果函数 $y_1(x)$ 与 $y_2(x)$ 是方程（10.5）的两个解，则它们的线性组合

$$y=C_1y_1(x)+C_2y_2(x)$$

也是方程（10.5）的解，其中 C_1，C_2 是任意常数.

定理2　如果函数 $y_1(x)$ 与 $y_2(x)$ 是方程（10.5）的两个线性无关的特解，则它们的线性组合

$$y=C_1y_1(x)+C_2y_2(x)\quad (C_1, C_2 \text{是任意常数})$$

是方程（10.5）的通解.

定理3　设 $y*(x)$ 是二阶非齐次线性微分方程（10.6）的一个特解，$Y(x)$ 是与方程（10.6）对应的齐次方程（10.5）的通解，那么

$$y=Y(x)+y*(x) \tag{10.7}$$

是二阶非齐次线性微分方程（10.6）的通解.

定理4（非齐次方程解的叠加原理）　设二阶非齐次线性微分方程（10.6）的右端项 $f(x)$ 是几个函数之和，如

$$y''+P(x)y'+Q(x)y=f_1(x)+f_2(x), \tag{10.8}$$

而 $y_1*(x)$ 和 $y_2*(x)$ 分别是方程 $y''+P(x)y'+Q(x)y=f_1(x)$ 和 $y''+P(x)y'+Q(x)y=f_2(x)$ 的特解，那么 $y_1*(x)+y_2*(x)$ 就是方程（10.8）的一个特解.

定理5　如果 $y_1(x)$，$y_2(x)$，…，$y_n(x)$ 是 n 阶齐次线性微分方程

$$y^{(n)}+a_1(x)y^{(n-1)}+\cdots+a_{n-1}(x)y'+a_n(x)y=0 \tag{10.9}$$

的 n 个线性无关的解，则

$$Y=C_1y_1+C_2y_2+\cdots+C_ny_n\ (C_1,\ C_2,\ \cdots,\ C_n \text{ 为任意常数})$$

是方程（10.9）的通解.

（3）二阶常系数齐次线性微分方程的解法

求二阶常系数齐次线性微分方程

$$y''+py'+qy=0 \tag{10.10}$$

的通解的步骤如下：

1）写出微分方程（10.10）的特征方程 $r^2+pr+q=0$；

2）求出特征方程的两个根 r_1 和 r_2；

3）根据特征方程的两个根的不同情形，按照表 10-2 写出方程（10.10）的通解.

表　10-2

特征方程 $r^2+pr+q=0$ 的两个特征根 r_1，r_2	微分方程 $y''+py'+qy=0$ 的通解
两个不相等的实根 r_1，r_2	$y=C_1e^{r_1x}+C_2e^{r_2x}$
两个相等的实根 $r_1=r_2$	$y=(C_1+C_2x)\ e^{r_1x}$
一对共轭复根 $r_{1,2}=\alpha\pm i\beta$	$y=e^{\alpha x}(C_1\cos\beta x+C_2\sin\beta x)$

（4）二阶常系数非齐次线性微分方程的特解

表　10-3

$y''+py'+q=0$	特解 $y^*(x)$ 的形式
$f(x)=P_n(x)e^{\lambda x}$	λ 不是特征根，$y^*(x)=R_n(x)\ e^{\lambda x}$ λ 是单根，$y^*(x)=xR_n(x)e^{\lambda x}$ λ 是重根，$y^*(x)=R_n(x)x^2e^{\lambda x}$
$f(x)=Ae^{\lambda x}\sin\omega x$ $f(x)=Ae^{\lambda x}\cos\omega x$	$\lambda\pm i\omega$ 不是特征根，则 $y^*(x)=e^{\lambda x}(C_1\cos\omega x+C_2\sin\omega x)$ $\lambda\pm i\omega$ 是特征根，则 $y^*(x)=xe^{\lambda x}(C_1\cos\omega x+C_2\sin\omega x)$

4. 差分

一阶差分　设 $y=y(x)$ 是一个函数，自变量从 x 变化到 $x+1$，这时函数的增量

$$\Delta y_x=y(x+1)-y(x)$$

称为 $y(x)$ 在点 x 的一阶差分. 当 x 是离散型变量时，为了方便起见，我们常将 $y(x)$ 写作 y_x，也记 $y_{x+1}=y(x+1)$，则 $\Delta y_x=y_{x+1}-y_x$.

二阶差分 $\Delta(\Delta y_x)=(y_{x+2}-y_{x+1})-(y_{x+1}-y_x)=y_{x+2}-2y_{x+1}+y_x$ 为 $y(x)$ 的二阶差分，简记为 $\Delta^2 y_x$.

三阶差分 $\Delta(\Delta^2 y_x)=y_{x+3}-3y_{x+2}+3y_{x+1}-y_x$ 为 $y(x)$ 的三阶差分，简记为 $\Delta^3 y_x$. 一般记 $\Delta^n y_x=\Delta(\Delta^{n-1}y_x)$ 为 n 阶差分，且有 $\Delta^n y_x=\sum\limits_{i=0}^{n}C_n^i(-1)^i y_{x+n-i}$.

性质 当 a，b，C 是常数，y_x 和 z_x 是函数时，则有

(1) $\Delta(C)=0$;

(2) $\Delta(Cy_x)=C\Delta(y_x)$;

(3) $\Delta(ay_x\pm bz_x)=a\Delta(y_x)\pm b\Delta(z_x)$;

(4) $\Delta y_x\Delta(y_xz_x)=z_{x+1}\Delta y_x+y_x\Delta z_x=y_{x+1}\Delta z_x+z_x\Delta y_x$;

(5) $\Delta\left(\dfrac{y_x}{z_x}\right)=\dfrac{z_x\Delta y_x-y_x\Delta z_x}{z_xz_{x+1}}=\dfrac{z_{x+1}\Delta y_x-y_{x+1}\Delta z_x}{z_xz_{x+1}}$.

5. 差分方程

定义 2 含有未知函数差分的方程，我们称为差分方程. 它的一般形式为

$$F(x,\ y_x,\ y_{x+1},\ \cdots,\ y_{x+n})=0 \tag{10.11}$$

或

$$G(x,\ y_x,\ \Delta y_x,\ \cdots,\ \Delta^n y_x)=0, \tag{10.12}$$

其中 F，G 是表达式，x 是自变量.

差分方程的阶 在方程 $F(x,\ y_x,\ y_{x+1},\ \cdots,\ y_{x+n})=0$ 中，未知函数的最大下标与最小下标的差称为差分方程的阶. 需要注意的是，以（10.12）表示的差分方程，须计算出如方程（10.11）的形式后方可判断阶数.

通解与特解 满足差分方程的函数称为差分方程的解. 对于一阶差分方程来说，含有一个任意常数的解称为一阶差分方程的通解；对于 n 阶差分方程，其含有 n 个互相独立的任意常数的解称为 n 阶差分方程的通解. 不含有任意常数的解称为差分方程的特解.

6. 常系数线性差分方程

定义 3 方程 $y_{x+n}+a_1(x)y_{x+n-1}+\cdots+a_n(x)y_x=f(x)$ 称为 n 阶线性差分方程，其中 $a_n(x)\neq 0$. $f(x)=0$ 时为齐次的，$f(x)\neq 0$ 时为非齐次的. $y_{x+n}+a_1y_{x+n-1}+\cdots+a_ny_x=f(x)$，称为 n 阶常系数线性差分方程，其中 a_i（$i=1,\ 2,\ \cdots,\ n$）为常数，且 $a_n\neq 0$.

对于常系数线性差分方程的解的结构有如下结论：

定理 6 如果 $y=y_1(x)$ 和 $y=y_2(x)$ 都是方程 $y_{x+n}+a_1y_{x+n-1}+\cdots+a_ny_x=0$ 的解，则 $y_x=C_1y_1(x)+C_2y_2(x)$ 也是它的解.

定理 7 设 $y_1(x)$，$y_2(x)$，$\cdots$，$y_n(x)$ 是 $y_{x+n}+a_1y_{x+n-1}+\cdots+a_ny_x=0$ 的 n 个线性无关的特解，则 $y_x=C_1y_1(x)+C_2y_2(x)+\cdots+C_ny_n(x)$ 是它的通解.

定理 8 设 $y_1(x)$，$y_2(x)$，$\cdots$，$y_n(x)$ 是 $y_{x+n}+a_1y_{x+n-1}+\cdots+a_ny_x=0$ 的 n

个线性无关的特解，y_x^* 是非齐次差分方程

$$y_{x+n} + a_1 y_{x+n-1} + \cdots + a_n y_x = f(x)$$

的一个特解，则 $y_x = C_1 y_1(x) + C_2 y_2(x) + \cdots + C_n y_n(x) + y_x^*$ 是非齐次差分方程的通解.

定理 9　设 $y_1(x)$ 是方程 $y_{x+n} + a_1 y_{x+n-1} + \cdots + a_n y_x = f_1(x)$ 的解，$y_2(x)$ 是方程 $y_{x+n} + a_1 y_{x+n-1} + \cdots + a_n y_x = f_2(x)$ 的解，则 $y_x = y_1(x) + y_2(x)$ 是方程

$$y_{x+n} + a_1(x) y_{x+n-1} + \cdots + a_n(x) y_x = f_1(x) + f_2(x)$$

的一个特解.

一阶常系数线性差分方程的解法　求一阶线性齐次差分方程

$$y_{x+1} + p y_x = 0 \tag{10.13}$$

的通解的步骤为：

（1）写出差分方程（10.13）的特征方程 $r + p = 0$，$r = -p$ 称为特征方程的根（简称**特征根或特征值**）.

（2）得到线性齐次差分方程的通解 $y_x = C(-p)^x$，其中 C 为任意常数.

一阶线性非齐次差分方程

$$y_{x+1} + p y_x = f(x) \quad (p \text{ 为常数}) \tag{10.14}$$

的通解为 $y_x = y_x + y_x^*$，其中 $Y_x = C(-p)^x$ 是对应的齐次差分方程的通解，y_x^* 是非齐次差分方程的特解.

求一阶线性非齐次差分方程特解 y_x^* 的步骤为：

（1）如果 $f(x)$ 为一般函数，由迭代法可知特解为

$$y_x^* = \sum_{k=0}^{x-1} (-p)^k f(x-k-1) \quad (C \text{ 为任意常数}).$$

（2）如果 $f(x) = P_n(x)$，其中 $P_n(x)$ 为 n 次多项式，则方程（10.14）具有形如

$$y_x^* = x^k Q_n(x) = x^k (b_0 x^n + b_1 x^{n-1} + \cdots + b_{n-1} x + b_n) \tag{10.15}$$

的特解，当 $p \neq -1$ 时，$k=0$；当 $p=-1$ 时，$k=1$.

（3）如果 $f(x) = \lambda^x P_n(x)$，其中 λ 是常数，则方程（10.14）具有形如

$$y_x^* = \lambda^x x^k (b_0 x^n + b_1 x^{n-1} + \cdots + b_{n-1} x + b_n) \tag{10.16}$$

的特解，当 $p \neq -\lambda$ 时，$k=0$；当 $p=-\lambda$ 时，$k=1$.

三、释疑解难

1. 求方程 $(x+1)y' - y\ln y = 0$ 的通解.

正确解法　分离变量得 $\dfrac{dy}{y\ln y} = \dfrac{dx}{x+1}$，

两边积分得　$\ln|\ln y| = \ln|x+1| + \ln C_1$，

整理得通解　$y = e^{C(x+1)}$　$(C = \pm C_1)$.

常见错题　（1）分离变量得　$\dfrac{dy}{y\ln y}=\dfrac{dx}{x+1}$，

两边积分得　$\int\dfrac{dy}{y\ln y}=\int\dfrac{dx}{x+1}$，即　$\ln|\ln y|=\ln|x+1|$，

通解为

$$y=e^{x+1}+C.$$

或（2）得出 $\ln|\ln y|=\ln|x+1|+\ln C_1$ 后，通解为 $y=Ce^{x+1}$.

2. 求特解 $(y^2-3x^2)dy+2xydx=0$，$y|_{x=0}=1$.

解　这是齐次方程.令 $u=\dfrac{y}{x}$，即 $y=xu$，则原方程化为

$$(x^2u^2-3x^2)(udx+xdu)+2x^2udx=0,$$

即 $\dfrac{u^2-3}{u-u^3}du=\dfrac{1}{x}dx$，或 $\left(-\dfrac{3}{u}+\dfrac{1}{u+1}+\dfrac{1}{u-1}\right)du=\dfrac{1}{x}dx$，两边积分得

$$-3\ln|u|+\ln|u+1|+\ln|u-1|=\ln|x|+\ln|C|,$$

即 $u^2-1=Cxu^3$. 将 $u=\dfrac{y}{x}$代入上式得原方程的通解为

$$y^2-x^2=Cy^3.$$

由 $y|_{x=0}=1$ 得 $C=1$，故所求特解为 $y^2-x^2=y^3$.

释疑解难　对于微分方程$\dfrac{dy}{dx}=f(x,y)$，如果$f(x,y)$ 满足$f(kx,ky)=f(x,y)$，则该方程为齐次方程；作换元 $u=\dfrac{y}{x}$或 $u=\dfrac{x}{y}$后，变为 $y=xu$ 或 $x=yu$ 求导更方便.

3. 求特解 $y^3y''+1=0$，$y|_{x=1}=1$，$y'|_{x=1}=0$.

解　令 $p=y'$，则 $y''=p\dfrac{dp}{dy}$，原方程化为

$$y^3p\frac{dp}{dy}+1=0,\ \text{或}\ pdp=-\frac{1}{y^3}dy,$$

两边积分得

$$p^2=\frac{1}{y^2}+C_1,\ \text{或}\ y'=\pm\frac{\sqrt{1+C_1y^2}}{y}.$$

由 $y|_{x=1}=1$，$y'|_{x=1}=0$，得 $C_1=-1$，从而 $y'=\pm\dfrac{\sqrt{1-y^2}}{y}$，分离变量得

$$\pm\frac{y}{\sqrt{1-y^2}}dy=dx,$$

两边积分得　$\pm\sqrt{1-y^2}=x+C_2$，或 $y=\pm\sqrt{1-(x+C_2)^2}$.

由 $y|_{x=1}=1$ 得 $C_2=-1$，$y=\sqrt{1-(x-1)^2}$，从而原方程的特解为

$$y=\sqrt{2x-x^2}\ （舍去 y=-\sqrt{1-(x-1)^2}，因 y(1)=1）.$$

常见错误　（1）令 $y'=p(y)$，得 $y''=p'(y)$，然后得到错误的通解.

（2）得出 $y=\pm\sqrt{1-(x+C_2)^2}$ 之后，由 $y|_{x=1}=1$ 得 $C_2=-1$，从而得原方程的特解为

$$y=\pm\sqrt{2x-x^2}.$$

释疑解难　（1）没注意到 $y''=p'(y)$ 中的 p' 是 $\frac{\mathrm{d}p}{\mathrm{d}x}$，而不是 $\frac{\mathrm{d}p}{\mathrm{d}y}$.

（2）没注意到 $y=-\sqrt{1-(x+C_2)^2}$ 不满足初始条件 $y|_{x=1}=1$，应舍去. 在应用微分方程求解应用题时更应注意题设中隐含的自然条件.

4. 验证 $y=C_1x^5+\frac{C_2}{x}-\frac{x^2}{9}\ln x$（$C_1$，$C_2$ 是任意常数）是方程

$$x^2y''-3xy'-5y=x^2\ln x$$

的通解.

证　令 $y_1=x^5$，$y_2=\frac{1}{x}$，$y*=-\frac{x^2}{9}\ln x$.因为

$$x^2y''_1-3xy'_1-5y_1=x^2\cdot 20x^3-3x\cdot 5x^4-5\cdot x^5=0,$$

$$x^2y''_2-3xy'_2-5y_2=x^2\cdot\frac{2}{x^3}-3x\cdot\left(-\frac{1}{x^2}\right)-5\cdot\frac{1}{x}=0,$$

且 $\frac{y_1}{y_2}=x^6$ 不恒为常数，所以 y_1 与 y_2 是齐次方程 $x^2y''-3xy'-5y=0$ 的两个线性无关的解，从而 $Y=C_1x^5+\frac{C_2}{x}$ 是齐次方程的通解. 又因为

$$\begin{aligned}&x^2y*''-3xy*'-5y*\\&=x^2\cdot\left(-\frac{2}{9}\ln x-\frac{1}{3}\right)-3x\cdot\left(-\frac{2x}{9}\ln x-\frac{x}{9}\right)-5\cdot\left(-\frac{x^2}{9}\ln x\right)=x^2\ln x,\end{aligned}$$

所以 $y*$ 是方程 $x^2y''-3xy'-5y=x^2\ln x$ 的特解.

因此 $y=C_1x^5+\frac{C_2}{x}-\frac{x^2}{9}\ln x$ 是方程 $x^2y''-3xy'-5y=x^2\ln x$ 的解.

常见错误　将 $y_1=x^5$，$y_2=\frac{1}{x}$，$y*=-\frac{x^2}{9}\ln x$ 代入原方程或将 $y=C_1x^5+\frac{C_2}{x}-\frac{x^2}{9}\ln x$ 直接代入原方程化成为恒等式便得到结论.

释疑解难　二阶常系数线性齐次微分方程的通解是两个线性无关的特解的线性组合，如果没有验证 y_1 与 y_2 是线性无关的，将得到错误的结果. 事实上如果 y_1 与 y_2 是线性相关的，$y_2=Ay_1$，其中 A 为任意常数，则 $y=C_1y_1+C_2y_2=(C_1+C_2A)\ y_1$ 不是通解.

5. 设函数 $\varphi(x)$ 连续，且满足 $\varphi(x)=\mathrm{e}^x+\int_0^x t\varphi(t)\mathrm{d}t-x\int_0^x\varphi(t)\mathrm{d}t$，求 $\varphi(x)$.

解 等式两边对 x 求导得 $\varphi'(x) = e^x - \int_0^x \varphi(t)\,dt$,
再求导得微分方程

$$\varphi''(x) = e^x - \varphi(x)\text{，即}\varphi''(x) + \varphi(x) = e^x.$$

微分方程的特征方程为 $r^2+1=0$，特征根为 $r_{1,2}=\pm i$，故对应的齐次方程的通解为

$$\varphi = C_1\cos x + C_2\sin x.$$

易知 $\varphi^* = \frac{1}{2}e^x$ 是非齐次方程的一个特解，故非齐次方程的通解为

$$\varphi = C_1\cos x + C_2\sin x + \frac{1}{2}e^x.$$

由所给等式知 $\varphi(0)=1$，$\varphi'(0)=1$，由此得 $C_1=C_2=\frac{1}{2}$. 因此

$$\varphi = \frac{1}{2}(\cos x + \sin x + e^x).$$

常见错误 将等式两边对 x 连续求导两次得微分方程

$$\varphi''(x) + \varphi(x) = e^x,$$

解方程得结论 $\varphi(x) = C_1\cos x + C_2\sin x + \frac{1}{2}e^x.$

释疑解难 积分方程中存在以 t 为积分变量的定积分，对变上限积分 $\int_a^x f(t)\,dt = F(x) - F(a)$ 求导，其中 $F(x)$ 为 $f(x)$ 的原函数，因此 $\left(\int_a^x f(t)\,dt\right)' = F'(x) = f(x)$，$F(a)$ 是常数，导数为零.

没有注意到初始条件 $\int_a^a f(t)\,dt = 0$ 隐含在积分方程中，也是解这类方程常犯的错误.

四、典型题精讲

题型1 一阶微分方程

【方法与技巧】

(1) 一阶微分方程的解题步骤：①判断方程类型. 一般地，判断顺序为：可分离变量方程、齐次方程、线性方程、伯努利方程. ②根据方程类型，确定解题方法. ③求方程的解. ④如果通过作变量代换后得出方程的解，最后一定要还原.

(2) 经适当变换化一阶微分方程为已知类型的方程，再求解方程.

例 10.1 求方程 $\frac{dy}{dx} = \frac{1+y^2}{xy+x^3y}$ 的通解.

解 分离变量得 $\frac{y\,dy}{1+y^2} = \frac{dx}{x(1+x^2)}$，两端积分得

$$\frac{1}{2}\ln(1+y^2)=\ln|x|-\frac{1}{2}\ln(1+x^2)+\ln C_1,$$

整理得 $(1+x^2)(1+y^2)=Cx^2$，$C=C_1^2$，即 $y^2=\frac{Cx^2}{1+x^2}-1$.

注意　有时方程要经过适当的变形之后，才能判断出方程类型，如本题中方程右端$\frac{1+y^2}{xy+x^3y}$可看做$\frac{1+y^2}{y}$与$\frac{1}{x+x^3}$的乘积.

例 10.2　求方程 $x(\ln x-\ln y)\mathrm{d}y-y\mathrm{d}x=0$ 的通解.

解　方程可变形为$\frac{\mathrm{d}x}{\mathrm{d}y}=\frac{x}{y}\ln\frac{x}{y}$，令 $u=\frac{x}{y}$，则

$$x=uy,\ \frac{\mathrm{d}x}{\mathrm{d}y}=u+y\frac{\mathrm{d}u}{\mathrm{d}y},$$

从而有 $u+y\frac{\mathrm{d}u}{\mathrm{d}y}=u\ln u$，分离变量得$\frac{\mathrm{d}u}{u(\ln u-1)}=\frac{\mathrm{d}y}{y}$，求解可得 $\ln u-1=Cy$，将 $u=\frac{x}{y}$代入得通解为 $\ln x-\ln y=Cy+1$，即 $x=y\mathrm{e}^{Cy+1}$.

注意　对于全微分方程，如果将 x 看做自变量不好求解，也可以将 y 看做自变量，x 看做 y 的函数.

例 10.3　求方程 $y'=\cos(x+y)$ 的通解.

解　令 $x+y=u$，$\frac{\mathrm{d}u}{\mathrm{d}x}=1+y'$，方程化为 $u'=1+\cos u$. 分离变量后两边积分得 $\tan\frac{u}{2}=x+C$，$\tan\frac{x+y}{2}=x+C$.

例 10.4　（110104）微分方程 $y'+y=\mathrm{e}^{-x}\cos x$ 满足条件 $y(0)=0$ 的特解为 $y=$__________.

解　该方程是一阶线性非齐次微分方程，因而其通解为

$$\begin{aligned}y&=\mathrm{e}^{-\int 1\mathrm{d}x}\left(\int \mathrm{e}^{-x}\cos x\cdot \mathrm{e}^{\int 1\mathrm{d}x}\mathrm{d}x+C\right)\\&=\mathrm{e}^{-x}(\sin x+C).\end{aligned}$$

由于

$$y(0)=0,$$

所以　$y=\mathrm{e}^{-x}\sin x$.

注意　一阶线性非齐次微分方程可以用通解公式求解，也可以利用常数变易法求解. 如果用通解公式求解，一定要把方程化为标准形式.

例 10.5　求方程 $y'=\frac{1}{x\cos y+\sin 2y}$的通解.

解　方程可化成$\frac{\mathrm{d}x}{\mathrm{d}y}-x\cos y=\sin 2y$，这是一阶线性微分方程，套用公式得到通解为

$$x = e^{\int \cos y dy}\left(\int \sin 2y e^{-\int \cos y dy} dy + C\right) = Ce^{\sin y} - 2\sin y - 2.$$

例 10.6 求方程 $y' = \dfrac{1}{xy + x^2 y^3}$ 的通解.

分析 本题直接求解较难，变形后是以 x 为因变量的伯努利方程.

解 将方程变形为 $\dfrac{dx}{dy} - yx = y^3 x^2$，这是以 x 为因变量的伯努利方程. 令 $u = x^{-1}$，$\dfrac{du}{dy} = -x^{-2}\dfrac{dx}{dy}$，原方程化为一阶线性微分方程

$$\frac{du}{dy} + yu = -y^3.$$

其通解为 $u = e^{-\int y dy}\left(\int \left(-y^3 \cdot e^{\int y dy}\right) dy + C\right) = Ce^{-\frac{y^2}{2}} - y^2 + 2$，

原方程的通解为 $Cxe^{-\frac{y^2}{2}} - xy^2 + 2x = 1.$

例 10.7 （090310）设曲线 $y = f(x)$，其中 $y = f(x)$ 是可导函数，且 $f(x) > 0$，已知曲线 $y = f(x)$ 与直线 $y = 0$，$x = 1$ 及 $x = t$（$t > 1$）所围成的曲边梯形绕 x 轴旋转一周所得的立体体积值是该曲边梯形面积值的 πt 倍，求该曲线方程.

解 旋转体的体积为 $V = \pi\int_1^t f^2(x)dx$，曲边梯形的面积为 $S = \int_1^t f(x)dx$，则由题意可知

$$\pi\int_1^t f^2(x)dx = \pi t\int_1^t f(x)dx,$$

两边对 t 求导可得

$$f^2(t) = \int_1^t f(x)dx + tf(t),$$

代入 $t = 1$ 得 $f(1) = 1$，$f(1) = 0$（舍去）. 再求导得

$$2f(t)f'(t) = 2f(t) + tf'(t).$$

记 $f(t) = y$，化原方程为 $\dfrac{dt}{dy} + \dfrac{1}{2y}t = 1$. 这是一阶线性非齐次微分方程，由通解公式，得

$$t = e^{-\int \frac{1}{2y}dy}\left(\int e^{\int \frac{1}{2y}dy}dy + C\right) = y^{-\frac{1}{2}}\left(\frac{2}{3}y^{\frac{3}{2}} + C\right) = \frac{C}{\sqrt{y}} + \frac{2}{3}y.$$

再由 $f(1) = 1$ 得 $C = \dfrac{1}{3}$，从而 $t = \dfrac{1}{3\sqrt{y}} + \dfrac{2}{3}y$. 故所求曲线方程为

$$x = \frac{1}{3\sqrt{y}} + \frac{2}{3}y.$$

注意 如果未知函数在含有变上限积分的方程中，一般通过求导将其化为微分方程再求解. 求解时注意初始条件的确定，有时隐含在积分方程中（如本例令 $t =$

1 得初始条件).

题型 2 可降阶的高阶微分方程

【方法与技巧】

可降阶的高阶微分方程，一般通过变量代换逐步降低微分方程的阶数，化高阶微分方程为较低阶的微分方程来求解（见表 10-1).

例 10.8 (070210) 求微分方程 $y''(x+y'^2)=y'$ 满足初始条件 $y(1)=y'(1)=1$ 的特解.

解 这是 $y''=f(x, y')$ 型方程. 令 $y'=p$，则原方程化为

$$p'(x+p^2)=p, \quad 即 \quad \frac{dx}{dp}-\frac{1}{p}x=p.$$

其解为
$$x = e^{-\int(-\frac{1}{p})dp}\left(\int pe^{\int(-\frac{1}{p})dp}dp + C\right) = p(p+C).$$

由 $y'(1)=1$，有 $C=0$. 于是 $x=p^2$. 再由 $y'(1)=1$ 知应取 $p=\sqrt{x}$. 即

$$y'=\sqrt{x}，积分得 \quad y=\int\sqrt{x}dx=\frac{2}{3}x^{\frac{3}{2}}+C_1.$$

代入初始条件 $y(1)=1$，得 $C_1=\frac{1}{3}$. 故满足初始条件 $y(1)=y'(1)=1$ 的特解为

$$y=\frac{2}{3}x^{\frac{3}{2}}+\frac{1}{3}.$$

注意 求解可降阶的高阶微分方程，注意

$$y''=f(x, y') \quad 与 \quad y''=f(y, y')$$

两种类型的方程的区别仅在于方程中显含 x 还是 y. 对于不显含 x 的可降阶微分方程 $y''=f(y, y')$，常见错误是由 $y'=p(y)$，得 $y''=p'(y)$. 没注意到 y'' 是 y' 对 x 求导，而 $p'(y)$ 是 p 对 y 求导.

例 10.9 求方程 $x(y'')^2+xy'y''+(y')^2+y'y''=0$ 的通解.

解 由于

$$\begin{aligned} x(y'')^2+xy'y''+(y')^2+y'y'' &= xy''(y''+y')+y'(y''+y') \\ &= (xy''+y')(y''+y'), \end{aligned}$$

原方程可分解为
$$xy''+y'=0 \tag{1}$$
或
$$y''+y'=0 \tag{2}$$

解方程 (1)，令 $p=y'$，$y''=p'$ 得 $xp'+p=0$，$\frac{dp}{p}=-\frac{1}{x}dx$，积分得

$$y'=p=\frac{C_1}{x}, \quad y=C_1\ln|x|+C_2.$$

解方程 (2)，令 $p=y'$，$y''=p'$ 得 $p'+p=0$，$\frac{dp}{p}=-dx$，

积分得 $y'=p=C_3e^{-x}$，$y=-C_3e^{-x}+C_4$.

原方程的通解为 $y=C_1\ln|x|+C_2-C_3\mathrm{e}^{-x}+C_4$.

例 10.10 解方程 $yy''+y'^2+yy'+x+1=0$.

解 由于 $\frac{\mathrm{d}}{\mathrm{d}x}(yy')=yy''+y'^2$，$\frac{\mathrm{d}}{\mathrm{d}x}(y^2)=2yy'$.

原方程可改写为
$$\mathrm{d}\left(yy'+\frac{1}{2}y^2+\frac{1}{2}x^2+x\right)=0,$$
两端积分得
$$yy'+\frac{1}{2}y^2+\frac{1}{2}x^2+x=C_1.$$
再将上述方程化为
$$2y\mathrm{d}y+y^2\mathrm{d}x=(2C_1-2x-x^2)\mathrm{d}x.$$
方程右边是 x 的全微分，左边不是全微分. 两端同乘以 e^x，显然

左边 $=\mathrm{e}^x(2y\mathrm{d}y+y^2\mathrm{d}x)=\mathrm{d}(\mathrm{e}^xy^2)$，

右边 $=2C_1\mathrm{e}^x\mathrm{d}x-\mathrm{e}^x(2x+x^2)\mathrm{d}x=\mathrm{d}(2C_1\mathrm{e}^x-x^2\mathrm{e}^x)$，

从而得
$$\mathrm{d}(\mathrm{e}^xy^2)=\mathrm{d}(2C_1\mathrm{e}^x-x^2\mathrm{e}^x)$$
即
$$\mathrm{e}^x(x^2+y^2)=2C_1\mathrm{e}^x+C_2$$
原方程的通解为
$$x^2+y^2=2C_1+C_2\mathrm{e}^{-x}.$$

注意 由以上两例可见，对较为复杂的高阶微分方程，有时可以通过适当的变量代换或恒等变形，将其转化为可降阶的或一阶微分方程.

例 10.11 （110202）设函数 $y(x)$ 具有二阶导数，且曲线 l：$y=y(x)$ 与直线 $y=x$ 相切于原点，记 α 为曲线 l 在点 (x,y) 处切线的倾角，若 $\frac{\mathrm{d}\alpha}{\mathrm{d}x}=\frac{\mathrm{d}y}{\mathrm{d}x}$，求 $y(x)$ 的表达式.

解 由题意知 $y(0)=0$，$y'(0)=1$，因为 α 为曲线 l 在点 (x,y) 处切线的倾角，所以 $\tan\alpha=\frac{\mathrm{d}y}{\mathrm{d}x}$，两边同时对 x 求导数，得 $\sec^2\alpha\frac{\mathrm{d}\alpha}{\mathrm{d}x}=\frac{\mathrm{d}^2y}{\mathrm{d}x^2}$. 由题知 $\frac{\mathrm{d}\alpha}{\mathrm{d}x}=\frac{\mathrm{d}y}{\mathrm{d}x}$，并且 $\sec^2\alpha=1+\tan^2\alpha$，所以建立微分方程
$$\begin{cases}y''=y'+(y')^3,\\ y(0)=0,\quad y'(0)=1.\end{cases}$$

此方程是不显含 x,y 的微分方程. 令 $y'=p(y)$，则 $y''=p\frac{\mathrm{d}p}{\mathrm{d}y}$，代入方程得 $\frac{\mathrm{d}p}{1+p^2}=\mathrm{d}y$，两边积分得 $y'=\tan(y+C_1)$. 由 $y'(0)=1$，解得 $C_1=\frac{\pi}{4}$. 求解方程 $y'=\tan\left(y+\frac{\pi}{4}\right)$ 得 $\sin\left(y+\frac{\pi}{4}\right)=C_2\mathrm{e}^x$. 由 $y(0)=0$，解得 $C_2=\frac{\sqrt{2}}{2}$. 即
$$y=\arcsin\left(\frac{\sqrt{2}}{2}\mathrm{e}^x\right)-\frac{\pi}{4}.$$

题型 3 二阶常系数齐次线性微分方程

【方法与技巧】

(1) 求二阶常系数齐次线性微分方程的解. 一般步骤是: ①写出所求方程的特征方程, 其规律是在原方程中把 y'' 改为 r^2, y' 改为 r, y 改为 1 (或 $y^{(0)}$ 改为 r^0); ②求出特征根; ③根据特征根的不同情况, 写出方程的通解 (见表 10-2).

(2) 已知二阶齐次线性微分方程的通解确定方程, 可以根据通解的结构先写出相应的特征方程, 然后写出微分方程; 也可求出 y', y'' 消去两个任意常数得到所求的二阶微分方程.

(3) 利用微分方程解的结构定理求解, 已知某个方程的通解或特解, 利用二阶线性微分方程解的叠加原理确定相关方程的通解或特解.

(4) 解高阶常系数齐次线性微分方程. 步骤同解二阶常系数齐次线性微分方程.

例 10.12 (100204) 三阶常系数线性微分方程 $y''' - 2y'' + y' - 2y = 0$ 的通解为________.

解 方程 $y''' - 2y'' + y' - 2y = 0$ 的特征方程为

$$r^3 - 2r^2 + r - 2 = 0,$$

特征根为 $r_1 = 2$, $r_{2,3} = \pm \mathrm{i}$,

通解为 $y = C_1 \mathrm{e}^{2x} + C_2 \cos x + C_3 \sin x.$

例 10.13 (080104) 在下列微分方程中, 以

$$y = C_1 \mathrm{e}^x + C_2 \cos 2x + C_3 \sin 2x \ (C_1, C_2, C_3 \text{ 为任意常数})$$

为通解的是 ( ).

(A) $y''' + y'' - 4y' - 4y = 0$;

(B) $y''' + y'' + 4y' + 4y = 0$;

(C) $y''' - y'' - 4y' + 4y = 0$;

(D) $y''' - y'' + 4y' - 4y = 0$.

解 由 $y = C_1 \mathrm{e}^x + C_2 \cos 2x + C_3 \sin 2x$ 可知其特征根为 1 和 $\pm 2\mathrm{i}$, 故特征方程为 $(r-1)(r+2\mathrm{i})(r-2\mathrm{i}) = 0$, 即 $r^3 - r^2 + 4r - 4 = 0$, 所以所求微分方程为 $y''' - y'' + 4y' - 4y = 0$. 故应选 (D).

例 10.14 (120101) 若函数 $f(x)$ 满足方程 $f''(x) + f'(x) - 2f(x) = 0$ 及 $f'(x) + f(x) = 2\mathrm{e}^x$, 则 $f(x) =$________.

解 特征方程为 $r^2 + r - 2 = 0$, 特征根为 $r_1 = 1$, $r_2 = -2$. 所以齐次微分方程 $f''(x) + f'(x) - 2f(x) = 0$ 的通解为 $f(x) = C_1 \mathrm{e}^x + C_2 \mathrm{e}^{-2x}$. 代入 $f'(x) + f(x) = 2\mathrm{e}^x$, 得

$$2C_1 \mathrm{e}^x - C_2 \mathrm{e}^{-2x} = 2\mathrm{e}^x.$$

可知 $C_1 = 1$, $C_2 = 0$, 故 $f(x) = \mathrm{e}^x$.

例 10.15　(050212) 用变量代换 $x=\cos t\ (0<t<\pi)$ 化简微分方程 $(1-x^2)y''-xy'+y=0$，并求其满足 $y|_{x=0}=1$，$y'|_{x=0}=2$ 的特解.

分析　本题为二阶线性变系数微分方程，求解该微分方程的关键是通过变量代换化原方程为常系数齐次方程再求解.

解　作变量代换 $x=\cos t$，则

$$y'=\frac{dy}{dt}\cdot\frac{dt}{dx}=-\frac{1}{\sin t}\frac{dy}{dt},$$

$$y''=\frac{dy'}{dt}\cdot\frac{dt}{dx}=\left(\frac{\cos t}{\sin^2 t}\frac{dy}{dt}-\frac{1}{\sin t}\frac{d^2y}{dt^2}\right)\cdot\left(-\frac{1}{\sin t}\right),$$

代入原方程，得
$$\frac{d^2y}{dt^2}+y=0.$$

解方程得
$$y=C_1\cos t+C_2\sin t=C_1x+C_2\sqrt{1-x^2},$$

将初始条件 $y|_{x=0}=1$，$y'|_{x=0}=2$ 代入上式，有 $C_1=2$，$C_2=1$.

故所求特解为
$$y=2x+\sqrt{1-x^2}.$$

题型 4　二阶常系数非齐次线性微分方程

【方法与技巧】

(1) 解方程的步骤是：①求出对应齐次方程的通解 Y；②用待定系数法求出非齐次方程的一个特解；③非齐次方程的通解为 $y=Y+y^*$.

(2) 求特解的方法——待定系数法. 根据特征根及自由项 $f(x)$ 的形式，给出特解 y^* 的待定形式（见表 10-3），代入方程求出特解 y^*.

(3) 用二阶线性微分方程解的结构，由已知方程确定未知方程的通解或特解.

(4) 综合应用题. 常见题型有：

① 利用导数的几何意义建立微分方程；②利用物理意义建立微分方程；③利用定积分的元素法建立微分方程.

例 10.16　(060204) 函数 $y=C_1e^x+C_2e^{-2x}+xe^x$ 满足的一个微分方程是（　）.

(A) $y''-y'-2y=3xe^x$；　　(B) $y''-y'-2y=3e^x$；

(C) $y''+y'-2y=3xe^x$；　　(D) $y''+y'-2y=3e^x$.

解　由通解的形式知特征根为 1 和 −2，所以特征方程为

$$(r-1)(r+2)=0,\ r^2+r-2=0,$$

排除选项 (A)，(B).

把 $y=xe^x$，$y'=(1+x)e^x$，$y''=(2+x)e^x$ 代入方程，得

$$y''+y'-2y=3e^x$$

故应选 (D).

例 10.17　(130101) 已知 $y_1=e^{3x}-xe^{2x}$，$y_2=e^x-xe^{2x}$，$y_3=-xe^{2x}$ 是二阶常系数非齐次线性微分方程的 3 个解，则该方程的通解为 $y=$________.

解　由非齐次线性微分方程解的叠加原理，可知 $y_1-y_2=e^{3x}-e^x$，$y_1-y_3=e^{3x}$是所对应齐次微分方程的两个线性无关的解，$y_3=-xe^{2x}$是非齐次方程的一个特解，所以非齐次线性微分方程的通解为 $y_3=C_1(e^{3x}-e^x)+C_2e^{3x}-xe^{2x}$，其中 C_1，C_2 为任意常数.

例 10.18　（110204）微分方程 $y''-\lambda^2y=e^{\lambda x}+e^{-\lambda x}$（$\lambda>0$）的特解形式为（　　）.

（A）$a(e^{\lambda x}+e^{-\lambda x})$；　　（B）$ax(e^{\lambda x}+e^{-\lambda x})$；

（C）$x(ae^{\lambda x}+be^{-\lambda x})$；　　（D）$x^2(ae^{\lambda x}+be^{-\lambda x})$.

解　特征方程为 $r^2-\lambda^2=0$，特征根为 $r_1=\lambda$，$r_2=-\lambda$.

方程 $y''-\lambda^2y=e^{\lambda x}$的特解为 $y=xae^{\lambda x}$；

方程 $y''-\lambda^2y=e^{-\lambda x}$的特解为 $y=xbe^{-\lambda x}$.

原方程的特解为 $y=x(ae^{\lambda x}+be^{-\lambda x})$. 故应选（C）.

注意　上述例题考查了线性微分方程解的结构定理，非齐次微分方程右端是几个函数之和时，特解满足叠加原理.

例 10.19　（090104）若二阶常系数线性齐次微分方程 $y''+ay'+by=0$ 的通解为$y=(C_1+C_2x)e^x$，则非齐次方程 $y''+ay'+by=x$ 满足条件$y(0)=2$，$y'(0)=0$ 的解为 $y=$________.

解　由题设知，线性齐次方程 $y''+ay'+by=0$ 的特征根是

$$r_1=r_2=1，故\quad a=-2，b=1.$$

设方程 $y''-2y'+y=x$ 的特解为 $y_0=Ax+B$. 代入微分方程，得

$$-2A+Ax+B=x，A=1，B=2，$$

故所求微分方程的特解是 $y_0=x+2$. 方程 $y''-2y'+y=x$ 的通解是

$$y=(C_1+C_2x)e^x+x+2.$$

代入初始条件 $y(0)=2$，$y'(0)=0$，得 $C_1=0$，$C_2=-1$. 故所求的特解为

$$y=-xe^x+x+2$$

例 10.20　设可导函数$f(x)$满足$f(x)=\sin x-\int_0^x(x-t)f(t)\,dt$，求$f(x)$.

解　令 $y=f(x)$，因为函数$f(x)$可导，所以等式

$$f(x)=\sin x-\int_0^x(x-t)f(t)\,dt \tag{1}$$

两边同时对 x 求导，得

$$f'(x)=\cos x-\int_0^x f(t)\,dt \tag{2}$$

两边再次对 x 求导，得

$$f''(x)=-\sin x-f(x) \tag{3}$$

即$f''(x)+f(x)=-\sin x$，齐次方程的通解为 $Y=C_1\cos x+C_2\sin x$. 由于 $\lambda+\omega i=$

i 是特征方程的单根，设 $y^* = x(A\cos x + B\sin x)$，代入原方程得 $A=\frac{1}{2}$，$B=0$. 所以原方程的一个特解为 $y^* = \frac{x}{2}\cos x$. 故原方程的通解为

$$y = Y + y^* = C_1\cos x + C_2\sin x + \frac{x}{2}\cos x.$$

由式（1）、式（2）得 $f(0) = 0$，$f'(0) = 1$．因此 $C_1 = 0$，$C_2 = \frac{1}{2}$. 所以函数 $f(x) = \frac{1}{2}\sin x + \frac{x}{2}\cos x$.

例 10.21　（100204）设 $f(u)$ 有连续的二阶导数且 $z = f(e^x\sin y)$ 满足方程 $\frac{\partial^2 z}{\partial x^2} + \frac{\partial^2 z}{\partial y^2} = e^{2x}z$，求 $f(u)$.

解　因为 $f(u)$ 有连续的二阶导数且 $z = f(e^x\sin y)$，所以

$$\frac{\partial z}{\partial x} = f'(e^x\sin y)e^x\sin y,\quad \frac{\partial z}{\partial y} = f'(e^x\sin y)e^x\cos y,$$

$$\frac{\partial^2 z}{\partial x^2} = f''(e^x\sin y)e^{2x}\sin^2 y + f'(e^x\sin y)e^x\sin y,$$

$$\frac{\partial^2 z}{\partial y^2} = f''(e^x\sin y)e^{2x}\cos^2 y - f'(e^x\sin y)e^x\sin y,$$

代入方程 $\frac{\partial^2 z}{\partial x^2} + \frac{\partial^2 z}{\partial y^2} = e^{2x}z$，得

$$z = f''(e^x\sin y) = f''(u),$$

即 $f''(u) - f(u) = 0$．则二阶常系数齐次线性微分方程对应的特征方程为 $r^2 - 1 = 0$，解得 $r_{1,2} = \pm 1$. 从而有

$$f(u) = C_1e^{-u} + C_2e^u.$$

例 10.22　（100203）设函数 $y = f(x)$ 由参数方程

$$\begin{cases} x = 2t + t^2, \\ y = \psi(t) \end{cases}(t > -1)$$

所确定，其中 $\psi(t)$ 具有二阶导数，且 $\psi(1) = \frac{5}{2}$，$\psi'(1) = 6$，已知 $\frac{d^2y}{dx^2} = \frac{3}{4(1+t)}$，求函数 $\psi(t)$.

解　本题考查求参数方程高阶导数及求解微分方程的知识. 因为 $\frac{dy}{dx} = \frac{\psi'(t)}{2+2t}$，所以

$$\frac{d^2y}{dx^2} = \frac{\frac{(2+2t)\psi''(t) - 2\psi'(t)}{(2+2t)^2}}{2+2t} = \frac{(1+t)\psi''(t) - \psi'(t)}{4(1+t)^3},$$

由题设知 $\frac{(1+t)\psi''(t)-\psi'(t)}{4(1+t)^3}=\frac{3}{4(1+t)}$，从而

$$(1+t)\psi''(t)-\psi'(t)=3(1+t)^2,$$

即 $\psi''(t)-\frac{1}{(1+t)}\psi'(t)=3(1+t)$. 设 $u=\psi'(t)$，则有

$$u'-\frac{1}{1+t}u=3(1+t),$$

故

$$\begin{aligned}u&=e^{\int\frac{1}{1+t}dt}\left(\int 3(1+t)e^{\int(-\frac{1}{1+t})dt}dt+C_1\right)\\&=(1+t)\left(\int 3(1+t)(1+t)^{-1}dt+C_1\right)\\&=(1+t)(3t+C_1).\end{aligned}$$

由 $\psi'(1)=6$，知 $C_1=0$，于是 $\psi'(t)=3t(1+t)$.

$$\psi(t)=\int 3(t+t^2)dt=\frac{3}{2}t^2+t^3+C_2,$$

由 $\psi(1)=\frac{5}{2}$，知 $C_2=0$，则

$$\psi(t)=\frac{3}{2}t^2+t^3,\quad t>-1.$$

注意　近年来考研题中对微分方程的考查多集中于综合题，常与其他知识点结合，通过题设得到微分方程，然后解得所求的函数表达式.

题型5　一阶线性差分方程

【方法与技巧】

(1) 解差分方程的步骤是：①化为标准形式 $y_{x+1}+py_x=f(x)$；②求出对应齐次差分方程的通解 $Y_x=C(-p)^x$；③用待定系数法求出非齐次差分方程的一个特解 y_x^*；④非齐次差分方程的通解为 $y_x=Y_x+y_x^*$

(2) 求特解的方法——待定系数法. 根据特征根及自由项 $f(x)$ 的形式，给出特解 y_x^* 的待定形式，代入差分方程求出特解（见公式（10.13）~公式（10.16））.

例 10.23　差分方程 $y_{t+1}-y_t=t\cdot 2^t$ 的通解为________.

解　原方程对应的齐次差分方程为 $y_{t+1}-y_t=0$，所以 $p=-1$，其通解为 $Y_t=C(1)^t=C$. 因为 $f(t)=t\cdot 2^t$，$\lambda=2$ 且 $p\neq-2$，故设原方程的特解为 $y_t^*=2^t(At+B)$，代入原方程得

$$2^{t+1}[A(t+1)+B]-2^t(At+B)=t\cdot 2^t，即 At+2A+B=t.$$

比较系数知 $A=1$，$B=-2$，故 $y_t^*=2^t(t-2)$，从而原差分方程的通解为 $y_t=Y_t+y_t^*=C+2^t(t-2)$.

例 10.24 $2\Delta y_x+7y_x=\frac{5}{2}x.$

解 原方程的标准形式为 $y_{x+1}+\frac{5}{2}y_x=\frac{5}{4}x$，其中 $p=\frac{5}{2}$，则所对应的齐次差分方程的通解为 $Y_x=C\cdot\left(-\frac{5}{2}\right)^x$（$C$ 为任意常数）. 因为$f(x)=\frac{5}{4}x$，$\lambda=1$，$p\neq-1$，所以设原方程的特解为 $y_x^*=ax+b$，代入得

$$a=\frac{5}{14},\ b=-\frac{5}{49}.$$

因此，原方程的通解为

$$y_x=C\cdot\left(-\frac{5}{2}\right)^x+\frac{5x}{14}-\frac{5}{49}.$$

分析 当$f(x)=\lambda^xP_n(x)$且 $p\neq-\lambda$ 时，设原方程的特解为 $y_x^*=\lambda^xR_n(x)$，对应齐次方程的通解为

$$y_x=(C-p)^x.$$

题型 6 微分方程及差分方程在经济中的应用

【方法与技巧】

把求函数关系的实际问题转化为微分方程或差分方程的一般步骤为：

①根据实际要求确定要研究的经济变量；②根据已知条件分析所研究的变量遵循的规律，列出描述变化率的关系式，即微分方程；③列出初始条件；④求解微分方程.

例 10.25 （130318）设生产某产品的固定成本为6 万元，可变成本为20 元/件，价格函数为 $P=60-\frac{Q}{1000}$，其中 P 是单价（元），Q 是销量（件）. 已知产销平衡，求：

（1）该产品的边际利润；

（2）当 $P=50$ 时的边际利润，并解释其经济意义；

（3）使得利润最大的定价 P？

解 由 $P=60-\frac{Q}{1000}$可知

$$Q=1000\ (60-P),$$

由

$$C(P)=60000+20Q=1260000-20000P;$$
$$R(P)=PQ=-1000P^2+60000P;$$

得

$$L(P)=R(P)-C(P)=-1000P^2+80000P-1260000.$$

（1）边际利润为 $L'(P) = -2000P + 80000$；

（2）令 $P=50$，$L'(50) = -20000$，其经济意义为，当产品价格为 $P=50$ 元时，价格每增长 1 元，收益减少 20000 元.

（3）令 $L'(P) = -2000P + 80000 = 0$，$P=40$，又 $L''(P) = -2000 < 0$，故 $P=40$ 元时利润最大.

例 10.26　（120317）某企业为生产甲、乙两种型号的产品，投入的固定成本为 10000 万元，设该企业生产甲、乙两种产品的产量分别为 x 件和 y 件，且固定两种产品的边际成本分别为 $20+\frac{x}{2}$（万元/件）与 $6+y$（万件/件）. 求：

（1）生产甲、乙两种产品的总成本函数.

（2）当总产量为 50 件时，甲、乙两种的产量各为多少时可以使总成本最少?

（3）当总产量为 50 件且总成本最小时甲产品的边际成本，并解释其经济意义?

解　（1）设成本函数为 $C(x,y)$，由题意有

$$C'_x(x,y) = 20 + \frac{x}{2},$$

对 x 积分得

$$C(x,y) = 20x + \frac{x^2}{4} + D(y),$$

再对 y 求导得 $C'_y(x,y) = D'(y) = 6 + y$，再对 y 积分得

$$D(y) = 6y + \frac{1}{2}y^2 + C,$$

所以

$$C(x,y) = 20x + \frac{x^2}{4} + 6y + \frac{1}{2}y^2 + C,$$

由 $C(0,0) = 10000$，故 $C=10000$，所以 $C(x,y) = 20x + \frac{x^2}{4} + 6y + \frac{1}{2}y^2 + 10000$.

（2）若 $x+y=50$，则 $y=50-x$（$0 \leqslant x \leqslant 50$），代入到成本函数中，得

$$C(x) = C(x,50-x) = \frac{3x^2}{4} - 36x^2 + 11550.$$

所以令 $C'(x) = \frac{3x}{2} - 36$，得 $x=24$，$y=26$，这时总成本最小为 11118.

（3）当总产量为 50 件且总成本最小时甲产品的边际成本为 $C'_x(24,26) = 32$，表示在要求总产量为 50 件，甲产品为 24 件时，每改变一个单位的产量，成本会发生 32 万元的改变.

分析　边际利润是近两年微分方程应用题考试的重点，除了对基本经济概念了解外，问题还可能涉及多元函数微积分、最值问题及单调性问题，需要熟悉导数的应用.

例 10.27　某家庭从现在着手从每月工资中拿出一部分资金存入银行，用于投资子女的教育. 并计划 20 年后开始从投资账户中每月支取 1000 元，直到 10 年后子女大学毕业用完全部资金，问：

（1）要实现这个投资目标，20 年内共要筹措多少资金？

（2）平均每月要向银行存入多少钱？（假设投资的月利率为 0.5%）

解　(1) 假设第 n 个月投资账户资金为 S_n 元，20 年内共要筹措资金 S 元. 于是 20 年后关于 S_n 的差分方程模型为

$$\begin{cases} S_{n+1}=1.005S_n-1000, \\ S_{120}=0,\ S_0=S, \end{cases}$$

解上述初值问题，得通解 $S_n=C\cdot 1.005^n-\dfrac{1000}{1-1.005}=C\cdot 1.005^n+200000$，其中 C 为任意常数.

从而有 $S_{120}=C\cdot 1.005^{120}+200000=0$，$S_0=C+200000=S$，解得

$S=200000-\dfrac{200000}{1.005^{120}}=90073.45$，即要达到投资目标，20 年内要筹措资金 90073.45 元.

(2) 假设每月存入资金为 Q 元，在投资开始的 20 年内 S_n 满足的差分方程为

$$\begin{cases} S_{n+1}=1.005S_n+Q, \\ S_{240}=90073.45,\ S_0=0, \end{cases}$$

解得通解为

$$S_n=C\cdot 1.005^n+\frac{Q}{1-1.005}=C\cdot 1.005^n-200Q,$$

以及

$$S_{240}=C\cdot 1.005^{240}-200Q=90073.45,\ S_0=C-200Q=0.$$

从而有 $Q=194.95$，要达到投资目标，平均每月要存入银行 194.95 元.

例 10.28　已知第 n 个月某类产品的价格为 P_n，库存量为 L_n，该产品的合理库存量为 L. 一般情况下，如果库存量超过合理库存量，则该产品的价格将会下跌，如果库存量低于合理库存量，则该产品的价格将会上涨，当月库存量与价格的关系为

$$P_{n+1}-P_n=k(L-L_n), \tag{a}$$

其中 k 为比例常数. 又设库存量 L_n 的改变与产品销售状态有关，且在第 $n+1$ 个月库存增加量等于该月的供求之差，而供求关系由产品价格决定，即

$$L_{n+1}-L_n=aP_{n+1}-b. \tag{b}$$

试确定正常数 a，b，k 对该产品价格的影响.

解　由式（a）变形可得 $P_{n+2}-2P_{n+1}+P_n=-k(L_{n+1}-L_n)$，再由式（b）得

$$P_{n+2}+(ka-2)P_{n+1}+P_n=kb. \tag{c}$$

设差分方程（c）的特解为 $P_n^*=A$，代入方程得 $A=\dfrac{b}{a}$.

可见式（c）对应的特征方程为 $\lambda^2+(ka-2)\lambda+1=0$，解得

$$\lambda_{1,2}=-r\pm\sqrt{r^2-1},\ r=\frac{ka-2}{2}.$$

于是

（1）若 $|r|<1$，并设 $r=\cos\theta$，则方程（c）的通解为

$$P_n=C_1\cos n\theta+C_2\sin n\theta+\frac{b}{a}.$$

（2）若 $|r|>1$，则 λ_1，λ_2 为两个实根，方程（c）的通解为

$$P_n=C_1\lambda_1^n+C_2\lambda_2^n+\frac{b}{a}.$$

由于 $\lambda_2=-r-\sqrt{r^2-1}<-r<-1$，则当 $n\to+\infty$ 时 λ_2^n 将迅速变化，方程无稳定解. 因此，当 $|r|<1$ 时，即 $0<r+1<2$，亦即 $0<k<\dfrac{4}{a}$ 时，价格相对稳定.

分析　按等间隔时间周期统计的离散型数据在经济问题中颇为常见，例如，产品的产量、外贸出口额及国民收入都是按月或年统计，银行存款按约定的时间间隔计息. 可将这类离散型变量设为 y_t，构造差分方程.

五、教材习题选解

习题 10.1

2. 给定一阶微分方程 $\dfrac{dy}{dx}=2x$.

（1）求出它的通解；

（2）求过点（1，4）的特解；

（3）求出与直线 $y=2x+3$ 相切的特解.

解　（1）分离变量得 $dy=2xdx$，两边积分得 $y=x^2+C$；

（2）将 $y|_{x=1}=4$ 代入 $y=x^2+C$，得 $C=3$ 所以 $y=x^2+3$；

（3）直线 $y=2x+3$ 的斜率为 2，曲线与直线 $y=2x+3$ 相切，则 $\dfrac{dy}{dx}=2x=2$，所以 $x=1$，代入 $y=2x+3$ 得 $y=5$，故切点为（1，5），特解为 $y=x^2+4$.

习题 10.2

1. 求下列微分方程的解：

（1）$xy' - y \ln y = 0$.

解　分离变量得$\frac{dy}{y \ln y} = \frac{dx}{x}$，即$\frac{d \ln y}{\ln y} = \frac{dx}{x}$. 两边积分得 $\ln(\ln y) = \ln x + \ln C$，即 $y = e^{Cx}$，C 为任意常数.

（3）$e^x \cos y dx + (1 + e^x) \sin y dy = 0$，$y|_{x=0} = \frac{\pi}{4}$.

解　分离变量得$-\frac{\sin y}{\cos y} dy = \frac{e^x}{1 + e^x} dx$，两边积分得

$$\int\left(-\frac{\sin y}{\cos y}\right) dy = \int \frac{e^x}{1 + e^x} dx,$$

即　$\ln|\cos y| = \ln(e^x + 1) + \ln|C|$ 或　$\cos y = C(e^x + 1)$

由 $y|_{x=0} = \frac{\pi}{4}$ 得 $C = \frac{\sqrt{2}}{4}$. 所以特解为 $\cos y = \frac{\sqrt{2}}{4}(e^x + 1)$.

2. 求下列微分方程满足所给初始条件的特解：

（1）$\sin 2x dx + \cos 3y dy = 0$，$y|_{x=\frac{\pi}{2}} = \frac{\pi}{3}$.

解　等式两边同时积分得 $-\frac{1}{2}\cos 2x + \frac{1}{3}\sin 3y = C$，将 $y|_{x=\frac{\pi}{2}} = \frac{\pi}{3}$ 代入得 $C = \frac{1}{2}$，所以满足初始条件的特解为

$$y = \frac{1}{3}\arcsin\left[\frac{3}{2}(1 + \cos 2x)\right].$$

（2）$x dx + y e^{-x} dy = 0$，$y|_{x=0} = 1$.

解　分离变量得 $y dy = -x e^x dx$，两边积分得 $\frac{y^2}{2} = -\int x d(e^x)$，即通解为 $\frac{y^2}{2} = -x e^x + e^x + C$，将 $y|_{x=0} = 1$ 代入通解，得到特解为 $y^2 = -2x e^x + 2e^x - 1$.

3. 求解下列齐次方程：

（1）$y' = \frac{y}{x}(1 + \ln y - \ln x)$.

解　原方程可化为 $y' = \frac{y}{x}\left(1 + \ln \frac{y}{x}\right)$，令 $\frac{y}{x} = u$，则 $y = ux$，$\frac{dy}{dx} = x\frac{du}{dx} + u$. 原方程变为

$$x\frac{du}{dx} + u = u + u \ln u，即\ x\frac{du}{dx} = u \ln u,$$

分离变量并两边积分得 $u = e^{Cx}$，则方程的通解为 $y = x e^{Cx}$.

（2）$xy' - x\sin\frac{y}{x} - y = 0$.

解　原方程可化为 $y' = \sin\frac{y}{x} + \frac{y}{x}$，令 $\frac{y}{x} = u$，则 $y = ux$，$\frac{dy}{dx} = x\frac{du}{dx} + u$. 原方程变为

$$x\frac{du}{dx} + u = u + \sin u，即\ x\frac{du}{dx} = \sin u,$$

分离变量得
$$\frac{\mathrm{d}u}{\sin u}=\frac{\mathrm{d}x}{x},$$

两边积分得
$$\ln\tan\frac{u}{2}=\ln x+\ln C\quad 或\quad \tan\frac{u}{2}=Cx.$$

则方程的通解为 $\tan\frac{y}{2x}=Cx$.

(3) $\frac{y-xy'}{x+yy'}=2$，$y\big|_{x=1}=1$.

解 原式变形为$\frac{y}{x}-y'=2\left(1+\frac{y}{x}y'\right)$，令 $u=\frac{y}{x}$，则上式化为
$$-(2u+1)x\frac{\mathrm{d}u}{\mathrm{d}x}=2(1+u^2).$$

分离变量得
$$-\frac{2u+1}{2(1+u^2)}\mathrm{d}u=\frac{1}{x}\mathrm{d}x,$$

两边积分得
$$-\int\left[\frac{u}{1+u^2}+\frac{1}{2(1+u^2)}\right]\mathrm{d}u=\int\frac{1}{x}\mathrm{d}x,$$
$$-\frac{1}{2}\ln(1+u^2)-\frac{1}{2}\arctan u=\ln x-\frac{1}{2}\ln C,$$

即 $(1+u^2)\mathrm{e}^{\arctan u}=Cx^{-2}$，则方程的通解为
$$(x^2+y^2)\mathrm{e}^{\arctan\frac{y}{x}}=C.$$

由 $y\big|_{x=1}=1$ 得 $C=2\mathrm{e}^{\frac{\pi}{4}}$. 所以特解为 $(x^2+y^2)\mathrm{e}^{\arctan\frac{y}{x}}=2\mathrm{e}^{\frac{\pi}{4}}$.

4. 求解下列一阶线性微分方程：

(1) $y'=y\tan x+\cos x$.

解 化为标准形式 $y'-y\tan x=\cos x$，其中 $P(x)=-\tan x$，$Q(x)=\cos x$，于是得方程的通解为
$$y=\mathrm{e}^{-\int(-\tan x)\mathrm{d}x}\left[\int\cos x\,\mathrm{e}^{\int(-\tan x)\mathrm{d}x}\mathrm{d}x+C\right],$$

求解积分得
$$y=\sec x\left[\int\cos^2x\mathrm{d}x+C\right]=\sec x\left(\frac{x}{2}+\frac{\sin 2x}{4}+C\right).$$

(2) $xy'+y=x^2+3x+2$.

解 化为标准形式 $y'+\frac{1}{x}y=x+3+\frac{2}{x}$，其中 $P(x)=\frac{1}{x}$，$Q(x)=x+3+\frac{2}{x}$，于是
$$y=\mathrm{e}^{-\int\frac{1}{x}\mathrm{d}x}\left[\int\left(x+3+\frac{2}{x}\right)\mathrm{e}^{\int\frac{1}{x}\mathrm{d}x}\mathrm{d}x+C\right],$$

求解积分得微分方程通解为 $y=\frac{x^2}{3}+\frac{3x}{2}+2+\frac{C}{x}$.

(4) $\frac{\mathrm{d}y}{\mathrm{d}x}+\frac{2-3x^2}{x^3}y=1$，$y\big|_{x=1}=0$.

解 由于 $P(x)=\frac{2-3x^2}{x^3}$，$Q(x)=1$，则

$$y = e^{-\int\frac{2-3x^2}{x^3}dx}\left(\int e^{\int\frac{2-3x^2}{x^3}dx}dx + C\right)$$

微分方程通解为 $y = x^3 e^{x^{-2}}\left(\frac{1}{2}e^{-x^{-2}} + C\right)$，将 $y\big|_{x=1} = 0$ 代入得 $C = -\frac{1}{2e}$，

所以特解为 $y = \frac{1}{2}\ (x^3 - x^3 e^{x^{-2}-1})$.

5. 用适当的变量代换把下列微分方程变为可分离变量的微分方程或一阶线性微分方程，然后求出其通解：

（1）$\frac{dy}{dx} = (x+y)^2$（提示：令 $x+y=u$，则 $y=u-x$）.

解　令 $x+y=u$，则 $\frac{dy}{dx} = \frac{du}{dx} - 1$，原方程化为

$$\frac{du}{dx} - 1 = u^2\text{，即 } dx = \frac{du}{1+u^2}.$$

两边积分得

$$x = \arctan u + C,$$

原方程的通解为 $x = \arctan(x+y) + C$，即 $y = -x + \tan(x-C)$.

（2）$xy' + y = y(\ln x + \ln y)$（提示：令 $xy=u$，则 $y = \frac{u}{x}$）.

解　令 $xy=u$，则 $u' = xy' + y$，原方程化为 $u' = \frac{u\ln u}{x}$，分离变量得 $\frac{du}{u\ln u} = \frac{dx}{x}$，两边积分得

$$\ln(\ln u) = \ln x + \ln C\text{，即 } u = e^{Cx}.$$

原方程的通解为 $xy = e^{Cx}$，即 $y = \frac{1}{x}e^{Cx}$.

（3）$y' = y^2 + 2(\sin x - 1)y + \sin^2 x - 2\sin x - \cos x + 1$（提示：令 $y = \sin x - 1 = u$，则 $y = u - \sin x + 1$）.

解　令 $y + \sin x - 1 = u$，则 $y = u - \sin x + 1$，$\frac{dy}{dx} = \frac{du}{dx} - \cos x$，

原方程化为

$$\frac{du}{dx} - \cos x = u^2 - \cos x\text{，即}\frac{du}{dx} = u^2.$$

分离变量两边积分得

$$-\frac{1}{u} = x + C,$$

原方程的通解为 $-\frac{1}{y+\sin x-1} = x + C$，即 $y = 1 - \sin x - \frac{1}{x+C}$，

另外，$y = 1 - \sin x$ 也是方程的一个解，但不包含在通解中.

习题 10.3

1. 某商品的需求量 x 对价格 p 的弹性为 $\eta = -3p^3$，市场对该商品的最大需求量为 1 万件，求需求函数.

解　由弹性公式得微分方程

$$\eta = \frac{dx}{dp}\frac{p}{x} = -3p^3\text{，即}\quad \frac{dx}{x} = -3p^2 dp,$$

作为可分离变量的微分方程，两边积分得通解 $x = Ce^{-p^3}$，代入初始条件 $x(0) = 1$，得出所求的

需求函数为 $x = e^{-p^3}$.

2. (马尔萨斯(Malthus)模型) 英国人口统计学家马尔萨斯(1766—1834)在担任牧师期间，查看了教堂100多年的人口出生统计资料，发现人口出生率是一个常数，于1798年在《人口原理》一书中提出了闻名于世的马尔萨斯人口模型. 他的基本假设是：在人口自然增长过程中，净相对增长率（出生率与死亡率之差）是常数，即单位时间内人口的增长量与人口成正比，比例系数设为 r. 在此假设下，推导并求解人口随时间变化的数学模型（只考虑增长率，其他因素的影响暂不考虑）.

解 设 $N(t)$，$r(t,N(t))$ 表示时刻 t 人口总数和增长率，假设只考虑增长率，其他因素的影响暂不考虑，则在 t 到 $t+\Delta t$ 这段时间内人口总数增长为

$$N(t+\Delta t) - N(t) = r(t, N)N(t)\Delta t,$$

两端同除以 Δt，并令 $\Delta t \to 0$，有

$$\frac{dN}{dt} = r(t, N)N(t),$$

其实由于出生率 $r(t, N)$ 的不确定性，给方程的求解带来困难. 如果我们假定 $r(t, N)$ 为一常数 r，这就是马尔萨斯人口模型，即

$$\begin{cases} \dfrac{dN}{dt} = rN(t), \\ N(t)\big|_{t=t_0} = N_0. \end{cases}$$

其解为 $N(t) = N_0 e^{r(t-t_0)}$，即人口以 e^r 为公比，按几何级数增加.

3. 每年的大学毕业生（含硕士、博士研究生）中都要有一定比例的人员充实教师队伍，其余的从事科技管理方面的工作. 设 t 年时教师人数为 $x_1(t)$，科技管理人员人数为 $x_2(t)$，又设一个教师每年平均培养 α 个毕业生，又每年退休、死亡或调出人员的比例为 $\lambda(0<\lambda<1)$，每年毕业生中从事教师职业的比率为 β $(0<\beta<1)$，试建立教师人数 $x_1(t)$、科技管理人员人数 $x_2(t)$ 的数学模型；给出 $x_1(t)$，$x_2(t)$ 的函数表达式并研究随着时间的增长对应的变化趋势（当 $\beta=1$，$\beta\to 0$ 时）.

解 根据已知可建立如下的微分方程：

$$\frac{dx_1}{dt} = \alpha\beta x_1 - \lambda x_1, \tag{1}$$

$$\frac{dx_2}{dt} = \alpha(1-\beta)x_1 - \lambda x_2, \tag{2}$$

方程 (1) 是可分离变量的微分方程，易解得其通解为 $x_1 = C_1 e^{(\alpha\beta-\lambda)t}$

设 $x_1(0) = m$，则 $C_1 = m$；得方程 (1) 的特解为 $x_1 = me^{(\alpha\beta-\lambda)t}$，将上式代入式 (2) 得

$$\frac{dx_2}{dt} + \lambda x_2 = \alpha(1-\beta)me^{(\alpha\beta-\lambda)t}$$

求得其通解为

$$x_2 = C_2 e^{-\lambda t} + \frac{1-\beta}{\beta}me^{(\alpha\beta-\lambda)t},$$

设 $x_2(0) = n$，则 $C_2 = n - \dfrac{1-\beta}{\beta}m$；故得方程 (2) 的特解为

$$x_2=\left(n-\frac{1-\beta}{\beta}m\right)e^{-\lambda t}+\frac{1-\beta}{\beta}me^{(\alpha\beta-\lambda)t}.$$

若取 $\beta=1$，即毕业生全部充实教师队伍，则当 $t\to+\infty$ 时，$x_1(t)\to+\infty$ 而 $x_2(t)\to0$，此时表明教师队伍将迅速增加，但科技管理队伍将不断萎缩，必然会影响经济的发展.

若取 $\beta\to0$，即毕业生很少充实教师队伍，则当 $t\to+\infty$ 时，$x_1(t)\to0$ 且 $x_2(t)\to0$，此时表明若不保证适当比例的毕业生充实教师队伍，必将影响人才的培养，最终会导致两支队伍全面的萎缩. 因此选择好比例 β 十分重要.

4. 设某产品的销售量 $x(t)$ 是时间 t 的可导函数，如果该产品的销售量对时间的增长速率 $\frac{dx}{dt}$ 与销售量 $x(t)$ 及销售量接近于饱和水平的程度 $N-x(t)$ 之积成正比（N 为饱和水平，比例常数为 $k>0$），且当 $t=0$ 时 $x=\frac{1}{4}N$. 求：

（1）销售量 $x(t)$；

（2）销售量 $x(t)$ 的增长最快的时刻 T.

解　（1）由题意可建立如下的微分方程：

$$\frac{dx}{dt}=kx(N-x)\,(k>0).$$

此方程为可分离变量的微分方程，分离变量得 $\frac{dx}{x\ (N-x)}=kdt$，两端积分，得 $\frac{x}{N-x}=Ce^{Nkt}$，从中解出 $x(t)$，得 $x(t)=\frac{NCe^{Nkt}}{Ce^{Nkt}+1}$，由 $x(0)=\frac{1}{4}N$ 得 $C=\frac{1}{3}$，故可得 $x(t)=\frac{N}{1+3e^{-Nkt}}$.

（2）对 $x(t)$ 求一阶、二阶导数得

$$\frac{dx}{dt}=\frac{3N^2ke^{-Nkt}}{(1+3e^{-Nkt})^2}$$

$$\frac{d^2x}{dt^2}=\frac{-3N^3k^2e^{-Nkt}\ (1-3e^{-Nkt})}{(1+3e^{-Nkt})^3},$$

令 $\frac{d^2x}{dt^2}=0$，得 $T=\frac{\ln 3}{Nk}$. 当 $t<T$ 时，$\frac{d^2x}{dt^2}>0$；当 $t>T$ 时，$\frac{d^2x}{dt^2}<0$.

故而当 $T=\frac{\ln3}{Nk}$ 时 $x(t)$ 增长的速度是最快的.

习题 10.4

1. 求下列微分方程的通解：

（1）$y'''=e^{2x}-\cos x$.

解　这是一个可降阶的微分方程，则有

$$y''=\int(e^{2x}-\cos x)dx=\frac{e^{2x}}{2}-\sin x+C_1;$$

$$y'=\int\left(\frac{e^{2x}}{2}-\sin x+C_1\right)dx=\frac{e^{2x}}{4}+\cos x+C_1x+C_2;$$

$$y=\int\left(\frac{e^{2x}}{4}+\cos x+C_1x+C_2\right)dx=\frac{e^{2x}}{8}+\sin x+\frac{C_1}{2}x^2+C_2x+C_3,$$

解得 $y=\frac{e^{2x}}{8}-\sin x+\widetilde{C_1}x^2+C_2x+C_3$，其中 $\widetilde{C_1}=\frac{C_1}{2}$，$C_2$，$C_3$ 是任意常数.

（3）$y''=1+y'^2$.

解　方程不显含 y，设 $y'=p(x)$，则 $y''=\frac{dp}{dx}=p'$，原方程变为

$$p'=1+p^2，即\frac{1}{1+p^2}dp=dx,$$

两边积分得

$$\arctan p=x+C_1，即 y'=\tan(x+C_1),$$

$$y=\int\tan(x+C_1)dx=-\ln|\cos(x+C_1)|+C_2,$$

原方程的通解为

$$y=-\ln|\cos(x+C_1)|+C_2.$$

（4）$y''=y'+x$.

解　方程不显含 y，设 $y'=p(x)$，则 $y''=\frac{dp}{dx}=p'$，原方程变为

$$p'=p+x，即 p'-p=x,$$

这是一阶线性微分方程，套用求解公式得

$$p=e^{\int 1dx}\left(\int xe^{-\int 1dx}dx+C_1\right)，即 y'=C_1e^x-x-1,$$

等式两边积分得

$$y=C_1e^x-\frac{x^2}{2}-x+C_2.$$

（5）$y''=\frac{1}{\sqrt{y}}$.

解　方程不显含 x，设 $y'=p(y)$，则 $y''=p\cdot\frac{dp}{dy}$，代入原方程，得

$$p\cdot\frac{dp}{dy}=\frac{1}{\sqrt{y}}，即 pdp=\frac{1}{\sqrt{y}}dy,$$

两边积分得

$$\frac{1}{2}p^2=2\sqrt{y}+2C_1,$$

故 $y'=\pm2\sqrt{\sqrt{y}+C_1}$，即

$$\frac{1}{\sqrt{\sqrt{y}+C_1}}dy=\pm2dx,$$

两边积分，令 $t=\sqrt{y}$，得原方程的通解为

$$x=\pm\left[\frac{2}{3}(\sqrt{y}+C_1)^{\frac{3}{2}}-4\sqrt{y}\sqrt{\sqrt{y}+C_1}\right]+C_2.$$

（6）$xy''=y'+x\sin\frac{y'}{x}$.

解　方程可以写为 $y''=\frac{y'}{x}+\sin\frac{y'}{x}$，设 $u(x)=\frac{y'}{x}$，则

$$y'=xu，y''=\frac{d(xu)}{dx}=u+xu',$$

代入方程得
$$xu' = \sin u,$$
解得 $\ln\left|\tan\frac{u}{2}\right| = \ln|x| + \ln|C_1|$，即 $u = 2\arctan(C_1 x)$，

所以
$$y' = 2x\arctan(C_1 x),$$
积分得
$$y = (C_1^{-2} + x^2)\arctan(C_1 x) - C_1^{-1}x + C_2.$$

2. 求下列微分方程满足初始条件的特解：

（1）$y''' = e^{ax}$，$y|_{x=1} = y'|_{x=1} = y''|_{x=1} = 0$.

解　$y'' = \int e^{ax}dx = \frac{1}{a}e^{ax} + C_1$，由 $y''|_{x=1} = 0$，得 $C_1 = -\frac{1}{a}e^a$.

$$y' = \int\left(\frac{1}{a}e^{ax} - \frac{1}{a}e^a\right)dx = \frac{1}{a^2}e^{ax} - \frac{1}{a}e^a x + C_2.$$

由 $y'|_{x=1} = 0$，得 $C_2 = \frac{e^a}{a^2}(a-1)$．故

$$y = \int\left[\frac{1}{a^2}e^{ax} - \frac{1}{a}e^a x + \frac{e^a}{a^2}(a-1)\right]dx$$
$$= \frac{1}{a^3}e^{ax} - \frac{1}{2a}e^a x^2 + \frac{e^a}{a^2}(a-1)x + C_3.$$

由 $y|_{x=1} = 0$，得 $C_3 = \frac{e^a}{2a^3}(2a - a^2 - 2)$，故所求特解为

$$y = \frac{1}{a^3}e^{ax} - \frac{1}{2a}e^a x^2 + \frac{e^a}{a^2}(a-1)x + \frac{e^a}{2a^3}(2a - a^2 - 2).$$

（2）$y^2 y'' + 1 = 0$，$y|_{x=1} = 1$，$y'|_{x=1} = 0$.

解　令 $p(y) = y'$，则 $y'' = p\frac{dp}{dy}$，原方程化为

$$pdp = -\frac{1}{y^2}dy,$$

两边积分得
$$p^2 = \frac{2}{y} + C_1,$$

由 $y|_{x=1} = 1$，$y'|_{x=1} = 0$ 得 $C_1 = -2$，从而

$$y' = \pm\sqrt{2\left(\frac{1}{y} - 1\right)}.$$

分离变量得
$$\sqrt{\frac{y}{1-y}}dy = \pm\sqrt{2}dx,$$

两边积分得

$$\sqrt{y - y^2} + \arcsin\sqrt{y} = \pm\sqrt{2}x + C_2,$$

由 $y|_{x=1} = 1$，得 $C_1 = \mp\sqrt{2}$从而

$$\sqrt{y - y^2} + \arcsin\sqrt{y} = \pm\sqrt{2}(x - 1).$$

（3）$y'' = ay'^2 = 0$，$y|_{x=0} = 0$，$y'|_{x=0} = -1$.

解　令 $p(y) = y'$，则 $y'' = p\frac{dp}{dy}$，原方程化为

$$p\frac{\mathrm{d}p}{\mathrm{d}y}-ap^2=0，即\frac{\mathrm{d}p}{ap}=\mathrm{d}y,$$

两边积分得 $p=C_1\mathrm{e}^{ay}$，由 $y\big|_{x=0}=0$，$y'\big|_{x=0}=-1$ 得 $C_1=-1$，得$\frac{\mathrm{d}y}{\mathrm{d}x}=-\mathrm{e}^{ay}$，分离变量并积分得 $\int(-\mathrm{e}^{-ay})\mathrm{d}y=\int 1\mathrm{d}x$，所以 $y=-\frac{1}{a}\ln(ax+C_2)$，由 $y\big|_{x=0}=0$ 得 $C_2=1$，所求特解为

$$y=-\frac{1}{a}\ln(ax+1).$$

（4）$y''=\mathrm{e}^{2y}$，$y\big|_{x=0}=y'\big|_{x=0}=0.$

解　令 $p(y)=y'$，则 $y''=p\frac{\mathrm{d}p}{\mathrm{d}y}$，原方程化为 $p\frac{\mathrm{d}p}{\mathrm{d}y}=\mathrm{e}^{2y}$，

分离变量并积分得　　$\int p\mathrm{d}p=\int\mathrm{e}^{2y}\mathrm{d}y$，即 $p=\sqrt{\mathrm{e}^{2y}+C_1}$.

由 $y\big|_{x=0}=y'\big|_{x=0}=0$ 得 $C_1=-1$. 即$\frac{\mathrm{d}y}{\mathrm{d}x}=\sqrt{\mathrm{e}^{2y}-1}$，设 $u=\mathrm{e}^y$，则

$$y=\ln u,\ \frac{\mathrm{d}y}{\mathrm{d}x}=\frac{1}{u}\frac{\mathrm{d}u}{\mathrm{d}x},$$

所以$\frac{1}{u}\frac{\mathrm{d}u}{\mathrm{d}x}=\sqrt{u^2-1}$，分离变量并积分得 $\arccos\frac{1}{|u|}=x+C_2$，所以 $u=\sec(x+C_2)$，即 $y=\ln\sec(x+C_2)$. 由 $y\big|_{x=0}=y'\big|_{x=0}=0$ 得 $C_2=0$. 所以 $y=\ln\sec x$.

3. 试求 $y''=x$ 的经过点 M（0，1）且在此点与直线 $y=\frac{x}{2}+1$ 相切的积分曲线.

解　因为 $y'=\frac{1}{2}x^2+C_1$，所以 $y=\frac{1}{6}x^3+C_1x+C_2$，由题意得 $y\big|_{x=0}=1$，$y'\big|_{x=0}=\frac{1}{2}$，故得 $C_1=\frac{1}{2}$，$C_2=1$，因此所求曲线为

$$y=\frac{1}{6}x^3+\frac{1}{2}x+1.$$

习题 10.5

2. 求下列微分方程的通解：

（1）$y''-2y'-3y=0.$

解　特征方程为 $r^2-2r-3=0$，特征根为 $r_1=3$，$r_2=-1$. 故方程通解为

$$y=C_1\mathrm{e}^{3x}+C_2\mathrm{e}^{-x}.$$

（2）$y''-2y'+5y=0.$

解　特征方程为 $r^2-2r+5=0$，特征根为 $r_{1,2}=-1\pm 2\mathrm{i}$. 故方程通解为

$$y=\mathrm{e}^{-x}(C_1\cos 2x+C_2\sin 2x).$$

（3）$4\frac{\mathrm{d}^2x}{\mathrm{d}t^2}-20\frac{\mathrm{d}x}{\mathrm{d}t}+25x=0.$

解　特征方程为 $4r^2-20r+25=0$，，特征根为 $r_{1,2}=\frac{5}{2}$. 故方程通解为

$$x = e^{\frac{5}{2}t}\ (C_1 + C_2 t).$$

（4）$y'' + 6y' + 13y = 0$.

解　特征方程为 $r^2 + 6r + 13 = 0$，特征根为 $r_{1,2} = -3 \pm 2i$. 故方程通解为

$$y = e^{-3x}\ (C_1 \cos 2x + C_2 \sin 2x).$$

3. 求下列微分方程满足初始条件的特解：

（1）$4y'' + 4y' + y = 0$，$y\big|_{x=0} = 2$，$y'\big|_{x=0} = 0$.

解　特征方程为 $4r^2 + 4r + 1 = 0$，特征根为 $r_{1,2} = -\dfrac{1}{2}$，故方程通解为 $y = e^{-\frac{1}{2}x}\ (C_1 + C_2 x)$，代入初始条件得 $C_1 = 2$，$C_2 = 1$，因而所求特解为 $y = e^{-\frac{1}{2}x}\ (2 + x)$.

（2）$y'' - 3y' - 4y = 0$，$y\big|_{x=0} = 0$，$y'\big|_{x=0} = -5$.

解　特征方程为 $r^2 - 3r - 4 = 0$，特征根为 $r_1 = -1$，$r_2 = 4$，故方程通解为

$$y = C_1 e^{-x} + C_2 e^{4x},$$

代入初始条件得 $C_1 = 1$，$C_2 = -1$，因而所求特解为 $y = e^{-x} - e^{4x}$.

（3）$y'' + 4y' + 29y = 0$，$y\big|_{x=0} = 0$，$y'\big|_{x=0} = 15$.

解　特征方程为 $r^2 + 4r + 29 = 0$，特征根为 $r_{1,2} = -2 \pm 5i$，故方程通解为

$$y = e^{-2x}\ (C_1 \cos 5x + C_2 \sin 5x),$$

代入初始条件得 $C_1 = 0$，$C_2 = 3$，因而所求特解为

$$y = 3e^{-2x}\sin 5x.$$

（4）$y'' + 25y = 0$，$y\big|_{x=0} = 2$，$y'\big|_{x=0} = 5$.

解　特征方程为 $r^2 + 25 = 0$，特征根为 $r_{1,2} = \pm 5i$，故方程通解为

$$y = C_1 \cos 5x + C_2 \sin 5x,$$

代入初始条件得 $C_1 = 2$，$C_2 = 1$，因而所求特解为

$$y = 2\cos 5x + \sin 5x.$$

4. 求下列微分方程的通解：

（1）$y'' - 5y' + 6y = xe^{2x}$.

解　特征方程为 $r^2 - 5r + 6 = 0$，特征根是 $r_1 = 3$，$r_2 = 2$. 故对应齐次方程 $y'' - 5y' + 6y = 0$ 的通解为

$$Y = C_1 e^{3x} + C_2 e^{2x}.$$

因为 $f(x) = xe^{2x}$，$\lambda = 2$ 是方程的单根，所以设特解为

$$y^* = x(Ax + B)e^{2x},$$

代入原方程整理得 $A = -\dfrac{1}{2}$，$B = -1$，从而方程通解为

$$y = C_1 e^{3x} + C_2 e^{2x} - \left(\frac{1}{2}x^2 + x\right)e^{2x}.$$

（2）$y'' + y = e^x$.

解　特征方程为 $r^2 + 1 = 0$，特征根为 $r_{1,2} = \pm i$，故对应齐次方程的通解为

$$Y = C_1 \cos x + C_2 \sin x.$$

因为 $f(x)=e^{x}$，$\lambda=1$ 不是方程的根，所以设特解为 $y^{*}=(Ax+B)e^{x}$，整理得 $A=0$，$B=\frac{1}{2}$，从而方程通解为

$$y=C_1\cos x+C_2\sin x+\frac{1}{2}e^{x}.$$

（3）$2y''+5y'=5x^2-2x-1$.

解　微分方程的特征方程为 $2r^2+5r=0$，特征根为 $r_1=0$，$r_2=-\frac{5}{2}$. 故对应的齐次方程通解为 $Y=C_1+C_2e^{-\frac{5}{2}x}$. 因为 $f(x)=5x^2-2x-1$，$\lambda=0$ 是特征方程的单根，设原方程的特解为

$$y^{*}=x(Ax^2+Bx+C),$$

代入原方程整理并比较系数得 $A=\frac{1}{3}$，$B=-\frac{3}{5}$，$C=\frac{7}{25}$，从而 $y^{*}=x\left(\frac{1}{3}x^2-\frac{3}{5}x+\frac{7}{25}\right)$. 因此，原方程的通解为

$$y=C_1+C_2e^{-\frac{5}{2}x}+x\left(\frac{1}{3}x^2-\frac{3}{5}x+\frac{7}{25}\right).$$

（4）$y''+3y'+2y=3xe^{-x}$.

解　特征方程为 $r^2+3r+2=0$，特征根为 $r_1=-1$，$r_2=-2$. 故对应的齐次方程通解为 $Y=C_1e^{-x}+C_2e^{-2x}$. 因为 $f(x)=3xe^{-x}$，$\lambda=-1$ 是特征方程的单根，设原方程的特解为

$$y^{*}=x(Ax+B)e^{-x},$$

代入原方程整理得

$$2Ax+(2A+B)=3x.$$

比较系数得 $A=\frac{3}{2}$，$B=-3$，从而 $y^{*}=x\left(\frac{3}{2}x-3\right)e^{-x}$. 因此，原方程的通解为

$$y=C_1e^{-x}+C_2e^{-2x}+3x\left(\frac{x}{2}-1\right)e^{-x}.$$

（5）$y''+4y=x\cos x$.

解　特征方程为 $r^2+4=0$，特征根为 $r_{1,2}=\pm 2i$. 故对应的齐次方程通解为 $Y=C_1\cos 2x+C_2\sin 2x$. 因为 $f(x)=x\cos x$，$\lambda\pm\omega i=i$ 不是特征方程的单根，设原方程的特解为

$$y^{*}=(Ax+B)\cos x+(Cx+D)\sin x,$$

代入原方程整理得

$$(3Ax+3B+2C)\cos x+(3Cx-2A+3D)\sin x=x\cos x.$$

比较系数得 $A=\frac{1}{3}$，$B=0$，$C=0$，$D=\frac{2}{9}$，从而

$$y^{*}=\frac{1}{3}x\cos x+\frac{2}{9}\sin x.$$

因此，原方程的通解为

$$y=C_1\cos 2x+C_2\sin 2x+\frac{1}{3}x\cos x+\frac{2}{9}\sin x.$$

5. 求下列各微分方程满足初始条件的特解：

（1）$y''-3y'+2y=5$，$y\big|_{x=0}=1$，$y'\big|_{x=0}=2$.

解 特征方程为 $r^2-3r+2=0$，特征根为 $r_1=1$，$r_2=2$. 故对应齐次方程的通解为

$$Y=C_1e^x+C_2e^{2x}.$$

因为 $f(x)=5$，$\lambda=0$ 不是特征方程的根，所以设特解为 $y^*=A$，代入原方程整理得 $A=\frac{5}{2}$，从而 $y=C_1e^x+C_2e^{2x}+\frac{5}{2}$. 代入初始条件 $y\big|_{x=0}=1$，$y'\big|_{x=0}=2$ 得 $C_1=-5$，$C_2=\frac{T}{2}$因而所求特解为 $y=-5e^x+\frac{7}{2}e^{2x}+\frac{5}{2}$.

(2) $y''-y=4xe^x$，$y\big|_{x=0}=0$，$y'\big|_{x=0}=1$.

解 特征方程为 $r^2-1=0$，特征根为 $r_1=1$，$r_2=-1$. 故对应齐次方程的通解为

$$Y=C_1ex+C_2e^{-x}.$$

因为 $f(x)=4xe^x$，$\lambda=1$ 是方程的单根，所以设特解为

$$y^*=x(Ax+B)e^x,$$

代入原方程整理得 $A=1$，$B=-1$，从而通解为

$$y=C_1e^x+C_2e^{-x}+e^x(x^2-x).$$

由 $y\big|_{x=0}=0$，$y'\big|_{x=0}=1$ 得 $C_1=1$，$C_2=-1$，所以所求特解为

$$y=e^x-e^{-x}+e^x(x^2-x).$$

习题 10.6

1. 求下列函数的一阶和二阶差分：

(1) $y_x=x\ (x-1)$；　(2) $y_x=a^x$；　(3) $y_t=t^2+1$.

解 (1) $\Delta y_x=y_{x+1}-y_x=(x+1)x-x(x-1)=2x$,

$$\Delta^2y_x=\Delta y_{x+1}-\Delta y_x=2(x+1)-2x=2;$$

(2) $\Delta y_x=y_{x+1}-y_x=a^{x+1}-a^x=(a-1)a^x$,

$$\Delta^2y_x=\Delta y_{x+1}-\Delta y_x=(a-1)a^{x+1}-(a-1)a^x=(a-1)^2a^x;$$

(3) $\Delta y_t=y_{t-1}-y_t=[(t+1)^2+1]-(t^2+1)=2t+1$,

$$\Delta^2y_t=\Delta y_{t+1}-\Delta y_t=[2(t+1)+1]-(2t+1)=2.$$

2. 改写下列差分方程，并指出其阶数：

(1) $\Delta^2y_x-2y_x=1$；

(2) $\Delta^3y_t-3\Delta y_t-2y_t=3$.

解 (1) 因为 $\Delta^2y_x=y_{x+2}-2y_{x+1}+y_x$，所以原方程改为 $y_{x+2}-2y_{x+1}-y_x=1$，二阶；

(2) 因为 $\Delta^3y_t=y_{t+3}-3y_{t+1}+3y_{t+1}-y_t$，$\Delta y_t=y_{t+1}-y_t$，所以原方程改为 $y_{t+3}-3y_{t+2}=3$，一阶.

3. 求下列差分方程的特解：

(1) $y_x+y_{x-1}=(x-1)\ 3^{x-1}$，$y_0=1$.

解 原式可写为 $y_{x+1}+y_x=x\cdot3^x$，$y_0=1$，由于 $p=1$，$\lambda=3$，$P_1(x)=x$. 显然其齐次方程的通解为

$$Y_x = C(-1)^x (C\text{为任意常数}).$$

因为 $p \neq -\lambda$，设其特解为 $y_x^* = 3^x(ax+b)$，得

$$4a=1,\ 3a+4b=0,$$

从而得 $$a=\frac{1}{4},\ b=-\frac{3}{16}.$$

因此，原方程的通解为 $$y_x = C\cdot(-1)^x + 3^x\left(\frac{x}{4}-\frac{3}{16}\right),$$

由 $y_0=1$ 得 $C=\frac{19}{16}$，所以所求特解为

$$y_x = (-1)^x\frac{19}{16} + 3^x\left(\frac{x}{4}-\frac{3}{16}\right).$$

（2）$\Delta y_x - 4y_x = x^2$，$y_0=2$.

解　原方程的标准形式为 $y_{x+1}-5y_x=x^2$，其中 $p=-5$，则所对应的齐次差分方程的通解为 $Y_x = C\cdot 5^x$（C 为任意常数）.

因为 $f(x)=x^2$，$\lambda=1$，$p\neq-\lambda$，所以设原方程的特解为 $y_x^* = ax^2+bx+c$，代入得 $-4a=1$，$2a-4b=0$，$a+b-4c=0$，从而得 $a=-\frac{1}{4}$，$b=-\frac{1}{8}$，$c=-\frac{3}{32}$. 因此，原方程的通解为

$$y_x = C\cdot 5^x - \frac{x^2}{4}-\frac{x}{8}-\frac{3}{32},$$

由 $y_0=2$ 得 $C=\frac{67}{32}$，所求特解为

$$y_x = \frac{67}{32}\cdot 5^x - \frac{x^2}{4}-\frac{x}{8}-\frac{3}{32}.$$

（3）$s_{t+1}-9s_t = t^2 9^{t+1}$，$s_0=9$.

解　由于 $p=-9$，$\lambda=9$，$P_2(t)=9t^2$．显然其齐次方程的通解为 $S_t = C\cdot 9^t$（C 为任意常数）.

因为 $p=-\lambda$，所以设其特解为 $s_t^* = 9^t t\,(at^2+bt+c)$，得

$$3a=1,\ 3a+2b=0,\ a+b+c=0,$$

从而得 $a=\frac{1}{3}$，$b=-\frac{1}{2}$，$c=\frac{1}{6}$. 因此，原方程的通解为

$$s_t = 9^t\left(\frac{t^3}{3}-\frac{t^2}{2}+\frac{t}{6}+C\right),$$

由 $s_0=9$ 得 $C=9$，所以所求特解为

$$s_t = 9^t\left(\frac{t^3}{3}-\frac{t^2}{2}+\frac{t}{6}+9\right).$$

4. 求下列差分方程的通解：

（1）$y_{t+1}-y_t = 3+2t$.

解　由于 $p=-1$，$f(x)=P_1(x)=3+2t$. 设其特解为

$$y_t^* = t(at+b),$$

代入得 $2a=2$，$a+b=3$，从而有 $a=1$，$b=2$.

显然对应齐次方程的通解为 $Y_t = C$（C 为任意常数）.

因此，原方程的通解为 $y_t = t^2 + 2t + C.$

（2）$\Delta y_x - 3y_x = x^2 \ln 2.$

解 原方程的标准形式为 $y_{x+1} - 4y_x = x^2 \ln 2$，由于

$$p = -4,\ f(x) = P_2(x) = x^2 \ln 2.$$

显然其齐次方程的通解为 $Y_x = C \cdot 4^x$（C 为任意常数）.

因为 $p \neq -1$，所以其特解为 $y_x^* = ax^2 + bx + c$,

代入得

$$-3a = \ln 2,\ a - 3b = 0,\ a + b - 3c = 0,$$

从而得 $a = -\dfrac{\ln 2}{3}$，$b = -\dfrac{\ln 2}{9}$，$c = -\dfrac{4\ln 2}{27}$.

因此，原方程的通解为

$$y_x = C \cdot 4^x - \frac{x^2 \ln 2}{3} - \frac{x \ln 2}{9} - \frac{4 \ln 2}{27}.$$

（3）$y_{t+1} - y_t = 2^t.$

解 由于 $p = -1$，$\lambda = 2$.

显然其齐次方程的通解为 $Y_t = C$（C 为任意常数）.

因为 $p \neq -1$，设其特解为 $y_t^* = a \cdot 2^t$,

代入得 $a = 1$，因此，原方程的通解为

$$y_t = C + 2^t.$$

习题 10.7

1. 设 y_t 为 t 期国民收入，C_t 为 t 期消费，I_t 为 t 期投资，它们之间有如下关系式：

$$C_t = \lambda y_t + a, \tag{1}$$

$$I_t = \beta y_t + b, \tag{2}$$

$$y_t - y_{t-1} = \theta(y_{t-1} - C_{t-1} - I_{t-1}), \tag{3}$$

其中 λ，β，a，b，θ 均为常数，且 $0<\lambda<1$，$0<\beta<1$，$0<\lambda+\beta<1$，$a \geqslant 0$，$b \geqslant 0$，$0<\theta<1$. 若基期的国民收入 y_0 为已知，试求 y_t 的函数表达式.

解 由式（1）知 $C_{t-1} = \lambda y_{t-1} + a$，由式（2）知 $I_{t-1} = \beta y_{t-1} + b$，将以上两式代入式（3），整理得

$$y_t - [1 + \theta(1 - \lambda - \beta)]y_{t-1} = -\theta(a+b).$$

由于 $P_n(x) = -\theta(a+b)$，$p = -[1 + \theta(1-\lambda-\beta)]$. 对应的齐次方程的通解为 $y_t = C[1+\theta(1-\lambda-\beta)]^t$；特解可设成 $y_t^* = A$，代入上式得

$$A - [1 + \theta(1-\lambda-\beta)]A = -\theta(a+b) \Rightarrow A = \frac{a+b}{1-\lambda-\beta}.$$

所以它的通解为

$$y_t = C[1 + \theta(1-\lambda-\beta)]^t + \frac{a+b}{1-\lambda-\beta}.$$

2. 设 S_t 为 t 年末存款总额，r 为年利率，初始存款为 S_0，按年复利计息，求 t 年末的本利和.

解　由题目条件知 $S_{t+1}=(1+r)S_t$；$S_{t=0}=S_0$，即

$$S_{t+1}-(1+r)S_t=0；S_{t=0}=S_0.$$

其特征方程为 $\lambda-(1+r)=0$，解得特征根为 $\lambda=(1+r)$.

于是方程的通解为
$$S_t=C(1+r)^t,$$

将初始条件 $S_{t=0}=S_0$ 代入，得 $C=S_0$. 所以，t 年末的本利和为

$$S_t=S_0(1+r)^t$$

这就是一笔本金 S_0 存入银行后，年利率为 r，按年复利计息，t 年末的本息和.

3. 设某商品在 t 时期的供给量 S_t 与需求量 D_t 都是这一时期该商品的价格 P_t 的线性函数，已知 $S_t=3P_t-2$，$D_t=4-5P_t$，且在 t 时期的价格 P_t 由 $t-1$ 时期的价格 P_{t-1} 及供给量与需求量之差 $S_{t-1}-D_{t-1}$ 按关系式 $P_t=P_{t-1}-\frac{1}{16}(S_{t-1}-D_{t-1})$ 确定，试求商品的价格随时间的变化规律.

解　由于 $P_t=P_{t-1}-\frac{1}{16}(S_{t-1}-D_{t-1})$，且已知

$$S_t=3P_t-2,\ D_t=4-5P_t.$$

故
$$P_t=P_{t-1}-\frac{1}{16}(3P_{t-1}-2-4+5P_{t-1})=\frac{1}{2}P_{t-1}+\frac{3}{8}.$$

即 $P_t-\frac{1}{2}P_{t-1}=\frac{3}{8}$，对应的齐次方程的通解为

$$P_t=A\left(\frac{1}{2}\right)^t=A\cdot 2^{-t}\ (A\text{为任意常数}).$$

且原方程的一个特解为 $P_t^*=\frac{3}{4}$，则价格函数为 $P_t=A\cdot 2^{-t}+\frac{3}{4}$.

总习题十

1. 求下列微分方程的通解：

(1) $y'=\frac{y}{x}+\sin\frac{y}{x}$.

解　设 $u(x)=\frac{y}{x}$，则 $y=xu$，$y'=\frac{\mathrm{d}(xu)}{\mathrm{d}x}=u+xu'$，从而有 $xu'=\sin u$，分离变量得 $\frac{\mathrm{d}u}{\sin u}=\frac{\mathrm{d}x}{x}$，两边积分得

$$\ln\left|\tan\frac{u}{2}\right|=\ln|x|+\ln|C|,$$

即 $u=2\arctan(Cx)$，所以 $y=2x\arctan(Cx)$.

(2) $xy'\ln x+y=ax(\ln x+1)$.

解　方程变形为一阶线性微分方程 $y'+\frac{1}{x\ln x}y=a\left(1+\frac{1}{\ln x}\right)$，则

$$y = e^{-\int \frac{1}{x\ln x}dx}\left[\int a\left(1+\frac{1}{\ln x}\right)e^{\int \frac{1}{x\ln x}dx}dx + C\right]$$

$$= \frac{1}{\ln x}\left[\int a\left(1+\frac{1}{\ln x}\right)\ln x dx + C\right]$$

$$= ax + \frac{C}{\ln x}.$$

（3）$\dfrac{dy}{dx}=\dfrac{y}{2(\ln y - x)}$.

解　原式取倒数得$\dfrac{dx}{dy}=\dfrac{2(\ln y - x)}{y}$，即$\dfrac{dx}{dy}+\dfrac{2}{y}x=\dfrac{2\ln y}{y}$，则

$$x = e^{-\int \frac{2}{y}dy}\left(\int \frac{2\ln y}{y}e^{\int \frac{2}{y}dx}dy + C\right)$$

$$= y^{-2}\left(\int 2y\ln y dy + C\right)$$

$$= Cy^{-2} + \ln y - \frac{1}{2}.$$

（4）$\dfrac{dy}{dx}+xy-x^3y^3=0$.

解　方程变形为$y^{-3}\dfrac{dy}{dx}+xy^{-2}=x^3$，令$p=y^{-2}$，则

$$\frac{dp}{dx}-2xp=-2x^3,$$

$$p = e^{\int 2x dx}\left(\int(-2x^3)e^{\int(-2x)dx}dx + C\right)$$

$$= e^{x^2}\left(-\int x^2e^{-x^2}dx^2 + C\right)$$

$$= Ce^{x^2} + x^2 + 1,$$

即

$$y^{-2} = Ce^{x^2} + x^2 + 1.$$

（5）$xdx+ydy+\dfrac{ydx-xdy}{x^2+y^2}=0$.

解　因为$xdx+ydy=\dfrac{1}{2}d(x^2+y^2)$，$\dfrac{ydx-xdy}{x^2+y^2}=-\dfrac{1}{1+\frac{y^2}{x^2}}d\left(\dfrac{y}{x}\right)$，

则原方程可化为

$$\frac{1}{2}d(x^2+y^2)-\frac{1}{1+\frac{y^2}{x^2}}d\left(\frac{y}{x}\right)=0,$$

两边积分得原方程的通解为

$$x^2+y^2-2\arctan\frac{y}{x}=C.$$

（6）$yy''-y'^2-1=0$.

解　令$y'=p$，则$y''=p\dfrac{dp}{dy}$，原方程化为$yp\dfrac{dp}{dy}-p^2-1=0$，分离变量得$\dfrac{p}{p^2+1}dp=\dfrac{dy}{y}$，两边

积分得$\frac{1}{2}\ln(p^2+1)=\ln y+\ln C_1$，即$p^2=(C_1y)^2-1$．故$y'^2=(C_1y)^2-1$，因而得$y'=\pm\sqrt{(C_1y)^2-1}$，从而有$\pm\frac{1}{\sqrt{(C_1y)^2-1}}dy=dx$，两边积分得$\pm\text{arch}\ |C_1y|=C_1x+C_2$，即原方程的通解为

$$y=\frac{1}{2C_1}(e^{C_1x+C_2}+e^{-C_1x-C_2}).$$

(7) $y''+y'=x^2$.

解　令$y'=p$，则$y''=p'$，原方程化为$p'+p=x^2$，则有

$$\begin{aligned}p&=e^{-\int 1dx}\left(\int x^2e^{\int 1dx}dx+C_1\right)\\&=e^{-x}(x^2e^x-2xe^x+2e^x+C_1)\\&=x^2-2x+2+C_1e^{-x}.\end{aligned}$$

所以$y'=x^2-2x+2+C_1e^{-x}$，从而有

$$y=\frac{1}{3}x^3-x^2+2x-C_1e^{-x}+C_2.$$

(8) $(y^4-3x^2)dy+xydx=0$.

解　原式化为$(3x^2-y^4)dy=\frac{1}{2}yd(x^2)$，即$\frac{d(x^2)}{dy}=\frac{6x^2}{y}-2y^3$，则

$$\begin{aligned}x^2&=e^{\int\frac{6}{y}dy}\left(\int(-2y^3)e^{-\int\frac{6}{y}dy}dy+C\right)\\&=y^6\left(\int(-2y^{-3})dy+C\right)\\&=Cy^6+y^4.\end{aligned}$$

(9) $y'=\sqrt{x^2+y}-x$.

解　作变换$u=\sqrt{x^2+y}$，则$y=u^2-x^2$，$\frac{dy}{dx}=2u\frac{du}{dx}-2x$. 原方程化为$2u\frac{du}{dx}-x=u$，即$\frac{du}{dx}=\frac{1}{2}\frac{x}{u}+\frac{1}{2}$，令$\frac{u}{x}=z$，则$u=xz$，$\frac{du}{dx}=z+x\frac{dz}{dx}$. 于是上式化为

$$x\frac{dz}{dx}=-\frac{1}{2}\left(2z-\frac{1}{z}-1\right),$$

分离变量并两边积分得$\int\frac{zdz}{2z^2-z-1}=-\frac{1}{2}\int\frac{dx}{x}$，由于

$$\begin{aligned}\int\frac{zdz}{2z^2-z-1}&=\frac{1}{3}\left(\int\frac{dz}{z-1}+\int\frac{dz}{2z+1}\right)=\frac{1}{3}\left[\ln(z-1)+\frac{1}{2}\ln(2z+1)\right]\\&=\frac{1}{6}[\ln(z-1)^2(2z+1)]=\frac{1}{6}\ln(2z^3-3z^2+1),\end{aligned}$$

所以上式为$\frac{1}{6}\ln(2z^3-3z^2+1)=-\frac{1}{2}\ln x+C_1$，即

$$2z^3-3z^2+1=Cx^{-3}\ (C=e^{6C_1}).$$

将$\frac{u}{x}=z$代入上式得$2u^3-3xu^2+x^3=C$，再由$u=\sqrt{x^2+y}$得原方程通解为

$$2\sqrt{(x^2+y)^3}-2x^3-3xy=C.$$

2. 设对任意 $x>0$，曲线 $y=f(x)$ 上点 $(x, f(x))$ 处的切线在 y 轴上的截距等于 $\frac{1}{x}\int_0^x f(t)\,\mathrm{d}t$，求 $f(x)$ 的一般表达式.

解 切线可以表示为 $y=x\cdot f'(x)+\frac{1}{x}\int_0^x f(t)\,\mathrm{d}t$，因为 $(x, f(x))$ 是切线上一点，所以得到 $y=f(x)$ 满足的方程为

$$f(x)=x\cdot f'(x)+\frac{1}{x}\int_0^x f(t)\,\mathrm{d}t,$$

所以 $\int_0^x f(t)\,\mathrm{d}t=x\cdot f(x)-x^2\cdot f'(x)$，两边求导得

$$f(x)=f(x)+xf'(x)-2xf'(x)-x^2f''(x),$$

即

$$xf''(x)+f'(x)=0,$$

这是一个不显含 $y=f(x)$ 的可分离变量微分方程，解得

$$f(x)=C_1\ln x+C_2.$$

3. 设可导函数 $f(x)$ 满足 $f(x)\cos x+2\int_0^x f(t)\sin t\,\mathrm{d}t=x+1$，求 $f(x)$.

解 等式两边求导得 $f'(x)\cos x+f(x)\sin x=1$，由公式可得 $f(x)=\mathrm{e}^{\int(-\tan x)\mathrm{d}x}\left[\int\sec x\,\mathrm{e}^{\int\tan x\mathrm{d}x}\mathrm{d}x+C\right]$，即 $f(x)=\sin x+C\cos x$，由题设知初始条件 $f(0)=1$，所以 $C=1$，所以 $f(x)=\sin x+\cos x$.

4. 求下列差分方程的通解或特解：

(1) $y_{t+1}+3y_t=5t$.

解 由于 $p=3$，$f(t)=P_1(t)=5t$. 显然其齐次差分方程的通解为

$$Y_t=C(-3)^t\ (C\text{为任意常数}).$$

因为 $p\neq-1$，所以设其特解为 $y_t^*=at+b$，代入得

$$4a=5,\ a+4b=0,$$

从而得

$$a=\frac{5}{4},\ b=-\frac{5}{16}.$$

因此，原方程的通解为

$$y_t=C(-3)^t+\frac{5t}{4}-\frac{5}{16}.$$

(2) $y_{t+1}-2y_t=t^2+1$.

解 由于 $p=-2$，$f(t)=P_2(t)=t^2+1$. 其对应齐次差分方程的通解为

$$Y_t=C\cdot 2^t\ (C\text{为任意常数}).$$

因为 $p\neq-1$，所以设其特解为 $y_t^*=at^2+bt+c$，代入得

$$-a=1,\ 2a-b=0,\ a+b-c=1,$$

从而得 $a=-1$，$b=-2$，$c=-4$.

因此，原方程的通解为

$$y_t=C\cdot 2^t-t^2-2t-4.$$

（3）$y_{t+1}-y_t=\frac{3^t}{2}$，$y_0=1$.

解　由于 $p=-1$，$\lambda=3$. 其对应齐次差分方程的通解为

$$Y_t=C\ (C\text{为任意常数}).$$

因为 $p\neq -\lambda$，所以设其特解为 $y_t^*=a\cdot 3^t$，代入得 $a=\frac{1}{4}$.

因此，原方程的通解为
$$y_t=C+\frac{3^t}{4}.$$

由 $y_0=1$ 得特解为
$$y_t=\frac{3}{4}+\frac{3^t}{4}.$$

（4）$y_{t+1}+2y_t=2^t$，$y_0=\frac{4}{3}$.

解　由于 $p=2$，$\lambda=2$.

其对应齐次差分方程的通解为　$Y_t=C(-2)^t$（C 为任意常数）.

因为 $p\neq -\lambda$，所以设其特解为 $y_t^*=a\cdot 2^t$，代入得 $a=\frac{1}{4}$.

因此，原方程的通解为
$$y_t=C(-2)^t+\frac{2^t}{4}.$$

由 $y_0=\frac{4}{3}$ 得特解为
$$y_t=\frac{13}{12}(-2)^t+\frac{2^t}{4}.$$

5. 设某产品在时期 t 的价格、总供给与总需求分别为 P_t，S_t 与 D_t，并设①$S_t=2P_t-1$；②$D_t=-P_{t-1}+5$；③$S_t=D_t$.

试求价格与时期 t 的函数关系.

解　由①②③可推出差分方程 $2P_t+P_{t-1}=6$，即 $2P_{t+1}+P_t=6$，解得原方程的通解

$$P_t=C\left(-\frac{1}{2}\right)^t+2.$$

6. 在农业生产中，种植先于产出及产品出售一个适当的时期，t 时期该产品的价格 P_t 决定着生产者在下一时期愿意提供给市场的产量 S_{t+1}，还决定着本时期该产品的需求量 D_t，因此有

$$D_t=a-bP_t,\ S_t=-c+dP_{t-1}\ (\text{其中}\ a,\ b,\ c,\ d\ \text{均为正常数}).$$

假设每一时期的价格总是确定在市场售清的水平上，即 $S_t=D_t$. 试求价格随时间变化的规律；并讨论市场价格的种种变化趋势.

解　由于 $S_t=D_t$，因此可得

$$-c+dP_{t-1}=a-bP_t,$$

即
$$bP_t+dP_{t-1}=a+c.$$

于是得

$$P_t+\frac{d}{b}P_{t-1}=\frac{a+c}{b}\ (\text{其中}\ a,\ b,\ c,\ d\ \text{均为正常数}).$$

对应的齐次差分方程的通解为

$$P_t=C\left(-\frac{d}{b}\right)^t\ (C\text{为任意常数}).$$

因为 $b>0$，$d>0$，所以 $-\frac{d}{b}\neq 1$，故原方程的一个特解设为 $P_t^*=A$（A 为常数），解得 $P_t^*=$

$\frac{a+c}{b+d}$. 因此，问题的通解为

$$P_t=\frac{a+c}{b+d}+C\left(-\frac{d}{b}\right)^t \ (C\text{ 为任意常数}).$$

假设当 $t=0$ 时，$P_t=P$，将此初始条件代入通解得 $C=P-\frac{a+c}{b+d}$，即满足初始条件 $t=0$ 时 $P_t=P$ 的特解为

$$P_t=\frac{a+c}{b+d}+\left(P-\frac{a+c}{b+d}\right)\left(-\frac{d}{b}\right)^t.$$

这一结论说明了市场取向的种种形态. 下面来具体分析：

（1）若 $\left|-\frac{d}{b}\right|<1$，则

$$\lim_{t\to+\infty}P_t=\frac{a+c}{b+d}=P,$$

这说明了市场价格趋于平衡，且特解 $P_t^*=\frac{a+c}{b+d}$是一个平衡价格.

（2）若 $\left|-\frac{d}{b}\right|>1$ 则 $\lim\limits_{t\to+\infty}P_t=\infty$，说明在这种情况下，市场价格的波动越来越大，且呈发散状态.

（3）若 $\left|-\frac{d}{b}\right|=1$，则 $P_{2t}=P$，$P_{2t+1}=2P_t^*-P$，即市场价格呈周期变化状态.

六、自测题

（满分 100 分，时间 120 分钟）

1. 选择题（每小题 3 分，共 15 分）：

（1）下列各式中（　　）是常微分方程.

（A）$y^2+y=3$；　　（B）$y''+y^2=y'$；

（C）$xy'+y=(xy)'$；　　（D）$x+(z_x)'+(z_y)'=y$.

（2）在下列函数中，是微分方程 $y''+y=0$ 的解的函数是（　　）.

（A）$y=1$；　　（B）$y=x$；

（C）$y=\sin x$；　　（D）$y=\mathrm{e}^x$.

（3）方程 $xy'+y=3$ 的通解是（　　）.

（A）$y=\frac{C}{x}+3$；　　（B）$y=\frac{3}{x}+C$；

（C）$y=-\frac{C}{x}-3$；　　（D）$y=\frac{C}{x}-3$.

（4）方程$\frac{\mathrm{d}x}{y}+\frac{\mathrm{d}y}{x}=0$ 满足初始条件 $y\big|_{x=3}=4$ 的特解是（　　）.

（A）$x^2+y^2=25$；　　（B）$3x+4y=C$；

（C）$x^2+y^2=C$；　　（D）$-x^2+y^2=7$.

（5）方程 $y''+y=\cos x$ 的一个特解形式为 $y^*=$（　　）.

(A) $Ax\cos x$;　(B) $Ax\cos x+B\sin x$;

(C) $A\cos x+Bx\sin x$;　(D) $Ax\cos x+Bx\sin x$.

2. 填空题（每小题3分，共15分）：

(1) 方程 $y''-3y'+2y=0$ 的通解是___________.

(2) 方程 $y''+4y'+4y=0$ 的通解是___________.

(3) 方程 $y''+6y'+13y=0$ 的通解是___________.

(4) 用待定系数法求方程 $y''+2y'=2x^2-1$ 的一个特解时，应设特解的形式为 $y*=$___________.

(5) 用待定系数法求方程 $y''+4y'+4y=xe^{-2x}$ 的一个特解时，应设特解的形式为 $y*=$___________.

3. 求下列微分方程的通解（每小题10分，共60分）：

(1) $(x^3+y^3)\mathrm{d}x-3xy^2\mathrm{d}y=0$;　(2) $(x-2xy-y^2)y'+y^2=0$;

(3) $x\mathrm{d}x+y\mathrm{d}y=(x^2+y^2)\mathrm{d}x$;　(4) $y^{(4)}-2y'''+2y''-2y'+y=0$;

(5) $y''+\dfrac{1}{1-y}y'^2=0$;　(6) $y''-y=\sin^2 x$.

4. (10分) 火车沿水平直线轨道运动. 设火车质量为 p，机车牵引力为 F，阻力为 $a+bv$，其中 a，b 为常数，v 为火车的速度，火车由静止开始运动. 求火车的运动规律 $s=s(t)$.

参考答案

1. (1) (B); (2) (C); (3) (A); (4) (A); (5) (D).

2. (1) $y=C_1e^x+C_2e^{2x}$;

(2) $y=(C_1+C_2x)e^{-2x}$;

(3) $y=e^{-3x}(C_1\cos 2x+C_2\sin 2x)$;

(4) $x(ax^2+bx+c)$;

(5) $x^2(ax+b)e^{-2x}$.

3. (1) $\dfrac{x^2}{2}-\dfrac{y^3}{x}=C$;

(2) $x=y^2(1+Ce^{\frac{1}{y}})$;

(3) $x^2+y^2=Ce^{2x}$;

(4) $y=(C_1+C_2x)e^x+C_3\cos x+C_4\sin x$;

(5) $y=C_2e^{C_1x}+1$;

(6) $y=C_1e^x+C_2e^{-x}+\dfrac{1}{10}\cos 2x-\dfrac{1}{2}$.

4. $s=\dfrac{F-a}{b}t+\dfrac{p(F-a)}{b^2}(e^{-\frac{p}{b}t}-1)$.

参考文献

[1] 吴传生．经济数学——微积分［M］．北京：高等教育出版社，2003.

[2] 龚德恩，范培华．经济应用数学基础［M］．北京：高等教育出版社，2012.

[3] 吴赣昌．微积分（经济类）［M］．北京：中国人民大学出版社，2006.

[4] 同济大学数学系．高等数学：上册［M］．6 版．北京：高等教育出版社，2007.

[5] 同济大学数学系．高等数学：下册［M］．6 版．北京：高等教育出版社，2007.

[6] 李秀珍．高等数学（少学时）［M］．北京：北京邮电大学出版社，2010.

[7] 陆全．经济类高等数学课程学习及考研辅导［M］．天津：天津大学出版社，2004.

[8] 李秀珍，庞常词．数学实验［M］．北京：机械工业出版社，2008.

[9] 姜启源，邢文训，谢金星，等．大学数学实验［M］．2 版．北京：清华大学出版社，2010.

[10] 石博强，滕贵法，李海鹏，等．MATLAB 数学计算范例教程［M］．北京：中国铁道出版社，2004.

[11] 薛定宇，陈阳泉．高等应用数学问题的 MATLAB 求解［M］．2 版．北京：清华大学出版社，2008.

[12] 马志敏．高等数学辅导·习题详解：同济第六版［M］．汕头：汕头大学出版社，2010.

[13] 张宇，李擂．高等数学（同济六版）习题全解与考研指导：上册［M］．北京：北京理工大学出版社，2012.

[14] 张宇，李擂．高等数学（同济六版）习题全解与考研指导：下册［M］．北京：北京理工大学出版社，2012.